电气精品教材丛书

人工智能

韦　巍　李知艺　潘树文　李　静　编著

机械工业出版社

CHINA MACHINE PRESS

人工智能就是用计算机来模拟人的智能，其涉及的领域十分广泛。本教材总结了人工智能的发展历程和取得的阶段性成果，涵盖了人工智能主要的两大类内容：符号主义和连接主义，重点阐述了人工智能经典理论和方法，补充完善了丰富的人工智能新技术。本教材的主要内容包括：绪论、知识表示和逻辑推理、搜索技术、进化算法和群智能算法等传统的人工智能范畴，以及机器学习、强化学习、自然语言处理等人工智能的新技术。本教材为读者提供了较宽广的人工智能基础知识以及初学者的应用示例。

教材选材新颖、内容深入浅出，配有丰富的实例和应用程序，特别适合初学者学习；也配有思考讨论题。本教材可作为高等院校自动化、电气工程及其自动化、电子信息、人工智能等专业高年级本科生和硕士研究生的教材，也适合于从事电气工程与自动化领域的工程技术人员阅读和参考。本教材教学课时安排灵活，可满足少学时（2学分）或长学时（4学分）等的教学需求。

图书在版编目（CIP）数据

人工智能/韦巍等编著. —北京：机械工业出版社，2024.5
（电气精品教材丛书）
ISBN 978-7-111-75468-8

Ⅰ．①人… Ⅱ．①韦… Ⅲ．①人工智能–高等学校–教材
Ⅳ．①TP18

中国国家版本馆 CIP 数据核字（2024）第 062393 号

机械工业出版社（北京市百万庄大街22号 邮政编码100037）
策划编辑：李小平 责任编辑：李小平 朱 林
责任校对：孙明慧 牟丽英 封面设计：鞠 杨
责任印制：李 昂
河北泓景印刷有限公司印刷
2024年7月第1版第1次印刷
184mm×260mm · 21.25印张 · 524千字
标准书号：ISBN 978-7-111-75468-8
定价：68.00 元

电话服务 网络服务
客服电话：010-88361066 机 工 官 网：www.cmpbook.com
　　　　　010-88379833 机 工 官 博：weibo.com/cmp1952
　　　　　010-68326294 金 书 网：www.golden-book.com
封底无防伪标均为盗版 机工教育服务网：www.cmpedu.com

电气精品教材丛书
编审委员会

电气工程作为科技革命与工业技术中的核心基础学科，在自动化、信息化、物联网、人工智能的产业进程中都起着非常重要的作用。在当今新一代信息技术、高端装备制造、新能源、新材料、节能环保等战略性新兴产业的引领下，电气工程学科的发展需要更多学术研究型和工程技术型的高素质人才，这种变化也对该领域的人才培养模式和教材体系提出了更高的要求。

由湖南大学电气与信息工程学院和机械工业出版社合作开发的"电气精品教材丛书"，正是在此背景下诞生的。这套教材联合了国内多所著名高校的优秀教师团队和教学名师参与编写，其中包括首批国家级一流本科课程建设团队。该丛书主要包括基础课程教材和专业核心课程教材，都是难学也难教的科目。编写过程中我们重视基本理论和方法，强调创新思维能力培养，注重对学生完整知识体系的构建，一方面用新的知识和技术来提升学科和教材的内涵；另一方面，采用成熟的新技术使得教材的配套资源数字化和多样化。

本套丛书特色如下：

（1）**突出创新**。这套丛书的作者既是授课多年的教师，同时也是活跃在科研一线的知名专家，对教材、教学和科研都有自己深刻的体悟。教材注重将科技前沿和基本知识点深度融合，以培养学生综合运用知识解决复杂问题的创新思维能力。

（2）**重视配套**。包括丰富的立体化和数字化教学资源（与纸质教材配套的电子教案、多媒体教学课件、微课等数字化出版物），与核心课程教材相配套的习题集及答案、模拟试题，具有通用性、有特色的实验指导等。利用视频或动画讲解理论和技术应用，形象化展示课程知识点及其物理过程，提升课程趣味性和易学性。

（3）**突出重点**。侧重效果好、影响大的基础课程教材、专业核心课程教材、实验实践类教材。注重夯实专业基础，这些课程是提高教学质量的关键。

（4）**注重系列化和完整性**。针对某一专业主干课程有定位清晰的系列教材，提高教材的教学适用性，便于分层教学；也实现了教材的完整性。

（5）**注重工程角色代入**。针对课程基础知识点，采用探究生活中真实案例的选题方式，提高学生学习兴趣。

（6）**注重突出学科特色**。教材多为结合学科、专业的更新换代教材，且体现本地区和不同学校的学科优势与特色。

这套教材的顺利出版，先后得到多所高校的大力支持和很多优秀教学团队的积极参与，在此表示衷心的感谢！也期待这些教材能将先进的教学理念普及到更多的学校，让更多的学生从中受益，进而为提升我国电气领域的整体水平做出贡献。

教材编写工作涉及面广、难度大，一本优秀的教材离不开广大读者的宝贵意见和建议，欢迎广大师生不吝赐教，让我们共同努力，将这套丛书打造得更加完美。

电气精品教材丛书编审委员会

人工智能技术的发展日新月异，该技术在近 20 年来发生了翻天覆地的变化，从逻辑符号主义到连接主义，再到大数据模型的出现；从单机智能到群体智能，再到大模型智能，人工智能可以说是人类长期以来一直不断追求和渴求掌握的一个重要领域。人工智能的发展起源于 1950 年图灵论文《计算机器与智能》（Computing Machinery and Intelligence）中提出的"图灵测试"：如果一台机器与人类进行通信设备对话并不被辨别出其机器身份，则称这台机器具有智能。真正形成人工智能（包括智能控制）概念和理论体系的是 1956 年在美国达特茅斯学院举办的第一个人工智能国际会议，该会议深入研讨了用机器来模仿人类学习以及其他方面的智能的现状和未来，统一了认识并开启了人工智能的研究。

随着人工智能学科的发展，课程的内容也不断更新。人工智能课程除包括人工智能概论、问题状态与搜索、知识表示和机器人学等传统部分外，还增加了机器学习、智能体、自然语言处理、语音处理、知识库系统、神经网络和遗传算法等内容。本教材将结合电气工程及其自动化、自动化等专业特点，考虑到智能控制技术等课程的差异性，重点把人工智能的传统理论与方法和最新研究成果结合起来。本书共分 7 章，总学时为 64 学时。第 1 章绪论简要介绍人工智能的定义、历史、研究范畴，人工智能应用和人工智能的发展。第 2 章重点介绍人工智能的基础知识，包括知识与推理的关系、一阶谓词逻辑表示法、产生式表示法、框架表示法、语义网络表示法、演绎推理、贝叶斯推理等。第 3 章重点介绍人工智能的传统搜索方法，包括无信息搜索方法、启发式搜索、博弈搜索、禁忌搜索。第 4 章重点介绍高级搜索方法，包括遗传算法、差分进化算法、粒子群算法、蚁群算法等。第 5 章介绍基于神经网络的机器学习，包括深度学习及其在电力工程中的应用。第 6 章主要介绍强化学习，包括强化学习的基本思想、强化学习的 Q 学习方法等，并给出了部分示例。第 7 章简要介绍自然语言处理技术，包括预训练语言模型等。

本书由浙江大学韦巍教授统稿，第 1 章也由韦教授撰写，第 2 章和第 5 章由浙江大学李知艺研究员撰写，第 3 章和第 4 章由浙大城市学院李静教授撰写，第 6 章和第 7 章由浙大城市学院潘树文教授撰写。本书是在浙江大学电气工程学院开设的面向电气工程及其自动化专业"人工智能与物联网"课程和浙大城市学院开设的面向自动化专业"人工智能导论"课程讲授的基础上撰写而成的。本书编写过程中，参考和引用了许多专家、学者的著作和论文，正文中未一一注明，在此，作者谨向相关参考文献的作者表示衷心的感谢！本书的撰写工作得到多项科研基金的资助，主要包括国家自然科学基金联合基金项目（U2166203）、国家重点研发计划项目（2023YFB2407602）等的资助。

本书承蒙罗安院士为主任委员的电气精品教材丛书编审委员会的精心指导，以及机械工业出版社李小平编辑的大力支持，特此致谢。由于作者的学识水平和教学经验都很有限，书中的不足在所难免，殷切期望广大读者和专家给予批评和指正。

作者
2024 年 2 月于浙大求是园

序

前言

第1章 绪论 ……………………………………………………… 1
1.1 人工智能的定义和历史 …………………………………… 1
1.1.1 人工智能的定义 ……………………………… 1
1.1.2 人工智能的历史 ……………………………… 2
1.2 人工智能的研究范畴 …………………………………… 6
1.3 人工智能研究的应用领域 ………………………………… 9
1.4 人工智能研究进展和展望 ………………………………… 10
参考文献 ……………………………………………………… 12

第2章 知识表示和逻辑推理 …………………………………… 13
2.1 知识与推理的关系 ………………………………………… 13
2.1.1 什么是知识 …………………………………… 13
2.1.2 知识的特性 …………………………………… 14
2.1.3 知识的分类 …………………………………… 15
2.1.4 知识的表示 …………………………………… 17
2.1.5 什么是推理 …………………………………… 19
2.1.6 推理方式及其分类 …………………………… 19
2.2 一阶谓词逻辑表示法 ……………………………………… 22
2.2.1 一阶谓词逻辑表示的逻辑基础 ……………… 23
2.2.2 一阶谓词逻辑表示方法实例 ………………… 25
2.2.3 一阶谓词逻辑表示法的特点 ………………… 26
2.3 产生式表示法 ……………………………………………… 27
2.3.1 产生式的基本形式 …………………………… 27
2.3.2 产生式系统 …………………………………… 28
2.3.3 产生式系统的分类 …………………………… 32
2.3.4 产生式表示法的特点 ………………………… 35
2.4 框架表示法 ………………………………………………… 36
2.4.1 框架 …………………………………………… 36
2.4.2 框架网络 ……………………………………… 39
2.4.3 框架中槽的设置与组织 ……………………… 42

2.4.4　框架系统中求解问题的基本过程 ················ 45
2.4.5　框架表示法的特点 ················ 46
2.5　语义网络表示法 ················ 47
2.5.1　语义网络的概念 ················ 47
2.5.2　知识的语义网络表示 ················ 48
2.5.3　常用的语义联系 ················ 54
2.5.4　语义网络系统中求解问题的基本过程 ················ 55
2.5.5　语义网络表示法的特点 ················ 56
2.6　自然演绎推理 ················ 57
2.6.1　推理所需逻辑基础 ················ 57
2.6.2　自然演绎推理的形式 ················ 60
2.6.3　自然演绎推理的特点 ················ 61
2.7　归结演绎推理 ················ 62
2.7.1　子句 ················ 62
2.7.2　海伯伦理论 ················ 64
2.7.3　鲁宾逊归结原理 ················ 65
2.7.4　归结策略 ················ 68
2.7.5　归结演绎推理的特点 ················ 70
2.8　与/或形演绎推理 ················ 70
2.8.1　与/或形正向演绎推理 ················ 71
2.8.2　与/或形逆向演绎推理 ················ 73
2.8.3　与/或形双向演绎推理 ················ 74
2.8.4　与/或形演绎推理的特点 ················ 74
2.9　主观贝叶斯推理 ················ 75
2.9.1　简单不确定性推理 ················ 75
2.9.2　知识不确定性的表示 ················ 76
2.9.3　证据不确定性的表示 ················ 77
2.9.4　组合证据不确定性的算法 ················ 77
2.9.5　不确定性的传递算法 ················ 78
2.9.6　主观贝叶斯推理的特点 ················ 81
2.10　证据理论 ················ 82
2.10.1　证据理论的表示 ················ 82
2.10.2　证据理论的推理模型 ················ 86
2.10.3　知识不确定性的表示 ················ 89
2.10.4　证据不确定性的表示 ················ 90
2.10.5　组合证据不确定性的算法 ················ 90
2.10.6　不确定性的传递算法 ················ 90
2.10.7　证据理论的特点 ················ 91
2.11　其他推理方法 ················ 92

　　　　2.11.1　模糊推理 ·· 92
　　　　2.11.2　非单调推理 ······································· 93
　　思考讨论题 ··· 95
　　参考文献 ··· 96

第3章　搜索技术 ··· 98
　3.1　搜索概述 ·· 98
　　　3.1.1　搜索的分类 ·· 98
　　　3.1.2　基于搜索的问题求解 ····································· 99
　　　3.1.3　问题的状态空间表示 ····································· 99
　　　3.1.4　问题的与/或树表示 ····································· 102
　3.2　无信息搜索基本策略 ·· 105
　　　3.2.1　状态空间的图搜索 ······································ 105
　　　3.2.2　宽度优先搜索 ·· 106
　　　3.2.3　深度优先搜索 ·· 108
　3.3　启发式搜索基本策略 ·· 110
　　　3.3.1　启发式搜索的几个重要概念 ······························ 110
　　　3.3.2　A搜索算法 ·· 111
　　　3.3.3　A*搜索算法 ··· 112
　　　3.3.4　与/或树的有序搜索 ····································· 114
　3.4　博弈搜索基本策略 ·· 118
　　　3.4.1　博弈树 ··· 119
　　　3.4.2　极大极小值算法 ·· 120
　　　3.4.3　alpha-beta剪枝算法 ···································· 123
　3.5　禁忌搜索算法 ·· 127
　　　3.5.1　局部搜索与最优化 ······································ 128
　　　3.5.2　禁忌搜索算法理论 ······································ 128
　　　3.5.3　改进禁忌搜索 ·· 131
　　　3.5.4　禁忌搜索算法流程 ······································ 132
　　　3.5.5　禁忌搜索算法的参数设置 ································· 132
　　　3.5.6　禁忌搜索实例 ·· 136
　　思考讨论题 ·· 141
　　参考文献 ·· 141

第4章　进化算法和群智能算法 ······································· 142
　4.1　概述 ··· 142
　4.2　遗传算法 ·· 142
　　　4.2.1　基本GA算法 ··· 143
　　　4.2.2　遗传算法的参数设置 ····································· 145
　　　4.2.3　改进遗传算法 ·· 145

　　　　4.2.4　遗传算法优化实例 ·········· 147

　4.3　差分进化算法 ················· 150

　　　　4.3.1　标准 DE 算法 ············· 151

　　　　4.3.2　差分进化算法的参数设置 ······ 153

　　　　4.3.3　改进 DE 算法 ············· 154

　　　　4.3.4　差分进化算法优化实例 ······· 155

　4.4　粒子群算法 ················· 157

　　　　4.4.1　基本 PSO 算法 ············ 157

　　　　4.4.2　粒子群优化算法的参数设置 ····· 159

　　　　4.4.3　改进粒子群优化算法 ········ 161

　　　　4.4.4　粒子群优化算例 ··········· 164

　4.5　蚁群算法 ·················· 168

　　　　4.5.1　基本蚁群算法 ············ 169

　　　　4.5.2　蚁群算法的参数设置 ········ 172

　　　　4.5.3　改进蚁群算法 ············ 172

　　　　4.5.4　蚁群算法的优化实例 ········ 174

　思考讨论题 ···················· 176

　参考文献 ····················· 177

第 5 章　机器学习 ·················· 180

　5.1　机器学习基础 ················ 180

　　　　5.1.1　机器学习的基本概念 ········ 180

　　　　5.1.2　机器学习的研究历史 ········ 181

　　　　5.1.3　机器学习的分类 ··········· 181

　5.2　神经网络 ·················· 184

　　　　5.2.1　神经网络的基本特点 ········ 184

　　　　5.2.2　激活函数 ·············· 185

　　　　5.2.3　神经网络的学习机理 ········ 187

　　　　5.2.4　线性分类器 ············· 191

　5.3　深度神经网络 ················ 193

　　　　5.3.1　神经网络的结构 ··········· 193

　　　　5.3.2　前馈神经网络——卷积神经网络 ··· 197

　　　　5.3.3　前馈神经网络——图神经网络 ···· 204

　　　　5.3.4　反馈神经网络 ············ 209

　5.4　学习技巧 ·················· 215

　　　　5.4.1　自监督学习 ············· 215

　　　　5.4.2　半监督训练 ············· 223

　　　　5.4.3　特征嵌入 ·············· 226

　　　　5.4.4　多任务学习 ············· 232

5.4.5　集成学习 ·· 233

5.4.6　联邦学习 ·· 234

5.4.7　自动化机器学习 ··································· 236

5.5　机器学习在电力工程中的应用 ····························· 237

5.5.1　新能源出力预测 ··································· 237

5.5.2　用电异常诊断 ····································· 241

思考讨论题 ·· 246

参考文献 ·· 247

第6章　强化学习 ·· **250**

6.1　强化学习基本思想 ··································· 250

6.1.1　强化学习概念 ····································· 250

6.1.2　强化学习发展历程 ································· 252

6.1.3　研究现状和展望 ··································· 253

6.2　强化学习系统 ······································ 254

6.2.1　系统组成 ··· 254

6.2.2　强化学习方法类型 ································· 255

6.2.3　强化学习特有概念 ································· 257

6.2.4　马尔可夫决策过程 ································· 260

6.2.5　贝尔曼方程 ······································· 264

6.3　强化学习方法 ······································ 267

6.3.1　动态规划方法 ····································· 267

6.3.2　蒙特卡洛方法 ····································· 270

6.3.3　Q 学习方法 ······································· 270

6.3.4　深度强化学习 ····································· 273

6.4　强化学习实例 ······································ 276

6.4.1　背景介绍 ··· 276

6.4.2　实例要求 ··· 277

6.4.3　Deep Q-Learning（DQN）算法实现 ·············· 282

思考讨论题 ·· 286

参考文献 ·· 287

第7章　自然语言处理 ·· **289**

7.1　自然语言处理技术简述 ······························· 289

7.1.1　自然语言处理发展阶段 ····························· 289

7.1.2　自然语言处理难点问题 ····························· 290

7.1.3　自然语言理解 ····································· 291

7.1.4　机器翻译 ··· 292

7.1.5　语音识别 ··· 295

7.1.6　问答系统 ··· 297

7.2　自然语言处理基础 ……………………………………………… 297

　　7.2.1　文本分类 …………………………………………………… 297

　　7.2.2　结构预测 …………………………………………………… 299

　　7.2.3　序列到序列 ………………………………………………… 301

　　7.2.4　任务评价方法 ……………………………………………… 305

7.3　预训练语言模型 ………………………………………………… 306

　　7.3.1　背景知识 …………………………………………………… 306

　　7.3.2　GPT 模型 …………………………………………………… 306

　　7.3.3　BERT 模型 ………………………………………………… 308

　　7.3.4　多模态预训练模型 ………………………………………… 311

　　7.3.5　模型压缩 …………………………………………………… 313

　　7.3.6　文本生成 …………………………………………………… 315

7.4　自然语言处理实例 ……………………………………………… 317

　　7.4.1　背景介绍 …………………………………………………… 317

　　7.4.2　实例要求 …………………………………………………… 317

　　7.4.3　数据集介绍 ………………………………………………… 317

　　7.4.4　数据集预处理 ……………………………………………… 318

　　7.4.5　建立深度神经网络模型 …………………………………… 319

　　7.4.6　创建模型 …………………………………………………… 322

思考讨论题 …………………………………………………………… 326

参考文献 ……………………………………………………………… 326

第1章 绪　　论

1.1　人工智能的定义和历史

1.1.1　人工智能的定义

人工智能（Artificial Intelligence，AI）是研究用于模拟、延伸和扩展人类智能的理论、方法、技术及应用系统的一门新技术科学。人工智能涉及计算机科学、控制科学、通信等多学科的交叉，也是利用计算机来模拟人的某些思维过程和智能行为（如学习、推理、思考、规划等）的学科，主要包括计算机实现智能的原理、制造类似于人脑智能的计算机，使计算机能实现更高层次的应用，比如机器人、语言识别、图像识别、自然语言处理和专家系统等。

人工智能是研究人类智能活动的规律，构造具有一定智能的人工系统，研究如何让计算机去完成以往需要人的智力才能胜任的工作，也就是研究如何应用计算机的软硬件来模拟人类某些智能行为的基本理论、方法和技术。

人工智能的定义可以分为两部分，即"人工"和"智能"。"人工"比较好理解，争议性也不大。有时我们会要考虑什么是人力所能及制造的，或者人自身的智能程度有没有高到可以创造人工智能的地步等。但总的来说，"人工系统"就是通常意义下的人工系统。

关于什么是"智能"，就问题多多了。这涉及其他诸如意识（Consciousness）、自我（Self）、思维（Mind）等问题。人唯一了解的智能是人本身的智能，这是普遍认同的观点。但是我们对自身智能的理解都非常有限，对构成人类智能的必要元素也了解有限，所以就很难定义什么是"人工"制造的"智能"了。因此人工智能的研究往往涉及对人类智能本身的研究。其他关于动物或其他人造系统的智能也普遍被认为是人工智能相关的研究课题。

针对智能的定义涵盖了对所有生命的智能理解，其包含三层含义，具体分析如下：

1）智能是生命灵活适应环境的基本能力，无论对低级生命还是高级生命都是如此。

2）智能是一种综合能力，包括获取环境信息，在此基础上适应环境，利用信息提炼知识，采取合理可行的、有目的行动，主动解决问题等能力。其中，利用信息提炼知识是人类才有的能力，其他生物只能利用信息而不能提炼知识。

3）人类的智能具有主观意向性。人类智能除了本能的行为以外，任何行动都有意向性，都可体现主观自我意识和意志。这种意向性的深层含义是人类具有将概念与物理实体相联系的能力，具体包括感觉、记忆、学习、思维、逻辑、理解、抽象、概括、联想、判断、决策、推理、观察、认识、预测、洞察、适应、行为等，其中除了适应和行为是人脑内在功能的外在体现（显智能）外，其余都是人脑的内在功能（隐智能），也是人类智能的基本要素。人类和其他生物在面临一定问题时都会采取一定的行动，但只有人类通常会有意识、有目的、主动地解决问题或采取行动。用"深思熟虑"之类的词汇来描述人类智能最为合适。

1950 年，英国著名学者阿兰·图灵（Alan Turing）发表了一篇具有划时代意义的论文，名为《计算机器与智能》。在该论文中，他提出了一个用于判断机器是否有智能的想法："如果一台机器能够与人类展开对话（通过电传设备）而不会被辨别出其机器身份，那么称这台机器具有智能。"

图灵的这个想法后来被称为著名的"图灵测试"。它可以被看作一个"思想实验"，测试内容如下：假想测试者与两个被测试者采用"问答模式"进行对话，被测试者一个是人，另一个是机器；测试者与被测试者被相互隔开，因此测试者并不知道被测试者哪个是人，哪个是机器；经过多次测试后，如果有超过 30% 的测试者不能确定被测试者是人还是机器，那么这台机器就算通过了测试，并被认为具有了人类智能。

在人工智能的概念出现以后，处于人工智能不同发展阶段的专家们从不同角度给出了关于人工智能的很多定义，他们并没有达成一致意见。美国斯坦福大学人工智能研究中心的尼尔逊（Nilsson）教授曾经将人工智能定义为"怎样表示知识、怎样获得知识并使用知识的科学。"美国麻省理工学院的温斯顿（Winston）教授则认为"人工智能就是研究如何使计算机去做过去只有人才能做的智能工作。"中国工程院的李德毅院士在《不确定性人工智能》一书中对人工智能下的定义是"人类的各种智能行为和各种脑力劳动，如感知、记忆、情感、判断、推理、证明、识别、设计、思考、学习等思维活动，用某种物化了的机器予以人工实现。"

这里再列举几个典型的人工智能的定义。

1）人工智能是研究那些使理解、推理和行为成为可能的计算。

2）人工智能是一种能够执行需要人类智能的创造性机器的技术。

3）人工智能是智能机器所执行的通常与人类智能有关的智能行为，如判断、推理、证明、识别、感知、理解、通信、设计、思考、规划、学习、问题求解等思维活动。

1.1.2 人工智能的历史

本节我们通过回顾历史来进一步理解人工智能。人工智能的发展历史大致可以分为初创时期、形成时期、发展时期、大突破时期四个历史阶段：

1. 第一阶段：初创时期（1936—1956 年）

一般认为，人工智能始于 20 世纪 30—50 年代。这一时期，主要有四项与人工智能相关的重要科学技术成果相继产生。

（1）通用图灵机

通用图灵机（Universal Turing Machine）由图灵在 1936 年发明，是一种理论上的计算机模型。通用图灵机被设想为有一条无限长的纸带，纸带被划分成许多方格，有的方格被画上斜线，代表"1"；有的方格中没有画任何线条，代表"0"。它有一个读写头部件，可以从带子上读出信息，也可以往空方格里写信息。这个原型计算机仅有的功能是把纸带向右移动一格，然后把"1"变成"0"，或者相反地把"0"变成"1"。其假设的模型如图 1-1 所示，这是一种不考虑硬件状态的计算逻辑结构。通用图灵机是现代计算机的思想原型。

（2）早期的计算机技术

1937—1941 年，美国爱荷华州立大学的约翰·文森特·阿塔纳索夫（John Vincent Atanasoff）教授和他的研究生克里夫·贝瑞（Clifford E. Berry）开发了阿塔纳索夫-贝瑞计算机

（Atanasoff-Berry Computer，ABC），为计算机科学和人工智能的研究奠定了基础。现代可编程数字电子计算机架构是由美国数学家、计算机科学家、物理学家约翰·冯·诺依曼（John von Neumann）提出的，它是受到图灵的通用计算机思想的启发，于 1946 年在工程上实现的。"冯·诺依曼计算机"奠定了现代计算机的基础，也是测试和实现各种人工智能思想和技术的重要工具。现代可编程数字电子计算机架构是由美国数学家、计算机科学家、物理学家约翰·冯·诺依曼（John von Neumann）提出的，它是受到图灵

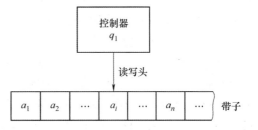

图 1-1　图灵机抽象计算模型

的通用计算机思想的启发，于 1946 年在工程上实现的。"冯·诺依曼计算机"奠定了现代计算机的基础，也是测试和实现各种人工智能思想和技术的重要工具。

（3）人工神经元模型

1943 年，美国神经学家沃伦·麦卡洛克（Warren McCulloch）和数理逻辑学家瓦尔特·皮茨（Walter Pitts）合作提出人类历史上的第一个人工神经元模型麦卡洛克-皮茨模型（Mc-Culloch-Pitts Model），这是一种模拟人脑生物神经元的数学神经元模型，简称 MP 模型。他们的研究表明，由非常简单的单元连接在一起组成"网络"，可以对任何逻辑和算术函数进行计算，因为网络单元像简化后的神经元。

（4）控制论

控制论是关于具有自我调整、自适应、自校正功能的机器的理论，其由美国数学家、控制论的创始人诺伯特·维纳（Norbert Wiener）于 1948 年提出。控制论对人工智能的影响在于，它将人和机器进行了深刻的对比：由于人类能够构建更好的计算机器，并且人类更加了解自己的大脑，因此计算机器和人类大脑会变得越来越相似。

人工智能诞生之后的几十年，其发展大致有两条主线：①从结构的角度模拟人类的智能，即利用人工神经网络模拟人脑神经网络以实现人工智能，由此发展而形成了连接主义；②从功能的角度模拟人类的智能，将智能看作大脑对各种符号进行处理的功能，由此发展而形成了符号主义。

2. 第二阶段：形成时期（1957—1969 年）

符号主义的最初工作由西蒙（Simon）和纽厄尔（Newell）在 20 世纪 50 年代开始推动。这一时期，研究者们发展了众多原理和理论（人工智能概念也随之得以扩展），相继取得了一批显著的成果，如机器定理证明、跳棋程序、通用问题求解程序、表处理语言等。

在其后 10 余年的时间里，早期的数字计算机被广泛应用于数学和自然语言领域，用于解决代数、几何和翻译问题。计算机的广泛使用让很多研究人员坚定了机器能够向人类智能趋近的信心。这一时期是人工智能发展的第一个高峰时期。研究人员表现出了极大的乐观态度，甚至预测 20 世纪 60 年代之后的 20 年内人们将会建成一台可以完全模拟人类智能的机器。

总之，20 世纪 60 年代，为了模拟复杂的思考过程，早期研究人员总是试图通过研究一种通用方法来解决许多广泛的问题。这个阶段，许多科学家们针对人工智能提出了许多创新性的基础理论，例如在知识表达、学习算法、人工神经网络等领域都有新的理论出现。但

是，由于早期的计算机性能有限，很多理论并未得以实际应用，但它们却为 20 年后人工智能的实际应用指出了方向。这一时期的主要特点是符号主义学派超越了连接主义学派，主导人工智能领域的研究直到 20 世纪 90 年代中期。

3. 第三阶段：发展时期（1970—1992 年）

这一时期分为两个阶段：20 世纪 70 年代和 20 世纪 80 年代。20 世纪 70 年代，人工智能的发展因并不符合预期而遭到了激烈的批评和政府预算限制。特别是在 1971 年，罗森布拉特（Rosenblatt）早逝，加上明斯基（Minsky）等人对感知机的激烈批评，人工神经网络被抛弃，连接主义因此停滞不前。这是人工智能发展历程中遭遇的第一个低潮时期。

但即使是处于低潮的 20 世纪 70 年代，仍有许多新思想、新方法在萌芽和发展。20 世纪 70 年代初，美国学者约翰·霍兰德（John Holland）创建了以达尔文进化论思想为基础的计算模型，称为遗传算法，并开创了"人工生命"这一新领域。遗传算法、进化策略和 20 世纪 90 年代发展起来的遗传编程算法，一起形成了进化计算这一人工智能研究分支。

1970 年，《人工智能国际杂志》创刊。该杂志的出现对开展人工智能国际学术活动和交流、促进人工智能的研究和发展起到了积极的作用。1971 年，美国国防高级研究计划局（Defense Advanced Research Projects Agency，DARPA）资助了一个由语音识别领域技术领先的实验室组成的联盟。该联盟有一个雄心勃勃的目标，即创建一个具有丰富词汇量的全功能语音识别系统。虽然该计划在当时并不成功，但由此发展而来的语音识别技术已经嵌入了智能音箱等设备，进入了千家万户。1974 年，保罗·韦伯斯（Paul Werbos）提出了人工神经网络和深度学习的基础学习训练算法——反向传播（Back Propagation，BP）算法，其中最有效和最实用的计算方法是 Rumelhart、Hinton 和 Williams 1986 年提出的一般 Delta 法则。

4. 第四阶段：大突破时期（1993 年至今）

互联网和云计算技术的迅速发展，为人工智能的发展与应用提供新的途径，尤其是大数据、云计算、互联网、物联网等信息技术的发展，泛在感知数据和图形处理器等计算平台推动以深度神经网络为代表的人工智能技术飞速发展，大幅跨越了科学与应用之间的"技术鸿沟"，诸如图像分类、语音识别、知识问答、人机对弈、无人驾驶等为人工智能技术实现了从"不能用、不好用"到"可以用"的技术突破，迎来爆发式增长的新高潮，实现了从模拟、优化到自主学习的高智能阶段。生成式语言大数据模型的出现，又将人工智能应用推向一个新高潮。人工智能越来越向人机混合智能发展，借鉴脑科学和认知科学的研究成果是人工智能的一个重要研究方向。人机混合智能旨在将人的作用或认知模型引入到人工智能系统中，提升人工智能系统的性能，使人工智能成为人类智能的自然延伸和拓展，通过人机协同更加高效地解决复杂问题。当前人工智能领域的大量研究集中在深度学习，但是深度学习的局限是需要大量人工干预，需要大量的训练数据，故而导致费时费力。因此，减少人工干预的自主智能方法是提升人工智能应用的重要举措。人工智能大模型是一个重要的方向，2022 年 11 月首次发布的 ChatGPT（全名：Chat Generative Pre-Trained Transformer）就是利用人工智能技术驱动的自然语言处理工具，它能够基于在预训练阶段所见的模式和统计规律，来生成回答，还能根据聊天的上下文进行互动，真正像人类一样聊天交流，甚至能完成撰写邮件、视频脚本、文案、翻译、代码，写论文等任务，进一步推动人工智能的广泛应用。

半个多世纪人工智能的发展历史推动了人工智能技术的应用。图 1-2 给出了人工智能的发展历程。

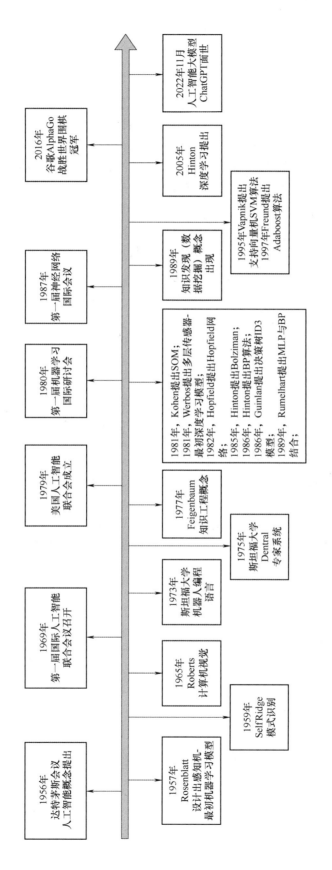

图 1-2　人工智能发展历程示意图

1.2 人工智能的研究范畴

人工智能是计算机科学、控制科学和信息通信科学等多学科交叉的一门学问。20 世纪 70 年代以来被称为世界三大尖端技术（空间技术、能源技术、人工智能）之一。也被认为是 21 世纪三大尖端技术（基因工程、纳米科学、人工智能）之一。这是因为近 30 年来它获得了迅速的发展，在很多学科领域都有了广泛应用，并取得了丰硕的成果。人工智能已逐步成为一个独立的分支，无论在理论和实践上都已自成一个系统。人工智能的发展不是把人变为机器，也不是把机器变成人，而是"研究、开发用于模拟、延伸和扩展人类智慧能力的理论、方法、技术及应用系统，从而解决复杂问题的一门科学技术"。人工智能研究的目标是使机器能够胜任一些通常需要人类智能才能完成的复杂工作，如会看、会听、会说、会思考、会学习、会行动。

与其他技术相比，人工智能技术具有独到的技术特征（见图 1-3）：

图 1-3　人工智能的主要特征

1）自主性。这是人工智能的核心属性，意味着随着环境、数据或任务的变化，机器可以自适应调节参数或更新优化模型，甚至不排除演化"自我意识"的可能。

2）进化性。人工智能技术具备学习知识、运用知识的能力，能在训练中快速进化升级，通过不断学习、获取各类知识，产生各种洞见，升级、改进原有状态，达到"终身学习"的完美状态。

3）可解释性。人工智能技术有一个模糊的特质，即无法给出行为决策推理过程，虽然基于过去积累的大量数据，可自动分析总结，预测未来会发生的事情，但却往往会产生不可预知的结果，这种"黑盒"特性使可预测性问题复杂化，难以获得人类的信任。

4）速度与耐力。人工智能技术克服了人的生理机能限制，可连续、长时间执行重复性、机械性、高危性任务，在超算能力的支撑下，人工智能的反应速度是人类的上千倍，工作效率远超人类。

人工智能研究学派大致分为三类：符号主义（Symbolism）、连接主义（Connectionism）和行为主义（Behaviorism）。符号主义又称逻辑主义（Logicism）、心理学派（Psychologism）或计算机学派（Computerism），着眼于程序的逻辑结构、符号操作系统以及编程语言，主要研究领域包括专家系统和知识工程。连接主义又称仿生学派（Bionicsism）或生理学派（Physiologism），着眼于对大脑神经系统工作方式的探索和模拟，主要研究领域包括机器学习和深度学习。行为主义又称为进化主义（Evolutionism）或控制论学派（Cybernetic-sism），着眼于控制论及感知-动作型控制系统研究，主要研究领域包括智能控制和智能机器人。根据研究场景不同、研究角度不同、研究基础不一样，目前人工智能主要的研究内容有：

（1）专家系统

专家系统是依靠人类专家已有的大量知识和经验建立起来的程序系统，能自主推理与判断，能高效地解决复杂的实际问题。专家系统可以看作是某一领域知识和经验的集合，它可以模拟人类专家解决问题的过程，根据已有的知识对所发生的问题进行分析和决策。专家系统通常包括知识库和推理机，其中知识库包含可做决策的知识；推理机通过灵活运用知识库中知识对问题求解。专家系统可应用于解释、预测、诊断、规划、监视、控制、教育等领域，它的数学工具主要依靠搜索技术。

（2）搜索算法

搜索算法是利用计算机的高性能，有目的地穷举一个问题的部分或所有的可能情况，从而求出问题解的一种方法。实际上，搜索过程是根据初始条件和扩展规则构造一棵解答树，并寻找符合目标状态的节点过程。所有的搜索算法从其最终的算法实现上来看，都可以划分成两个部分——控制结构和产生系统，而所有的算法优化和改进主要都是通过修改其控制结构来完成的。搜索策略可以分为没有信息指导的盲目搜索策略（状态空间搜索法）和有经验知识指导的启发式搜索策略，它在解决问题的推理步骤中优先使用知识。深度优先搜索和宽度优先搜索是常用的两种盲目搜索方法。

启发式搜索就是指通过问题本身的特征来实现搜索的过程。而在实际的应用中还直接关系到算法的整体效率以及成败情况。在运用启发式搜索的过程中会涉及不同类型的推理形式：①前向推理；②反向推理。对于前者来说，主要是对空间状态进行细致的搜索，其推理形式主要是以空间状态为主，依靠目标状态进行执行。在反向推理中，推理形式主要是从目标状态向初始状态转化。在评估节点的过程中所应用到的函数被称为评估函数，主要是从初始节点出发，然后计算出最小路径的估计值。评估函数中包含着启发式函数的类型，对问题状态进行描述之后要对问题的解决程度进行描述，最终对评估函数的数值进行具体地描述。

禁忌搜索算法（Tabu Search 或 Taboo Search，TS）的思想最早由 Glover 在 1977 年提出。它是对局部邻域搜索的一种扩展，是一种全局邻域搜索、逐步寻优的算法，是人工智能的一种体现，也是对人类智力过程的一种模拟。TS 算法通过引入一个灵活的存储结构和相应的禁忌准则来避免迂回搜索，并通过藐视准则来赦免一些被禁忌的优良状态，进而保证多样化的有效探索，最终实现全局优化。

群体智能（Swarm Intelligence）是进化算法的一种扩展，是基于自然界生物群体或社会行为机制而设计出的算法或分布式搜索的策略。具有通过主体交互作用所表现出不可预见的宏观智能行为特性。主要的优化计算模式有蚁群算法、粒子群算法和鱼群算法。

（3）机器学习

机器学习是人工智能的核心技术，是使机器拥有智能的主要途径，用计算机来模拟人类的学习活动、获取知识和技能，对真实世界中的事件做出决策和预测。早在 20 世纪，图灵就给出了近似机器学习的想法。他设想通过让机器模仿儿童思维，使其接受正确的教育成长为一个成人的大脑，这种思想与当今学者所研究的方向不谋而合。机器学习主要包括机械学习、示教学习、类比学习和实例学习四种策略。机器学习常见算法包括：决策树、随机森林算法、逻辑回归、SVM 分类器、Adaboost 算法、神经网络和聚类算法等。机器学习的应用领域包括专家系统、自然语言理解、模式识别、计算机视觉、数据挖掘和智能机器人等。

（4）深度学习

深度学习（Deep Learning，DL）模拟人脑多层神经网络，它的发展得益于人工神经网络技术的进步。人工神经网络是受到人脑神经元的启发，试图设计与人脑神经元相似的网络结构，模拟人脑对信息的处理方式，以提高机器的信息处理速度。作为人工神经网络的一类，卷积神经网络已广泛应用于大型图像处理中。虽然现在人工神经网络还无法与人类大脑媲美，但是它在模式识别、医疗、智能机器人等领域取得了重要应用。深度学习的基本思想是通过多层网络结构和非线性变换，组合低层特征，形成抽象的、易于区分的高层表示，以发现数据的分布式特征表示．因此 DL 方法侧重于对事物的感知和表达。与依赖于人工经验、通过手工构建的特征不同，深度学习一般从标注数据出发，通过误差反向传播进行参数调整以实现端到端的区别性特征学习。深度学习基本动机在于构建多层网络来学习隐含在数据内部的模式，从而从数据中直接学习更具区别力、更泛化的特征而非手工定义。相比于其他机器学习方法，深度学习具有强大的特征提取能力、良好的迁移和多层学习能力，在图像、语音、文本识别和推理、分析、判断方面都有显著优势。

强化学习（Reinforcement Learning，RL）作为机器学习领域另一个研究热点，已经广泛应用于工业制造、仿真模拟、机器人控制、优化与调度、游戏博弈等领域。RL 的基本思想是通过最大化智能体从环境中获得的累计奖赏值，以学习到完成目标的最优策略。因此 RL 方法更加侧重于学习解决问题的策略。随着人类社会的飞速发展，在越来越多复杂的现实场景任务中，需要利用 DL 来自动学习大规模输入数据的抽象表征，并以此表征为依据进行自我激励的 RL，优化解决问题的策略。由此，谷歌的人工智能研究团队 Deep-Mind 创新性地将具有感知能力的 DL 和具有决策能力的 RL 相结合，形成了人工智能领域新的研究热点，即深度强化学习。

（5）机器视觉

机器视觉是人工智能学科中发展最快速的分支和前沿研究领域，目的是用机器代替人眼，完成人眼不方便或者难以完成的工作。机器视觉系统一般是通过图像摄取装置采集图像，经过图像处理，对研究对象信息进行判别，并将判断结果输出给执行机构。目前，机器视觉能够实现物体定位、特征检测、缺陷判断、目标识别、计数和运动跟踪等功能，主要应用领域包括自动化生产线中的工况监视、成品检验和质量控制等。

一般来说图像是人类获取信息最重要的途径，人工智能技术要实现模拟人类分析问题、解决问题的功能，图像识别技术的应用不可或缺。一些生物识别技术，比如人脸识别、虹膜识别都是图像识别的具体应用。图像识别可以说是人工智能的"眼睛"，通过采集、分析特征值，模拟人脑处理信息的过程，从而对问题进行一系列决策。

（6）自然语言处理

自然语言处理（Natural Language Processing，NLP）是指计算机拥有识别理解人类文本语言的能力，是计算机科学与人类语言学的交叉学科。自然语言是人与动物之间的最大区别，人类的思维建立在语言之上，所以自然语言处理也就代表了人工智能的最终目标。机器若想实现真正的智能，自然语言处理是必不可少的一环。自然语言处理分为语法语义分析、信息抽取、文本挖掘、信息检索、机器翻译、问答系统和对话系统 7 个方向。

（7）数据挖掘

数据挖掘是机器学习和深度学习的基础。数据挖掘是指从大量数据中挖掘出有价值的知识，然后对知识进行比较，总结出原理和法则。数据挖掘的主要方法概括为：预测模型方法、数据分割方法、关联分析法和偏离分析法，其中预测模型方法最为复杂，涉及机器学习的大量算法。与机器学习自动从过往经验中学习新知识不同，数据挖掘是有目的地从现有大数据中提取数据的模式和模型，得到重要信息。数据挖掘的主要应用领域包括多媒体、计算机网络、计算机视觉和自然语言处理等。

1.3　人工智能研究的应用领域

随着数字化时代的到来，人工智能被广泛应用。特别是在制造、电网、家居、金融、医疗、安防、物流、交通和零售等多个领域。

1. 智能制造

随着工业制造 4.0 时代的推进，传统的制造业在人工智能的推动下迅速爆发。人工智能在制造的应用领域主要分为三个方面：

1）智能装备：主要包括自动识别设备、人机交互系统、机器人和数控机床等。

2）智能工厂：包括智能设计、智能生产、智能管理及集成优化等。

3）智能服务：个性化定制、远程运维及预测性维护等。

2. 智能电网

智能电网（Smart Grid）的提出为人工智能在电力系统中的应用提供了新的方向。目前，人工智能技术在电力系统中的应用逐渐从单一的技术应用向多样化的技术应用方向发展，涵盖了负荷、新能源发电、微网、需求侧管理、电网安全与稳定、网络安全、设备管理等多个场景，每个场景又衍生出多个研究。人工智能在电力系统中的应用主要包括三大方面：感知预测、微能源网的能量管理和电力设备安全，主要涵盖负荷预测、可再生能源发电预测、稳定裕度预测、电压谐波预测、发电机频率预测等，以及在智能电网、微电网、多能源互联系统、微能源网等多种现代综合能源应用场景中的多层多目标最优化问题和以电力巡检、故障诊断、寿命评估为目标的电力系统安全维护。

3. 智能家居

智能家居主要是引用物联网技术，通过智能硬件、软件、云计算平台等构成一套完整的家居生态系统。这些家居产品都有一个智能 AI，可以设置口令指挥产品自主运行，同时 AI 还可以搜索你的使用数据，最后达到不需要指挥的效果。

4. 智慧金融

智慧金融主要应用于四大领域：保险科技、智能风控、智能投顾和智能投研。在这个可以产生大量数据的行业中，人工智能如鱼得水，针对金融风控、营销等领域的人工智能产品层出不穷。人工智能在金融方面可以进行自动获客、身份识别、大数据风控、智能投顾、智能客服和金融云等。

5. 智能医疗

智能医疗主要是通过大数据、5G、云计算、AR（Augmented Reality）/VR（Virtual Reality）和人工智能等技术与医疗行业进行深度融合等。主要涉及智能影像诊疗、医学数据挖掘、智能问诊、语音电子病历、健康管理、药物挖掘。像医院里常见的 X 光、CT、MRI 等医学影像，都会用到 AI。智能医疗主要是起到辅助诊断、医疗影像及疾病检测、药物开发等作用。

6. 智能安防

智能安防主要是利用人工智能系统实施的安全防范控制。在智能安防领域，人工智能主要应用于五大领域：身份认证系统、智能摄像机、车辆大数据、视频分析和家庭安防。在智能安防领域，比较关键的人工智能技术是人脸识别，可以直接应用在安防中。

7. 智慧物流

物流行业在人工智能、5G 技术的推动下迅速发展。物流利用智能搜索、推理规划及计算机视觉等技术仓储、运输、配送和装卸等自动化改革，实现了无人操作一体化。

8. 智慧交通

智慧交通是通信、信息和控制技术在交通系统中集成应用的产物。智能驾驶是人工智能在智慧交通中的典型应用：高级驾驶辅助（Advanced Driving Assistance System，ADAS）系统、自动驾驶算法和车载交互系统。像特斯拉、小鹏、蔚来、比亚迪等品牌的自动驾驶系统，都会用到人工智能的理论与技术。

9. 智慧零售

人工智能在零售领域应用广泛，包括无人便利店、智慧供应链、客流统计、无人车和无人仓等。

综上所述，人工智能应用领域广泛，相信未来在人工智能技术的推动下，人工智能系统将应用到更多的领域当中。

1.4 人工智能研究进展和展望

经过 60 多年科学家们的研究与探索，伴随海量的数据、不断优化的算法，以及与之匹配发展的计算机运算能力，都为人工智能发展及应用提供了广阔的舞台。人工智能除在传统的图像识别、语言理解、智能机器人、智能制造等方面取得显著进展之外，在神经形态芯片、脑机融合、人机博弈等尖端科技上也有所突破。

1. 神经形态芯片

神经形态芯片采取与传统硬件完全不同的信息处理方式，通过模仿人脑构造来大幅提高计算机的思维能力与反应能力，能够大幅提升数据处理能力和机器学习能力。2019 年 7 月，英特尔发布了 "Pohoiki Beach" 神经拟态系统，包含多达 64 颗 Loihi 研究芯片，800 万个神经元，更加接近人脑的工作方式，其处理 AI 算法的能力，速度比普通 CPU 快 1000 倍，效率更是普通 CPU 的 10000 倍，是神经形态芯片的重大突破。东芝信息系统公司 2019 年 11 月 20 日推出了配备有模拟神经网络电路的模拟神经元芯片。由于实现了 $1\mu s$ 甚至更快的高响应速度。如何借鉴人脑的高效性、多样性、自主性、自适应性，发展具有认知智能的神经形态芯片，大幅提高计算机的思维能力和反应能力，是解决当前 AI 发展瓶颈的重要路径。

2. 脑机融合

人工智能（或机器智能）和人类智能各有所长，因此需要取长补短，融合多种智能模式的脑机融合技术将在未来有广阔的应用前景。脑机融合目标是要构建一个双向闭环的，既包含生物体、又包含人工智能电子组件的有机系统。2019 年 7 月，Elon Musk 的脑机接口研究公司 Neuralink 发布 "脑后插管" 新技术，包括柔性的高密度电极和植入电极的机器人设备等创新突破，试图在人体植入脑机接口芯片。Neuralink 在 2019 年 9 月于旧金山宣布脑机接口系统已经在猴子身上进行实验，让猴子能用大脑来控制电脑。2024 年 1 月 30 日，马斯克突然宣布，首位人类已经接受 Neuralink 脑机芯片植入手术，并且恢复良好。

3. 人机博弈

深度强化学习融合了深度学习在信息感知方面以及强化学习在策略选择方面的综合性优

势，同时赋予智能体感知和决策能力，成为人机博弈的核心技术突破。从 2016 年 AlphaGo 和 2017 年 AlphaGo Zero 等成果以来，谷歌的 DeepMind 团队在深度强化学习以及围棋和游戏应用中取得重要进展，成为人工智能技术突破的标志性成果。对抗博弈根据参与人对其他参与人所掌握信息的了解程度可分为完全信息博弈（如象棋、围棋）和不完全信息博弈（如德州扑克、兵棋、星际争霸等战略游戏）。AlphaGo 和 AlphaGo Zero 是人工智能在完全信息博弈上的胜利，而不完全信息博弈近期也取得了显著进展。2019 年 Pluribus 成为首个多人无限制德州扑克中击败职业玩家的强化学习计算机程序。

4. 生成式语言大模型

生成式大模型是指基于大规模语料库的生成式模型，通常采用类似于自回归模型的方式进行训练和生成。生成式大模型是指那些能够以端到端的形式对自然语言进行生成、理解和推理的大规模神经网络模型。生成式大模型通常包括 Transformer、GPT、GPT-2、GPT-3 等模型。GPT-3 是目前最流行的生成式大模型，该模型包含了 10 亿个参数，可以生成高质量的文章、对话、翻译等内容。以 ChatGPT 为代表的对话式语言大模型通过使用超大规模模型参数和海量训练数据，涌现出很强的上下文学习能力和思维链推理能力，在各种自然语言处理任务上取得了显著的进步，被视为颠覆性通用人工智能技术。大规模自监督预训练早期起源于自然语言处理领域，近年逐渐扩展到了图像、音频、视频等多模态数据处理任务中。例如，Meta AI 所训练的无监督语音模型 wav2vec，Google 发布的文本到图像扩散模型 Imagen，以及 Open AI 提出的 CLIP 文本图像匹配模型等等。随着 ChatGPT 等认知大模型的出现，研究焦点已从面向特定任务的多模态感知，逐渐转变为更高层次的跨模态通用认知。

人工智能经过 60 多年的发展已取得重大进展，但总体上还处于初级阶段。未来，在新一代信息技术发展驱动下，将推动人工智能迈向新的发展阶段：从人工知识表达技术到大数据驱动知识学习；从处理类型单一的数据到跨媒体认知、学习和推理；从追求"机器智能"到迈向人机混合的增强智能；从聚焦研究"个体智能"到基于互联网络的群体智能；从机器人到自主无人系统。人工智能必将进入新一轮创新发展期。

1. 感知智能向认知智能方向迈进

现阶段的人工智能依托大数据驱动、以芯片和深度学习算法框架为基础，虽在感知智能方面已取得突破，但存在深度学习算法严重依赖海量数据，泛化能力弱且过程不可解释等问题；同时，随着摩尔定律的失效，支持人工智能发展的硬件性能呈指数增长将不可持续。因此，依托深度学习的人工智能发展将会遭遇瓶颈，以迁移学习、类脑学习等为代表的认知智能研究越发重要，追求人工智能通用性、提升人工智能泛化能力成为未来人工智能发展目标。

2. 机器智能向群体智能方向转变

随着新一代信息技术的快速应用及普及，深度学习、强化学习等算法的不断优化，人工智能研究焦点已从单纯用计算机模拟人类智能、打造具有感知智能/认知智能的单一智能体，向打造多智能体协同的群体智能转变，这将是未来的主流智能形态。在去中心化条件下，通过"群愚生智"涌现更高水平的群体智能；计算机与人协同，通过融合人类智能在感知、推理、归纳和学习等方面的优势，与机器在搜索、计算、存储、优化等方面的优势，催生人机融合智能，实现更智能地陪伴人类完成复杂多变任务。

3. 基础支撑向优化升级方向发展

人工智能的发展取决于三要素，即数据、算法、算力。面向未来，万物智联。数据获取将超高速率、超多渠道、超多模态、超大容量和超低延时，数据形态从静态、碎片化转向动态、海量化、体系化；数据处理从大规模并行计算向量子计算、从云端部署向边缘计算扩展，机器运算处理能力高效去中心化；算法模型将是深度学习算法优化和新算法的探索并行发展。提升可靠性、可解释性以及无监督学习、交互式学习、自主学习成为未来发展的热点方向。

参 考 文 献

［1］孙哲南，张兆翔，王威，等. 2019 年人工智能新态势与新进展［J］. 数据与计算发展前沿，2019，1 (2)：16.

［2］姜国睿，陈晖，王姝歆. 人工智能的发展历程与研究初探［J］. 计算机时代，2020 (9)：7-10.

［3］杨卫丽. 浅析国外人工智能技术发展现状与趋势［J］. 无人系统技术，2019，2 (4)：54-58.

［4］吴飞，阳春华，兰旭光，等. 人工智能的回顾与展望［J］. 中国科学基金，2018 (3)：243-250.

［5］李德毅，于剑，马少平，等. 人工智能导论［M］. 北京：中国科学技术出版社，2018.

［6］韦巍. 智能控制技术［M］. 2 版. 北京：机械工业出版社，2015.

［7］STUART J RYSSELL，PETER NORVIG. 人工智能：一种现代的方法［M］. 3 版. 殷建平，祝恩，刘越译，等译. 北京：清华大学出版社，2013.

第 2 章　知识表示和逻辑推理

智能行为的基础是知识，尤其是所谓的常识性知识。人类的智能行为对于知识的依赖主要表现在对于知识的利用，即利用已经具有的知识进行分析、猜测、判断、预测等。人类利用知识可以预测未来，由已知的情况推测未知的情况、由发生的事件预测还未发生的事件等。因此，当人们希望计算机具有智能行为时，一个基础和先行的工作是如何使计算机具有知识，即在计算机上如何表达人类的知识。但是，要使得一个系统成为智能的系统，除了告诉计算机如何具有知识（对于知识进行表示）以外，还需要告诉计算机如何像人一样地利用知识（对于知识进行逻辑推理）。当人们利用逻辑与智能系统时，这两个方面是同时加以考虑的。由于一个逻辑系统的表示能力强弱和推理性质优劣之间存在某种冲突，因此，在实际的研究中常常在它们两者之间进行平衡和折中。

2.1　知识与推理的关系

2.1.1　什么是知识

"知识"是人们日常生活和社会活动中常用的一个术语。例如，"知识就是力量""应该多学点知识""某人在某方面有丰富的知识"等。但是，什么是知识？知识有哪些特性？它与平常所说的"数据""信息"有什么区别及联系？这里对它的含义及相关概念作简单讨论。

1. 数据与信息

我们赖以生存的世界是一个物质的世界，同时又是一个信息的世界。在这个不断变化的世界里，无论是在政治、经济、军事方面，还是在科学研究、文化、教育等方面，每时每刻都在产生着大量的信息。及时地掌握有用的信息，并能把有关的信息关联起来加以充分地利用，成为在激烈的竞争中立于不败之地的必要手段。随着社会的发展与进步，信息在人类生活中扮演着越来越重要的角色。但是，信息需要用一定的形式表示出来才能被记载和传递，尤其是使用计算机来做信息的存储及处理时，更需要用一组符号及其组合进行表示。像这样用一组符号及其组合表示的信息称为数据。

由此可见，现在我们所说的"数据"泛指对客观事物的数量、属性、位置及其相互关系的抽象表示。它既可以是一个数，例如整数、小数、正数、负数，也可以是由一组符号组合而成的字符串，例如一个人的姓名、性别、地址或者一条消息等。

数据与信息是两个密切相关的概念。数据是信息的载体和表示，信息是数据在特定场合下的具体含义，或者说信息是数据的语义，只有把两者密切地结合起来，才能实现对现实世界中某一具体事物的描述。另外，数据与信息又是两个不同的概念。对同一个数据，它在某一场合下可能表示这样一个信息，但在另一场合下却表示另一个信息。例如，数字"6"是一个数据，它既可以表示"6本书""6把椅子"也可以表示"6个人"或者"6台发电机"等。同样，对同一个信息，在不同场合下也可用不同的数据表示，正如对同样的一句话，不同的人会用不同的言词来表达一样。

2. 知识

如上所述，信息在人类生活中越来越占据着重要地位。但是，只有当把有关的信息关联在一起的时候，它才有实际意义。一般来说，把有关信息关联在一起所形成的信息结构称为知识。

知识是人们在长期的生活及社会实践中、科学研究及实验中积累起来的对客观世界的认识与经验，人们把实践中获得的信息关联在一起，就获得了知识。知识是经过削减、塑造、解释、选择和转换的信息。信息之间有多种关联形式，其中用得最多的一种是用

如果……，则……

所表示的关联形式，它反映了信息间的某种因果关系。例如我国北方的人们经过多年的观察发现，每当冬天要来临的时候，就会看到有一批批的大雁向南方飞去，于是把"大雁向南飞"与"冬天就要来临了"这两个信息关联在一起，就得到了如下一条知识：

如果大雁向南飞，则冬天就要来临了。

知识反映了客观世界中事物之间的关系，不同事物或者相同事物间的不同关系形成了不同的知识。例如，"雪是白色的"是一条知识，它反映了"雪"与"颜色"之间的一种关系。又如"如果头痛且流涕，则有可能患了感冒"是一条知识，它反映了"头痛且流涕"与"可能患了感冒"之间的一种因果关系。在人工智能中，把前一种知识称为"事实"，而把后一种知识，即用"如果……，则……"关联起来所形成的知识称为"规则"，这在下面将做进一步的讨论。

2.1.2　知识的特性

知识主要具有如下一些特性：

1. 相对正确性

知识是人们对客观世界认识的结晶，并且又受到长期实践的检验。因此，在一定的条件及环境下，知识一般是正确的，可信任的。这里，"一定的条件及环境"是必不可少的，它是知识正确性的前提。因为任何知识都是在一定的条件及环境下产生的，因而也就只有在这种条件及环境下才是正确的，在人们的日常生活及科学实验中可以找到很多这样的例子。例如汤加人"以胖为美"并且以胖的程度作为财富的标志，这在汤加是一条被广为接受的正确知识，但在别的地方人们却不这样认为，它就变成了一条不正确的知识。再如，1+1=2，这是一条众所周知的正确知识，但它也只是在十进制的前提下才是正确的，如果是二进制，它就不正确了。

2. 不确定性

知识是有关信息关联在一起形成的信息结构，"信息"与"关联"是构成知识的两个要素。由于现实世界的复杂性，信息可能是精确的，也可能是不精确的、模糊的；关联可能是确定的，也可能是不确定的。这就使得知识并不总是只有"真"与"假"这两种状态，而是在"真"与"假"之间还存在许多中间状态，即存在为"真"的程度问题，知识的这一

特性称为不确定性。

造成知识具有不确定性的原因是多方面的，概括起来可归结为以下四种情况：

（1）由随机性引起的不确定性

在随机现象中一个事件是否发生是不能预先确定的，它可能发生，也可能不发生，因而需要用［0，1］上的一个数来指出它发生的可能性。显然，由这种事件所形成的知识不能简单地用"真"或"假"来刻画它，它是不确定的。就以前面所说的"如果头痛且流涕，则有可能患了感冒"这一条知识来说，其中的"有可能"实际上就是反映了"头痛且流涕"与"患了感冒"之间的一种不确定的因果关系，因为具有"头痛且流涕"的人并不一定都是"患了感冒"，因此它是一条具有不确定性的知识。

（2）由模糊性引起的不确定性

由于某些事物客观上存在的模糊性，使得人们无法把两个类似的事物严格地区分开来，不能明确地判定一个对象是否符合一个模糊概念；又由于某些事物间存在着模糊关系，使得我们不能准确地确定它们之间的关系究竟是"真"还是"假"。像这样由模糊概念、模糊关系所形成的知识显然是不确定的。

（3）由不完全性引起的不确定性

人们对客观世界的认识是逐步提高的，只有在积累了大量的感性认识后才能升华到理性认识的高度，形成某种知识，因此知识有一个逐步完善的过程。在此过程中，或者由于客观事物表露得不够充分，致使人们对它的认识不够全面，或者对充分表露的事物一时抓不住本质，致使对它的认识不够准确。这种认识上的不完全、不准确必然导致相应的知识是不精确、不确定的。

事实上，由于现实世界的复杂性，人们很难一下掌握完全的信息，因而不完全性就成为引起知识不确定性的一个重要原因。人们求解问题时，很多情况下也是在知识不完全的背景下进行思维并最终求得问题的解决的，后续讨论的非单调推理反映了这种情况。

（4）由经验性引起的不确定性

在人工智能的重要研究领域专家系统中，知识都是由领域专家提供的，这种知识大都是领域专家在长期的实践及研究中积累起来的经验性知识。尽管领域专家能够得心应手地运用这些知识，正确地解决领域内的有关问题，但若让他们精确地表述出来却是相当困难的，这是引起知识不确定性的一个原因。另外，由于经验性自身就蕴含着不精确性及模糊性，这就形成了知识不确定性的另一个原因。因此，在专家系统中大部分知识都具有不确定性这一特性。

3. 可表示性与可利用性

知识是可以用适当形式表示出来的，如用语言、文字、图形、神经元网络等，正是由于它具有这一特性，所以才能被存储并得以传播。至于它的可利用性，这是不言而喻的，我们每个人天天都在利用自己掌握的知识解决所面临的各种各样问题。

2.1.3　知识的分类

对知识从不同角度划分，可得到不同的分类方法，这里仅讨论其中常见的五种：

1. 作用范围

若就知识的作用范围来划分，知识可分为常识性知识和领域性知识。

常识性知识是通用性知识，是人们普遍知道的知识，适用于所有领域。

领域性知识是面向某个具体领域的知识，是专业性的知识，只有相应专业的人员才能掌握并用来求解领域内的有关问题，例如专家的经验及有关理论就属于领域知识。专家系统主要是以领域知识为基础建立起来的。

2. 作用及表示

若就知识的作用及表示来划分，知识可分为事实性知识、过程性知识和控制性知识。

事实性知识用于描述领域内的有关概念、事实，事物的属性及状态等。例如：

1）糖是甜的。

2）杭州是一座古老的城市。

3）电力系统包含发电、变电、输电、配电和用电等环节。

这都是事实性知识。事实性知识一般采用直接表达的形式，如用谓词公式表示等。

过程性知识主要是指与领域相关的知识，用于指出如何处理与问题相关的信息以求得问题的解。过程性知识一般是通过对领域内各种问题的比较与分析得出的规律性的知识，由领域内的规则、定律、定理及经验构成。对于一个智能系统来说，过程性知识是否完善、丰富、一致将直接影响到系统的性能及可信任性，是智能系统的基础。其表示方法既可以是下面将要讨论的一组产生式规则，也可以是语义网络等。

控制性知识又称为深层知识或者元知识，它是关于如何运用已有的知识进行问题求解的知识，因此又称为"关于知识的知识"。例如问题求解中的推理策略（正向推理及逆向推理）；信息传播策略（如不确定性的传递算法）；搜索策略（宽度优先、深度优先、启发式搜索等）；求解策略（求第一个解、全部解、严格解、最优解等）；限制策略（规定推理的限度）等。关于表达控制信息的方式，按表达形式级别的高低可分成三大类，即策略级控制（较高级）、语句级控制（中级）及实现级控制（较低级）。

3. 确定性

若就知识的确定性来划分，知识可分为：确定性知识和不确定性知识。

确定性知识是指可指出其真值为"真"或"假"的知识，它是精确性的知识。

不确定性知识是指具有"不确定"特性的知识，它是对不精确、不完全及模糊性知识的总称。

4. 结构及表现形式

若就知识的结构及表现形式来划分，知识可分为：逻辑性知识和形象性知识。

逻辑性知识是反映人类逻辑思维过程的知识，例如人类的经验性知识等。这种知识一般都具有因果关系及难以精确描述的特点，它们通常是基于专家的经验，以及对一些事物的直观感觉。在下面将要讨论的知识表示方法中，一阶谓词逻辑表示法、产生式表示法等都是用来表示这一种知识的。

人类的思维过程除了逻辑思维外，还有一种称之为"形象思维"的思维方式。例如，我们问"什么是树？"，如果用文字来回答这个问题，那将是十分困难的，但若指着一棵树说"这就是树"，就容易在人们的头脑中建立起"树"的概念。像这样通过事物的形象建立起来的知识称为形象性知识。目前人们正在研究用神经元网络连接机制来表示这种知识。

5. 抽象及整体观点

如果撇开知识涉及领域的具体特点，从抽象的、整体的观点来划分，知识可分为：零级知识、一级知识和二级知识。

这种关于知识的层次划分还可以继续下去，每一级知识都对其低一层的知识有指导意义。其中，零级知识是指问题领域内的事实、定理、方程、实验对象和操作等常识性知识及原理性知识；一级知识是指具有经验性、启发性的知识，例如经验性规则、含义模糊的建议、不确切的判断标准等；二级知识是指如何运用上述两级知识的知识。在实际应用中，通常把零级知识与一级知识统称为领域知识，而把二级以上的知识统称为元知识。

2.1.4 知识的表示

世界上的每一个国家或民族都有自己的语言和文字，它是人们表达思想、交流信息的工具。正是有了这样的表达工具，才促进了人类的文明及社会的进步。很难想象，如果没有语言和文字，当今的人类社会将会是个什么样子。

在各个学科领域中，一般也都有相应的表示形式。例如数学中的数字表示形式、函数表示形式、微积分符号等；化学中的化学元素符号、分子式等。

由此可见，任何需要进行交流、处理的对象都需要用适当的形式表示出来才能被应用，对于知识当然也是这样。人工智能研究的目的是要建立一个能模拟人类智能行为的系统，为达到这个目的就必须研究人类智能行为在计算机上的表示形式，只有这样才能把知识存储到计算机中去，供求解现实问题使用。

有了上述的一些基本认识后，就可以说明什么是知识表示及其表示方法了。所谓知识表示实际上就是对知识的一种描述，或者说是一组约定，一种计算机可以接受的用于描述知识的数据结构。对知识进行表示的过程就是把知识编码成某种数据结构的过程。

知识表示方法又称为知识表示技术，其表示形式称为知识表示模式。

对于知识表示方法的研究，离不开对知识的研究与认识。由于目前对人类知识的结构及机制还没有完全搞清楚，因此关于知识表示的理论及规范尚未建立起来。尽管如此，人们在对智能系统的研究及建立过程中，还是结合具体研究提出了一些知识表示方法。

2.1.4.1 知识表示方法

1. 符号表示法、连接机制表示法

符号表示法是用各种包含具体含义的符号，以各种不同的方式和次序组合起来表示知识的一类方法，它主要用来表示逻辑性知识，本章中将要讨论的各种知识表示方法都属于这一类。

连接机制表示法是用神经网络技术表示知识的一种方法，它把各种物理对象以不同的方式及次序连接起来，并在其间互相传递及加工各种包含具体意义的信息，以此来表示相关的概念及知识。相对于符号表示法而言，连接机制表示法是一种隐式的表示知识方法，它特别适用于表示各种形象性的知识。

2. 说明性表示法和过程性表示法

若按控制性知识的组织方式进行分类，表示方法可分为：说明性表示法和过程性表示法。说明性表示法着重于知识的静态方面，如客体、事件、事实及其相互关系和状态等，其控制性知识包含在控制系统中；而过程性表示法强调的是对知识的利用，着重于知识的动态方面。其控制性知识全部嵌入于对知识的描述中，且将知识包含在若干过程之中。

目前用得较多的知识表示方法主要有：一阶谓词逻辑表示法、产生式表示法、框架表示法、语义网络表示法等。自下一节开始将分别讨论这些表示方法。

2. 1. 4. 2　如何选择知识表示方法

对同一知识，一般都可以用多种方法进行表示，但其效果却不相同。因为不同领域中的知识一般都有不同的特点，而每一种表示方法也各有自己的长处与不足。因而，有些领域的知识可能采用这种表示模式比较合适，而有些领域的知识可能采用另一种表示模式更好。有时还需要把几种表示模式结合起来，作为一个整体来表示领域知识，以取得取长补短的效果。另外，上述各种知识表示方法大都是在进行某项具体研究或者建立某个智能系统时提出来的，有一定的针对性和局限性，应用时需根据实际情况做适当的改变。在建立一个具体的智能系统时，究竟采用哪种表示模式，目前还没有统一的标准，也不存在一个万能的知识表示模式。但一般来说，在选择知识表示方法时，应从以下四个方面进行考虑：

1. 充分表示领域知识

确定一个知识表示模式时，首先应该考虑的是它能否充分地表示领域知识。为此，需要深入地了解领域知识的特点以及每一种表示模式的特征，以便做到"对症下药"。例如，在医疗诊断领域中，其知识一般具有经验性、因果性的特点，适合于用产生式表示法进行表示；而在设计类（如机械产品设计）领域中，由于一个部件一般由多个子部件组成，部件与子部件既有相同的属性又有不同的属性，即它们既有共性又有个性，因而在进行知识表示时，应该把这个特点反映出来，此时单用产生式模式来表示就不能反映出知识间的这种结构关系，这就需要把框架表示法与产生式表示法结合起来。由此可见，知识表示模式的选择和确定往往要受到领域知识自然结构的制约，要视具体情况而定。当已有的知识表示方法不能适应自己面临的问题时，就需要重新设计一种新的知识表示模式。

2. 有利于对知识的利用

知识的表示与利用是密切相关的两个方面。"表示"的作用是把领域内的相关知识形式化并用适当的内部形式存储到计算机中去，而"利用"是使用这些知识进行推理，求解现实问题。这里所说的"推理"是指根据问题的已知事实，通过使用存储在计算机中的知识推出新的事实（结论）或者执行某个操作的过程。显然，"表示"的目的是为了"利用"，而"利用"的基础是"表示"。为了使一个智能系统能有效地求解领域内的各种问题，除了必须具备足够的知识外，还必须使其表示形式便于对知识的利用。如果一种表示模式的数据结构过于复杂或者难于理解，使推理不便于进行匹配、冲突消解及不确定性的计算等处理，那就势必影响到系统的推理效率，从而降低系统求解问题的能力。

3. 便于对知识的组织、维护与管理

为了把知识存储到计算机中去，除了需要用合适的表示方法把知识表示出来外，还需要对知识进行合理的组织，而对知识的组织是与表示方法密切相关的，不同的表示方法对应于不同的组织方式，这就要求在设计或选择知识表示方法时能充分考虑将要对知识进行的组织方式。另外，在一个智能系统初步建成后，经过对一定数量实例的运行，可能会发现其知识在质量、数量或性能方面存在某些问题，此时或者需要增补一些新知识，或者需要修改甚至删除某些已有的知识。在进行这些工作时，又需要进行多方面的检测，以保证知识的一致性、完整性等，这称之为对知识的维护与管理。在确定知识的表示模式时，应充分考虑维护与管理的方便性。

4. 便于理解和实现

一种知识表示模式应是人们容易理解的，这就要求它符合人们的思维习惯。至于实现上的方便性，更是显然的。如果一种表示模式不便于在计算机上实现，那它就只能是纸上谈兵，没有任何实用价值。

前面讨论了知识及其表示的有关问题，这样就可把知识用某种模式表示出来存储到计算机中去。但是，为使计算机具有智能，仅仅使它拥有知识还是不够的，还必须使它具有思维能力，即能运用知识进行推理、求解问题。因此，关于推理及其方法的研究就成为人工智能的一个重要研究课题。

2.1.5　什么是推理

人们在对各种事物进行分析、综合并最后做出决策时，通常是从已知的事实出发，通过运用已掌握的知识，找出其中蕴含的事实，或归纳出新的事实，这一过程通常称为推理。严格地说，所谓推理就是按某种策略由已知判断推出另一判断的思维过程。

一般来说，推理都包括两种判断：①已知的判断，它包括已掌握的与求解问题有关的知识及关于问题的已知事实；②由已知判断推出的新判断，即推理的结论。在人工智能系统中，推理是由程序实现的，称为推理机。

例如，在医疗诊断专家系统中，专家的经验及医学常识以某种表示形式存储于知识库中。当用它来为病人诊治疾病时，推理机就从病人的症状及化验结果等初始证据出发。按某种搜索策略在知识库中搜寻可与之匹配的知识，从而推出某些中间结论，然后再以这些中间结论为证据推出进一步的中间结论，如此反复进行，直到最终推出结论，即病人的病因与治疗方案为止。像这样从初始证据出发，不断运用知识库中的已知知识，逐步推出结论的过程就是推理。

2.1.6　推理方式及其分类

人类的智能活动有多种思维方式，人工智能作为对人类智能的模拟，相应地也有多种推理方式，下面分别从不同的角度对它们进行讨论。

1. 演绎推理、归纳推理和默认推理

推理的基本任务是从一种判断推出另一种判断，若从新判断推出的途径来划分，推理可分为演绎推理、归纳推理及默认推理。

演绎推理是从全称判断推导出特称判断或单称判断的过程，即由一般性知识推出适合于某一具体情况的结论。这是一种从一般到个别的推理。演绎推理有多种形式，经常用的是三段论式，它包括：

1）大前提，这是已知的一般性知识或假设。

2）小前提，这是关于所研究的具体情况或个别事实的判断。

3）结论，这是由大前提推出的适合于小前提所示情况的新判断。

例如设有如下三个判断：

1）电气工程师从事电气专业工程设计。

2）高波是一名电气工程师。

3）所以，高波从事电气专业工程设计。

这就是一个三段论推理，其中一是大前提；二是小前提；三是经演绎推出的结论。对这个例子进行分析就会发现，结论"高波从事电气专业工程设计"事实上是蕴含于"电气工程师从事电气专业工程设计"这一大前提之中的，它没有超出大前提所断定的范围。这个现象并不是仅这个例子才特有的，而是演绎推理的一个典型特征，即在任何情况下，由演绎推理导出的结论都是蕴含在大前提的一般性知识之中的。由此我们还可得知，只要大前提和小前提是正确的，则由它们推出的结论也必然是正确的。演绎推理是人工智能中的一种重要推理方式，在直到目前研制成功的各类智能系统中，大多是用演绎推理实现的。

归纳推理是从足够多的事例中归纳出一般性结论的推理过程，是一种从个别到一般的推理。若从归纳时所选事例的广泛性来划分，归纳推理又可分为完全归纳推理与不完全归纳推理两种。所谓完全归纳推理是指在进行归纳时考察了相应事物的全部对象，并根据这些对象是否都具有某种属性，从而推出这个事物是否具有这个属性。例如，某厂进行产品质量检查，如果对每一件产品都进行了严格检查，并且都是合格的，则推导出结论"该厂生产的产品是合格的"，这就是一个完全归纳推理。所谓不完全归纳推理是指只考察了相应事物的部分对象，就得出了结论。例如，检查产品质量时，只是随机地抽查了部分产品，只要它们都合格，就得出了"该厂生产的产品是合格的"结论，这就是一个不完全归纳推理。不完全归纳推理推出的结论不具有必然性，属于非必然性推理，而完全归纳推理是必然性推理。但由于要考察事物的所有对象通常都比较困难，因而大多数归纳推理都是不完全归纳推理。归纳推理是人类思维活动中最基本、最常用的一种推理形式，人们在由个别到一般的思维过程中经常要用到它。

默认推理又称为缺省推理，它是在知识不完全的情况下假设某些条件已经具备所进行的推理。例如，在条件 A 已成立的情况下，如果没有足够的证据能证明条件 B 不成立，则就默认 B 是成立的，并在此默认的前提下进行推理，推导出某个结论。由于这种推理允许默认某些条件是成立的，这就摆脱了需要知道全部有关事实才能进行推理的要求，使得在知识不完全的情况下也能进行推理。在默认推理过程中，如果到某一时刻发现原先所作的默认不正确，则要撤销所作的默认以及由此默认推出的所有结论，重新按新情况进行推理。

2. 确定性推理和不确定性推理

若按推理时所用知识的确定性来划分，推理可分为确定性推理与不确定性推理。

所谓确定性推理是指推理时所用的知识都是精确的，推出的结论也是确定的，其真值或者为真，或者为假，没有第三种情况出现。经典逻辑推理就属于这一类。

所谓不确定性推理是指推理时所用的知识不都是精确的，推出的结论也不完全是肯定的。其真值位于真与假之间，命题的外延模糊不清。这里，我们要特别强调的是不确定性推理。自亚里士多德建成第一个演绎公理系统以来，经典逻辑与精确数学的建立及发展为人类科学技术的发展起到了巨大的作用，取得了辉煌的成就，为电子数字计算机的诞生奠定了基础，但也使人们养成了追求严格、迷信精确的习惯。然而，现实世界中的事物和现象大都是不严格、不精确的，许多概念是模糊的，没有明确的类属界限，很难用精确的数学模型来表示与处理。正如费根鲍姆（E. A. Feigenbaum）所说的那样，大量未解决的重要问题往往需要运用专家的经验，而这样的问题是难以建立精确数学模型的，也不宜用常规的传统程序来求解。在此情况下，若仍用经典逻辑做精确处理，势必要人为地在本来没有明确界限的事物间划定界限，从而舍弃了事物固有的模糊性，失去了真实性。这就是为什么近年来各种非经典逻辑迅速崛起，人工智能亦把不精确知识的表示与处理作为重要研究课题的原因。另外，从人类思维活动的特征来看，人们经常是在知识不完全、不精确的情况下进行多方位的思考及推理的。因此，要使计算机能模拟人类的思维活动，就必须使它具有不确定性推理的能力。

3. 单调推理和非单调推理

若按推理过程中推出的结论是否单调地增加，或者说推出的结论是否越来越接近最终目标来划分，推理又分为单调推理与非单调推理。

所谓单调推理是指在推理过程中随着推理的向前推进及新知识的加入，推出的结论呈单调增加的趋势，并且越来越接近最终目标，在推理过程中不会出现反复的情况，即不会由于新知识的加入否定了前面推出的结论，从而使推理又退回到前面的某一步。基于经典逻辑的演绎推理属于单调性推理。

所谓非单调推理是指在推理过程中由于新知识的加入，不仅没有加强已推出的结论，反而要否定它，使得推理退回到前面的某一步，重新开始。非单调推理多是在知识不完全的情况下发生的。由于知识不完全，为使推理进行下去，就要先做某些假设，并在此假设的基础上进行推理，当以后由于新知识的加入发现原先的假设不正确时，就需要推翻该假设以及以此假设为基础推出的一切结论，再用新知识重新进行推理。显然，前面所说的默认推理是非单调推理。在人们的日常生活及社会实践中，很多情况下进行的推理也都是非单调推理，这是人们常用的一种思维方式。

4. 基于知识的推理、统计推理和直觉推理

若从方法论的角度划分，推理可分为基于知识的推理、统计推理及直觉推理。

顾名思义，所谓基于知识的推理就是根据已掌握的事实，通过运用知识进行的推理。例如医生诊断疾病时，他根据病人的症状及检验结果，运用自己的医学知识进行推理，最后给出诊断结论及治疗方案，这就是基于知识的推理。今后我们所讨论的推理都属于这一类。

统计推理是根据对某事物的数据统计进行的推理。例如农民根据对农作物的产量统计，得出是否增产的结论，从而可找出增产或者减产的原因，这就是运用了统计推理。

直觉推理又称为常识性推理，是根据常识进行的推理。例如，当你从某建筑物下面走过时，猛然发现有一物体从建筑物上掉落下来，这时你立即就会意识到"这有危险"并立即躲开，这就是使用了直觉推理。目前，在计算机上实现直觉推理还是一件很困难的工作，有待进行深入的研究工作。

除了上述分类方法外，推理还有一些其他分类方法。如根据推理的繁简不同，分为简单推理与复合推理；根据结论是否具有必然性，分为必然性推理与或然性推理；在不确定性推理中，推理又分为似然推理与近似推理或模糊推理，前者是基于概率论的推理，后者是基于模糊逻辑的推理。

从某种意义上来说，人们利用逻辑对于知识进行推理在逻辑应用于人工智能研究中的作用远远超过了单纯的知识表示。因为，逻辑推理所涉及的不单单是知识的外在形式，它事实上涉及的是知识的内容，是形式的知识所包含的意义的内在联系。虽然从表面上看，推理是形式的，但是逻辑学所追求和保证的就是知识的形式和内容之间的固定联系。逻辑学的这种追求与保证使得机器对于知识的理解不是形式上的而是含义上的。研究包含在知识的形式表示之上的知识的含义，对于智能研究是本质的，这也正如研究信息的含义高于信息的形式一样。

以上讨论了关于知识和推理的若干基本概念，自下一节开始讨论各种知识表示方法和推理方法。本章主要内容如图 2-1 所示，具体内容见后。

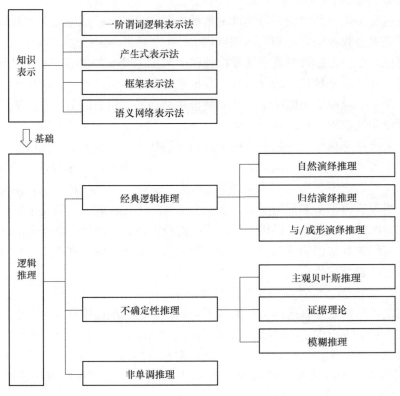

图 2-1　第 2 章主要内容图

2.2　一阶谓词逻辑表示法

一阶谓词逻辑表示法是最早使用的一种知识表示方法。谓词逻辑是一种形式语言，也是到目前为止能够表达人类思维活动规律的一种最精确的语言，它与人们的自然语言比较接近，又可方便地存储到计算机中去并被计算机做精确处理。因此，它成为最早应用于人工智能中表示知识的一种逻辑。

目前使用这种方法表示知识的系统主要有：格林等人研制的通用系统 QA3，适用于求解化学等方面的问题；菲克斯等人研制的机器人行动规划系统 STRIPS，具有问题应答及规划求解的能力；菲尔曼等人研制的证明系统 FOL，采用一阶谓词逻辑的推理法则进行自然演绎推理。此外，人工智能语言 PROLOG 也是以一阶谓词逻辑为基础的程序设计语言，是建造智能系统的有力工具。

2.2.1 一阶谓词逻辑表示的逻辑基础

一阶谓词逻辑表示法是一种基于数理逻辑的知识表示方式。数理逻辑是一门研究推理的科学，它作为人工智能的基础，在人工智能的发展中占有重要地位。一阶谓词逻辑知识表示中需要的一些逻辑基础主要有：命题、谓词、连词、量词、谓词公式等。

1. 命题与真值

定义 2.1 一个陈述句称为一个断言。凡有真假意义的断言称为命题。

命题的意义通常称为真值，它只有真、假两种情况。当命题的意义为真时，则称该命题的真值为真，记为 T；反之，则称该命题的真值为假，记为 F。在命题逻辑中，命题通常用大写的英文字母来表示。

一个命题不能同时既为真又为假。例如，"天安门城楼在长安街的北面"是一个真值为 T 的命题，"天安门广场在长安街的北面"是一个真值为 F 的命题。

一个命题可在一定条件下为真，在另一种条件下为假。例如，命题"北京今天有雨"，需要根据当天的实际情况来决定其真值。

没有真假意义的感叹句、疑问句等都不是命题。例如，"今天好冷啊！"和"今天的温度有多少度？"都不是命题。

命题的优点是简单、明确。其主要缺点是无法描述客观事物的结构及其逻辑特征，也无法表示不同事物间的共性。

2. 论域与谓词

论域是由所讨论对象全体构成的非空集合。论域中的元素称为个体，论域也常称为个体域。例如，整数的个体域是由所有整数构成的集合，每个整数都是该个体域中的一个个体。

在谓词逻辑中，命题是用谓词来表示的。一个谓词可分为谓词名和个体两部分。其中，个体是命题中的主语，用来表示某个独立存在的事物或者某个抽象的概念；谓词名是命题的谓语，用来表示个体的性质、状态或个体之间的关系等。例如，对于命题"李明是学生"可用谓词表示为 STUDENT(Li Ming)。其中，Li Ming 是个体，代表李明；STUDENT 是谓词名，说明李明是学生这一特征。通常，谓词名用大写英文字母表示，个体用小写英文字母表示。

谓词可形式地定义如下：

定义 2.2 设 D 是个体域。$P:D^n \rightarrow \{T, F\}$ 是一个映射，其中

$$D^n = \{(x_1, x_2, \cdots, x_n) \mid x_1, x_2, \cdots, x_n \in D\}$$

则称 P 是一个 n 元谓词（$n = 1, 2, \cdots$），记为 $P(x_1, x_2, \cdots, x_n)$。其中，x_1、x_2、$\cdots$、x_n 为个体变元。

在谓词中，个体可以是常量、变元或函数。例如，"$x > 5$"可用谓词表示为 Greater($x, 5$)，其中 x 是变元。再如，"李明的父亲是教师"可用谓词表示为 TEACHER(father(Li Ming))，其中 father(Li Ming) 是一个函数。

函数可形式地定义如下：

定义 2.3 设 D 是个体域 $f:D^n \rightarrow D$ 是一个映射，则称 f 是 D 上的一个 n 元函数，记为

$$f(x_1, x_2, \cdots, x_n)$$

其中，x_1、x_2、$\cdots$、x_n 是个体变元。

谓词和函数从形式上看很相似，容易混淆。但是，它们是两个完全不同的概念。谓词的真值是真和假，而函数无真值可言，其值是个体域中的某个个体。谓词实现的是从个体域中的个体到 T 或 F 的映射，而函数所实现的是同一个体域中从一个个体到另一个个体的映射。在谓词逻辑中，函数本身不能单独使用，它必须嵌入到谓词之中。

在谓词 $P(x_1, x_2, \cdots, x_n)$ 中，如果 $x_i(i=1,2,\cdots,n)$ 都是个体常量、变元或函数，称它为一阶谓词。如果某个 x_i 本身又是一个一阶谓词，则称它为二阶谓词。

3. 连接词与量词

一阶谓词逻辑共有五个连接词和两个量词。

（1）连接词

连接词是用来连接简单命题，并由简单命题构成复合命题的逻辑运算符号。它们分别是：

1）$\neg$：称为"非"或者"否定"。它表示对其后面的命题的否定，使该命题的真值与原来相反。例如，对命题 P，若其原来的真值为 T，则 $\neg P$ 的真值为 F；若其原来的真值为 F，则 $\neg P$ 的真值为 T。

2）$\vee$：称为"析取"。它表示所连接的两个命题之间具有"或"的关系。

3）$\wedge$：称为"合取"。它表示所连接的两个命题之间具有"与"的关系。

4）$\rightarrow$：称为"条件"或"蕴涵"。它表示"若……，则……"的语义。例如，对命题 P 和 Q，蕴涵式 $P \rightarrow Q$ 表示"如果 P，则 Q"，其中 P 称为条件的前件、Q 称为条件的后件。

5）$\leftrightarrow$：称为"双条件"。它表示"当且仅当"的语义。例如，对命题 P 和 Q，$P \leftrightarrow Q$ 表示"P 当且仅当 Q"。

对以上连接词的定义，可用表 2-1 所给出的谓词逻辑真值表来表示。

表 2-1　谓词逻辑真值表

P	Q	$\neg P$	$P \vee Q$	$P \wedge Q$	$P \rightarrow Q$	$P \leftrightarrow Q$
T	T	F	T	T	T	T
T	F	F	T	F	F	F
F	T	T	T	F	T	F
F	F	T	F	F	T	T

（2）量词

量词是由量词符号和被其量化的变元所组成的表达式，用来对谓词中的个体作出量的规定。在一阶谓词逻辑中引入了两个量词符号，一个是全称量词符号"$\forall$"，意思是"所有的"、"任一个"；另一个是存在量词符号"$\exists$"，意思是"至少有一个"、"存在有"。例如，$\forall x$ 是一个全称量词，表示"对论域中的所有个体 x"；$\exists x$ 是一个存在量词，表示"在论域中存在个体 x"。

全称量词的定义：命题 $(\forall x)P(x)$ 为真，当且仅当对论域中的所有 x，都有 $P(x)$ 为真。命题 $(\forall x)P(x)$ 为假，当且仅当至少存在一个 $x_0 \in D$，使得 $P(x_0)$ 为假。

存在量词的定义：命题 $(\exists x)P(x)$ 为真，当且仅当至少存在一个 $x_0 \in D$，使得 $P(x_0)$ 为真。命题 $(\exists x)P(x)$ 为假，当且仅当对论域中的所有 x，都有 $P(x)$ 为假。

4. 项与合式公式

在一阶谓词演算中，合法的表达式称为合式公式（即谓词公式）。对合式公式的定义将涉及"项"的概念，下面分别给出它们的定义。

定义 2.4 项满足如下规则：

1）单独一个个体是项。

2）若 t_1、t_2、$\cdots$、t_n 是项，f 是 n 元函数，则 $f(t_1, t_2, \cdots, t_n)$ 是项。

3）由 1）、2）生成的表达式是项。

可见，项是把个体常量、个体变元和函数统一起来的概念。

定义 2.5 原子谓词公式的含义为：

若 t_1、t_2、$\cdots$、t_n 是项，P 是谓词符号，则称 $P(t_1, t_2, \cdots, t_n)$ 为原子谓词公式。

定义 2.6 满足如下规则的谓词演算可得到合式公式：

1）单个原子谓词公式是合式公式。

2）若 A 是合式公式，则 $\neg A$ 也是合式公式。

3）若 A、B 都是合式公式，则 $A \vee B$、$A \wedge B$、$A \rightarrow B$、$A \leftrightarrow B$ 也都是合式公式。

4）若 A 是合式公式，x 是项，则 $(\forall x)A$ 和 $(\exists x)A$ 也都是合式公式。

这个定义实际上是合式公式的形成规则，按照这些规则可以形成任意复杂的合式公式。例如，$\neg P(x,y) \vee Q(y)$、$(\forall x)(A(x) \rightarrow B(x))$、$(\exists x)A(x) \rightarrow (\forall y)R(x,y) \wedge B(y)$ 都是合式公式。

在合式公式中，连接词的优先级别是：

$$\neg, \quad \wedge, \quad \vee, \quad \rightarrow, \quad \leftrightarrow$$

5. 自由变元和约束变元

当一个谓词公式含有量词时，区分个体变元是否受量词的约束是很重要的。通常，把位于量词后面的单个谓词或者用括弧括起来的合式公式称为该量词的辖域，辖域内与量词中同名的变元称为约束变元，不受约束的变元称为自由变元。例如

$$(\forall x)(P(x,y) \rightarrow Q(x,y)) \vee R(x,y)$$

式中，$(P(x,y) \rightarrow Q(x,y))$ 是 $(\forall x)$ 的辖域，辖域内的变元 x 是受 $(\forall x)$ 约束的变元；$R(x,y)$ 中的 x 是自由变元；公式中所有的 y 都是自由变元。

2.2.2 一阶谓词逻辑表示方法实例

谓词逻辑适合于表示事物的状态、属性、概念等事实性的知识，也可以用来表示事物间确定的因果关系，即规则。事实通常用谓词公式的与/或形表示，所谓与/或形是指用合取符号及析取符号连接起来的公式。规则通常用蕴含式表示。例如对于

如果 x，则 y

可表示为

$$x \rightarrow y$$

用谓词公式表示知识时，需要首先定义谓词，指出每个谓词的确切含义；然后再用连接

词把有关的谓词连接起来，形成一个谓词公式表达一个完整的意义。

例2.1 用一阶谓词逻辑表示下列知识：

小王是电气工程系的一名学生。

小王喜欢编程序。

有的电气工程系的学生不喜欢编程序。

为了用谓词公式表示上述知识，首先需要定义谓词：

ELECTRIC(x)：x 是电气工程系的学生。

LIKE(x,y)：x 喜欢 y。

此时可用谓语公式把上述知识分别表示为：

COMPUTER(Xiaowang)

LIKE(Xiaowang, programming)

($\exists x$)(ELECTRIC(x)$\rightarrow \neg$LIKE(x, programming))

例2.2 用一阶谓词逻辑表示下列知识：

所有的整数不是偶数就是奇数。

首先需要定义谓词：

I(x)：x 是整数。

E(x)：x 是偶数。

O(x)：x 是奇数。

此时可用谓语公式把上述知识分别表示为

($\forall x$)(I(x)$\rightarrow$E(x)$\vee$O(x))

上面我们用例子说明了用谓词公示表示知识的方法。除此之外，还可用它表示知识元，例如在下一节将要讨论的产生式表示方法中，产生式的前提条件及结论都可用谓词公式表示。

2.2.3 一阶谓词逻辑表示法的特点

一阶谓词逻辑是一种形式语言系统，它用逻辑方法研究推理的规律，即条件与结论之间的蕴含关系，其表示知识方法有如下优点：

1）自然性。谓词逻辑是一种接近于自然语言的形式语言，接近于人们对问题的直观理解，易于被人们接受。

2）精确性。谓词逻辑是二值逻辑，其谓词公式的真值只有"真"与"假"，因此可用它表示精确知识，并可保证经演绎推理所得结论的精确性。

3）严密性。谓词逻辑具有严格的形式定义及推理规则，利用这些推理规则及有关定理证明技术可从已知事实推出新的事实，或证明做出的假设。

4）模块化。用谓词逻辑表示的知识可以比较容易地转换为计算机的内部形式，且各条知识都是相对独立的，它们之间不直接发生联系，便于对知识的增加、删除及修改。

一阶谓词逻辑表示法除具有上述优点外，尚有如下局限性：

1）知识表示范围的局限性。谓词逻辑只能表示精确性的知识，不能表示不精确、模糊性的知识，但由于人类的知识大多都不同程度地具有不确定性，这就使得它表示知识的范围受到了限制。另外，谓词逻辑难以表示启发性知识及元知识。

2）容易产生组合爆炸。在其推理过程中，随着事实数目的增大及盲目地使用推理规则，有可能形成组合爆炸。目前已在这一方面做了大量的研究工作，亦出现了一些比较有效的方法，如定义一个过程或启发式控制策略来选取合适的规则等。

3）效率低。用谓词逻辑表示知识时，其推理是根据形式逻辑进行的，把推理与知识的语义割裂了开来，这就使得推理过程冗长，降低了系统的效率。

2.3 产生式表示法

产生式表示法又称为产生式规则表示法。

"产生式"这一术语是由美国数学家波斯特（E. L. Post）在 1943 年首先提出来的，他根据串替代规则提出了一种成为波斯特机的计算模型，模型中的每一条规则称为一个产生式。在此之后，几经修改与充实，已成为最常用的一种知识表示方法。产生式表示法如今已被用到多个领域中，例如用来描述形式语言的语法，表示人类心理活动的认知过程等。

1972 年纽厄尔（A. Newell）和西蒙（H. A. Simon）在研究人类的认知模型中开发了基于规则的产生式系统。目前它已成为人工智能中应用最多的一种知识表示模式，特别是专家系统的常用结构。例如费根鲍姆（E. Feigenbaum）等人研制的化学分子结构专家系统 DEN-DRAL、肖特里菲（E. H. Shortliffe）等人研制的诊断感染性疾病的专家系统 MYCIN、美国 SRI 国际研究所的地质探矿专家系统 PROSPECTOR 等。

2.3.1 产生式的基本形式

产生式通常用于表示具有因果关系的知识，其基本形式是

$$P \rightarrow Q$$

或者

$$\text{IF} \quad P \quad \text{THEN} \quad Q$$

其中，P 是产生式的前提，用于指出该产生式是否可用的条件；Q 是一组结论或操作，用于指出当前提 P 所指示的条件被满足时，应该得出的结论或应该执行的操作。整个产生式的含义是：如果前提 P 被满足，则可推出结论 Q 或执行 Q 所规定的操作。例如

r_4: IF 动物会飞 AND 会下蛋 THEN 该动物是鸟

就是一个产生式。其中，r_4 是该产生式的编号；"动物会飞 AND 会下蛋"是前提 P；"该动物是鸟"是结论 Q。

谓词逻辑中的蕴含式与产生式的基本形式有相同的形式，其实蕴含式只是产生式的一种特殊情况，理由有二：

1）蕴含式只能表示精确知识，其值或者为真，或者为假；而产生式不仅可以表示精确知识，而且还可以表示不精确知识。例如在专家系统 MYCIN 中有这样一条产生式：

IF 本微生物的染色斑是革兰氏阴性，

   本微生物的形状呈杆状，

   病人是中间宿主

THEN 该微生物是绿脓杆菌，置信度为 0.6

它表示当前提中列出的各个条件都得到满足时，结论"该微生物是绿脓杆菌"可以相信的程度为0.6。这里，用0.6指出了知识的强度，但对谓词逻辑中的蕴含式是不可以这样做的。

2）用产生式表示知识的系统中，决定一条知识是否可用的方法是检查当前是否有已知事实可与前提中所规定的条件匹配，而且匹配可以是精确的，也可以是不精确的，只要按某种算法求出的相似度落在某个预先指定的范围内就认为是可匹配的，但对谓词逻辑的蕴含式来说，其匹配总要求是精确的。

由于产生式与蕴含式存在这些区别，导致它们在处理方法及应用等方面都较大的差别。

为了严格地描述产生式，下面用巴科斯范式（Backus Normal Form，BNF）给出它的形式描述及语义：

<产生式>::=<前提>→<结论>

<前提>::=<简单条件>|<复合条件>

<结论>::=<事实>|<操作>

<复合条件>::=<简单条件>AND<简单条件>[（AND<简单条件>）…]

|<简单条件>OR<简单条件>[（OR<简单条件>）…]

<操作>::=<操作名>[（<变元>，…）]

另外，产生式又称为规则或产生式规则；产生式的"前提"有时又称为"条件""前提条件""前件""左部"等；其"结论"部分有时称为"后件"或"右部"等。今后我们将不加区分地使用这些术语，不再作单独说明。

2.3.2　产生式系统

把一组产生式放在一起，让它们互相配合，协同作用，一个产生式生成的结论可以供另一个产生式作为已知事实使用，以求得问题的解决，这样的系统称为产生式系统。

一般来说，一个产生式系统由以下三个基本部分组成：规则库、综合数据库和控制系统。它们之间的关系如图2-2所示。

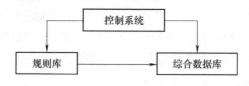

图2-2　产生式系统的基本结构

1. 规则库

用于描述相应领域内知识的产生式集合称为规则库。

显然，规则库是产生式系统赖以进行问题求解的基础，其知识是否完整、一致，表达是否准确、灵活，对知识的组合是否合理等，不仅将直接影响到系统的性能，而且还会影响到系统的运行效率，因此对规则库的设计与组织应给予足够的重视。一般来说，在建立规则库时应注意以下问题：

（1）有效地表达领域内的过程性知识

规则库中存放的主要是过程性知识，用于实现对问题的求解。为了使系统具有较强的问题求解能力，除了需要获取足够的知识外，还需要对知识进行有效的表达。为此，需要解决如下一些问题：如何把领域中的知识表达出来，即为了求解领域内的各种问题需要建立哪些产生式规则？对知识中的不确定性如何表示？规则库建成后能否对领域内的不同问题分别形成相应的推理链，即规则库中的知识是否具有完整性？以上问题将会从下面给出的一个典型例子中得到启发。

例 2.3 动物识别系统的规则库。

这是一个用以识别虎、金钱豹、斑马、长颈鹿、企鹅、鸵鸟、信天翁等七种动物的产生式系统。为了实现对这些动物的识别，该系统建立了如下规则库：

r_1：IF 该动物有毛发   THEN 该动物是哺乳动物

r_2：IF 该动物有奶   THEN 该动物是哺乳动物

r_3：IF 该动物有羽毛   THEN 该动物是鸟

r_4：IF 该动物会飞   AND 会下蛋 THEN 该动物是鸟

r_5：IF 该动物吃肉   THEN 该动物是食肉动物

r_6：IF 该动物有犬齿   AND 有爪 AND 眼盯前方 THEN 该动物是食肉动物

r_7：IF 该动物是哺乳动物   AND 有蹄 THEN 该动物是有蹄类动物

r_8：IF 该动物是哺乳动物   AND 是嚼反刍动物 THEN 该动物是有蹄类动物

r_9：IF 该动物是哺乳动物   AND 是食肉动物

　　　　　　　　　　　　　　　AND 是黄褐色 AND 身上有暗斑点

　　　　　　　　　　　　　　　THEN 该动物是金钱豹

r_{10}：IF 该动物是哺乳动物   AND 是食肉动物

　　　　　　　　　　　　　　　AND 是黄褐色

　　　　　　　　　　　　　　　AND 身上有黑色条纹

　　　　　　　　　　　　　　　THEN 该动物是虎

r_{11}：IF 该动物是有蹄类动物AND 有长脖子

　　　　　　　　　　　　　　　AND 有长腿

　　　　　　　　　　　　　　　AND 身上有暗斑点

　　　　　　　　　　　　　　　THEN 该动物是长颈鹿

r_{12}：IF 该动物是有蹄类动物AND 身上有黑白相间的条纹

　　　　　　　　　　　　　　　THEN 该动物是斑马

r_{13}：IF 该动物是鸟   AND 有长脖子

　　　　　　　　　　　　　　　AND 有长腿

　　　　　　　　　　　　　　　AND 不会飞

　　　　　　　　　　　　　　　AND 有黑白二色

　　　　　　　　　　　　　　　THEN 该动物是鸵鸟

r_{14}：IF 该动物是鸟   AND 会游泳

　　　　　　　　　　　　　　　AND 不会飞

　　　　　　　　　　　　　　　AND 有黑白二色

$$\text{THEN} \quad \text{该动物是企鹅}$$

r_{15}: IF　该动物是鸟　　　　　AND　善飞

　　　　　THEN　该动物是信天翁

由上述产生式规则可以看出，虽然该系统是用来识别七种动物的，但它并没有简单地只设计 7 条规则，而是设计了 15 条，其基本想法是，首先根据一些比较简单的条件，如"有毛发""有羽毛""会飞"等对动物进行比较粗的分类，如"哺乳动物""鸟"等，然后随着条件的增加，逐步缩小分类范围，最后给出分别识别七种动物的规则。这样做起码有两个好处：①当已知的事实不完全时，虽不能推出最终结论，但可以得到分类结果；②当需要增加对其他动物（如牛、马等）的识别时，规则库中只需增加关于这些动物个性方面的知识，如 $r_9 \sim r_{15}$ 那样，而对 $r_1 \sim r_8$ 可直接利用，这样增加的规则就不会太多。在上例中，r_1、r_2、$\cdots$、r_{15} 分别是对各产生式规则所做的编号，以便于对它们的引用。

另外，由上述规则很容易形成各种动物的推理链，例如虎及长颈鹿的推理链如图 2-3 所示。

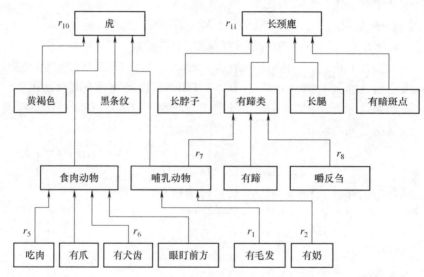

图 2-3　虎与长颈鹿的推理链

（2）对知识进行合理的组织与管理

对规则库中的知识进行适当的组织，采用合理的结构形式，可使推理避免访问那些与当前问题求解无关的知识，从而提高求解问题的效率。

仅就例 2.3 的规则库而言，如若能将知识分为如下两个子集：

$$\{r_1, r_2, r_5, r_6, r_7, r_8, r_9, r_{10}, r_{11}, r_{12}\}$$
$$\{r_3, r_4, r_{13}, r_{14}, r_{15}\}$$

则当待识别动物属于其中一个子集时，另一个子集中的知识在当前的问题求解过程中就可不用考虑，从而节约了查找所需知识的时间。当然，这种划分还可以逐级进行下去。使得相关的知识构成一个子集或子子集，构成一个层次型的规则库。

2. 综合数据库

综合数据库又称为事实库、上下文、黑板等。它是一个用于存放问题求解过程中各种当前信息的数据结构，例如问题的初始状态、原始证据、推理中得到的中间结论（如上例中的"哺乳动物""鸟"等）及最终结论（如上例中的"虎""长颈鹿"等）。当规则库中某条产生式的前提可与综合数据库中的某些已知事实匹配时，该产生式就被激活，并把用它推出的结论放入综合数据库中，作为后面推理的已知事实。显然，综合数据库的内容是在不断变化的，是动态的。

综合数据库中的已知事实通常用字符串、向量、集合、矩阵、表等数据结构表示，如在专家系统 MYCIN 中对事实通常用如下一个四元组表示：

（特性　　对象　　值　　可信度因子）

其中"可信度因子"是指对该事实为真的相信程度。例如对事实"张山大约是 25 岁"，可用四元组表示为：

（AGE　　ZHANGSHAN　　25　　0.8）

这里用可信度因子 0.8 是指对"张山是 25 岁"的可相信程度，反映了由"大约"表示出来的不确定性。

3. 控制系统

控制系统又称为推理机构，由一组程序组成，负责整个产生式系统的运行，实现对问题的求解。粗略地说，它要做以下五项主要的工作：

1）按一定的策略从规则库选择规则与综合数据库中的已知事实进行匹配。所谓匹配是指把规则的前提条件与综合数据库中的已知事实进行比较，如果两者一致，或者近似一致且满足预先规定的条件，则称匹配成功，相应的规则可被使用；否则称为匹配不成功，相应规则不可用于当前的推理。

2）匹配成功的规则可能不止一条，这称为发生了冲突。此时，推理机构必须调用相应的解决冲突策略进行消解，以便从中选出一条执行。

3）在执行某一条规则时，如果该规则的右部是一个或多个结论，则把这些结论加入到综合数据库中；如果规则的右部是一个或多个操作，则执行这些操作。

4）对于不确定性知识，在执行每一条规则时还要按一定算法计算结论的不确定性。

5）随时掌握结束产生式系统运行的时机，以便在适当的时候停止系统的运行。

为了使读者对产生式系统求解问题的过程有一个感性的认识，下面以例 2.4 给出的规则为例，来看动物识别系统是如何工作的。

例 2.4　设在综合数据库中存放有下列已知事实：

该动物身上有暗斑点，有长脖子，有长腿，有奶，有蹄

并假设综合数据库中的已知事实与规则库中的知识是从第一条（即 r_1）开始，逐条进行匹配的，则当推理开始时，推理机构的工作过程是：

1）首先从规则库中取出第一条规则 r_1，检查其前提是否可与综合数据库中的已知事实匹配成功。由于综合数据库中没有"该动物有毛发"这一事实，所以匹配不成功，r_1 不能被用于推理。然后取第二条规则 r_2 进行同样的工作。显然，r_2 的前提"该动物有奶"可与综合数据库中的已知事实匹配，因为在综合数据库中存在"该动物有奶"这一事实。此时 r_2 被执行，并将其结论部分，即"该动物是哺乳动物"加入到综合数据库中。此时综合数据库的内容变为：

该动物身上有暗斑点，有长脖子，有长腿，有奶，有蹄，是哺乳动物

2）接着分别用 r_3、r_4、r_5、r_6 与综合数据库中的已知事实进行匹配，均不成功。但当用

r_7 与之匹配时，获得了成功，此时执行 r_7 并将其结论部分"该动物是有蹄类动物"加入到综合数据库中，综合数据库的内容变为：

该动物身上有暗斑点，有长脖子，有长腿，有奶，有蹄，是哺乳动物，是有蹄类动物

3）在此之后，发现 r_{11} 又可与综合数据库中的已知事实匹配成功，并且推出了"该动物是长颈鹿"这一最终结论。至此，问题的求解过程就结束了。

上述问题的求解过程是一个不断地从规则库中选取可用规则与综合数据库中的已知事实进行匹配的过程，规则的每一次成功匹配都使综合数据库增加了新的内容，并朝着问题的解决方向前进了一步，这一过程称为推理。当然，上述过程只是一个简单的推理过程，在后续章节将对推理的有关问题开展全面的讨论。

对上面列出的推理过程，读者一定会问：计算机如何知道该在什么时候终止问题的求解过程呢？下面通过列出产生式系统求解问题的一般步骤来回答这个问题。

产生式系统求解问题的一般步骤是：

1）初始化综合数据库，把问题的初始已知事实送入综合数据库中。

2）若规则库中存在尚未使用过的规则，而且它的前提可与综合数据库中的已知事实匹配，则转第3）步；若不存在这样的事实，则转第5）步。

3）执行当前选中的规则，并对该规则做上标记，把该规则执行后得到的结论送入综合数据库中。如果该规则的结论部分指出的是某些操作，则执行这些操作。

4）检查综合数据库中是否已包含了问题的解，若已包含，则终止问题的求解过程；否则转第2）步。

5）要求用户提供进一步的关于问题的已知事实，若能提供，则转第2）步；否则终止问题的求解过程。

6）若规则库中不再有未使用过的规则，则终止问题的求解过程。

在上述第4）步中，为了检查综合数据库中是否包含问题的解，可采用如下两种简单的处理方法：

① 把问题的全部最终结论，如动物识别系统中的虎、金钱豹等七种动物的名称全部列于一张表中，每当执行一条规则得到一个结论时，就检查该结论是否包含在表中，若包含在表中，说明它就是最终结论，求得了问题的解。

② 对每条结论部分是最终结论的产生式规则，如动物识别系统中的规则 $r_9 \sim r_{15}$ 分别做一标记，当执行到上述一般步骤中的第3）步时，首先检查该选中的规则是否带有这个标记，若带有，则由该规则推出的结论就是最终结论，即求得了问题的解。

最后，需要特别说明的是，问题的求解过程与推理的控制策略有关，上述的一般步骤只是针对正向推理而言的，而且它只是粗略地描述了产生式系统求解问题的大致步骤，许多细节均未考虑，如冲突消解、不确定性的处理等，这些问题都将在下面的几章中分别讨论。

2.3.3 产生式系统的分类

对产生式系统从不同角度进行划分，可得到不同的分类方法。例如按推理方向划分可分为前向、后向和双向产生式系统；按其所表示的知识是否具有确定性可分为确定性及不确定性产生式系统。这些分类方法我们将分别在以后的各章中进行讨论，这里仅讨论按规则库及

综合数据库的性质及结构特征进行的分类。此时，产生式系统可分为：可交换的产生式系统、可分解的产生式系统和可恢复的产生式系统。下面分别进行讨论。

1. 可交换的产生式系统

产生式系统求解问题的过程是一个反复从规则库中选用合适规则并执行规则的过程。在这一过程中，不同的控制策略将会得到不同的规则执行次序，从而有不同的求解效率。如果一个产生式系统对规则的使用次序是可交换的，无论先使用哪一条规则都可达到目的，即规则的使用次序是无关紧要的，就称这样的产生式系统为可交换的产生式系统。为便于理解这一概念，下面给出一个简单的例子。

设综合数据库 DB 的初始状态是 $\{a, b, c\}$，其中 a、b、c 均为整数；并设规则库 RB 中有下述规则：

$$r_1: \quad \text{IF} \quad \{a,b,c\} \quad \text{THEN} \quad \{a,b,c,a×b\}$$

$$r_2: \quad \text{IF} \quad \{a,b,c\} \quad \text{THEN} \quad \{a,b,c,b×c\}$$

$$r_3: \quad \text{IF} \quad \{a,b,c\} \quad \text{THEN} \quad \{a,b,c,a×c\}$$

现在希望通过推理使综合数据库 DB 变为

$$\{a,b,c,a×b,b×c,a×c\}$$

其中，$a×b$ 表示 a 与 b 相乘，余者类推。

显然，无论先使用哪一条规则都可达到目的，所以由上述 RB 与 DB 构造的产生式系统是一个可交换的产生式系统。

严格地说，所谓一个产生式系统是可交换的，是指它的 RB 和每一个 DB 都具有如下性质：

1）设 RS 为可应用于 DB_i 的规则集合，当使用 RS 中任何一条规则 R 使 DB 的状态改变后，该 RS 对 DB 仍然适用。即对任何规则 $R \in RS$，RS 仍然是

$$R(\text{DB}_i) = \text{DB}_{i+1}$$

的可用规则集。

2）如果 DB_i 满足目标条件，则当应用 RS 中任何一条规则所生成的新综合数据库 DB_{i+1} 仍然满足目标条件。

3）若对当前的综合数据库 DB_i 使用某一规则序列 r_1，r_2，$\cdots$，r_k 得到一个新的综合数据库 DB_k，即

$$\text{DB}_i \xrightarrow{r_1} \text{DB}_{i+1} \xrightarrow{r_2} \cdots \xrightarrow{r_k} \text{DB}_k$$

则当改变规则的使用次序后，仍然可得到 DB_k。

由以上性质可以看出，在可交换产生式系统中，综合数据库 DB 的内容是递增的，即对规则的任何执行序列

$$\text{DB}_0 \xrightarrow{r_1} \text{DB}_1 \xrightarrow{r_2} \cdots \xrightarrow{r_g} \text{DB}_g$$

都有

$$\text{DB}_0 \subseteq \text{DB}_1 \subseteq \cdots \subseteq \text{DB}_g$$

成立。这说明在可交换产生式系统中，其规则的结论部分总是包含着新的内容，一旦执行该规则就会把该新内容添加到综合数据库中。

另外，由可交换产生式系统的性质还可看出，用这种系统求解问题时，其搜索过程不必

进行回溯，不需要记载可用规则的作用顺序。由于求解问题时只需选用任一个规则序列，而不必搜索多个序列，这就节省了时间，提高了求解问题的效率。

2. 可分解的产生式系统

把一个规模较大且比较复杂的问题分解为若干个规模较小且比较简单的子问题，然后对每个子问题分别进行求解，是人们求解问题时常用的方法，可分解的产生式系统就是基于这一思想提出来的。

一个产生式系统可分解的条件是可把它的综合数据库 DB 及终止条件都分解为若干独立的部分，其产生式规则一般具有如下形式：

$$\text{IF} \quad P \quad \text{THEN} \quad \{DB_i^1, DB_i^2, \cdots, DB_i^m\}$$

其含义是，若当前综合数据库是 DB_i，则当前提条件 P 被满足时，就把 DB_i 分解为 m 个互相独立的子库。例如，设综合数据库的初始内容是 $\{C, B, Z\}$，规则库中有如下规则：

$$r_1: \quad \text{IF} \quad C \quad \text{THEN} \quad \{D, L\}$$
$$r_2: \quad \text{IF} \quad C \quad \text{THEN} \quad \{B, M\}$$
$$r_3: \quad \text{IF} \quad B \quad \text{THEN} \quad \{M, M\}$$
$$r_4: \quad \text{IF} \quad Z \quad \text{THEN} \quad \{B, B, M\}$$

终止条件是生成只包含 M 的综合数据库。即，使综合数据库的内容变为

$$\{M, M, \cdots, M\}$$

求解该问题时，首先把初始综合数据库分解为三个子库，然后对每个子库分别应用规则库中的合适规则进行求解，其求解过程如图 2-4 所示。

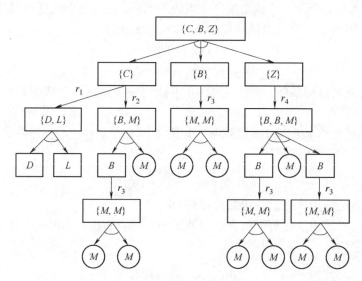

图 2-4 可分解的产生式系统

图 2-4 中，用括弧连接起来的子节点间是"与"关系，不用括弧连接的子节点是"或"关系。显然，用图表示可分解产生式系统求解问题的过程时，得到的是一棵与/或树。

在可分解产生式系统中，由于初始数据库被分解成了若干子库，每个子库又可再分解成若干子子库，依此类推，这就缩小了搜索范围，提高了求解问题的效率。

3. 可恢复的产生式系统

在可交换产生式系统中，规则的使用次序是可交换的，但要求每条规则的执行都要为综合数据库添加新的内容，这一要求是很强的，对许多情况不能适用。事实上，人们在求解问题的过程中是经常要进行回溯的，当问题求解到某一步发现无法继续下去时，就撤销在此之前得到的某些结果，恢复到先前的某个状态。用产生式系统求解问题也是这样，当执行一条规则后使综合数据库的状态由 DB_i 变为 DB_{i+1} 时，如果发现由 DB_{i+1} 不可能得到问题的解，就需要立即撤销由刚才执行规则所产生的结果，使综合数据库恢复到先前的状态，然后选用别的规则继续求解。像这样在问题的求解过程中既可以对综合数据库添加新内容，又可删除或修改老内容的产生式系统称为可恢复的产生式系统。

2.3.4 产生式表示法的特点

1. 优点

产生式表示法主要有以下优点：

1）自然性。产生式表示法用"如果……，则……"的形式表示知识，这是人们常用的一种表达因果关系的知识表示形式，既直观、自然，又便于进行推理。正是由于这一原因，才使得产生式表示法成为人工智能中最重要且应用最多的一种知识表示模式。

2）模块性。产生式是规则库中最基本的知识单元，它们同推理机构相对独立，而且每条规则都具有相同的形式，这就便于对其进行模块化处理，为知识的增、删、改带来了方便，为规则库的建立和扩展提供了可管理性。

3）有效性。产生式表示法既可表示确定性知识，又可表示不确定性知识；既有利于表示启发式知识，又可方便地表示过程性知识。目前已建造成功的专家系统大多都是用产生式来表达其过程性知识的。

4）清晰性。产生式有固定的格式，每一条产生式规则都由前提与结论（操作）这两部分组成，而且每一部分所含的知识量都比较少，这就既便于对规则进行设计，又易于对规则库中知识的一致性及完整性进行检测。

2. 缺点

除以上优点外，它亦有如下一些不足之处：

1）效率不高。在产生式系统求解问题的过程中，首先要用产生式的前提部分与综合数据库中的已知事实进行匹配，从规则库中选出可用的规则，此时选出的规则可能不止一个，这就需要按一定的策略进行"冲突消解"，然后把选中的规则启动执行。因此，产生式系统求解问题的过程是一个反复进行"匹配—冲突消解—执行"的过程。鉴于规则库一般都比较庞大，而匹配又是一件十分费时的工作，因此其工作效率是不高的。另外，在求解复杂问题时容易引起组合爆炸。

2）表达能力较低。产生式适合于表达具有因果关系的过程性知识，但对具有结构关系的知识却无能为力，它不能把具有结构关系的事物间的区别与联系表示出来。下面我们将会看到框架表示法可以解决这方面的问题。因此，产生式表示法除了可以独立作为一种知识表示模式外，还经常与其他表示法结合起来表示特定领域的知识。例如在专家系统 PROSPECTOR 中用产生式与语义网络相结合，在 Aikins 中把产生式与框架表示法结合起来，等等。

2.4　框架表示法

框架是在 1975 年由著名人工智能学者明斯基提出的，通常用于描述具有固定形式的对象。框架表示法是以框架理论为基础发展起来的一种结构化的知识表示方法，现已在多种系统中得到应用。框架表示法是一种很有效的知识表示法，得到了广泛应用。

目前，人们对框架表示法已经做了相当多的研究及应用工作，主要有：鲍勃夫（Bobow）研制的基于框架表示的知识表示语言（Knowledge Representation Language，KRL）；克莱顿（B. D. Clayton）等人研制的基于框架、基于产生式规则、面向过程的通用型专家系统工具（Automated Reasoning Tool，ART）；斯梯菲克（Stefik）研制的用框架表示知识的多层规则系统等。

2.4.1　框架

框架理论认为人们对现实世界中各种事物的认识都是以一种类似于框架的结构存储在记忆中的，当面临一个新事物时，就从记忆中找出一个合适的框架，并根据实际情况对其细节加以修改、补充，从而形成对当前事物的认识。例如，当一个人将要走进一个教室时，在他进入之前就能依据以往对"教室"的认识，想象到这个教室一定有四面墙，有门、窗，有天花板和地板，有课桌、坐凳、黑板等，尽管他对这个教室的细节（如教室的大小、门窗的个数、桌凳的数量、颜色等）还不清楚，但对教室的基本结构是可以预见到的。他之所以能做到这一点，是由于他通过以往的认识活动已经在记忆中建立了关于教室的框架，该框架不仅指出了相应事物的名称（教室），而且还指出了事物各有关方面的属性（如有四面墙，有课桌，有黑板，……），通过对该框架的查找就很容易得到教室的各有关特征。在他进入教室后，经观察得到了教室的大小、门窗的个数、桌凳的数量、颜色等细节，把它们填入到教室框架中，就得到了教室框架的一个具体事例，这是他关于这个具体教室的视觉形象，称为事例框架。

在框架理论中，明斯基在给出框架的基本概念及结构的同时，还对其应用提出了一些实用性的问题。例如，对给定的条件，如何选择初始框架；为了表现事物进一步的细节，如何给框架赋值；当所选用的框架不满足给定的条件时，如何寻找新的框架；当找不到合适的框架时，是修改旧的框架还是建立一个新框架等。这些问题对框架表示法的应用都是十分重要的，本节我们仅讨论其中的部分问题，重点是框架的基本概念及其表示知识的方法。

框架是一种描述所论对象（一个事物、一个事件或一个概念）属性的数据结构。在框架理论中，将其视作知识表示的一个基本单位。

一个框架由若干个被称为"槽"的结构组成，每一个槽又可根据实际情况划分为若干个"侧面"。一个槽用于描述所论对象某一方面的属性，一个侧面用于描述相应属性的一个方面。槽和侧面所具有的属性值分别称为槽值和侧面值。在一个用框架表示知识的系统中，一般都含有多个框架，为了指称和区分不同的框架以及一个框架内的不同槽、不同侧面，需要分别给它们赋予不同的名字，分别称为框架名、槽名及侧面名。另外，无论是对于框架，还是槽或侧面，都可以为其附加上一些说明性的信息，一般是指一些约束条件，用于指出什么样的值才能填入到槽或侧面中去。

下面给出框架的一般表示形式。

<框架名>		
槽名 1:	侧面名 1	值 1，值 2，…，值 p_1
	侧面名 2	值 1，值 2，…，值 p_2
	⋮	⋮
	侧面名 m_1	值 1，值 2，…，值 p_{m1}
槽名 2:	侧面名 1	值 1，值 2，…，值 q_1
	侧面名 2	值 1，值 2，…，值 q_2
	⋮	⋮
	侧面名 m_2	值 1，值 2，…，值 q_{m2}
⋮		
槽名 n:	侧面名 1	值 1，值 2，…，值 r_1
	侧面名 2	值 1，值 2，…，值 r_2
	⋮	⋮
	侧面名 m_n	值 1，值 2，…，值 r_{mn}
约束:	约束条件 1	
	约束条件 2	
	⋮	
	约束条件 n	

由上述表示形式可以看出，一个框架可以有任意有限数目的槽，一个槽可以有任意有限数目的侧面，一个侧面又可以有任意有限数目的侧面值。一个槽可以分为若干个侧面，也可不分侧面，视其描述的属性而定。另外，槽值或侧面值既可以是数值、字符串、布尔值，也可以是一个在满足某个给定条件时要执行的动作或过程，特别是它还可以是另一个框架的名字，从而实现一个框架对另一个框架的调用，表示出框架之间的横向联系。

现在来看两个例子，以增强对框架的感性认识，第一个例子是关于"假冒伪劣商品"的框架，第二个例子是关于"教师"的框架。

框架名：<假冒伪劣商品>
  商品名称：
  生产厂家：
  出售商店：
  处 罚： 处罚方式：
         处罚依据：
         处罚时间： 单位（年，月，日）
         经办部门：

在这个框架中，用"<>"括起来的内容是框架名，它有 4 个槽，其槽名分别是"商品名称""生产厂家""出售商店"及"处罚"。其中"处罚"槽包括 4 个侧面，侧面名分别是"处罚方式""处罚依据""处罚时间"及"经办部门"。对于"处罚时间"侧面，用"单位"指出了一个填值时的标准限制，要求所填的时间必须按年、月、日的顺序填写。下面再来看第二个例子。

> 框架名：<教师>
> 　姓名：单位（姓、名）
> 　年龄：单位（岁）
> 　性别：范围（男、女）
> 　职称：范围（教授、副教授、讲师、助教）
> 　　　　缺省：讲师
> 　部门：单位（系、教研室）
> 　住址：<住址框架>
> 　工资：<工资框架>
> 　开始工作时间：单位（年，月）
> 　截止时间：单位（年，月）
> 　　　　缺省：现在

该框架共有 9 个槽，分别描述了"教师" 9 个方面的情况，或者说是关于"教师"的 9 个属性，在每个槽里都指出了一些说明性的信息，用于对槽的填值给出某些限制。其中，"<>"和"单位"已在上例中作了说明；"范围"指出槽的值只能在指定的范围内挑选，例如对"职称"槽，其槽值只能是"教授""副教授""讲师""助教"中的某一个，不能是别的，如"工程师"等；"缺省"表示当相应槽不填入槽值时，就以缺省值作为槽值，这样可以节省一些填槽的工作。例如对"职称"槽，当不填入信息时，就默认它是"讲师"，这样职称为讲师的教师就可以不填这个槽的槽值。

对于上述两个框架，当把具体的信息填入槽或侧面后，就得到了相应框架的一个事例框架。例如把某教师的一组信息填入"教师"框架的各个槽，就可得到：

> 框架名：<教师-1>
> 　姓名：夏冰
> 　年龄：36
> 　性别：女
> 　职称：副教授
> 　部门：计算机系软件教研室
> 　住址：<adr-1>
> 　工资：<sal-1>
> 　开始工作时间：2016，9
> 　截止时间：2023，1

这就是一个关于"教师"的事例框架，其框架名为"教师-1"，对于每个教师都可以有这样一个事例框架。

下面给出框架的 BNF 描述：

  <框架>∷＝<框架头><槽部分>［<约束部分>］

  <框架头>∷＝框架名<框架名的值>

  <槽部分>∷＝<槽>，［<槽>］

  <约束部分>∷＝约束<约束条件>，［<约束条件>］

  <框架名的值>∷＝<符号名>｜<符号名>（<参数>，［<参数>］）

  <槽>∷＝<槽名><槽值>｜侧面部分

  <槽名>∷＝<系统预定义槽名>｜<用户自定义槽名>

  <槽值>∷＝<静态描述>｜<过程>｜<谓词>｜<框架名的值>｜<空>

  <侧面部分>∷＝<侧面>，［<侧面>］

  <侧面>∷＝<侧面名><侧面值>

  <侧面名>∷＝<系统预定义侧面名>｜<用户自定义侧面名>

  <侧面值>∷＝<静态描述>｜<过程>｜<谓词>｜<框架名的值>｜<空>

  <静态描述>∷＝<数值>｜<字符串>｜<布尔值>｜<其他值>

  <过程>∷＝<动作>｜<动作>，［<动作>］

  <参数>∷＝<符号名>

对此表示有如下几点说明：

1）框架名的值允许带有参数。此时，当另一个框架调用它时需要提供相应的实在参数。

2）当槽值或侧面值是一个过程时，它既可以是一个明确表示出来的<动作>串，也可以是对主语言的某个过程的调用，从而可将过程性知识表示出来。

3）当槽值或侧面值是谓词时，其真值由当时谓词中变元的取值确定。

4）槽值或侧面值为<空>时，表示该值等待以后填入，当时还不能确定。

5）<约束条件>是任选的，当不指出约束条件时，表示没有约束。

2.4.2　框架网络

  由于框架中的槽值或侧面值都可以是另一个框架的名字，这就在框架之间建立起来了联系，通过一个框架可以找到另一个框架。如在上例关于夏冰的框架中，"住址"槽的槽值是"adr-1"，而它是一个地址框架的名字，这就在"教师-1"与"adr-1"这两个框架间建立了联系。当某人希望了解夏冰的情况时，不仅可以直接在"教师-1"框架中了解到有关她的"年龄""职称"等情况，还可通过"住址"槽找到她的住址框架，从而得知她的详细住址。

  框架之间除了可以有上述横向联系外，还可以在有关框架间建立起纵向联系。现以学校里"师生员工"框架、"教职工"框架及"教师"框架为例，说明如何在它们之间建立起纵向联系，并由此引出框架表示的一个重要特性。

  我们知道，无论是教师，还是学生以及在学校工作的其他人员，如干部、实验员、工人等，尽管他们所担负的任务不同，但由于他们都共处于学校这个环境中，必然会有一些共同的属性，因此在对他们进行描述时，可以把他们具有的共同属性抽取出来，构成一个上层框架，然后再对各类人员独有的属性分别构成下层框架，为了指明框架间的这种上、下关系，可在下层框架中设立一个专用的槽（一般称为"继承"槽），用以指出它的上层框架是哪一个。这样不仅在框架间建立了纵向联系，而且通过这种联系，下层框架还可以继承上层框架的属性及值，避免了重复描述，节约了时间和空间的开销。

继承性是框架表示法的一个重要特性，它不仅可以在两层框架之间实现继承关系，而且可以通过两两的继承关系，从最低层追溯到最高层，使高层的信息逐层向低层传递。

至此，我们讨论了用框架名作为槽值时所建立起来的框架间的横向联系，又讨论了用"继承"槽建立起来的框架间的纵向联系。像这样具有横向联系及纵向联系的一组框架称为框架网络。图 2-5 所示是一个关于师生员工的框架网络。

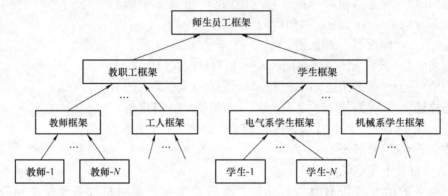

图 2-5　框架网络

在图 2-5 所示的框架网络中，"师生员工"框架用于描述师、生、员工们的共同属性，例如"姓名""性别""年龄"等；"教职工"框架用于描述教师、干部、工人的共同属性，但凡是在"师生员工"框架中已经指出的属性在这里就可以不再指出；"学生"框架用于描述学生的共同属性，已在"师生员工"框架中指出的属性在这里也可不再重复描述。以此类推可知，在"教师"框架、"工人"框架、"电气系学生"框架等中也只需描述只有他们自己具有的属性。但是，如果一个在上层框架中描述的属性在下层框架需作进一步说明时，则需要在下层框架中再次给出描述。例如，设在"师生员工"框架中对"年龄"槽的描述是：

年龄：单位（岁）

由于学生一般都是在 7 岁开始上学的，因此学生的年龄可由

年龄＝学龄+7

得到，所以在"学生"框架中仍可设置"年龄"槽，并在该槽的描述中给出计算年龄的过程。如果在下层框架中对某些槽没有作特别的声明，那么它将自动继承上层框架相应槽的槽值。

下面具体地给出上述几个框架的描述：

师生员工框架为：

> 框架名：<师生员工>
>
> 姓名：　　　单位（姓，名）
>
> 年龄：　　　单位（岁）
>
> 性别：　　　范围（男，女）
>
> 健康状况：　范围（健康，一般，差）
>
> 　　　　　　缺省：一般
>
> 住址：<住址框架>

教职工框架为:

> 框架名:<教职工>
>
> 继承:<师生员工>
>
> 工作类别:　　范围(教师,干部,工人)
>
> 　　　　　　　缺省:教师
>
> 开始工作时间:单位(年,月)
>
> 截至工作时间:单位(年,月)
>
> 　　　　　　　缺省:现在
>
> 离退休状况:　范围(离休、退休)
>
> 　　　　　　　缺省:退休

教师框架为:

> 框架名:<教师>
>
> 继承:<教职工>
>
> 部门:单位(系,教研室)
>
> 职称:范围(教授,副教授,讲师,助教)
>
> 　　　缺省:讲师

某个教师的事例框架为:

> 框架名:<教师-1>
>
> 继承:<教师>
>
> 姓名:孙林
>
> 年龄:28
>
> 健康状况:健康
>
> 部门:电气系电力系统教研室
>
> 开始工作时间:2022,9
>
> ⋮

由上述框架描述可以看出:

1)在框架网络中,既有用"继承"槽指出的上、下层框架间的纵向联系,也有以框架名作为槽值指出的框架间的横向联系,因此框架网络是一个纵、横交错的复杂框架体系结构。

2)原则上说,事例框架中的每一个槽都应给出槽值,但对可以继承上层框架槽值的槽,其槽值可不给出。例如在上面的"教师-1"框架中,虽然没有给出"性别""职称"槽及其槽值,但由继承性可知孙林的性别为"男",职称为"讲师"。

为了说明框架调用时"参数"的应用方法,下面再来看一个关于"房间""教室"的例子。

下面是一个关于"房间"的描述框架:

框架名:<房间>

> 墙数x_1:
>
> 　　缺省:$x_1 = 4$
>
> 　　条件:$x_1 > 0$

窗数 x_2：

缺省：$x_2 = 2$

条件：$x_2 \geqslant 0$

门数 x_3：

缺省：$x_3 = 1$

条件：$x_3 > 0$

前墙：<墙框架（w_1，d_1）>

后墙：<墙框架（w_2，d_2）>

前墙：<墙框架（w_3，d_3）>

前墙：<墙框架（w_4，d_4）>

天花板：<天花板框架>

地板：　<地板框架>

天花板：<天花板框架>

门：　　<门框架>

窗：　　<窗框架>

条件：　$w_1 + w_2 + w_3 + w_4 = x_2$

$d_1 + d_2 + d_3 + d_4 = x_3$

在此框架描述中，"墙数"槽的约束条件是 $x_1 > 0$，它指明在其事例框架中相应槽的值必须大于零，即房间应至少有一面墙，这可用来检测填槽时出现的错误。如果不给出墙的面数，就认为是四面墙。条件 $w_1 + w_2 + w_3 + w_4 = x_2$ 指出各面墙上窗数的和应与房间的总窗数相符，这也可以用来检验填槽的正确性。其他约束条件的作用与此类似，不再一一说明。"前墙""后墙""左墙""右墙"等槽给出的是"墙"框架的名字，并且给出了调用"墙"框架时的参数，这些参数应与"墙"框架中的参数一一对应，由下面关于"墙"框架的描述可清楚地看到这一点。

框架名：<墙（w，d）>

颜色：

门数：

窗数：

2.4.3　框架中槽的设置与组织

由以上讨论可知，框架是一种集事物各方面属性的描述为一体，并反映相关事物间各种关系的数据结构。在此结构中，槽起着至关重要的作用，因为不仅要用它描述事物各有关方面的属性，而且还要用它来指出相关事物间的复杂关系。因此，在用框架作为知识的表示模式时，对槽的设置与组织应给予足够的重视。具体地说，应该注意以下几个方面的问题：

1. 充分表达事物各有关方面的属性

在以框架作为知识表示模式的系统中，知识是通过事物的属性来表示的。为使系统具有丰富的知识，以满足问题求解的需要，就要求框架中有足够的槽把事物各有关方面的属性充分表达出来。这里所说的"各有关方面的属性"有两方面的含义：①要与系统的设计目标相一致，凡是系统设计目标所要求的属性，或者问题求解中有可能要用到的属性都应该用相应的槽把它们表示出来；②仅仅需要对有关的属性设立槽，不可面面俱到，以免浪费空间和降低系统的运行效率。一般来说，一个事物的属性通常都是多方面的，但并不是每一个属性都是系统所要求的。因此，在选择把哪些属性作为槽的描述对象时，首先要对系统的设计目标及应用范围进行认真的分析，并依此对事物的属性进行筛选，仅把那些需要的属性找出来，并为它们建立相应的槽。

2. 充分表达相关事物间的各种关系

现实世界中的事物一般不是孤立的，彼此间存在着千丝万缕的联系。为了将其中有关的联系反映出来，以构成完整的知识体系，需要设置相应的槽来描述这些联系。

在框架系统中，事物之间的联系是通过在槽中填入相应的框架名来实现的，至于它们之间究竟是一种什么关系，则是由槽名来指明的。为了提供一些常用且可公用的槽名，在框架表示系统中通常定义一些标准槽名，应用时不用说明就可直接使用，称这些槽名为系统预定义槽名。下面列出其中用得较多的 7 个：

（1）ISA 槽

ISA 槽用于指出事物间抽象概念上的类属关系。其直观含义是"是一个""是一种""是一只"……。当用它作为某下层框架的槽时，表示该下层框架所描述的事物是其上层框架的一个特例，上层框架是比下层框架更一般或更抽象的概念。设有如下两个框架：

框架名：<运动员>

　　　姓名：单位（姓，名）

　　　年龄：单位（岁）

　　　性别：范围（男，女）

框架名：<棋手>

　　　ISA：<运动员>

　　　脑力：特好

在此例中，"棋手"框架中的"ISA"槽指出该框架所描述的事物是"运动员"框架所描述事物的一个特例，即"棋手"是"运动员"的一种。

一般来说，用"ISA"槽所指出的联系都具有继承性，即下层框架可以继承其上层框架所描述的属性及值。

（2）AKO 槽

AKO 槽用于具体地指出事物间的类属关系。其直观含义是"是一种"。当用它作为某下层框架的槽时，就明确地指出该下层框架所描述的事物是其上层框架所描述事物中的一种，下层框架可以继承其上框架所描述的属性及值。

对上面的例子，可将"棋手"框架中的"ISA"改为"AKO"。

（3）Subclass 槽

Subclass 槽用于指出子类与类（或子集与超集）之间的类属关系。当用它作为某下层框架的槽时，表示该下层框架是其上层框架的一个子类（或子集）。对于上例，由于"棋手"是"运动员"中的一个子类，因而可将"棋手"框架中的"ISA"改为"Sbuclass"。

（4）Instance 槽

Instance 槽用来建立 AKO 槽的逆关系。当用它作为某上层框架的槽时，可用来指出它的下一层框架是哪一些。对于上例，假设还有"足球运动员""排球运动员"的框架，则"运动员"框架中可用 Instance 槽来指出它的这些下层框架，即：

> 框架名：<运动员>
>> Instance：<棋手>，<足球运动员>，<排球运动员>
>> 姓名：单位（姓，名）
>> 年龄：单位（岁）
>> 性别：范围（男，女）

由 Instance 槽所建立起来的上、下层框架间的联系具有继承性，即下层框架可以继承上层框架所描述的属性与值。

（5）Part-of 槽

Part-of 槽用于指出"部分"与"全体"的关系。当用它作为某下层框架的槽时，它指出该下层框架所描述的事物只是其上层框架所描述事物的一部分。例如，上层框架是对汽车的描述，下层框架是对轮胎的描述。显然，轮胎只是汽车的一部分（部件）。

这里，应特别注意把"Part-of"槽与上面讨论的那 4 种槽区分开来。它们虽然都是用来指出框架间的层次结构关系的，但却有着完全不同的性质。前面那四种槽描述的是上、下层框架间的类属关系，它们具有共同的特性，下层框架可以继承上层框架所描述的属性及值；而"Part-of"槽只是指出下层框架是上层框架的一个子结构，两者一般不具有共同的特征，下层框架不能继承上层框架所描述的属性及值。例如，轮胎是汽车一部分，但两者的结构及性能却完全不同，"轮胎"框架不能继承"汽车"框架所描述的属性及值。区分这一差异在框架系统的实现过程中是很重要的，它告诉我们：当两个框架有继承关系时，需选用前面那四种中的某一种。这样上层框架中的槽及其值就可以复制到下层框架中被使用，从而免去了重复性的描述；当两个具有上、下层结构关系的框架只是"全体"与"部分"的关系时，可选用"Part-of"来指出上、下层的联系。

（6）Infer 槽

Infer 槽用于指出两个框架所描述事物间的逻辑推理关系，用它可以表示相应的产生式规则。例如，设有如下知识：

> 如果咳嗽、发烧且流涕，则八成是患了感冒，
> 需服用"感冒清"，
> 一日 3 次，每次 2~3 粒，
> 多喝开水。

对该知识，可用如下两个框架表示：

> 框架名：<诊断规则>
>> 症状 1：　咳嗽
>> 症状 2：　发烧
>> 症状 3：　流涕
>> Infer：　　<结论>
>> 可信度：　0.8
> 框架名：<结论>
>> 病名：　　　感冒
>> 治疗方法：　服用感冒冲剂，一日 3 次

注意事项：　　 多喝热水

预后：　　　　 良好

（7） Possible-Reason 槽

Possible-Reason 槽与 Infer 槽的作用相反，它用来把某个结论与可能的原因联系起来。例如，在上述的"结论"框架中可增加一个 Possible-Reason 槽，其槽值是某个框架的框架名，在该框架中描述了产生"感冒"的原因，如感染了流感病毒等。

除了上述 7 种描述框架间层次结构关系及推论关系的槽外，还有一些描述其他关系（如占有关系、时间关系、空间关系、相似关系等）的槽，这里不再一一列出，待下一节讨论语义网络的语义联系时再作说明。

3. 对槽及侧面进行合理的组织

在框架中通过引入 AKO 槽、Instance 槽等可实现上、下层框架间的继承性，这一特性使得我们有可能把同一层上不同框架中的相同属性抽取出来，放入到它们的上层框架（即父框架）中。这样不仅可以大大减少重复性的信息，而且有利于知识的一致性。为了做到这一点，需要对框架及槽进行合理的组织，尽量把不同框架描述的相同属性抽取出来构成上层框架，而在下层框架中只描述相应事物独有的属性。例如，设有鸽子、啄木鸟、布谷鸟、燕子及鹦鹉等五种动物，要求用框架将其特征描述出来。分析这五种动物可以发现，它们有许多共同的特征，如身上有羽毛，会飞、会走等。此时，可把这些共同特征抽取出来构成一个上层框架，然后再对每一个动物独有的特征（如羽毛颜色、嘴的形状等）分别构成一个框架，再用 AKO 槽或 Instance 槽把上、下层框架联系起来。

4. 有利于进行框架推理

用框架表示知识的系统一般由两大部分组成：①由框架及其相互关联构成的知识库；②由一组解释程序构成的框架推理机。前者的作用是提供求解问题所需的知识，后者的作用是针对用户提出的问题，通过运用知识库中的相关知识完成求解问题的任务，给出问题的解。

框架推理是一个反复进行框架匹配的过程，而且多数情况下其匹配都具有不确定性，为了使推理得以进行，通常都需要设置相应的槽来配合。如在有些系统中设置了"充分条件"槽、"必要条件"槽、"触发条件"槽、"否决条件"槽及"阈值"槽等来配合不确定性匹配的实现。至于究竟需要设置一些什么样的槽来配合推理，与其所用的推理方法有关，不能一概而论。

综合上述，槽的设置与组织是框架系统中一项基础性的工作，设置时应从整个系统的全局出发作统筹安排、合理组织，既要避免重复性的描述及信息的冗余，又要着眼于应用的方便性。只有这样，才能为建造一个高效、实用的系统奠定一个良好的基础。

2.4.4　框架系统中求解问题的基本过程

在用框架表示知识的系统中，问题的求解主要是通过匹配与填槽实现的。当要求解某个问题时，首先把这个问题用一个框架表示出来；然后通过与知识库中已有的框架进行匹配，找出一个或几个可匹配的预选框架作为初步假设，并在此初步假设的引导下收集进一步的信息；最后用某种评价方法对预选框架进行评价，以便决定是否接受它。

框架的匹配是通过对相应的槽的槽名及槽值逐个进行比较实现的。如果两个框架的对应槽没有矛盾或者满足预先规定的某些条件，就认为这两个框架可以匹配。由于框架间存在继承关系，一个框架所描述的某些属性及值可能是从它的上层框架那里继承过来的，因此两个框架的比较往往要牵涉到它们的上层、上上层框架，这就增加了匹配的复杂性。另外，框架间的匹配一般都具有不确定性，因为建立在知识库中的框架其结构和描述都已固定下来，而应用中的问题却是随机的、变化的，要使它们完全一致是不现实的。由于这些原因，使得框架的匹配问题成为一个比较复杂且比较困难，但又不能不解决的问题。在不同的系统中，采用的解决方法各不相同，如上面提到的建立"必要条件"槽、"充分条件"槽等就是其中的一种解决方法。

现在来看一个例子。假设前面提出的关于师生员工的框架网络已建立在知识库中，当前要解决的问题是从知识库中找出一个满足如下条件的教师：

男性，年龄在 30 岁以下，身体健康，职称为讲师

把这些条件用框架表示出来，就可得到如下的初始问题框架：

框架名：教师 x

姓名：

年龄： <30

性别： 男

健康状况：健康

职称： 讲师

用此框架与知识库中的框架匹配，显然"教师-1"框架可以匹配。因为"年龄"槽与"健康状况"槽都符合要求，"教师-1"框架虽然没有给出"性别"及"职称"的槽值，但由继承性可知它们分别是"男"及"讲师"，完全符合初始问题框架"教师-x"的要求，所以要找的教师有可能就是孙林。

这里之所以说是"有可能"，是由于知识库中可与问题框架"教师-x"匹配成功的框架可能不止一个，因而目前匹配成功的框架还只能作为预选框架，需要进一步收集信息，以便从中选出一个，或者根据框架中其他槽的内容以及框架间的关系明确下一步查找的方向和线索。

框架系统中的问题求解过程与人类求解问题的思维过程有许多相似之处。当人们对某事物不完全了解时，往往是先根据当前已掌握的情况着手工作，然后在工作过程中不断发现、掌握新情况、新线索，使工作向纵深发展，直到达到了最终目标。框架系统中的问题求解过程也是这样的。就以上例来说，系统首先根据当前已知的条件对知识库中的框架进行部分匹配，找出像孙林等人这样的预选框架，并且由这些框架中其他槽的内容以及框架间的联系得到启发，提出进一步的要求，使问题的求解向前推进一步。如此重复进行这一过程，直到问题最终得到解决为止。

2.4.5 框架表示法的特点

框架表示法有以下特点：

（1）结构性

框架表示法最突出的特点是它善于表达结构性的知识，能够把知识的内部结构关系及知识间的联系表示出来，因此它是一种组织起来的结构化的知识表示方法。这一特点是产生式

表示法所不具备的，产生式系统中的知识单位是产生式规则，这种知识单位由于太小而难于处理复杂问题，也不能把知识间的结构关系显式地表示出来。框架表示法的知识单位是框架，而框架是由槽组成的，槽又可分为若干侧面，这样就可把知识的内部结构显式地表示出来。另外，产生式规则只能表示事物间的因果关系，而框架表示法不仅可以通过 Infer 槽或 Possible-Reason 槽表示事物间的因果关系，还可以通过其他槽表示出事物间更复杂的联系。

（2）继承性

在前面的讨论中已经看到，框架表示法通过使槽值为另一个框架的名字实现框架间的联系，建立起表示复杂知识的框架网络。在框架网络中，下层框架可以继承上层框架的槽值，也可以进行补充和修改，这样不仅减少了知识的冗余，而且较好地保证了知识的一致性。

（3）自然性

框架表示法体现了人们在观察事物时的思维活动，当遇到新事物时，通过从记忆中调用类似事物的框架，并将其中某些细节进行修改、补充，就形成了对新事物的认识，这与人们的认识活动是一致的。

框架表示法的主要不足之处是不善于表达过程性的知识。因此，它经常与产生式表示法结合起来使用，以取得互补的效果。如 Aikins 将产生式规则与框架相结合，以便于知识获取、修改和解释。

2.5　语义网络表示法

语义网络是知识表示的重要方法之一。语义网络是奎廉（L. R. Quillian）于 1968 年在他的博士论文中作为人类联想记忆的一个显式心理学模型最先提出的。随后在他设计的可教式语言理解器（Teachable Language Comprehenden，TLC）中用作知识表示，1972 年，西蒙将其用于自然语言理解系统。目前，语义网络已广泛地应用于人工智能的许多领域中，是一种表达能力强而且灵活的知识表示方法。

目前用语义网络表示知识的系统主要有：沃克（Adrian Walker）研制的自然语言理解系统；卡鲍尼尔（Jaime R. Garbonell）研制的回答地理问题的教学系统；西蒙（Herbert A. Simon）研制的自然语言理解系统；海斯（David Glemn Hays）研制的描写概念的系统等。

2.5.1　语义网络的概念

如前所述，产生式表示法主要用于描述事物间的因果关系，框架表示法主要用于描述事物的内部结构及事物间的类属关系。但是，客观世界中的事物是错综复杂的，相互间除了具有这些关系外，还存在着其他各种含义的联系。为了描述更复杂的概念、事物及其语义联系，引入了语义网络的概念。

语义网络是通过概念及其语义关系来表达知识的一种网络图。从图论的观点看，它其实就是一个"带标识的有向图"。其中，有向图的节点表示各种事物、概念、情况、属性、动作、状态等；弧表示各种语义联系，指明它所连接的节点间的某种语义关系。节点和弧都必须带有标识，以便区分各种不同对象以及对象间各种不同的语义联系。每个节点可以带有若干属性，一般用框架或元组表示。另外，节点还可以是一个语义子网络，形成一个多层次的嵌套结构。

一个最简单的语义网络是如下一个三元组：

（节点 1，弧，节点 2）

它可用图 2-6 表示，称为一个基本网元。其中，A、B 分别代表两个节点；R_{AB} 表示 A 与 B 间的某种语义联系。

如图 2-7 所示的语义网络就是一个基本网元。其中，在"猎狗"与"狗"之间的语义联系"是一种"具体地指出了"猎狗"与"狗"的语义关系，即"猎狗"是"狗"中的一种，两者之间存在类属关系。这里，弧线的方向是有意义的，需要根据事物间的关系确定。例如在表示类属关系时，箭头所指的节点代表上层概念，而箭尾节点代表下层概念或者一个具体的事物。

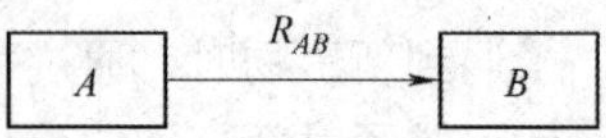

图 2-6　基本网元 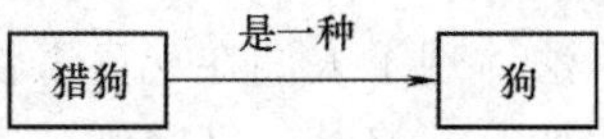　　　　　　　图 2-7　猎狗与狗的语义网络

当把多个基本网元用相应语义联系关联在一起时，就可得到一个语义网络，下面给出语义网络的 BNF 描述：

<语义网络>∷=<基本网元>| Merge（<基本网元>，…）

<基本网元>∷=<基节点><语义联系><节点>

<节点>∷=（<属性—值对>，…）

<属性—值对>∷=<属性名>：<属性值>

<语义联系>∷=<系统预定义的语义联系>| <用户自定义的语义联系>

其中，Merge(…) 是一个合并过程，它把括弧中的所有基本网元关联在一起，即把相同的节点合并为一个，从而构成一个语义网络。例如，设有如图 2-8 所示的三个基本网元，经合并后得到如图 2-9 所示的语义网络。

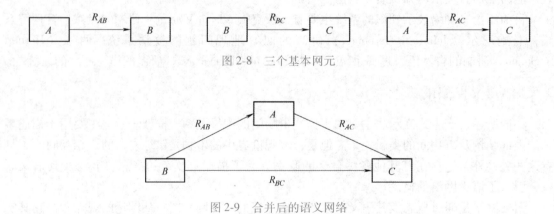

图 2-8　三个基本网元

图 2-9　合并后的语义网络

2.5.2　知识的语义网络表示

任何一种知识表示模式都应具有两种功能：①能表达事实性的知识；②能表达有关事实

48

间的联系，使之能从一些事实找到另一些有关的事实。这两种功能可以用两种不同的机制来实现，例如可以用一组谓词公式表达事实，然后再用一定形式的索引和分类来表达相关事实间的联系。但在语义网络中是用单一的机制来表示这两种功能的。

语义网络可以表示事实性的知识，亦可表示有关事实性知识之间的复杂联系，下面分别讨论。

2.5.2.1　用语义网络表示事实

前面我们已经用语义网络表示了"猎狗是一种狗"这一简单事实。如果我们还希望进一步指出"狗是一种动物"，并且分别指出它们所具有的属性，则只要在图 2-7 中增加一个节点和一条弧，并对每个节点附上相应的属性就可以了，如图 2-10 所示。

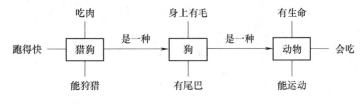

图 2-10　狗的语义网络

图 2-10 中用短线与相应节点相连的部分是该节点所描述对象的属性。与框架表示法一样，语义网络也具有属性继承的特性，即下层概念可以继承上层概念的属性，这样就可在下层概念只列出它独有的属性。在图 2-10 中，虽然没有指出猎狗有尾巴、有毛、有生命、能运动、会吃的特征，但由于在它的上层概念"狗"及"动物"的描述中已指出了这些属性，因此由继承性可知"猎狗"也具有这些属性。另外，在语义网络中，下层概念还可对其上层概念的属性做进一步的细化、补充、变异，使之能更准确地反映该下层概念的特征。如在图 2-10 中，"吃肉""跑得快"就分别是对"会吃"及"能运动"的细化，而"能狩猎"则是一个新的补充。

在一些稍微复杂一点的事实性知识中，经常会用到像"并且"及"或者"这样的连接词。用谓词公式表示时，可用合取符号"∧"及析取符号"∨"分别把它们表示出来，语义网络中可通过增设合取节点及析取节点来进行表示。只是在使用时应该注意其语义，不要出现不合理的组合情况，以致改变了本来的语义。例如对下述事实：

与会者有男、有女，有的年老、有的年轻

可用图 2-11 所示的语义网络表示。其中，A，B，C，D 分别代表 4 种不同情况的与会者。

上述例子中的节点都是用来表示一个事物或者一个具体概念的。节点还可以用来表示某一情况、某一事件或者某个动作。此时，节点可以有一组向外的弧，用于指出不同的情况，例如当用节点表示某一动作时，向外的弧可用来指出动作的主体及客体。设有如下事实：

张山给肖红一本书

可用图 2-12 所示的语义网络表示。

再如，设有如下事实：

"小信使"这只鸽子从春天到秋天占有一个窝

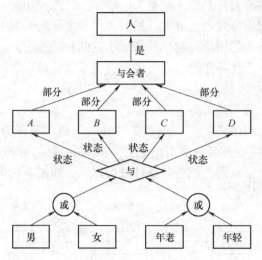

图 2-11　具有合取、析取关系的语义网络

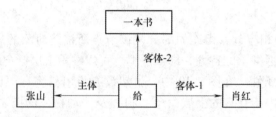

图 2-12　用动作作为节点的语义网络

可用图 2-13 所示的语义网络表示。

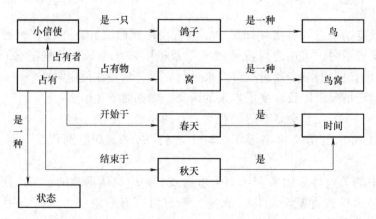

图 2-13　小信使的语义网络（1）

图 2-13 中设立了一个"占有"节点，之所以要设立这个节点，是由于已知的事实中不仅指出了"小信使这只鸽子占有一个窝"，而且还指出了占有的时间。如果我们把"占有"作为一个关系用一条弧表示，即用图 2-14 的语义网络表示，则占有时间就无法表示出来。

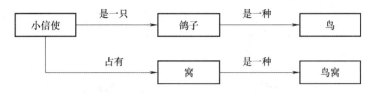

图 2-14   小信使的语义网络（2）

在图 2-13 所示的语义网络中，由于增设了"占有"节点，通过由它向外引出的弧不仅指出了"占有"的物主，而且还指出了占有物以及占有的开始时间与结束时间。

2.5.2.2   用语义网络表示事实间的关系

语义网络可以描述事物间多种复杂的语义关系，下面列出其中常用的五种：

1）分类关系。分类关系是指事物间的类属关系，上面已经给出了这方面的例子，下面再来看一个稍微复杂一些的例子，如图 2-15 所示。

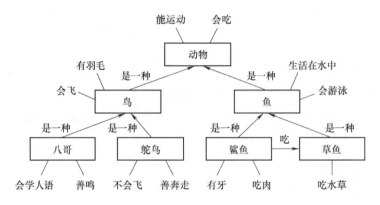

图 2-15   动物分类的语义网络

在图 2-15 中，下层概念节点除了可继承、细化、补充上层概念节点的属性外，还出现了变异的情况：鸟是鸵鸟的上层概念节点，其属性是"有羽毛""会飞"，但鸵鸟只是继承了"有羽毛"这一属性，把鸟的"会飞"变异为"不会飞""善奔走"。

2）聚集关系。如果下层概念是其上层概念的一个方面或者一个部分，则称它们的关系是聚集关系。如图 2-16 所示的语义网络就是一种聚集关系。

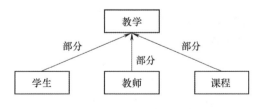

图 2-16   聚集关系

3）推论关系。如果一个概念可由另一个概念推出，则称它们之间存在推论关系。图 2-17 所示的语义网络就是一个简单的推论关系。

图 2-17　推论关系

4) 时间、位置等关系。在描述一个事物时，经常需要指出它发生的时间、位置等，或者需要指出它的组成、形状，此时也可用相应的语义网络表示。例如，设有如下事实：

胡途是思源公司的经理

该公司位于朱雀大街

胡途今年 35 岁

对这些事实可用图 2-18 所示的语义网络表示。

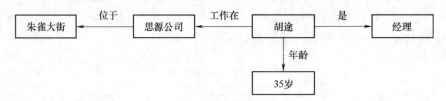

图 2-18　时间、位置关系

5) 多元关系。在语义网络中，一条弧只能从一个节点指向另一个节点，适用于表示一个二元关系。但在许多情况下需要用一种关系把几个事物联系起来。例如，对于如下事实：

郑州位于西安和北京之间

就需要用"……在……和……之间"这样一种关系把郑州、西安、北京联系在一起。为了在语义网络中描述多元关系，可以用节点来表示关系。例如对上例就可用图 2-19 所示的语义网络表示。

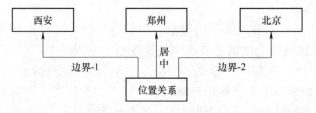

图 2-19　用一个节点表示多元关系

2.5.2.3　用语义网络表示比较复杂的知识

首先讨论如何把一些简单但存在某些联系的知识组织到一个语义网络中，然后再讨论如何应用网络分区技术表示语义上比较复杂的知识。

设有如下两个简单事实：

黎明的电动车是雅迪牌，黑色

刘华的电动车是绿源牌，红色

用前面讨论的方法，很容易分别将它们的语义网络写出来，但需要写成两个网络。这就对知识的利用带来诸多不便。仔细分析上述事实就会发现，它们都是关于电动车的，因此只要把电动车作为一个通用概念用一个节点表示，而把黎明及刘华的电动车分别作为它的事例，就很容易用一个语义网络把它们表示出来，而且这样做以后，当要寻找有关电动车的信息时（例如要查找有哪些人有电动车、其车的特征是什么等），只要首先找到"电动车"这个节点就可以了。上述事实的语义网络如图 2-20 所示。

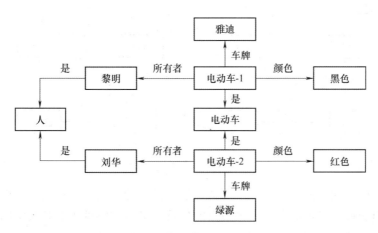

图 2-20　电动车的语义网络

用语义网络表示比较复杂的知识时，往往牵涉到对量化变量的处理。对于存在量词可以直接用"是一个""是一种"等这样的语义联系来表示，但对全称量词则需要用网络分区技术才能实现。网络分区技术是亨德里克（G. G. Hendrix）在 1975 年提出的，其基本思想是：把一个表示复杂知识的命题划分为若干子命题，每一个子命题用一个较简单的语义网络表示，称为一个子空间，多个子空间构成一个大空间。每个子空间可以看作是大空间中的一个节点，称为超节点。空间可以逐层嵌套，子空间之间用弧互相连接。例如对如下事实：

每个学生都背诵了一首唐诗

可用图 2-21 所示的语义网络表示。

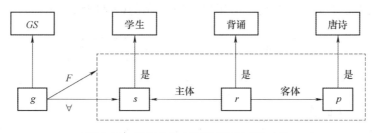

图 2-21　具有全称量词的语义网络（1）

在图 2-21 中，s 是全称变量，表示任一个学生；r 是存在变量，表示某一次背诵；p 也是存在变量，表示某一首唐诗；s、r、p 及其语义联系构成一个子网，是一个子空间，表示对每一个学生 s，都存在一个背诵事件 r 和一首唐诗 p；节点 g 是这个子空间的代表，由弧 F 指出它所代表的子空间是什么及其具体形式；弧 $\forall$ 指出 s 是一个全称变量，在此例中因为只有一个全称变量，所以只有一条 $\forall$ 弧，若有多个全称变量，则有多少个全称变量就应该有多少条 $\forall$ 弧；节点 GS 代表整个空间。

在这种表示法中，要求子空间中的所有非全称变量节点都是全称变量的函数，否则就应该放在子空间的外面。例如对于如下事实：

每个学生都背诵了《静夜思》这首唐诗

由于《静夜思》是一首具体的唐诗，不是全称变量的函数，所以应该把它放在子空间的外面，如图 2-22 所示。

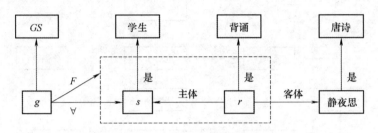

图 2-22　具有全称量词的语义网络（2）

在具体实现语义网络的表示时，一个节点的数据结构应记录 6 种信息，即指向该节点的弧、该节点发出的弧、节点的名称、该节点的位置、节点的特性表及相关空间。一个弧的数据结构应记录五种信息，即弧的名称、弧的起始节点、终止节点、弧的特性表及包含该弧的空间等。

2.5.3　常用的语义联系

语义联系反映了节点间的语义关系。鉴于语义关系的复杂性，所以语义联系也是多种多样的，可以根据需要定义。下面列出其中一些常用的语义联系，以便用时参考。

在上一节讨论框架中槽的设置时，已对 ISA、AKO、Infer 等做了讨论，它们同样可以用作语义网络的语义联系，这里不再讨论。

（1）A-Member-of 联系

它表示个体与集体（类或集合）之间的关系，它们之间有属性继承性和属性更改权。例如，对于"张山是电力学会会员"可用图 2-23 所示的语义网络表示。

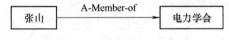

图 2-23　A-Member-of 联系

（2）Composed-of 联系

它表示"构成"联系，是一种一对多的联系，被它联系的节点间不具有属性继承性。例如，对于"整数由正整数、负整数及零组成"可用如图 2-24 所示的语义网络表示。

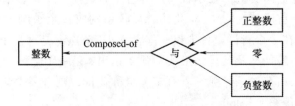

图 2-24　Composed-of 联系

（3）Have 联系

它表示属性或事物的"占有"关系。例如，对于"鸟有翅膀"可用如图 2-25 所示的语义网络表示。

（4）Before，After，At 联系

它们是用来表示事件之间的时间先后关系的。其中，Before 表示一个事件在另一个事件之前发生；After 表示一个事件在另一个事件之后发生；At 表示某一事件发生的时间。例如，对于"唐朝在宋朝之前"可用如图 2-26 所示的语义网络表示。

图 2-25　Have 联系　　　　　　　　　图 2-26　Before 联系

（5）Located-on（-at、-under、-inside、-outside 等）

这些语义联系用来表示事物间的位置关系。例如，对于"书放在桌子上"可用如图 2-27 所示的语义网络表示。

（6）Similar-to，Near-to 联系

这些语义联系表示事物间的相似和接近关系。例如，对于"猫与虎相似"可用图 2-28 所示的语义网络表示。

图 2-27　Located-on 联系　　　　　　图 2-28　Similar-to 联系

2.5.4　语义网络系统中求解问题的基本过程

用语义网络表示知识的问题求解系统称为语义网络系统。该系统主要由两大部分组成：①由语义网络构成的知识库；②用于求解问题的解释程序，称为语义网络推理机。

在语义网络系统中，问题的求解一般是通过匹配实现的，其主要过程为：

1）根据待求解问题的要求构造一个网络片段，其中有些节点或弧的标识是空的，反映待求解的问题。

2）依此网络片段到知识库中去寻找可匹配的网络，以找出所需要的信息。当然，这种匹配一般不是完全的，具有不确定性，因此需要解决不确定性匹配的问题。

3）当问题的语义网络片段与知识库中的某语义网络片断匹配时，则与询问处匹配的事实就是问题的解。

下面通过一个例子来说明这一过程。

设有如下事实：

赵云是一个学生

他在浙江大学主修电气工程

他入校的时间是 2020 年

这些事实可用如图 2-29 所示的语义网络表示出来并放入知识库中。

在图 2-29 中，"教育-1"是指赵云所受的教育。

图 2-29 赵云受教育情况的语义网络

假设现在希望知道赵云主修的课程，根据这个问题可以构造一个语义网络片段，如图 2-30 所示。

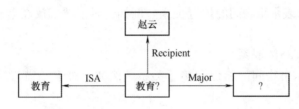

图 2-30 待求解问题的语义网络片段

用图 2-30 所示的语义网络片段与图 2-29 所示的语义网络进行匹配时，由 Major 弧所指的节点可知赵云的主修课程是计算机，这就得到了问题的答案。如果还希望知道赵云是什么时间入学的以及他在哪个学校学习等，只需在表示问题的语义网络片段中增加相应的空节点及弧就可以了。

2.5.5 语义网络表示法的特点

1. 语义网络表示法的主要优点

（1）结构性

与框架表示法一样，语义网络表示法也是一种结构化的知识表示方法。它能把事物的属性以及事物间的各种语义联系显式地表示出来。下层概念节点可以继承、补充、变异上层概念的属性，从而实现信息的共享。但它与框架表示法又不完全相同，框架表示法适合于表达固定的、典型的概念、事件和行为，而语义网络表示法具有更大的灵活性，用其他表示方法能表达的知识几乎都可以用语义网络表示出来。如果我们把一种事物、概念或情况作为语义网络中的节点，并且用其语义联系表示这些节点间的宏观关系，那么每个节点的内部结构关系可用框架表示。

（2）联想性

语义网络着重于表达语义关系知识，体现了联想思维过程。语义网络最初是作为人类联想记忆模型提出来的，其表示方法着重强调事物间的语义联系，由此就可把各节点间的联系以明确、简洁的方式表现出来，通过这些联系很容易找到与某一节点有关的信息。这样，不仅便于以联想的方式实现对系统的检索，使之具有记忆心理学中关于联想的特性，而且它所具有的这种自索引能力使之可以有效地避免搜索时所遇到的组合爆炸问题。

（3）自然性

用语义网络表示知识能够直接而明确地表达概念之间的语义关系，接近于人的语义记忆方式，因而比较自然。语义网络实际上是一个带有标识的有向图，可直观地把事物的属性及事物间的语义联系表示出来，便于理解，自然语言与语义网络之间的转换也比较容易实现。

2. 语义网络表示法的主要缺点

（1）不能保证严格性

语义网络不能像逻辑方法那样保证网络操作所得推论的严格性和有效性。与谓词逻辑相比，语义网络没有公认的形式表示体系。一个给定的语义网络所表达的含义完全依赖于处理程序如何对它进行解释。在推理过程中，有时不能区分事物的"类"与"个体"，因此通过推理网络而实现的推理不能保证其正确性。另外，目前采用的表示量词的网络表示方法在逻辑上都是不充分的，不能保证不存在二义性。

（2）处理上的复杂性

语义网络表示知识的手段是多种多样的，这虽对其表示带来了灵活性，但同时也由于表示形式的不一致使得对它的处理增加了复杂性。由于节点之间的联系可以是线性的也可以是非线性的，甚至是递归的，因而对相应知识的检索就相对复杂一些，要求对网络的搜索要有强有力的组织原则。

目前关于语义网络的研究仍在深入地进行。例如，什么是节点的真正含义？是否存在统一的方式来表示一种思想？信念及时间如何表示？等。

除了以上几种知识表示方法，还有 Petri 网表示法、面向对象表示法、脚本表示法、过程表示法、状态空间表示法等知识表示方法，此处不再展开。

2.6 自然演绎推理

前面讨论了知识及其表示的有关问题，这样就可把知识用某种模式表示出来并存储到计算机中去。但是，为使计算机具有智能，仅仅使它拥有知识还是不够的，还必须使它具有思维能力，即能运用知识进行推理、求解问题。因此，关于推理及其方法的研究就成为人工智能的一个重要研究课题。

目前，人们已经对推理进行了比较多的研究，提出了多种可在计算机上实现的推理方法，其中经典逻辑推理是最先提出的一种。经典逻辑推理是根据经典逻辑（命题逻辑及一阶谓词逻辑）的逻辑规则进行的一种推理，又称为机械-自动定理证明（Mechanical-Automatic Theorem Proving），主要推理方法有自然演绎推理、归结演绎推理及与/或形演绎推理等。

2.6.1 推理所需逻辑基础

下面首先讨论推理所需要的一些逻辑基础。

2.6.1.1 谓词公式的永真性与可满足性

为了之后推理的需要，下面先定义谓词公式的永真性、永假性、可满足性与不可满足性。

定义 2.7 如果谓词公式 P 对非空个体域 D 上的任一解释都取得真值 T，则称 P 在 D 上是永真的；如果 P 在任何非空个体域上均是永真的，则称 P 永真。

由此定义可以看出，要判定一个谓词公式为永真，必须对每个非空个体域上的每个解释逐一进行判断。当解释的个数有限时，尽管工作量大，公式的永真性毕竟还可以判定，但当解释个数无限时，其永真性就很难判定了。

定义 2.8 对于谓词公式 P，如果至少存在 D 上的一个解释，使公式 P 在此解释下的真值为 T，则称公式 P 在 D 上是可满足的。

谓词公式的可满足性也称为相容性。

定义 2.9 如果谓词公式 P 对非空个体域 D 上的任一解释都取真值 F，则称 P 在 D 上是永假的；如果 P 在任何非空个体域上均是永假的，则称 P 永假。

谓词公式的永假性又称不可满足性或不相容性。

2.6.1.2 谓词公式的等价性与永真蕴涵性

谓词公式的等价性和永真蕴涵性可分别用相应的等价式和永真蕴涵式来表示，这些等价式和永真蕴涵式都是演绎推理的主要依据，因此也称它们为推理规则。

谓词公式的等价式可定义如下：

定义 2.10 设 P 与 Q 是 D 上的两个谓词公式，若对 D 上的任意解释，P 与 Q 都有相同的真值，则称 P 与 Q 在 D 上是等价的。如果 D 是任意非空个体域，则称 P 与 Q 是等价的，记做 $P{\Leftrightarrow}Q$。

常用的等价式如下：

1）双重否定律

$$\neg\neg P \Leftrightarrow P$$

2）交换律

$$P \lor Q \Leftrightarrow Q \lor P, \quad P \land Q \Leftrightarrow Q \land P$$

3）结合律

$$(P \lor Q) \lor R \Leftrightarrow P \lor (Q \lor R)$$
$$(P \land Q) \land R \Leftrightarrow P \land (Q \land R)$$

4）分配律

$$P \lor (Q \land R) \Leftrightarrow (P \lor Q) \land (P \lor R)$$
$$P \land (Q \lor R) \Leftrightarrow (P \land Q) \lor (P \land R)$$

5）摩根定律

$$\neg(P \lor Q) \Leftrightarrow \neg P \land \neg Q$$
$$\neg(P \land Q) \Leftrightarrow \neg P \lor \neg Q$$

6）吸收律

$$P \lor (P \land Q) \Leftrightarrow P, P \land (P \lor Q) \Leftrightarrow P$$

7）补余律

$$P \lor \neg P \Leftrightarrow T, \quad P \land \neg P \Leftrightarrow F$$

8）连词化规律

$$P \to Q \Leftrightarrow \neg P \lor Q$$

$$P \leftrightarrow Q \Leftrightarrow (P \rightarrow Q) \land (Q \rightarrow P)$$

$$P \leftrightarrow Q \Leftrightarrow (P \land Q) \lor (\neg Q \land \neg P)$$

9）量词转换律

$$\neg (\exists x) P(x) \Leftrightarrow (\forall x)(\neg P(x))$$

$$\neg (\forall x) P(x) \Leftrightarrow (\exists x)(\neg P(x))$$

10）量词分配率

$$(\forall x)(P(x) \land Q(x)) \Leftrightarrow (\forall x) P(x) \land (\forall x) Q(x)$$

$$(\exists x)(P(x) \lor Q(x)) \Leftrightarrow (\exists x) P(x) \lor (\exists x) Q(x)$$

2.6.1.3　永真蕴涵式

谓词公式的永真蕴涵式可定义如下：

定义 2.11　对谓词公式 P 和 Q，如果 $P \rightarrow Q$ 永真，则称 P 永真蕴涵 Q，且称 Q 为 P 的逻辑结论，P 为 Q 的前提，记做 $P \Rightarrow Q$。

常用的永真蕴涵式如下：

1）化简式

$$P \land Q \Rightarrow P, \quad P \land Q \Rightarrow Q$$

2）附加式

$$P \Rightarrow P \lor Q, \quad Q \Rightarrow P \lor Q$$

3）析取三段论

$$\neg P, \quad P \lor Q \Rightarrow Q$$

4）假言推理

$$P, \quad P \rightarrow Q \Rightarrow Q$$

5）拒取式

$$\neg Q, \quad P \rightarrow Q \Rightarrow \neg P$$

6）假言三段论

$$P \rightarrow Q, \quad Q \rightarrow R \Rightarrow P \rightarrow R$$

7）二难推理

$$P \lor Q, \quad P \rightarrow R, \quad Q \rightarrow R \Rightarrow R$$

8）全称固化

$$(\forall x) P(x) \Rightarrow P(y)$$

式中，y 是个体域中的任一个体，利用此永真蕴涵式可消去谓词公式中的全称量词。

9）存在固化

$$(\exists x) P(x) \Rightarrow P(y)$$

式中，y 是个体域中某一个可以使 $P(y)$ 为真的个体，利用此永真蕴涵式可消去谓词公式中的存在量词。

上面给出的等价式和永真蕴涵式是进行演绎推理的重要依据，因此这些公式也被称为推理规则。

2.6.1.4　置换与合一

在不同谓词公式中，往往会出现谓词名相同但其个体不同的情况，此时推理过程是不能

直接进行匹配的，需要先进行置换。例如，可根据全称固化推理和假言推理由谓词公式

$$W_1(A) \text{和} (\forall x)(W_1(x) \rightarrow W_2(x))$$

推出 $W_2(A)$。对谓词 $W_1(A)$ 可看作是由全称固化推理（即 $(\forall x)(W_1(x) \Rightarrow W_1(A))$）推出的，其中 A 是任一个体常量。要使用假言推理，首先需要找到项 A 对变元 x 的置换，使 $W_1(A)$ 与 $W_1(x)$ 一致。这种寻找项对变元的置换，使谓词一致的过程叫作合一的过程。下面讨论置换与合一的有关概念与方法。

1. 置换

置换可以简单地理解为是在一个谓词公式中用置换项去替换变元。其形式定义如下：

定义 2.12 置换是形如

$$\{t_1/x_1, t_2/x_2, \cdots, t_n/x_n\}$$

的有限集合。其中，$t_1, t_2, \cdots, t_n$ 是项；$x_1, x_2, \cdots, x_n$ 是互不相同的变元；t_i/x_i 表示用 t_i 置换 x_i，并且要求 t_i 与 x_i 不能相同，x_i 不能循环地出现在另一个 t_i 中。

定义 2.13 设 $\theta = \{t_1/x_1, t_2/x_2, \cdots, t_n/x_n\}$ 是一个置换，F 是一个谓词公式，把公式 F 中出现的所有 x_i 换成 t_i（$i = 1, 2, \cdots, n$），得到一个新的公式 G，称 G 为 F 在置换 θ 下的例示，记做 $G = F\theta$。

一个谓词公式的任何例示都是该公式的逻辑结论。

定义 2.14 设

$$\theta = \{t_1/x_1, t_2/x_2, \cdots, t_n/x_n\}$$
$$\lambda = \{u_1/y_1, u_2/y_2, \cdots, u_m/y_m\}$$

是两个置换。则 θ 与 λ 的合成也是一个置换，记做 $\theta \cdot \lambda$。它是从集合

$$\{t_1\lambda/x_1, t_2\lambda/x_2, \cdots, t_n\lambda/x_n, u_1/y_1, u_2/y_2, \cdots, u_m/y_m\}$$

中删去以下两种元素：

1）当 $t_i\lambda = x_i$ 时，删去 $t_i\lambda/x_i$（$i = 1, 2, \cdots, n$）。

2）当 $y_j \in \{x_1, x_2, \cdots, x_n\}$ 时，删去 u_j/y_j（$j = 1, 2, \cdots, m$）。

最后剩下的元素所构成的集合。

2. 合一

合一可以简单地理解为是寻找项对变量的置换，使两个谓词公式一致。其形式定义如下：

定义 2.15 设有公式集 $F = \{F_1, F_2, \cdots, F_n\}$，若存在一个置换 θ，可使 $F_1\theta = F_2\theta = \cdots = F_n\theta$，则称 θ 是 F 的一个合一，称 $F_1, F_2, \cdots, F_n$ 是可合一的。

一般来说，一个公式集的合一不是唯一的。

定义 2.16 设 σ 是公式集 F 的一个合一，如果对 F 的任一个合一 θ 都存在一个置换 λ，使得 $\theta = \sigma \cdot \lambda$，则称 σ 是一个最一般合一。

一个公式集的最一般合一是唯一的。若用最一般合一去置换那些可合一的谓词公式，可使它们变成完全一致的谓词公式。

2.6.2 自然演绎推理的形式

从一组已知为真的事实出发，直接运用经典逻辑的推理规则推出结论的过程称为自然演绎推理。其中，基本的推理规则是 P 规则、T 规则、假言推理、拒取式推理等。

假言推理的一般形式是

$$P, \ P \rightarrow Q \Rightarrow Q$$

它表示由 $P \rightarrow Q$ 及 P 为真，可推出 Q 为真。例如，由"如果 x 是金属，则 x 能导电"及"铜是金属"可推出"铜能导电"的结论。

拒取式推理的一般形式是

$$P \rightarrow Q, \ \neg Q \Rightarrow \neg P$$

它表示由 $P \rightarrow Q$ 为真及 Q 为假，可推出 P 为假。例如，由"如果下雨，则地上湿"及"地上不湿"可推出"没有下雨"的结论。

这里，应注意避免如下两类错误：①肯定后件（Q）的错误；②否定前件（P）的错误。所谓肯定后件是指，当 $P \rightarrow Q$ 为真时，希望通过肯定后件 Q 为真来推出前件 P 为真，这是不允许的。例如伽利略在论证哥白尼的日心说时，曾使用了如下推理：

1）如果行星系统是以太阳为中心的，则金星会显示出位相变化。

2）金星显示出位相变化。

3）所以，行星系统是以太阳为中心的。

这就是使用了肯定后件的推理，违反了经典逻辑的逻辑规则，他为此曾遭到非难。所谓否定前件是指，当 $P \rightarrow Q$ 为真时，希望通过否定前件 P 来推出后件 Q 为假，这也是不允许的。例如下面的推理就是使用了否定前件的推理，违反了逻辑规则：

1）如果下雨，则地上是湿的。

2）没有下雨。

3）所以，地上不湿。

这显然是不正确的，因为当向地上洒了水时，地上也会是湿的。事实上，当 $P \rightarrow Q$ 为真时，肯定后件或否定前件所得的结论既可能为真，也可能为假，不能确定。

例 2.5 设已知下述事实：

$$A$$
$$B$$
$$A \rightarrow C$$
$$B \wedge C \rightarrow D$$
$$D \rightarrow Q$$

求证：Q 为真。

证明：

$\because$ $A, \ A \rightarrow C \Rightarrow C$ P 规则及假言推理

     $B, \ C \Rightarrow B \wedge C$ 引入合取词

     $B \wedge C, \ B \wedge C \rightarrow D \Rightarrow D$ T 规则及假言推理

     $D, \ D \rightarrow Q \Rightarrow Q$ T 规则及假言推理

$\therefore$ Q 为真

2.6.3 自然演绎推理的特点

自然演绎推理的优点是表达定理证明过程自然，容易理解，而且它拥有丰富的推理规则，推理过程灵活，便于在它的推理规则中嵌入领域启发式知识。

其缺点是容易产生组合爆炸，推理过程中得到的中间结论一般呈指数形式递增，这对于一个大的推理问题来说是十分不利的，甚至是不可能实现的。

2.7　归结演绎推理

从自然演绎推理我们可以看到，即使是很简单的结论证明也要许多步骤才能完成，由此我们想到是否能让计算机来完成定理的证明。自动定理证明是人工智能的一个重要研究领域，这不仅是由于许多数学问题需要通过定理证明得以解决，而且很多非数学问题（如医疗诊断、机器人行动规划及难题求解等）也都可归结为一个定理证明问题。定理证明的实质是对前提 P 和结论 Q 证明 $P \rightarrow Q$ 的永真性。但是，要证明一个谓词公式的永真性是相当困难的，甚至在某些情况下是不可能的。在此情况下，不得不换一个角度来考虑解决这个问题的办法。通过研究发现，应用反证法的思想可把关于永真性的证明转化为不可满足性的证明，即如欲证明 $P \rightarrow Q$ 永真，只要证明 $P \wedge \neg Q$ 是不可满足的就可以了。关于不可满足性的证明，海伯伦（Herbrand）及鲁宾逊（Robinson）先后进行了卓有成效的研究，提出了相应的理论和方法。海伯伦提出的海伯伦域及海伯伦定理为自动定理证明奠定了理论基础；鲁宾逊提出的归结原理使定理证明的机械化变为现实，是对机械化推理的重大突破。他们两人的研究成果在人工智能发展史上都占有重要地位。

无论是海伯伦的理论，还是鲁宾逊的归结原理，都是以子句集为背景开展研究的。因此，本节在介绍他们的理论及方法之前，先讨论关于子句及子句集的有关概念，然后再把他们的理论应用到演绎推理之中。

2.7.1　子句

在谓词逻辑中，把原子谓词公式及其否定统称为文字。

定义 2.17　任何文字的析取式称为子句。

例如，$P(x) \vee Q(x)$，$\neg P(x, f(x)) \vee Q(x, g(x))$ 都是子句。

定义 2.18　不包含任何文字的子句称为空子句。

由于空子句不含有文字，它不能被任何解释满足，所以空子句是永假的，不可满足的。

由子句构成的集合称为子句集。在谓词逻辑中，任何一个谓词公式都可通过应用等价关系及推理规则化成相应的子句集。下面给出把谓词公式化成子句集的步骤。

1）利用下列等价关系消去谓词公式中的"$\rightarrow$"和"$\rightleftarrows$"：

$$P \rightarrow Q \Leftrightarrow \neg P \vee Q$$

$$P \rightleftarrows Q \Leftrightarrow (P \wedge Q) \vee (\neg P \wedge \neg Q)$$

例如公式

$$(\forall x)((\forall y)P(x,y) \rightarrow \neg(\forall y)(Q(x,y) \rightarrow R(x,y)))$$

经等价变换后变成

$$(\forall x)(\neg(\forall y)P(x,y) \rightarrow \neg(\forall y)(\neg Q(x,y) \vee R(x,y)))$$

2）利用下列等价关系消去谓词公式中的"$\rightarrow$"和"$\rightleftarrows$"：

$$\neg(\neg P) \Leftrightarrow P$$
$$\neg(P \wedge Q) \Leftrightarrow \neg P \vee \neg Q$$
$$\neg(P \vee Q) \Leftrightarrow \neg P \wedge \neg Q$$
$$\neg(\forall x)P \Leftrightarrow (\exists x)\neg P$$
$$\neg(\exists x)P \Leftrightarrow (\forall x)\neg P$$

上式经此等价变换后变为

$$(\forall x)((\exists y)\neg P(x,y) \vee (\exists y)(Q(x,y) \wedge \neg R(x,y)))$$

3）重新命名变元名，使不同量词约束的变元有不同的名字。上式经此变换后变为

$$(\forall x)((\exists y)\neg P(x,y) \vee (\exists z)(Q(x,z) \wedge \neg R(x,z)))$$

4）消去存在量词。这里分两种情况：①存在量词不出现在全称量词的辖域内，此时只要用一个新的个体常量替换受该存在量词约束的变元就可消去存在量词（因为若原公式为真，则总能找到一个个体常量，替换后仍使公式为真）；②存在量词位于一个或多个全称量词的辖域内，例如

$$(\forall x_1)(\forall x_2)\cdots(\forall x_n)(\exists y)P(x_1,x_2,\cdots,x_n,y)$$

此时需要用 Skolem 函数 $f(x_1,x_2,\cdots,x_n)$ 替换受该存在量词约束的变元，然后才能消去存在量词。

在上一步得到的式子中，存在量词 $(\exists y)$ 及 $(\exists z)$ 都位于 $(\forall x)$ 的辖域内，所以都需要用 Skolem 函数替换，设替换 y 和 z 的 Skolem 函数分别是 $f(x)$ 和 $g(x)$，则替换后得到

$$(\forall x)(\neg P(x,f(x)) \vee (Q(x,g(x)) \wedge \neg R(x,g(x))))$$

5）把全称量词全部移到公式的左边。在上式中由于只有一个全称量词，而且它已位于公式的最左边，所以这里不需要做任何工作。如果在公式内部有全称量词，就需要把它们都移到公式的左边。

6）利用等价关系

$$P \vee (Q \wedge R) \Leftrightarrow (P \vee Q) \wedge (P \vee R)$$

把公式化为 Skolem 标准形。

Skolem 标准形的一般形式是

$$(\forall x_1)(\forall x_2)\cdots(\forall x_n)M$$

式中，M 是子句的合取式，称为 Skolem 标准形的母式。

把第 5）步得到的公式化为 Skolem 标准形后得到

$$(\forall x)((\neg P(x,f(x)) \vee Q(x,g(x))) \wedge (\neg P(x,f(x)) \vee \neg R(x,g(x))))$$

7）消去全称量词。由于上式中只有一个全称量词，所以可直接把它消去，得到

$$((\neg P(x,f(x)) \vee Q(x,g(x))) \wedge (\neg P(x,f(x)) \vee \neg R(x,g(x))))$$

8）对变元更名，使不同子句中的变元不同名。上式经更名后得到

$$((\neg P(x,f(x)) \vee Q(x,g(x))) \wedge (\neg P(y,f(y)) \vee \neg R(y,g(y))))$$

9）消去合取词。消去合取词后，上式就变为下述子句集：

$$\neg P(x,f(x)) \vee Q(x,g(x))$$
$$\neg P(y,f(y)) \vee \neg R(y,g(y))$$

显然，在子句集中各子句之间是合取关系。

上面我们把谓词公式化成了相应的子句集。如果谓词公式是不可满足的，则其子句集也一定是不可满足的，反之亦然。因此，在不可满足的意义上两者是等价的，下述定理保证了它的正确性。

定理 2.1 设有谓词公式 F，其标准形的子句集为 S，则 F 不可满足的充要条件是 S 不可满足。

由此定理可知，为要证明一个谓词公式是不可满足的，只要证明相应的子句集是不可满足的就可以了。但如何证明一个子句集是不可满足的呢？下面分别就海伯伦理论及鲁宾逊的归结原理进行讨论。

2.7.2 海伯伦理论

子句集是子句的集合。为了判定子句集的不可满足性，就需要对子句集中的子句进行判定。为判断一个子句的不可满足性，需要对个体域上的一切解释逐个地进行判定，只有当子句对任何非空个体域上的任何一个解释都是不可满足的时，才能判定该子句是不可满足的，这是一件十分麻烦甚至难以实现的困难工作。针对这一情况，海伯伦构造了一个特殊的域，并证明只要对这个特殊域上的一切解释进行判定，就可得知子句集是否不可满足，这个特殊的域称为海伯伦域。下面给出海伯伦域的定义及其构造方法。

定义 2.19 设 S 为子句集，则按下述方法构造的域 H_∞ 称为海伯伦域，简记为 H 域：

1) 令 H_0 是 S 中所有个体常量的集合，若 S 中不包含个体常量，则令 $H_0 = \{a\}$，其中 a 为任意指定的一个个体常量。

2) 令 $H_{i+1} = H_i \cup \{S$ 中所有 n 元函数 $f(x_1, \cdots, x_n) | x_j \ (j=1, \cdots, n)$ 是 H_i 中的元素$\}$，其中，$i = 0, 1, 2, \cdots$。

下面用例子解释这个定义。

例 2.6 求子句集 $S = \{P(x) \vee Q(x), R(f(y))\}$ 的 H 域。

在此例中没有个体常量，根据 H 域的定义可以任意指定一个常量 a 作为个体常量，于是得到：

$$H_0 = \{a\}$$
$$H_1 = \{a, f(a)\}$$
$$H_2 = \{a, f(a), f(f(a))\}$$
$$H_3 = \{a, f(a), f(f(a)), f(f(f(a)))\}$$
$$\vdots$$
$$H_\infty = \{a, f(a), f(f(a)), f(f(f(a))), \cdots\}$$

例 2.7 求子句集 $S = \{P(a), Q(b), R(f(x))\}$ 的 H 域。

根据 H 域的定义得到：

$$H_0 = \{a, b\}$$
$$H_1 = \{a, b, f(a), f(b)\}$$
$$H_2 = \{a, b, f(a), f(b), f(f(a)), f(f(b))\}$$
$$\vdots$$

下面给出 S 在 H 域上解释的定义。

定义 2.20 子句集 S 在 H 域上的一个解释 I 满足下列条件：

1）在解释 I 下，常量映射到自身；

2）S 中的任一个 n 元函数是 $H^n \to H$ 的映射。即，设 h_1，h_2，$\cdots \in H$，则 $f(h_1, h_2, \cdots, h_n) \in H$；

3）S 中的任一个 n 元谓词是 $H^n \to \{T, F\}$ 的映射。谓词的真值可以指派 T，也可以指派为 F。

例如，设子句集 $S = \{P(a), Q(f(x))\}$，它的 H 域为 $\{a, f(a), f(f(a)), \cdots\}$。$S$ 的原子集为 $\{P(a), Q(f(a)), Q(f(f((a)))), \cdots\}$，则 S 的解释为：

$$I_1 = \{P(a), Q(f(a)), Q(f(f((a)))), \cdots\}$$

$$I_2 = \{P(a), \neg Q(f(a)), Q(f(f((a)))), \cdots\}$$

$$\vdots$$

一般来说，一个子句集的基原子有无限多个，它在 H 域上的解释也有无限多个。

可以证明，对给定域 D 上的任一个解释，总能在 H 域上构造一个解释与它对应，如果 D 域上的解释能满足子句集 S，则在 H 域上的相应解释也能满足 S。由此可推出如下两个定理：

定理 2.2 子句集 S 不可满足的充要条件是 S 对 H 域上的一切解释都为假。

定理 2.3 子句集不可满足的充要条件是存在一个有限的不可满足的基子句集 S'。

该定理称为海伯伦定理。下面简要地给出对它的证明。

首先证明充分性：

设子句集 S 有一个不可满足的基子句集 S'，因为它不可满足，所以一定存在一个解释 I' 使 S' 为假。根据 H 域上的解释与 D 域上解释的对应关系，可知在 D 域上一定存在一个解释使 S 不可满足，即子句集 S 是不可满足的。

其次证明必要性：

设子句集 S 不可满足，由定理 2.2 可知 S 对 H 域上的一切解释都为假，这样必然存在一个基子句集 S'，且它是不可满足的。

由上面的讨论不难看出，海伯伦只是从理论上给出了证明子句集不可满足性的可行性及方法，但要在计算机上实现其证明过程却是很困难的。1965 年鲁宾逊提出了归结原理，这才使机器定理证明变为现实。

2.7.3 鲁宾逊归结原理

归结原理又称为消解原理，是鲁宾逊（J. A. Robinson）提出的一种证明子句集不可满足性，从而实现定理证明的一种理论及方法。

由谓词公式转化子句集的过程可以看出，在子句集中子句之间是合取关系，其中只要有一个子句不可满足，则子句集就不可满足。另外，空子句是不可满足的。因此，若一个子句集中包含空子句，则这个子句集一定是不可满足的。鲁宾逊归结原理就是基于这一认识提出来的。其基本思想是：检查子句集 S 中是否包含空子句，若包含，则 S 不可满足；若不包含，就在子句集中选择合适的子句进行归结，一旦通过归结能推出空子句，就说明子句集 S

是不可满足的。

什么是归结? 下面我们就命题逻辑及谓词逻辑分别给出它的定义。在此之前先说明互补文字的概念。

定义 2.21 若 P 是原子谓词公式,则称 P 与 $\neg P$ 为互补文字。

2.7.3.1 命题逻辑中的归结原理

定义 2.22 设 C_1 与 C_2 是子句集中的任意两个子句,如果 C_1 中的文字 L_1 与 C_2 中的文字 L_2 互补,那么从 C_1 和 C_2 中分别消去 L_1 和 L_2,并将二个子句中余下的部分析取,构成一个新子句 C_{12},则称这一过程为归结,称 C_{12} 为 C_1 和 C_2 的归结式,称 C_1 和 C_2 为 C_{12} 的亲本子句。

定理 2.4 归结式 C_{12} 是其亲本子句 C_1 与 C_2 的逻辑结论。

证明: 设

$$C_1 = L \vee C_1', \quad C_2 = \neg L \vee C_2'$$

通过归结可以得到:

$$C_{12} = C_1' \vee C_2'$$

C_1 和 C_2 是 C_{12} 的亲本子句。

$$\because C_1' \vee L \Leftrightarrow \neg C_1' \to L$$
$$\neg L \vee C_2' \Leftrightarrow L \to C_2'$$
$$\therefore C_1 \wedge C_2 = (\neg C_1' \to L) \wedge (L \to C_2')$$

根据假言三段论得到:

$$(\neg C_1' \to L) \wedge (L \to C_2') \Rightarrow \neg C_1' \to C_2'$$
$$\because \neg C_1' \to C_2' \Leftrightarrow C_1' \vee C_2' = C_{12}$$
$$\therefore C_1 \wedge C_2 \Rightarrow C_{12}$$

可知 C_{12} 是其亲本子句 C_1 与 C_2 的逻辑结论。

这个定理是归结原理中的一个很重要的定理,由它可得到如下两个推论:

推论 1 设 C_1 与 C_2 是子句集 S 中的两个子句,C_{12} 是它们的归结式,若用 C_{12} 代替 C_1 和 C_2 后得到新子句集 S_1,则由 S_1 的不可满足性可推出原子句集 S 的不可满足性,即

$$S_1 \text{ 的不可满足性} \to S \text{ 的不可满足性}$$

推论 2 设 C_1 与 C_2 是子句集 S 中的两个子句,C_{12} 是它们的归结式,若把 C_{12} 加入 S 中,得到新子句集 S_2,则 S 与 S_2 在不可满足的意义上是等价的,即

$$S_2 \text{ 的不可满足性} \Leftrightarrow S \text{ 的不可满足性}$$

这两个推论告诉我们:为要证明子句集 S 的不可满足性,只要对其中可进行归结的子句进行归结,并把归结式加入子句集 S;或者用归结式替换它的亲本子句,然后对新子句集 (S_1 或 S_2) 证明不可满足性就可以了。如果经过归结能得到空子句,根据空子句的不可满足性,立即可得到原子句集 S 是不可满足的结论。这就是用归结原理证明子句集不可满足性的基本思想。

在命题逻辑中,对不可满足的子句集 S,归结原理是完备的,即若子句集不可满足,则必然存在一个从 S 到空子句的归结演绎;若存在一个从 S 到空子句的归结演绎,则 S 一定是不可满足的。但是对于可满足的子句集 S,用归结原理得不到任何结果。

2.7.3.2 谓词逻辑中的归结原理

在谓词逻辑中，由于子句中含有变元，所以不像命题逻辑那样可直接消去互补文字，而需要先用最一般合一对变元进行代换，然后才能进行归结。例如设有如下两个子句：

$$C_1 = P(x) \lor Q(x)$$
$$C_2 = \neg P(a) \lor R(y)$$

由于 $P(x)$ 与 $P(a)$ 不同，所以 C_1 与 C_2 不能直接进行归结，但若用最一般合一

$$\sigma = \{a/x\}$$

对两个子句分别进行代换：

$$C_{1\sigma} = P(a) \lor Q(a)$$
$$C_{2\sigma} = \neg P(a) \lor R(y)$$

就可对它们进行归结，消去 $P(a)$ 与 $\neg P(a)$，得到如下归结式：

$$Q(a) \lor R(y)$$

下面给出谓词逻辑中关于归结的定义。

定义 2.23 设 C_1 与 C_2 是两个没有相同变元的子句，L_1 和 L_2 分别是 C_1 和 C_2 中的文字，若 σ 是 L_1 和 $\neg L_2$ 的最一般合一，则称

$$C_{12} = (C_{1\sigma} - \{L_{1\sigma}\}) \cup (C_{2\sigma} - \{L_{2\sigma}\})$$

为 C_1 和 C_2 的二元归结式，L_1 和 L_2 称为归结式上的文字。

一般来说，若子句 C 中有两个或两个以上的文字具有最一般合一，则称 C_σ 为子句 C 的因子。如果 C 是一个单文字，则称它为 C 的单元因子。

应用因子的概念，可对谓词逻辑中的归结原理给出如下定义：

定义 2.24 子句 C_1 和 C_2 的归结式是下列二元归结式之一：

1）C_1 与 C_2 的二元归结式。

2）C_1 与 C_2 的因子 $C_{2\sigma_2}$ 的二元归结式。

3）C_1 的因子 $C_{1\sigma_1}$ 与 C_2 的二元归结式。

4）C_1 的因子 $C_{1\sigma_1}$ 与 C_2 的因子 $C_{2\sigma_2}$ 的二元归结式。

对于谓词逻辑，定理 2.4 仍然适用，即归结式是它的亲本子句的逻辑结论。用归结式取代它在子句集 S 中的亲本子句所得到的新子句集仍然保持着原子句集 S 的不可满足性。

另外，对于一阶谓词逻辑，从不可满足的意义上说，归结原理也是完备的。即若子句集是不可满足的，则必存在一个从该子句集到空子句的归结演绎；若从子句集存在一个到空子句的演绎，则该子句集是不可满足的。关于归结原理的完备性可用海伯伦的有关理论进行证明，这里不再一一列出了。

归结原理给出了证明子句集不可满足性的方法。如欲证明 Q 为 $P_1, P_2, \cdots, P_n$ 的逻辑结论，只需证明

$$(P_1 \land P_2 \land \cdots \land P_n) \land \neg Q$$

是不可满足的。再据定理 2.1 可知，在不可满足的意义上，公式

$$(P_1 \land P_2 \land \cdots \land P_n) \land \neg Q$$

与其子句集是等价的。因此，我们可用归结原理来进行定理的自动证明。

应用归结原理证明定理的过程称为归结反演。

设 F 为已知前提的公式集，Q 为目标公式（结论）。用归结反演证明 Q 为真的步骤是：

1）否定 Q，得到 $\neg Q$。

2）把 $\neg Q$ 并入到公式集 F 中得到 $\{F, \neg Q\}$。

3）把公式集 $\{F, \neg Q\}$ 化为子句集 S。

4）应用归结原理对子句集 S 中的子句进行归结并把每次归结得到的归结式都并入 S。如此反复进行，若出现了空子句，则停止归结，此时就证明了 Q 为真。

2.7.4 归结策略

对子句集进行归结时，关键的一步是从子句集中找出可进行归结的一对子句。由于事先不知道哪两个子句可以进行归结，更不知道通过对哪些子句对的归结可以尽快地得到空子句，因而必须对子句集中的所有子句逐对地进行比较。对任何一对可归结的子句对都进行归结，这样不仅要耗费许多时间，而且还会因为归结出了许多无用的归结式而多占用了许多存储空间造成了时空的浪费，降低了效率。为解决这些问题，人们研究出了多种归结策略。这些归结策略大致可分为两大类：①删除策略；②限制策略。前一类通过删除某些无用的子句来缩小归结的范围，后一类通过对参加归结的子句进行种种限制，尽可能地减小归结的盲目性，使其尽快地归结出空子句。

下面首先讨论计算机进行归结的一般过程然后再讨论各种归结策略。

1. 归结的一般过程

设有子句集

$$S = \{C_1, C_2, C_3, C_4\}$$

其中，C_1，C_2，C_3，C_4 是 S 中的子句。计算机对此子句集进行归结的一般过程是：

1）从子句 C_1 开始，逐个与 C_2，C_3，C_4 进行比较，看哪两个子句可进行归结。若能找到，就求出归结式。然后用 C_2 与 C_3，C_4 进行比较，凡可归结的都进行归结，最后用 C_3 与 C_4 比较，若能归结也对它们进行归结。经过这一轮的比较及归结后，就会得到一组归结式，称为第一级归结式。

2）再从 C_1 开始，用 S 中的子句分别与第一级归结式中的子句逐个地进行比较、归结，这样又会得到一组归结式，称为第二级归结式。

3）仍然从 C_1 开始用 S 中的子句及第一级归结式中的子句逐个地与第二级归结式中的子句进行比较，得到第三级归结式。

如此继续，直到出现了空子句或者不能再继续归结时为止。只要子句集是不可满足的，上述归结过程一定会归结出空子句而终止。

2. 删除策略

归结过程是一个不断寻找可归结子句的过程，子句越多，付出的代价就越大。如果在归结时能把子句集中的无用子句删除掉，这样就会缩小寻找范围，减少比较次数，从而提高归结的效率。删除策略正是出于这一考虑提出来的，它有以下三种删除方法：

1）纯文字删除法。如果某文字 L 在子句集中不存在可与之互补的文字 $\neg L$，则称该文字为纯文字。显然，在归结时纯文字不可能被消去，因而用包含它的子句进行归结时不可能得到空子句，即这样的子句对归结是无意义的，所以可以把它所在的子句从子句集中删去，这样不会影响子句集的不可满足性。例如，设有子句集：

$$S = \{P \vee Q \vee R, \neg Q \vee R, Q, \neg R\}$$

其中，P 是纯文字，因此可将子句 $P \vee Q \vee R$ 从 S 中删去。

2）重言式删除法。如果一个子句中同时包含互补文字对，则称该子句为重言式。例如 $P(x) \vee \neg P(x)$，$P(x) \vee Q(x) \vee \neg P(x)$ 都是重言式。重言式是真值为真的子句，就以上例来说，不管 $P(x)$ 为真还是为假，$P(x) \vee \neg P(x)$ 以及 $P(x) \vee Q(x) \vee \neg P(x)$ 都均为真。对于一个子句集来说，不管是增加或者删去一个真值为真的子句都不会影响它的不可满足性，因而可从子句集中删去重言式。

3）包孕删除法。设有子句 C_1 和 C_2，如果存在一个代换 σ，使得 $C_{1\sigma} \subseteq C_2$，则称 C_1 包孕于 C_2。例如：

$$P(x) 包孕于 P(a) \qquad \sigma = \{a/x\}$$
$$P(x) 包孕于 P(a) \vee Q(z) \qquad \sigma = \{a/x\}$$

把子句集中包孕的子句删去后，不会影响子句集的不可满足性，因而可从子句集中删去。

3. 支持集策略

支持集策略是沃斯（Wos）等人在 1965 年提出的一种归结策略。它对参加归结的子句提出了如下限制：每一次归结时，亲本子句中至少应有一个是由目标公式的否定所得到的子句或者是它们的后裔。可以证明，支持集策略是完备的，即若子句集是不可满足的，则由支持集策略一定可以归结出空子句。

4. 线性输入策略

这种归结策略对参加归结的子句提出了如下限制：参加归结的两个子句中必须至少有一个是初始子句集中的子句。所谓初始子句集是指初始时要求进行归结的那个子句集。例如在归结反演中，初始子句集就是由已知前提及结论的否定化来的子句集。

5. 单文字子句策略

如果一个子句只包含一个文字，则称它为单文字子句。

单文字子句策略要求参加归结的两个子句中必须至少有一个是单文字子句。

用单文字子句策略归结时，归结式将比亲本子句含有较少的文字，这有利于朝着空子句的方向前进，因此它有较高的归结效率。但是，这种归结策略是不完备的。当初始子句集中不包含单文字子句时，归结就无法进行。

6. 祖先过滤形策略

该策略与线性输入策略比较相似，但放宽了限制。当对两个子句 C_1 和 C_2 进行归结时只要它们满足下述两个条件中的任意一个就可进行归结：

1）C_1 与 C_2 中至少有一个是初始子句集中的子句。

2）如果两个子句都不是初始子句集中的子句，则一个应是另一个的祖先。所谓一个子句（例如 C_1）是另一个子句（例如 C_2）的祖先是指 C_2 是由 C_1 与别的子句归结后得到的归结式。

以上我们讨论了几种最基本的归结策略在具体应用时可把几种策略组合在一起使用。另外，上面列出的归结过程都是按广度优先策略进行搜索的，当然也可用其他策略进行搜索，需根据实际情况决定。

2.7.5 归结演绎推理的特点

以上讨论了归结演绎推理，这是在自动定理证明领域影响较大的一种推理方法，由于它比较简单且又便于在计算机上实现，因而受到人们的普遍重视。归结演绎推理具有如下优点：

1）归结演绎推理提供了一种简单易行的方法实现问题的证明和求解。

2）归结演绎推理形式单一，处理规则十分简单。

3）归结演绎推理可用来进行机械化推理。

但由于它要求把逻辑公式转化成子句集，亦带来了如下问题：

1）不便于阅读与理解。归结演绎推理并不是人类的自然思维方式，不便于人们从自然思维的角度组织问题的求解和提供问题所需的知识。例如对语句"鸟能飞"，若用逻辑公式表示，即

$$(\forall x)(Bird(x) \rightarrow Fly(x))$$

这就很自然，便于理解。但若用子句形式表示，即

$$\neg Bird(x) \vee Fly(x)$$

就不够直观、自然，不便于理解。

2）有可能丢失一些重要的控制信息。子句是一种低效率的表达式，将公式标准化为高度统一的子句集，会丢失隐含于公式的启发性知识或逻辑控制信息。例如对下列逻辑公式：

$$(\neg A \wedge \neg B) \rightarrow C$$
$$(\neg A \wedge \neg C) \rightarrow B$$
$$(\neg B \wedge \neg C) \rightarrow A$$
$$\neg A \rightarrow (B \vee C)$$
$$\neg B \rightarrow (A \vee C)$$
$$\neg C \rightarrow (A \vee B)$$

它们分别具有不同的逻辑控制信息，但若把它们分别化为子句，则得到的子句却是相同的，即

$$A \vee B \vee C$$

这样就把上述各逻辑公式中包含的控制性信息丢失了。

针对归结演绎推理存在的上述问题，人们提出了多种非子句定理证明方法，除上一节讨论的自然演绎推理外，尼尔逊提出的基于与/或形的演绎推理也是其中的一种，将在下一节讨论。

2.8 与/或形演绎推理

本节将在经典逻辑基础上讨论用与/或形表示知识进行定理证明的方法。它与上节讨论的归结演绎推理不同：归结演绎推理要求把有关问题的知识及目标的否定都化成子句形式，然后通过归结进行演绎推理，其推理规则只有一条，即归结规则；而本节讨论的与/或形演

绎推理，不再把有关知识转化为子句集，并且把领域知识及已知事实分别用蕴含式及与/或形表示出来，然后通过运用蕴含式进行演绎推理，从而证明某个目标公式。

与/或形演绎推理分为正向演绎、逆向演绎及双向演绎，这三种推理形式下面分别进行讨论。

2.8.1　与/或形正向演绎推理

与/或形正向演绎推理是从已知事实出发，正向地使用蕴含式（F 规则）进行演绎推理，直至得到某个目标公式的一个终止条件为止。

在这种推理中，对已知事实、F 规则及目标公式的表示形式都有一定的要求。如果不是所要求的形式，就需要进行变换。

2.8.1.1　事实表达式的与/或形变换及树形表示

与/或形正向演绎推理要求已知事实用不含蕴含符号"→"的与/或形表示。把一个公式化为与/或形的步骤与化为子句集类似，只是不必把公式化为子句的合取形式，也不能消去公式中的合取词。具体为：

1）利用 $P \rightarrow Q \Leftrightarrow P \vee Q$ 消去公式中的"→"。

2）利用德·摩根律及量词转换律把"￢"移到紧靠谓词的位置上。

3）重新命名变元名，使不同量词约束的变元有不同的名字。

4）引 Skolem 函数消去存在量词。

5）消去全称量词，且使各主要合取式中的变元不同名。

例如对如下事实表达式：

$$(\exists x)(\forall y)\{Q(y,x) \wedge \neg[(R(y) \vee P(y)) \wedge S(x,y)]\}$$

按上述步骤进行转化后得到：

$$Q(z,a) \wedge \{[\neg R(y) \wedge \neg P(y)] \vee \neg S(a,y)\}$$

这是一个不包含"→"的表达式，称为与/或形。

事实表达式的与/或形可用一棵与/或树表示出来，如对上例可用如图 2-31 所示的与/或树表示。

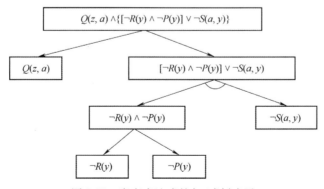

图 2-31　事实表达式的与/或树表示

在图 2-31 中每个节点表示相应事实表达式的一个子表达式，叶节点为谓词公式中的文字。对于用析取符号"∨"连接而成的表达式，例如 $E_1 \vee E_2 \vee \cdots \vee E_n$，其后继节点 E_1，

E_2，…，E_n 用一个 n 连接符（即图中的半圆弧）把它们连接起来。对于用合取符号"∧"连接而成的表达式，无须用连接符连接。

如果把与/或树中用连接符连接的节点视为具有"与"关系，把不用连接符连接的节点视为具有"或"关系，那么由叶节点所组成的公式：

$$Q(z,a)$$
$$\neg R(y) \vee \neg(a,y)$$
$$\neg P(y) \vee \neg S(a,y)$$

恰好是由原表达式化成的子句集。

2.8.1.2 F 规则的表示形式

在与/或形正向演绎推理中，通常要求 F 规则具有如下形式：

$$L \to W$$

式中，L 为单文字；W 为与/或形。

之所以限制 F 规则的左部为单文字，是因为在进行演绎推理时，要用 F 规则作用于表示事实的与/或树，而该与/或树的叶节点都是单文字，这样就可用 F 规则的左部与叶节点进行简单匹配（合一）。如果领域知识的表示形式不是所要求的形式，则需通过变换将它变成规定的形式，变换步骤为：

1）暂时消去蕴含符号"→"。例如对公式

$$(\forall x)\{[(\exists y)(\forall z)P(x,y,z)] \to (\forall u)Q(x,u)\}$$

通过运用等价关系 $P \to Q \Leftrightarrow \neg P \vee Q$ 可变为：

$$(\forall x)\{\neg[(\exists y)(\forall z)P(x,y,z)] \vee (\forall u)Q(x,u)\}$$

2）把"→"移到紧靠谓词的位置上。通过运用德·摩根律及量词转换律可把"¬"移到括弧中，经移动"¬"，上式变为：

$$(\forall x)\{(\forall y)(\exists z)[\neg P(x,y,z)] \vee (\forall u)Q(x,u)\}$$

3）引入 Skolem 函数消去存在量词。消去存在量词后，上式变为：

$$(\forall x)\{(\forall y)[\neg P(x,y,f(x,y))] \vee (\forall u)Q(x,u)\}$$

4）消去全称量词。消去全称量词后，上式变为：

$$\neg P(x,y,f(x,y)) \vee Q(x,u)$$

此时公式中的变元都被视为是受全称量词约束的变元。

5）恢复为蕴含式。利用等价关系 $\neg P \vee Q \Leftrightarrow P \to Q$ 将上式变为：

$$P(x,y,f(x,y)) \to Q(x,u)$$

2.8.1.3 目标公式的表示形式

在与/或形正向演绎推理中，要求目标公式用子句表示，否则就需要化成子句形式，转化方法如上节所述。

2.8.1.4 推理过程

应用 F 规则进行推理的目的在于证明某个目标公式。如果从已知事实的与/或树出发通过运用 F 规则最终推出了欲证明的目标公式，则推理就可成功结束。其推理过程为：

1）首先用与/或树把已知事实表示出来。

2）用 F 规则的左部和与/或树的叶节点进行匹配，并将匹配成功的 F 规则加入到与/

或树中。

3）重复第 2）步，直到产生一个含有以目标节点作为终止节点的解图为止。

2.8.2 与/或形逆向演绎推理

与/或形逆向演绎推理是从待证明的问题（目标）出发，通过逆向地使用蕴含式（B 规则）进行演绎推理，直到得到包含已知事实的终止条件为止。

与/或形逆向演绎推理对目标公式 B 规则及已知事实的表示形式也有一定的要求，若不符合，就需要进行变换。

2.8.2.1　目标公式的与/或形变换及树形表示

在与/或形逆向演绎推理中，要求目标公式用与/或形表示，其变换过程与正向演绎推理中对已知事实的变换相似，只是要用存在量词约束的变元的 Skolem 函数替换由全称量词约束的相应变元，并且消去全称量词，然后再消去存在量词，这是与正向演绎推理中对已知事实进行变换的不同之处。例如对如下目标公式：

$$(\exists y)(\forall x)\{P(x)\rightarrow[Q(x,y)\wedge\neg(R(x)\wedge S(y))]\}$$

经变换后得到

$$\neg P(f(z))\vee\{Q(f(y),y)\wedge[\neg R(f(y))\vee\neg S(y)]\}$$

变换时应注意使各个主要的析取式具有不同的变元名。

目标公式的与/或形可用与/或树表示出来，但其表示方式与正向演绎推理中对已知事实的与/或树表示也略有不同。它的连接符用来把具有合取关系的子表达式连接起来，而在正向演绎推理中是把已知事实中具有析取关系的子表达式连接起来。对于上例，可用如图 2-32 所示的与/或树表示。

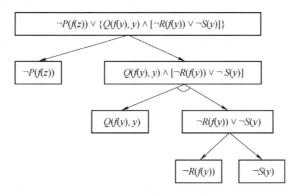

图 2-32　一个目标公式的与/或形表示

在图 2-32 中，若把叶节点用它们之间的合取及析取关系连接起来，就可得到原目标公式的三个子目标：

$$\neg P(f(z))$$
$$Q(f(y),y)\wedge\neg R(f(y))$$
$$Q(f(y),y)\wedge\neg S(y)$$

可见子目标是文字的合取式。

2.8.2.2 *B* 规则的表示形式

B 规则具有如下形式：

$$W \rightarrow L$$

式中，*W* 为任一与/或形公式；*L* 为文字。

这里，之所以限制规则的右部为文字，是因为推理时要用它与目标与/或树中的叶节点进行匹配（合一），而目标与/或树中的叶节点是文字。

如果已知的 *B* 规则不是所要求的形式，可用与转化下规则类似的方法把它化成规定的形式，特别是对于像

$$W \rightarrow (L_1 \wedge L_2)$$

这样的蕴含式可化为两个 *B* 规则：

$$W \rightarrow L_1 , \quad W \rightarrow L_2$$

2.8.2.3 已知事实的表示形式

在与/或形逆向演绎推理中，要求已知事实是文字的合取式，即形如

$$F_1 \wedge F_2 \wedge \cdots \wedge F_n$$

在问题求解中，由于每个 F_i $(i=1,2,\cdots,n)$ 都可单独起作用，因此可把上面公式表示为事实的集合：

$$\{F_1, F_2, \cdots, F_n\}$$

2.8.2.4 推理过程

应用 *B* 规则进行逆向演绎推理的目的是求解问题，当从目标公式的与/或树出发，通过运用 *B* 规则最终得到了某个终止在事实节点上的一致解图时，推理就可成功结束，其推理过程为：

1）首先用与/或树把目标公式表示出来。

2）用 *B* 规则的右部和与/或树的叶节点进行匹配，并将匹配成功的 *B* 规则加入到与/或树中。

3）重复进行第 2）步，直到产生某个终止在事实节点上的一致解图为止。这里所说的"一致解图"是指在推理过程中所用到的代换应该是一致的。

2.8.3 与/或形双向演绎推理

与/或形正向演绎推理要求目标公式是文字的析取式，与/或形逆向演绎推理要求事实公式为文字的合取式，都有一定的局限性，为克服这些局限性，并充分发挥各自的长处，可进行双向演绎推理。

与/或形双向演绎推理是建立在正向演绎推理与逆向演绎推理基础上的，它由表示目标及表示已知事实的两个与/或树结构组成，这些与/或树分别由正向演绎的 *F* 规则及逆向演绎的 *B* 规则进行操作，并且仍然限制 *F* 规则为单文字的左部，*B* 规则为单文字的右部。

双向演绎推理的难点在于终止条件，因为分别从正、逆两个方向进行推理，其与/或树分别向着对方扩展。只有当它们对应的叶节点都可合一时，推理才能结束，其时机与判断都难于掌握。

2.8.4 与/或形演绎推理的特点

以上讨论了与/或形的演绎推理，它们的优点是不必把公式化为子句集，保留了连接词

"→"，这就可直观地表达出因果关系，比较自然。

其主要问题是：对正向演绎推理而言，目标表达式被限制为文字的析取式；而对于逆向演绎推理，已知事实的表达式被限制为文字的合取式；正、逆双向演绎推理虽然可以克服以上两个问题，但其"接头"的处理却比较困难。

2.9 主观贝叶斯推理

2.6 节~2.8 节讨论了建立在经典逻辑基础上的确定性推理，这是一种运用确定性知识进行的精确推理。同时它又是一种单调性推理，即随着新知识的加入，推出的结论或证明了的命题将单调地增加。但是，人们通常是在信息不完善、不精确的情况下运用不确定性知识进行思维求解问题的，推出的结论也并不总是随着知识的增加而单调地增加。因而还必须对不确定性知识的表示与处理及推理的非单调性进行研究，这就是从本节开始将要讨论的不确定性推理及非单调性推理。

2.9.1 简单不确定性推理

随机事件 A 的概率 $P(A)$ 表示 A 发生的可能性大小，因而可用它来表示事件 A 的确定性程度。另外，由条件概率的定义及贝叶斯定理可得出在一个事件发生的条件下另一个事件的概率，这可用于基于产生式规则的不确定性推理，下面讨论两种简单的不确定性推理方法。

1. 经典概率方法

设有如下产生式规则：

$$\text{IF} \quad E \quad \text{THEN} \quad H$$

其中，E 为前提条件，H 为结论。如果我们在实践中经大量统计能得出在 E 发生条件下 H 的条件概率 $P(H/E)$，那么就可把它作为在证据 E 出现时结论 H 的确定性程度。

对于复合条件

$$E = E_1 \quad \text{AND} \quad E_2 \quad \text{AND} \cdots \text{AND} \quad E_n,$$

当已知条件概率 $P(H/E_1, E_2, \cdots, E_n)$ 时，就可把它作为在证据 $E_1, E_2, \cdots, E_n$ 出现时结论 H 的确定性程度。

显然，这是一种很简单的方法，只能用于简单的不确定性推理。另外，由于它只考虑证据为"真"或"假"这两种极端情况，因而使其应用受到了限制。

2. 逆概率方法

经典概率方法要求给出在证据 E 出现情况下结论 H 的条件概率 $P(H/E)$ 这在实际应用中是相当困难的。例如，若以 E 代表咳嗽，以 H 代表支气管炎，如欲得到在咳嗽的人中有多少是患支气管炎的，就需要做大量的统计工作，但是如果在患支气管炎的人中统计有多少人是咳嗽的，就相对容易一些，因为患支气管炎的人毕竟比咳嗽的人少得多。因此人们希望用逆概率 $P(E/H)$ 来求原概率 $P(H/E)$，贝叶斯定理给出了解决这个问题的方法。

由贝叶斯定理可知，若 A_1，A_2，$\cdots$，A_n 是彼此独立的事件，则对任何事件 B 有如下贝叶斯公式成立：

$$P(A_i/B) = \frac{P(A_i) \times P(B/A_i)}{\sum\limits_{j=1}^{n} P(A_j) \times P(B/A_j)} \quad i=1,2,\cdots,n$$

式中，$P(A_i)$ 是事件 A 的先验概率；$P(B/A_i)$ 是在事件 A_i 发生条件下事件 B 的条件概率；$P(A_i/B)$ 是在事件 B 发生条件下事件 A_i 的条件概率。

如果用产生式规则

$$\text{IF} \quad E \quad \text{THEN} \quad H_i$$

中的前提条件 E 代替贝叶斯公式中的 B，用 H_i 代替公式中的 A_i，就可得到

$$P(H_i/E) = \frac{P(H_i) \times P(E/H_i)}{\sum\limits_{j=1}^{n} P(H_j) \times P(E/H_j)} \quad i=1,2,\cdots,n$$

这就是说，当已知结论 H 的先验概率 $P(H_i)$，并且已知结论 H_i（$i=1,2,\cdots,n$）成立时前提条件 E 所对应的证据出现的条件概率 $P(E/H_i)$，就可用上式求出相应证据出现时结论 H 的条件概率 $P(H_i/E)$。

逆概率方法的优点是它有较强的理论背景和良好的数学特性，当证据及结论都彼此独立时计算的复杂度比较低。缺点是它要求给出结论 H_i 的先验概率 $P(H_i)$ 及证据 E 的条件概率 $P(E/H_i)$，尽管有些时候 $P(E/H_i)$ 比 $P(H_i/E)$ 相对容易得到，但总的来说，要想得到这些数据仍然是一件相当困难的工作。另外，贝叶斯公式的应用条件是很严格的，它要求各事件互相独立等，如若证据间存在依赖关系，就不能直接使用这个方法。

为此，杜达（Richard O. Duda）、哈特（Peter E. Hart）等人 1976 年在贝叶斯公式的基础上经适当改进提出了主观贝叶斯方法，建立了相应的不确定性推理模型，并在地矿勘探专家系统 PROSPECTOR 中得到了成功的应用。

2.9.2　知识不确定性的表示

在主观贝叶斯方法中，知识是用产生式规则表示的，具体形式为：

$$\text{IF} \quad E \quad \text{THEN} \quad (LS,LN) \quad H \quad (P(H))$$

其中：

1）E 是该条知识的前提条件，它既可以是一个简单条件，也可以是用 AND 或 OR 把多个简单条件连接起来的复合条件。

2）H 是结论，$P(H)$ 是 H 的先验概率，它指出在没有任何专门证据的情况下结论 H 为真的概率，其值由领域专家根据以往的实践及经验给出。

3）LS 称为充分性量度，用于指出 E 对 H 的支持程度，取值范围为 $[0,+\infty)$，其定义为

$$LS = \frac{P(E/H)}{P(E/\neg H)}$$

LS 的值由领域专家给出，给值的原则及其意义将在下面进行讨论。

4）LN 称为必要性量度，用于指出 E 对 H 的支持程度，即 E 对 H 为真的必要性程度，取值范围为 $[0,+\infty)$，其定义为

$$LN = \frac{P(\neg E/H)}{P(\neg E/\neg H)} = \frac{1-P(E/H)}{1-P(E/\neg H)}$$

LN 的值也由领域专家给出，给值的原则及其意义将在下面进行讨论。

LS，LN 相当于知识的静态强度。

2.9.3 证据不确定性的表示

在主观贝叶斯方法中，证据的不确定性也是用概率表示的。例如对于初始证据 E，由用户根据观察 S 给出 $P(E/S)$，它相当于动态强度。但由于 $P(E/S)$ 的给出相当困难，因而在具体的应用系统中往往采用适当的变通方法，如在 PROSPECTOR 中就引进了可信度的概念，让用户在 $-5 \sim 5$ 之间的 11 个整数中根据实际情况选一个数作为初始证据的可信度，表示他对所提供的证据可以相信的程度。可信度 $C(E/S)$ 与概率 $P(E/S)$ 的对应关系如下：

$C(E/S) = -5$，表示在观察 S 下证据 E 肯定不存在，即 $P(E/S) = 0$。

$C(E/S) = 0$，表示 S 与 E 无关，即 $P(E/S) = P(E)$。

$C(E/S) = 5$，表示在观察 S 下证据 E 肯定存在，即 $P(E/S) = 1$。

$C(E/S)$ 为其他数时与 $P(E/S)$ 的对应关系，可通过对上述三点进行分段线性插值得到，如图 2-33 所示。

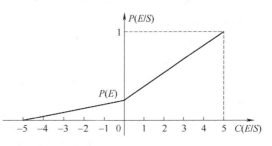

图 2-33 $C(E/S)$ 与 $P(E/S)$ 的对应关系

由图 2-33 可得到如下 $C(E/S)$ 与 $P(E/S)$ 的关系式：

$$P(E/S) = \begin{cases} \dfrac{C(E/S) + P(E) \times (5 - C(E/S))}{5} & \text{若 } 0 \leqslant C(E/S) \leqslant 5 \\[3mm] \dfrac{P(E) \times (5 + C(E/S))}{5} & \text{若 } -5 \leqslant C(E/S) < 0 \end{cases}$$

这样，用户只要对初始证据给出相应的可信度 $C(E/S)$，就可由系统将它转换为相应的 $P(E/S)$。

2.9.4 组合证据不确定性的算法

当组合证据是多个单一证据的合取时，即

$$E = E_1 \ \text{AND} \ E_2 \ \text{AND} \cdots \text{AND} \ E_n$$

如果已知 $P(E_1/S)$，$P(E_2/S)$，$\cdots$，$P(E_n/S)$，则

$$P(E/S) = \min\{P(E_1/S), P(E_2/S), \cdots, P(E_n/S)\}$$

当组合证据是多个单一证据的析取时，即

$$E = E_1 \ \text{OR} \ E_2 \ \text{OR} \cdots \text{OR} \ E_n$$

如果已知 $P(E_1/S)$，$P(E_2/S)$，$\cdots$，$P(E_n/S)$，则

$$P(E/S) = \max\{P(E_1/S), P(E_2/S), \cdots, P(E_n/S)\}$$

对于"非"运算，用下式计算：

$$P(\neg E/S) = 1 - P(E/S)$$

2.9.5 不确定性的传递算法

在主观贝叶斯方法的知识表示中，$P(H)$ 是专家对结论 H 给出的先验概率，它是在没有考虑任何证据的情况下根据经验给出的。随着新证据的获得，对 H 的信任程度应该有所改变。主观贝叶斯方法推理的任务就是根据证据 E 的概率 $P(E)$ 及 LS，LN 的值，把 H 的先验概率 $P(H)$ 更新为后验概率 $P(H/E)$ 或 $P(H/\neg E)$。即

$$P(H) \xrightarrow[LS,LN]{P(E)} P(H/E) \text{ 或 } P(H/\neg E)$$

由于一条知识所对应的证据可能是肯定存在的，也可能是肯定不存在的，或者是不确定的，而且在不同情况下确定后验概率的方法不同，所以下面分别进行讨论。

2.9.5.1 证据肯定存在的情况

在证据肯定存在时，$P(E) = P(E/S) = 1$。

由贝叶斯公式可得

$$P(H/E) = P(E/H) \times P(H)/P(E) \tag{2-1}$$

同理有

$$P(\neg H/E) = P(E/\neg H) \times P(\neg H)/P(E) \tag{2-2}$$

式（2-1）除以式（2-2）可得

$$\frac{P(H/E)}{P(\neg H/E)} = \frac{P(E/H)}{P(E/\neg H)} \times \frac{P(H)}{P(\neg H)} \tag{2-3}$$

为简洁起见，引入几率函数 O，它与概率的关系为：

$$O(x) = \frac{P(x)}{1-P(x)}$$

$$P(x) = \frac{O(x)}{1+O(x)} \tag{2-4}$$

显然，$P(x)$ 与 $O(x)$ 有相同的单调性。即，若 $P(x_1) < P(x_2)$，则 $O(x_1) < O(x_2)$，反之亦然。只是 $P(x) \in [0,1]$，而 $O(x) \in [0,\infty)$。

由 LS 的定义，以及概率与几率的关系式（2-4），可将式（2-3）改写为

$$O(H/E) = LS \times O(H) \tag{2-5}$$

这就是在证据肯定存在时，把先验几率 $O(H)$ 更新为后验几率 $O(H/E)$ 的计算公式。如果用式（2-4）把几率换成概率，就可得到

$$P(H/E) = \frac{LS \times P(H)}{(LS-1) \times P(H) + 1} \tag{2-6}$$

这是把先验概率 $P(H)$ 更新为后验概率 $P(H/E)$ 的计算公式。

由以上讨论可以看出充分性量度 LS 的意义：

1）当 $LS > 1$ 时，由式（2-5）可得

$$O(H/E) > O(H)$$

再由 $P(x)$ 与 $O(x)$ 具有相同单调性的特性，可得

$$P(H/E) > P(H)$$

这表明，当 $LS > 1$ 时，由于证据 E 的存在，将增大结论 H 为真的概率，而且 LS 越大，

$P(H/E)$ 就越大，即 E 对 H 为真的支持越强。当 $LS \to \infty$ 时，$O(H/E) \to \infty$，即 $P(H/E) \to 1$，表明由于证据 E 的存在，将导致 H 为真。由此可见，E 的存在对 H 为真是充分的，故称 LS 为充分性量度。

2）当 $LS=1$ 时，由式（2-5）可得

$$O(H/E) = O(H)$$

这表明 E 与 H 无关。

3）当 $LS<1$ 时，由式（2-5）可得

$$O(H/E) < O(H)$$

这表明由于证据 E 的存在，将导致 H 为真的可能性下降。

4）当 $LS=0$ 时，由式（2-5）可得

$$O(H/E) = 0$$

这表明由于证据 E 的存在，将使 H 为假。

上述关于 LS 的讨论可作为领域专家为 LS 赋值的依据，当证据 E 愈是支持 H 为真时，则应使相应 LS 的值愈大。

2.9.5.2　证据肯定不存在的情况

在证据肯定不存在时，$P(E) = P(E/S) = 0$，$P(\neg E) = 1$。

由于

$$P(H/\neg E) = P(\neg E/H) \times P(H) / P(\neg E)$$

$$P(\neg H/\neg E) = P(\neg E/\neg H) \times P(\neg H) / P(\neg E)$$

两式相除得到

$$\frac{P(H/\neg E)}{P(\neg H/\neg E)} = \frac{P(\neg E/H)}{P(\neg E/\neg H)} \times \frac{P(H)}{P(\neg H)}$$

由 LN 的定义，以及概率与几率的关系式（2-4），可将上式改写为

$$O(H/\neg E) = LN \times O(H) \tag{2-7}$$

这就是在证据 E 肯定不存在时，把先验几率 $O(H)$ 更新为后验几率 $O(H/\neg E)$ 的计算公式。如果用式（2-4）把几率换成概率，就可得到

$$P(H/\neg E) = \frac{LN \times P(H)}{(LN-1) \times P(H) + 1} \tag{2-8}$$

这是把先验概率 $P(H)$ 更新为后验概率 $P(H/\neg E)$ 的计算公式。

由以上讨论可以看出必要性量度 LN 的意义：

1）当 $LN>1$ 时，由式（2-7）可得

$$O(H/\neg E) > O(H)$$

再由 $P(x)$ 与 $O(x)$ 具有相同单调性的特性，可得

$$P(H/\neg E) > P(H)$$

这表明，当 $LN>1$ 时，由于证据 E 不存在，将增大结论 H 为真的概率，而且 LN 越大，$P(H/\neg E)$ 就越大，即 $\neg E$ 对 H 为真的支持越强。当 $LN \to \infty$ 时，$O(H/\neg E) \to \infty$，即 $P(H/\neg E) \to 1$，表明由于证据 E 不存在，将导致 H 为真。

2）当 $LN=1$ 时，由式（2-7）可得

$$O(H/\neg E) = O(H)$$

这表明$\neg E$与H无关。

3）当$LN<1$时，由式（2-7）可得

$$O(H/\neg E) < O(H)$$

这表明，由于证据E不存在，将使H为真的可能性下降，或者说由于证据E不存在，将反对H为真。由此可以看出E对H为真的必要性。

4）当$LN=0$时，由式（2-7）可得

$$O(H/\neg E) = 0$$

这表明，由于证据E不存在，将导致H为假。由此也可看出E对H为真的必要性，故称LN为必要性量度。

依据上述讨论，领域专家可为LN赋值，若证据E对H愈是必要，则相应LN的值愈小。

另外，由于E和$\neg E$不可能同时支持H或同时反对H，所以在一条知识中的LS和LN一般不应该出现如下情况中的任何一种：

1）$LS>1$，$LN>1$。

2）$LS<1$，$LN<1$。

2.9.5.3　证据不确定的情况

上面讨论了在证据肯定存在和肯定不存在情况下把H的先验概率更新为后验概率的方法。在现实中，这种证据肯定存在和肯定不存在的极端情况是不多的，更多的是介于两者之间的不确定情况。因为对初始证据来说，由于用户对客观事物或现象的观察是不精确的，因而所提供的证据是不确定的；另外，一条知识的证据往往来源于由另一条知识推出的结论，一般也具有某种程度的不确定性。例如用户告知只有60%的把握说明证据E是真的，这就表示初始证据E为真的程度为0.6，即$P(E/S) = 0.6$，这里S是对E的有关观察。现在要在

$$0 < P(E/S) < 1$$

的情况下确定H的后验概率$P(H/S)$。

在证据不确定的情况下，不能再用上面的公式计算后验概率，而要用杜达等人1976年证明了的如下公式：

$$P(H/S) = P(H/E) \times P(E/S) + P(H/\neg E) \times P(\neg E/S) \tag{2-9}$$

下面分四种情况讨论这个公式。

（1）$P(E/S) = 1$

当$P(E/S) = 1$时，$P(\neg E/S) = 0$。此时式（2-9）变成

$$P(H/S) = P(H/E) = \frac{LS \times P(H)}{(LS-1) \times P(H) + 1}$$

这就是证据肯定存在的情况。

（2）$P(E/S) = 0$

当$P(E/S) = 0$时，$P(\neg E/S) = 1$。此时式（2-9）变成

$$P(H/S) = P(H/\neg E) = \frac{LN \times P(H)}{(LN-1) \times P(H) + 1}$$

这就是证据肯定不存在的情况。

（3）$P(E/S)=P(E)$

当 $P(E/S)=P(E)$ 时，表示 E 与 S 无关。利用全概率公式就将式（2-9）变为

$$P(H/S)=P(H/E)\times P(E)+P(H/\neg E)\times P(\neg E)=P(H)$$

（4）当 $P(E/S)$ 为其他值时

通过分段线性插值就可得到计算 $P(H/S)$ 的公式，如图 2-34 所示。

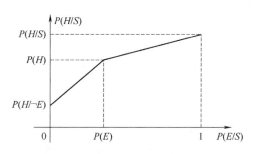

图 2-34　EH 公式的分段线性插值

$$P(H/S)=\begin{cases}P(H/\neg E)+\dfrac{P(H)-P(H/\neg E)}{P(E)}\times P(E/S) & \text{若 } 0\leqslant P(E/S)<P(E)\\[3mm]P(H)+\dfrac{P(H/E)-P(H)}{1-P(E)}\times[P(E/S)-P(E)] & \text{若 } P(E)\leqslant P(E/S)\leqslant 1\end{cases}$$

该公式称为 EH 公式或 UED 公式。

对于初始证据，由于其不确定性是用可信度 $C(E/S)$ 给出的，此时只要把 $P(E/S)$ 与 $C(E/S)$ 的对应关系转换公式代入 EH 公式，就可得到用可信度 $C(E/S)$ 计算 $P(H/S)$ 的公式：

$$P(H/S)=\begin{cases}P(H/\neg E)+[P(H)-P(H/\neg E)]\times\left[\dfrac{1}{5}C(E/S)+1\right] & \text{若 } C(E/S)\leqslant 0\\[3mm]P(H)+[P(H/E)-P(H)]\times\dfrac{1}{5}C(E/S) & \text{若 } C(E/S)>0\end{cases}$$

该公式称为 CP 公式。

这样，当用初始证据进行推理时，根据用户告知的 $C(E/S)$，通过运用 CP 公式就可求出 $P(H/S)$；当用推理过程中得到的中间结论作为证据进行推理时，通过运用 EH 公式就可求出 $P(H/S)$。

若有 n 条知识都支持相同的结论，而且每条知识的前提条件所对应的证据 $E_i(i=1,2,\cdots,n)$ 都有相应的观察 S_i 与之对应，此时只要先对每条知识分别求出 $O(H/S_i)$，然后就可运用下述公式求出 $O(H/S_1,S_2,\cdots,S_n)$：

$$O(H/S_1,S_2,\cdots,S_n)=\frac{O(H/S_1)}{O(H)}\times\frac{O(H/S_2)}{O(H)}\times\cdots\times\frac{O(H/S_n)}{O(H)}\times O(H)$$

2.9.6　主观贝叶斯推理的特点

主观贝叶斯方法的主要优点是：

1) 主观贝叶斯方法中的计算公式大多是在概率论的基础上推导出来的，具有较坚实的理论基础。

2) 知识的静态强度 LS 及 LN 是由领域专家根据实践经验给出的，这就避免了大量的数据统计工作。另外，它既用 LS 指出了证据 E 对结论 H 的支持程度，又用 LN 指出了 E 对 H 的必要性程度，这就比较全面地反映了证据与结论间的因果关系，符合现实世界中某些领域的实际情况，使推出的结论有较准确的确定性。

3) 主观贝叶斯方法不仅给出了在证据肯定存在或肯定不存在情况下由 H 的先验概率更新为后验概率的方法，而且还给出了在证据不确定情况下更新先验概率为后验概率的方法。另外，由其推理过程可以看出，它确实实现了不确定性的逐级传递。因此，可以说主观贝叶斯方法是一种比较实用且较灵活的不确定性推理方法。

它的主要缺点是：

1) 它要求领域专家在给出知识时，同时给出 H 的先验概率 $P(H)$，这是比较困难的。

2) 贝叶斯定理中关于事件间独立性的要求使主观贝叶斯方法的应用受到了限制。

2.10　证据理论

证据理论是由德普斯特（A. P. Dempster）首先提出，并由沙佛（G. Shafer）进一步发展起来的一种处理不确定性的理论，因此又称为 D-S 理论。1981 年巴纳特（J. A. Barnett）把该理论引入专家系统中，同年卡威（T. Garvey）等人用它实现了不确定性推理。由于该理论满足比概率论弱的公理，能够区分"不确定"与"不知道"的差异，并能处理由"不知道"引起的不确定性，具有较大的灵活性，因而受到了人们的重视。

目前，在证据理论的基础上已经发展了多种不确定性推理模型。本节首先讨论它的基本理论，然后再具体地给出一个应用该理论进行不确定性推理的模型。

2.10.1　证据理论的表示

证据理论是用集合表示命题的。

设 D 是变量 x 所有可能取值的集合，且 D 中的元素是互斥的，在任一时刻 x 都取且只能取 D 中的某一个元素为值，则称 D 为 x 的样本空间。在证据理论中，D 的任何一个子集 A 都对应于一个关于 x 的命题，称该命题为"x 的值在 A 中"。例如，用 x 代表打靶时所击中的环数，$D=\{1,2,\cdots,10\}$，则 $A=\{5\}$ 表示"x 的值是 5"或者"击中的环数为 5"；$A=\{5,6,7,8\}$ 表示"击中的环数是 5，6，7，8 中的某一个"。又如，用 x 代表所看到的颜色，$D=\{红,黄,蓝\}$，则 $A=\{红\}$ 表示"x 是红色"；若 $A=\{红,蓝\}$，则它表示"x 或者是红色，或者是蓝色"。

证据理论中，为了描述和处理不确定性，引入了概率分配函数，信任函数及似然函数等概念。

2.10.1.1　概率分配函数

设 D 为样本空间，领域内的命题都用 D 的子集表示，则概率分配函数定义如下：

定义 2.25　设函数 $M: 2^{D} \rightarrow [0,1]$，且满足

$$M(\varnothing) = 0$$

$$\sum_{A \subseteq D} M(A) = 1$$

则称 M 是 2^D 上的概率分配函数，$M(A)$ 称为 A 的基本概率数。

关于这个定义有以下几点说明：

1）设样本空间 D 中有 n 个元素，则 D 中子集的个数为 2^n 个，定义中的 2^D 就是表示这些子集的。例如，设

$$D = \{ 红, 黄, 蓝 \}$$

则它的子集有：

$$A_1 = \{红\}, \quad A_2 = \{黄\}, \quad A_3 = \{蓝\}, \quad A_4 = \{红, 黄\},$$
$$A_5 = \{红, 蓝\}, \quad A_6 = \{黄, 蓝\}, \quad A_7 = \{红, 黄, 蓝\}, \quad A_8 = \{\varnothing\}$$

其中，$\varnothing$ 表示空集，子集的个数刚好是 $2^3 = 8$ 个。

2）概率分配函数的作用是把 D 的任意一个子集 A 都映射为 $[0, 1]$ 上的一个数 $M(A)$。当 $A \subset D$ 时，$M(A)$ 表示对相应命题的精确信任度。例如，设

$$A = \{红\}, \quad M(A) = 0.3$$

它表示对命题"x 是红色"的精确信任度是 0.3。又如，设

$$B = \{红, 黄\}, \quad M(B) = 0.2$$

它表示对命题"x 或者是红色，或者是黄色"的精确信任度是 0.2。由此可见，概率分配函数实际上是对 D 的各个子集进行信任分配，$M(A)$ 表示分配给 A 的那一部分。当 A 由多个元素组成时，$M(A)$ 不包括对 A 的子集的精确信任度，而且也不知道该对它如何进行分配。例如，在

$$M(\{红, 黄\}) = 0.2$$

中不包括对 $A = \{红\}$ 的精确信任度 0.3，而且也不知道该把这个 0.2 分配给 $\{红\}$ 还是分配给 $\{黄\}$。当 $A = D$ 时，$M(A)$ 是对 D 的各子集进行信任分配后剩下的部分，它表示不知道该对这部分如何进行分配。例如，当

$$M(D) = M(\{红, 黄, 蓝\}) = 0.1$$

时，它表示不知道该对这个 0.1 如何分配，但它不是属于 $\{红\}$，就一定是属于 $\{黄\}$ 或 $\{蓝\}$，只是由于存在某些未知信息，不知道应该如何分配。

3）概率分配函数不是概率。例如，设

$$D = \{红, 黄, 蓝\}$$

且设：

$$M(\{红\}) = 0.3, \qquad M(\{黄\}) = 0, \qquad M(\{蓝\}) = 0.1, \qquad M(\{红, 黄\}) = 0.2,$$
$$M(\{红, 蓝\}) = 0.2, \quad M(\{黄, 蓝\}) = 0.1, \quad M(\{红, 黄, 蓝\}) = 0.1, M(\varnothing) = 0$$

显然，M 符合概率分配函数的定义，但是

$$M(\{红\}) + M(\{黄\}) + M(\{蓝\}) = 0.4$$

若按概率的要求，这三者的和应等于 1。

2.10.1.2 信任函数

定义 2.26 命题的信任函数 $Bel: 2^D \to [0, 1]$，且

$$Bel(A) = \sum_{B \subseteq A} M(B) \quad 对所有的 \ A \subseteq D$$

其中 2^D 表示 D 的所有子集。

Bel 函数又称为下限函数，$Bel(A)$ 表示对命题 A 为真的信任程度。

由信任函数及概率分配函数的定义容易推出：

$$Bel(\varnothing) = M(\varnothing) = 0$$

$$Bel(D) = \sum_{B \subseteq A} M(B) = 1$$

根据上面例中给出的数据，可以求得：

$$Bel(\{红\}) = M(\{红\}) = 0.3$$

$$\begin{aligned}Bel(\{红,黄\}) &= M(\{红\}) + M(\{黄\}) + M(\{红,黄\}) \\ &= 0.3 + 0 + 0.2 \\ &= 0.5\end{aligned}$$

$$\begin{aligned}Bel(\{红,黄,蓝\}) &= M(\{红\}) + M(\{黄\}) + M(\{蓝\}) + M(\{红,黄\}) + M(\{红,蓝\}) + \\ &\quad M(\{黄,蓝\}) + M(\{红,黄,蓝\}) \\ &= 0.3 + 0 + 0.1 + 0.2 + 0.2 + 0.1 + 0.1 \\ &= 1\end{aligned}$$

2.10.1.3 似然函数

似然函数又称为不可驳斥函数或上限函数，下面给出它的定义。

定义 2.27 似然函数 Pl：$2^D \rightarrow [0, 1]$，且

$$Pl(A) = 1 - Bel(\neg A) \quad \text{对所有的 } A \subseteq D$$

现在我们来讨论似然函数的含义。由于 $Bel(A)$ 表示对 A 为真的信任程度，所以 $Bel(\neg A)$ 就表示对 $\neg A$ 为真，即 A 为假的信任程度，由此可推出 $Pl(A)$ 表示对 A 为非假的信任程度。下面来看两个例子，其中用到的基本概率数仍为上面给出的数据。

$$\begin{aligned}Pl(\{红\}) &= 1 - Bel(\overline{\{红\}}) \\ &= 1 - Bel(\{黄,蓝\}) \\ &= 1 - [M(\{黄\}) + M(\{蓝\}) + M(\{黄,蓝\})] \\ &= 1 - [0 + 0.1 + 0.1] \\ &= 0.8\end{aligned}$$

$$\begin{aligned}Pl(\{黄,蓝\}) &= 1 - Bel(\neg\{黄,蓝\}) \\ &= 1 - Bel(\{红\}) \\ &= 1 - 0.3 \\ &= 0.7\end{aligned}$$

另外，由于

$$\begin{aligned}\sum_{\{红\} \cap B \neq \varnothing} M(B) &= M(\{红\}) + M(\{红,黄\}) + M(\{红,蓝\}) + M(\{红,黄,蓝\}) \\ &= 0.3 + 0.2 + 0.2 + 0.1 \\ &= 0.8\end{aligned}$$

$$\begin{aligned}\sum_{\{黄,蓝\} \cap B \neq \varnothing} M(B) &= M(\{黄\}) + M(\{蓝\}) + M(\{黄,蓝\}) + M(\{红,蓝\}) + \\ &\quad M(\{红,黄\}) + M(\{红,黄,蓝\}) \\ &= 0 + 0.1 + 0.1 + 0.2 + 0.2 + 0.1 \\ &= 0.7\end{aligned}$$

可见 $Pl(\{红\})$，$Pl(\{黄,蓝\})$ 亦可分别用下面的式子计算：

$$Pl(\{红\}) = \sum_{\{红\} \cap B \neq \varnothing} M(B)$$

$$Pl(\{黄,蓝\}) = \sum_{\{黄,蓝\} \cap B \neq \varnothing} M(B)$$

推广到一般情况可得出

$$Pl(A) = \sum_{A \cap B \neq \varnothing} M(B)$$

这可证明如下：

$$\begin{aligned}
\because Pl(A) - \sum_{A \cap B \neq \varnothing} M(B) &= 1 - Bel(\neg A) - \sum_{A \cap B \neq \varnothing} M(B) \\
&= 1 - \left(Bel(\neg A) + \sum_{A \cap B \neq \varnothing} M(B) \right) \\
&= 1 - \left(\sum_{C \subseteq \neg A} M(C) + \sum_{A \cap B \neq \varnothing} M(B) \right) \\
&= 1 - \sum_{E \subseteq D} M(E) \\
&= 0 \\
\therefore Pl(A) &= \sum_{A \cap B \neq \varnothing} M(B)
\end{aligned}$$

2.10.1.4 概率分配函数的正交和

有时对同样的证据会得到两个不同的概率分配函数，例如，对样本空间：

$$D = \{a,b\}$$

从不同的来源分别得到如下两个概率分配函数：

$$M_1(\{a\}) = 0.3, M_1(\{b\}) = 0.6, M_1(\{a,b\}) = 0.1, M_1(\varnothing) = 0$$

$$M_2(\{a\}) = 0.3, M_2(\{b\}) = 0.6, M_2(\{a,b\}) = 0.1, M_2(\varnothing) = 0$$

此时需要对它们进行组合，德普斯特提出的组合方法是对这两个概率分配函数进行正交和运算。

定义 2.28 设 M_1 和 M_2 是两个概率分配函数，则其正交和 $M = M_1 \oplus M_2$ 为

$$M(\varnothing) = 0$$

$$M(A) = K^{-1} \times \sum_{x \cap y = A} M_1(x) \times M_2(y)$$

其中

$$K = 1 - \sum_{x \cap y = \varnothing} M_1(x) \times M_2(y) = \sum_{x \cap y \neq \varnothing} M_1(x) \times M_2(y)$$

如果 $K \neq 0$，则正交和 M 也是一个概率分配函数；如果 $K = 0$，则不存在正交和 M，称 M_1 与 M_2 矛盾。

对于多个概率分配函数 M_1，M_2，$\cdots$，M_n，如果它们可以组合，也可通过正交和运算将它们组合为一个概率分配函数，其定义如下。

定义 2.29 设 M_1，M_2，$\cdots$，M_n 是 n 个概率分配函数，则其正交和 $M = M_1 \oplus M_2 \oplus \cdots \oplus M_n$ 为

$$M(\varnothing) = 0$$

$$M(A) = K^{-1} \times \sum_{\cap A_i = A} \prod_{1 \leq i \leq n} M_i(A_i)$$

其中，K 由下式计算：

$$K = \sum_{\cap A_i \neq \varnothing} \prod_{1 < i < n} M_i(A_i)$$

下面用例子说明求正交和的方法。

设 $D = \{黑, 白\}$，且设

$$M_1(\{黑\}, \{白\}, \{黑, 白\}, \varnothing) = (0.3, 0.5, 0.2, 0)$$
$$M_2(\{黑\}, \{白\}, \{黑, 白\}, \varnothing) = (0.6, 0.3, 0.1, 0)$$

则由定义 2.28 得到：

$$K = 1 - \sum_{x \cap y = \varnothing} M_1(x) \times M_2(y)$$
$$= 1 - [M_1(\{黑\}) \times M_2(\{白\}) + M_1(\{白\}) \times M_2(\{黑\})]$$
$$= 1 - [0.3 \times 0.3 + 0.5 \times 0.6]$$
$$= 0.61$$

$$M(\{黑\}) = K^{-1} \times \sum_{x \cap y = \{黑\}} M_1(x) \times M_2(y)$$
$$= \frac{1}{0.61} \times [M_1(\{黑\}) \times M_2(\{黑\}) + M_1(\{黑\}) \times M_2(\{黑, 白\}) + M_1(\{黑, 白\})$$
$$\times M_2(\{黑\})]$$
$$= \frac{1}{0.61} \times [0.3 \times 0.6 + 0.3 \times 0.1 + 0.2 \times 0.6]$$
$$= 0.54$$

同理可得

$$M(\{白\}) = 0.43$$
$$M((\{黑, 白\}) = 0.03$$

所以，经对 M_1 与 M_2 进行组合后得到的概率分配函数为

$$M(\{黑\}, \{白\}, \{黑, 白\}, \varnothing) = (0.54, 0.43, 0.03, 0)$$

2.10.2 证据理论的推理模型

在证据理论中，信任函数 $Bel(A)$ 和似然函数 $Pl(A)$ 分别表示对命题 A 信任程度的下限与上限，因而可用两元组

$$(Bel(A), Pl(A))$$

表示证据的不确定性。同理，对于不确定性知识也可用 Bel 和 Pl 分别表示规则强度的下限与上限。这样，就可在此表示的基础上建立相应的不确定性推理模型。当然，我们也可以依据证据理论的基本理论用其他方法表示知识及证据的不确定性，从而建立起一个适合领域问题特点的推理模型。另外，由于信任函数与似然函数都是在概率分配函数的基础上定义的，因而随着概率分配函数的定义不同，将会产生不同的应用模型。这里，我们将针对一个特殊的概率分配函数讨论一种具体的不确定性推理模型。

在该模型中，样本空间 $D = \{s_1, s_2, \cdots, s_n\}$ 上的概率分配函数按如下要求定义：

1）$M(\{s_i\}) \geq 0$ 对任何 $s_i \in D$。

2）$\sum_{i=1}^{n} M(\{s_i\}) \leq 1$。

3) $M(D) = 1 - \sum_{i=1}^{n} M(\{s_i\})$。

4) 当 $A \subset D$ 且 $|A| > 1$ 或 $|A| = 0$ 时，$M(A) = 0$。

其中，A 表示命题 A 对应集合中元素的个数。

在此概率分配函数中，只有单个元素构成的子集及样本空间 D 的概率分配数才有可能大于 0，其他子集的概率分配数均为 0，这是它与定义 2.25 的主要区别。

对此概率分配函数 M，可得：

$$Bel(A) = \sum_{s_i \in A} M(\{s_i\})$$

$$Bel(D) = \sum_{i=1}^{n} M(\{s_i\}) + M(D) = 1$$

$$Pl(A) = 1 - Bel(\neg A)$$

$$= 1 - \left[\sum_{i=1}^{n} M(\{s_i\}) - \sum_{s_i \in A} M(\{s_i\}) \right]$$

$$= 1 - [1 - M(D) - Bel(A)]$$

$$= M(D) + Bel(A)$$

$$Pl(D) = 1 - Bel(\neg D)$$

$$= 1 - Bel(\varnothing)$$

$$= 1$$

显然，对任何 $A \subset D$ 及 $B \subset D$ 均有：

$$Pl(A) - Bel(A) = Pl(B) - Bel(B) = M(D)$$

它表示对 A（或 B）不知道的程度。

现在来看一个例子。设 $M = \{左，中，右\}$，且设

$$M(\{左\}) = 0.3, M(\{中\}) = 0.5, M(\{右\}) = 0.1$$

则由上述定义可得：

$$M(D) = 1 - \sum_{i=1}^{n} M(\{s_i\})$$

$$= 1 - [M(\{左\}) + M(\{中\}) + M(\{右\})]$$

$$= 1 - 0.9$$

$$= 0.1$$

$$Bel(\{左, 中\}) = M(\{左\}) + M(\{中\}) = 0.3 + 0.5 = 0.8$$

$$Pl(\{左, 中\}) = 1 - Bel(\neg\{左, 中\})$$

$$= 1 - Bel(\{右\})$$

$$= 1 - 0.1$$

$$= 0.9$$

另外，由该概率分配函数的定义，可把概率分配函数 M_1 与 M_2 的正交和简化为

$$M(\{s_i\}) = K^{-1} \times [M_1(\{s_i\}) \times M_2(\{s_i\}) + M_1(\{s_i\}) \times M_2(D) + M_1(D) \times M_2(\{s_i\})]$$

其中，K 由下式计算：

$$K = M_1(D) \times M_2(D) + \sum_{i=1}^{n} [M_1(\{s_i\}) \times M_2(\{s_i\}) + M_1(\{s_i\}) \times M_2(D) +$$

$$M_1(\{s_i\}) \times M_2(D) + M_1(D) \times M_2(\{s_i\})$$

例如，设 $D = \{左, 中, 右\}$，且设：

$$M_1(\{左\}, \{中\}, \{右\}, \{左, 中, 右\}, \varnothing) = (0.3, 0.5, 0.1, 0.1, 0)$$

$$M_2(\{左\}, \{中\}, \{右\}, \{左, 中, 右\}, \varnothing) = (0.4, 0.3, 0.2, 0.1, 0)$$

则

$K = 0.1 \times 0.1 + (0.3 \times 0.4 + 0.3 \times 0.1 + 0.1 \times 0.4) + (0.5 \times 0.3 + 0.5 \times 0.1 + 0.1 \times 0.3) + (0.1 \times 0.2 + 0.1 \times 0.1 + 0.1 \times 0.2)$

$\quad = 0.01 + 0.19 + 0.23 + 0.05$

$\quad = 0.48$

$$M(\{左\}) = \frac{1}{0.48} \times [0.3 \times 0.4 + 0.3 \times 0.1 + 0.1 \times 0.4]$$

$$= \frac{0.19}{0.48}$$

$$= 0.4$$

同理可得：

$$M(\{中\}) = 0.48$$

$$M(\{右\}) = 0.1$$

$$M(\{左, 中, 右\}) = 0.02$$

在该模型中，还利用 $Bel(A)$ 和 $Pl(A)$ 定义了 A 的类概率函数。

定义 2.30 命题 A 的类概率函数为

$$f(A) = Bel(A) + \frac{|A|}{|D|} \times [Pl(A) - Bel(A)]$$

其中，$|A|$ 和 $|D|$ 分别是 A 及 D 中元素的个数。

$f(A)$ 具有如下性质：

1) $\sum\limits_{i=1}^{n} f(\{s_i\}) = 1$

证明：

$$\because f(\{s_i\}) = Bel(\{s_i\}) + \frac{|\{s_i\}|}{|D|} \times [Pl(\{s_i\}) - Bel(\{s_i\})]$$

$$= M(\{s_i\}) + \frac{1}{n} \times M(D) \quad i = 1, 2, \cdots, n$$

$$\therefore \sum\limits_{i=1}^{n} f(\{s_i\}) = \sum\limits_{i=1}^{n} \left[M(\{s_i\}) + \frac{1}{n} \times M(D) \right]$$

$$= \sum\limits_{i=1}^{n} M(\{s_i\}) + M(D)$$

$$= 1$$

2) 对任何 $A \subseteq D$，有

$$Bel(A) \leqslant f(A) \leqslant Pl(A)$$

$$f(\neg A) = 1 - f(A)$$

证明： 前一个性质可由 $f(A)$ 的定义直接得到，下面来证明 $f(\neg A) = 1 - f(A)$。

$$\because f(\neg A) = Bel(\neg A) + \frac{|\neg A|}{|D|} \times [Pl(\neg A) - Bel(\neg A)]$$

$$Bel(\neg A) = \sum_{s_i \in \neg A} M(\{s_i\})$$

$$= 1 - \sum_{s_i \in A} M(\{s_i\}) - M(D)$$

$$= 1 - Bel(A) - M(D)$$

$$|\neg A| = |D| - |A|$$

$$Pl(\neg A) - Bel(\neg A) = M(D)$$

$$\therefore f(\neg A) = 1 - Bel(A) - M(D) + \frac{|D| - |A|}{|D|} \times M(D)$$

$$= 1 - Bel(A) - M(D) + M(D) - \frac{|A|}{|D|} \times M(D)$$

$$= 1 - \left[Bel(A) - \frac{|A|}{|D|} \times M(D) \right]$$

$$= 1 - f(A)$$

由以上性质很容易得到如下推论:

1) $f(\varnothing) = 0$。

2) $f(D) = 1$。

3) 对任何 $A \subseteq D$，有 $0 \leqslant f(A) \leqslant 1$。

下面来看例子。

设 $D = \{左, 中, 右\}$，其概率分配函数 M 为

$$M(\{左\}, \{中\}, \{右\}, \{左, 中, 右\}, \varnothing) = (0.3, 0.5, 0.1, 0.1, 0)$$

且设 $A = \{左, 中\}$，则

$$f(A) = Bel(A) + \frac{|A|}{|D|} \times [Pl(A) - Bel(A)]$$

$$= M(\{左\}) + M(\{中\}) + \frac{2}{3} \times M(\{左, 中, 右\})$$

$$= 0.3 + 0.5 + \frac{2}{3} \times 0.1$$

$$= 0.87$$

2.10.3 知识不确定性的表示

在该模型中，不确定性知识用如下形式的产生式规则表示:

IF E THEN $H = \{h_1, h_2, \cdots, h_n\}$ $CF = \{c_1, c_2, \cdots, c_n\}$

其中:

1) E 为前提条件，它既可以是简单条件，也可以是用 AND 或 OR 连接起来的复合条件。

2) H 是结论，它用样本空间中的子集表示，$h_1, h_2, \cdots, h_n$ 是该子集中的元素。

3) CF 是可信度因子，用集合形式表示，其中 c_i 用来指出 $h_i(i = 1, 2, \cdots, n)$ 的可信度，

c_i 与 h_i 一一对应。c_i 应满足如下条件：

$$c_i \geqslant 0 \quad i = 1, 2, \cdots, n$$

$$\sum_{i=1}^{n} c_i \leqslant 1$$

2.10.4 证据不确定性的表示

在证据理论中，将所有输入的已知数据，规则前提条件及结论部分的命题都称为证据。证据的不确定性用该证据的确定性表示。

设 E 是规则条件部分的命题，E' 是外部输入的证据和已证实的命题，在证据 E' 的条件下，命题 E 与证据 E' 的匹配程度为

$$MD(E \mid E') = \begin{cases} 1 & E \text{ 的所有元素都出现在 } E' \text{中} \\ 0 & \text{其他} \end{cases}$$

条件部分命题 E 的确定性为

$$CER(E) = MD(E \mid E') \times f(E)$$

式中，$f(E)$ 为类概率函数。

由于 $f(E) \in [0, 1]$，因此 $CER(E) \in [0, 1]$。

在实际系统中，如果是初始证据，其确定性由用户给出；对于用前面推理所得结论作为当前推理的证据，其确定性由推理得到。

2.10.5 组合证据不确定性的算法

当组合证据是多个证据的合取时，即

$$E = E_1 \ \text{AND} \ E_2 \ \text{AND} \cdots \text{AND} \ E_n$$

则 E 的确定性 $CER(E)$ 为

$$CER(E) = \min\{CER(E_1), CER(E_2), \cdots, CER(E_n)\}$$

当组合证据是多个证据的析取时，即

$$E = E_1 \ \text{OR} \ E_2 \ \text{OR} \cdots \text{OR} \ E_n$$

则 E 的确定性 $CER(E)$ 为

$$CER(E) = \max\{CER(E_1), CER(E_2), \cdots, CER(E_n)\}$$

2.10.6 不确定性的传递算法

对于知识：

$$\text{IF} \ E \ \text{THEN} \ H = \{h_1, h_2, \cdots, h_n\} \quad CF = \{c_1, c_2, \cdots, c_n\}$$

结论 H 的确定性通过下述步骤求出：

（1）求出 H 的概率分配函数

对上述知识，H 的概率分配函数为：

$$M(\{h_1\}, \{h_2\}, \cdots, \{h_n\}) = \{CER(E) \times c_1, CER(E) \times c_2, \cdots, CER(E) \times c_n\}$$

$$M(D) = 1 - \sum_{i=1}^{n} CER(E) \times c_i$$

如果有两条知识支持同一结论 H，即

$$\text{IF} \quad E_1 \quad \text{THEN} \quad H=\{h_1,h_2,\cdots,h_n\} \quad CF=\{c_1,c_2,\cdots,c_n\}$$

$$\text{IF} \quad E_2 \quad \text{THEN} \quad H=\{h_1,h_2,\cdots,h_n\} \quad CF=\{c_1',c_2',\cdots,c_n'\}$$

则首先分别对每一条知识求出概率分配函数：

$$M_1(\{h_1\},\{h_2\},\cdots,\{h_n\})$$

$$M_2(\{h_1\},\{h_2\},\cdots,\{h_n\})$$

然后再用公式

$$M=M_1\oplus M_2$$

对 M_1 与 M_2 求正交和，从而得到 H 的概率分配函数 M。

如果有 n 条知识都支持同一结论 H，则用公式

$$M=M_1\oplus M_2\oplus\cdots\oplus M_n$$

对 $M_1,M_2,\cdots,M_n$ 求其正交和，从而得到 H 的概率分配函数 M。

（2）求出 $Bel(H)$，$Pl(H)$ 及 $f(H)$

$$Bel(H)=\sum_{i=1}^{n}M(\{h_i\})$$

$$Pl(H)=1-Bel(\neg H)$$

$$f(H)=Bel(H)+\frac{|H|}{|D|}\times[Pl(H)-Bel(H)]$$

$$=Bel(H)+\frac{|H|}{|D|}\times M(D)$$

（3）按如下公式求出 H 的确定性 $CER(H)$

$$CER(H)=MD(H/E)\times f(H)$$

式中，$MD(H/E)$ 是知识的前提条件与相应证据 E 的匹配度，定义为：

$$MD(H/E)=\begin{cases} 1 & \text{如果 } H \text{ 所要求的证据都已出现} \\ 0 & \text{其他} \end{cases}$$

这样，就对一条知识或者多条有相同结论的知识求出了结论的确定性。如果该结论不是最终结论，即它又要作为另一条知识的证据继续进行推理，则重复上述过程就可得到新的结论及其确定性。如此反复运用该过程，就可推出最终结论及它的确定性。

最后需要说明的是当 D 中的元素很多时，对信任函数 Bel 及正交和等的运算将是相当复杂的，这是由于需要穷举 D 的所有子集，而子集的数量是 2^D。另外，证据理论要求 D 中的元素是互斥的，这一点在许多应用领域也难以做到。为解决这些问题，巴尼特提出了一种方法，通过运用这种方法可以降低计算的复杂性并解决互斥的问题。该方法的基本思想是把 D 划分为若干组，每组只包含相互排斥的元素，称为一个辨别框，求解问题时，只需在各自的辨别框上考虑概率分配的影响。

2.10.7 证据理论的特点

证据理论的主要优点是它只需满足比概率论更弱的公理系统，而且它能处理由"不知道"所引起的不确定性，由于 D 的子集可以是多个元素的集合，因而知识的结论部分可以是更一般的假设，这就便于领域专家从不同的语义层次上表达他们的知识，不必被限制在由单元素所表示的最明确的层次上。

证据理论的主要缺点是要求 D 中的元素满足互斥条件，这在实际系统中不易实现，并且需要给出的概率分配数太多，计算比较复杂。在应用证据理论时，需合理地划分辨别框，有效控制计算的复杂性。

2.11 其他推理方法

随着人工智能的不断发展，对知识表示和推理的要求也在不断提升，许多推理方法的理论及技术方面的问题还处于研究探索之中，在人工智能领域中具有广阔的应用前景。本节将主要对模糊推理和非单调推理进行简要介绍，相关理论尚需在实践中不断地充实与完善。

2.11.1 模糊推理

模糊推理是利用模糊性知识进行的一种不确定性推理。

模糊推理与前面几节讨论的不确定性推理有着实质性的区别。前面几种不确定性推理的理论基础是概率论，它所研究的事件本身有明确的含义，只是由于发生的条件不充分，使得在条件与事件之间不能出现确定的因果关系，从而在事件的出现与否上表现出不确定性，那些推理模型是对这种不确定性，即随机性的表示与处理。模糊推理的理论基础是模糊集理论以及在此基础上发展起来的模糊逻辑，它所处理的事物自身是模糊的，概念本身没有明确的外延，一个对象是否符合这个概念难以明确，模糊推理是对这种不确定性，即模糊性的表示与处理。在人工智能的应用领域中，知识及信息的不确定性大多是由模糊性引起的，这就使得对模糊推理的研究显得格外重要。

在人们的日常生活及科学试验中经常会用到一些模糊概念或模糊数据，例如：

常欣是个年轻人。

李斌的身高在 1.75m 左右。

这里"年轻"是一个模糊概念，"1.75m 左右"是一个模糊数据。除此之外，人们在表述一个事件时，通常还会对相应事件发生的可能性或确信程度作出判断，例如：

他考上大学的可能性在 60% 左右。

明天八成是个好天气。

今年冬季不会太冷的可能性很大。

这里，第一个语句用模糊数"60% 左右"描述了确定性事件"考上大学"发生的可能性程度；第二个语句用数"0.8"表示模糊概念"好天气"的确信程度；第三个语句用模糊语言值"很大"描述了模糊事件"不会太冷"出现的可能性。

像这样含有模糊概念、模糊数据或带有确信程度的语句称为模糊命题。它的一般表示形式为

$$x \quad is \quad A$$

或者

$$x \quad is \quad A \quad (CF)$$

其中，x 是论域上的变量，用以代表所论对象的属性；A 是模糊概念或模糊数，用相应的模糊集及隶属函数刻画；CF 是该模糊命题的确信度或相应事件发生的可能性程度，它既可以是一个确定的数，也可以是一个模糊数或者模糊语言值。

所谓模糊语言值是指表示大小、长短、高矮、轻重、快慢、多少等程度的一些词汇。应用时可根据实际情况来约定自己所需要的语言值集合，例如可用下述词汇表示程度的大小：

$$V = \{最大, 极大, 很大, 相当大, 比较大, 有点大, 有点小, 比较小, 相当小, 很小, 极小, 最小\}$$

在这些词汇之间，虽然有时很难划清它们的界线，但其含义一般都是可以正确理解的，不会引起误会。在模糊理论中，之所以提出用模糊语言值来表示程度的不同，主要原因有两个：①这样做更符合人们表述问题的习惯，例如人们常说某件事发生的"可能性比较小"，某件事可以相信的程度"很大"等等，而不习惯于用一个数或者模糊数来具体指出程度的大小；②在多数情况下人们也很难给出一个表示程度大小的数，例如对于某件事为真的可信度"比较大"，此时究竟是用 0.75 还是用 0.73 来描述它呢？这是很难确定的，而且谁也说不清楚 0.75 与 0.73 实际上究竟有多大差别。出于相同的原因，目前已有人提出对模糊集中的隶属度也用模糊语言值来表示的问题，但其进一步的刻画还没完全解决。扎德等人主张对这些模糊语言值用定义在 $[0, 1]$ 上的表示大小的一些模糊集来表示，并建议：若用 $\mu_大(u)$ 表示"大"的隶属函数，则"很大""相当大"……的隶属函数可通过对 $\mu_大(u)$ 的计算得到，具体为：

$$\mu_{很大}(u) = \mu_大^2(u)$$
$$\mu_{相当大}(u) = \mu_大^{1.5}(u)$$
$$\mu_{有点大}(u) = \mu_大^{0.5}(u)$$
$$\vdots$$

显然这具有较浓厚的主观意识色彩，但由于用模糊语言值来表示不确定性时，对不熟悉模糊理论的人（如专家系统的用户、领域专家等）来说容易理解，而其模糊集形式只是内部表示，因此它仍不失为一种较好的表示方法。

由于模糊推理所处理的对象是模糊的，而这又是现实世界中广泛存在的一种不确定性，在人工智能的诸多领域（如专家系统、模式识别等）中都有着广阔的应用前景，其重要性是不言而喻的。目前，在模糊推理中存在的主要问题是建立隶属函数仍然是一件比较困难的工作。但可相信，随着模糊理论的发展，问题会逐渐得到解决，其应用会越来越多，越来越深入。

2.11.2 非单调推理

人们对现实世界的认识与思维具有多方面的特性，除了我们在前面已经讨论了的"不确定性"外，其思维推理过程还往往呈现出"非单调"的特征。本节将对非单调推理的有关概念进行讨论。

为了说明什么是非单调推理，首先让我们来回顾一下前面已经讨论过的基于经典逻辑的演绎推理。在这种推理中，通过严密的逻辑论证和推理获得的新命题总是随着推理的向前推进而严格增加的。当有新知识加入时，将会有新的命题被证明或者推出新的结论，而且此时证明出的命题及推出的结论不会与前面已证明为真的命题及推出的结论相矛盾。设用 S_1，S_2 分别表示原有的知识集及加入新知识后的知识集，H_1，H_2 表示分别由 S_1，S_2 推出的所有结论及证明了命题，即

$$S_1 \Rightarrow H_1$$
$$S_2 \Rightarrow H_2$$

则对于基于经典逻辑的演绎推理有下式成立：

$$H_1 \subseteq H_2$$
$$S_2 \Rightarrow H_1$$

显然，在这种推理中，推出的结论及证明为真的命题数量是随着知识的增加而单调地增多的。称这样的推理为单调性推理，简称单调推理。

单调性推理虽然具有不会产生矛盾，不会使已证明为真的命题变为假或者使先前推出的结论变得无效，从而在加入新知识时无须检查它与原有知识是否不相容等优点。但遗憾的是，它却并不完全符合人类认识世界的思维特征，对人们思维推理中经常出现的如下情况无法进行处理：设 S_1 为现有的知识集，H 为由 S_1 推出的结论，即

$$S_1 \Rightarrow H$$

当知识由 S_1 增加至 S_2 时，尽管有 $S_1 \subseteq S_2$，则不一定有

$$S_2 \Rightarrow H$$

甚至会出现

$$S_2 \Rightarrow \neg H$$

的情况。人们的思维推理之所以会出现这样的情况，是因为现实世界中的一切事物都是在不断发展变化的，人们对它的认识总是处于不断地调整之中，通常要反复经历"认识-再认识"的过程。在这一过程中，当有新知识被发现、被获得时，原先已证明为真的命题及推出的结论就有可能会被否定，此时需要对它们进行修正，甚至抛弃。另外，人们通常是在知识不完全的情况下进行思维推理的，推出的结论一般带有假设、猜测的成分，缺乏充分的理论基础，具有经验性，因而它通常只是一种信念，而信念是允许有错并且可以改正的。

由以上关于人类思维推理特征的讨论可以看出，人们的思维推理一般不是单调的，即随着知识的增加，推出的结论或证明为真的命题并不单调地增多，像这样的推理称为非单调推理。

在日常生活中，关于非单调推理的例子是很多的，我们经常都在自觉或不自觉地运用着非单调推理。例如，当一个人打开电灯的开关而发现灯未亮时，就直观地会想到"停电了"，但当他打开另外一只灯的开关发现灯亮时，就否定了先前得出的"停电了"的结论。这事实上是他进行了一个非单调推理。因为开关和灯具一般是不会经常出问题的，而停电则可能是常有的事，因此当他打开开关而发现灯不亮时，根据以往的经验，就在默认开关和灯具没出问题的情况下得出了"停电了"的结论，而后随着新事实（打开另外一只灯的开关后灯亮了）的出现，又否定了先前得出的结论。这就是说，随着知识的增加，不但没有增多与先前所得结论不矛盾的结论，反而否定了先前推出的结论，因此说上述思维过程是一个非单调推理。

现在再来看一个因例外情况的出现而引起非单调推理的例子。设某人患了某种疾病，经医生诊断、推理，得出了需"注射青霉素"的结论。但当他去注射时，却发现皮试结果为阳性，或者虽然他可以注射青霉素，但当时医院里没有这种药物。这样就不得不取消"注射青霉素"的结论，而改用其他药物。当然，我们可以把医生用于诊断疾病的知识搞得复杂一点，例如考虑到上述两种意外情况把推理知识写为：

如果患某疾病，且皮试结果为阴性，且医院里有青霉素，则注射青霉素

但是仍然会有别的意外情况没有考虑到，如当时有无可用的针头及针管？打针的护士在

不在等，很难把所有的意外情况都一一列出来。由此可见，非单调推理是难以避免的。

关于非单调推理的研究，有代表性的理论主要有：

1）赖特（R. Reiter）等人提出的缺省理论（Default Theories）。

2）麦卡锡（T. McCarthy）等人提出的界限理论（Circumscription Theories）。

3）麦克德莫特（D. McDermott）与多伊尔（J. Doyle）提出的非单调逻辑（Non-monotonic Logic）。

此外，还建立了一些非单调推理系统及基于非单调逻辑的知识表示语言，如多伊尔设计的正确性维持系统 TMS（Truth Maintenance Svstem），罗伯特（Roberts）等建立的知识表示语言 FRL 等。

思考讨论题

2.1 什么是知识？它有哪些特性？有哪几种分类方法？

2.2 何谓知识表示？符号表示法与连接机制表示法的区别是什么？说明性表示法与过程性表示法的区别是什么？

2.3 设有下列语句，请用相应的谓词公式把它们表示出来：

（1）有的人喜欢梅花，有的人喜欢菊花，有的人既喜欢梅花又喜欢菊花。

（2）他每天下午都去打篮球。

（3）西安市的夏天既干燥又炎热。

（4）并不是每一个人都喜欢吃臭豆腐。

（5）喜欢读《三国演义》的人必读《水浒》。

（6）欲穷千里目，更上一层楼。

2.4 试述产生式系统求解问题的一般步骤。

2.5 试写出"学生框架"的描述。

2.6 请对下列命题分别写出它的语义网络：

（1）每个学生都有一支笔。

（2）钱老师从 6 月~8 月给会计班讲《市场经济学》课程。

（3）雪地上留下一串串脚印，有的大、有的小，有的深、有的浅。

（4）张三是大发电脑公司的经理，他 35 岁，住在飞天胡同 68 号。

（5）甲队与乙队进行篮球比赛，最后以 89：102 的比分结束。

2.7 请写出如下产生式规则集的 Petri 网：

r_1:IF d_1 THEN d_2 （CF = 0.8）

r_2:IF d_1 AND d_3 THEN d_4 （CF = 0.7）

r_3:IF d_2 AND d_4 THEN d_5 （CF = 0.9）

2.8 如何用面向对象方法表示知识？

2.9 何谓推理？一般来说，在推理中都包含哪些判断？有哪几种推理方式？每一种推理方式有何特点？

2.10 把下列谓词公式分别化为相应的子句集：

（1）$(\forall x)(\forall y)(P(x,y) \wedge Q(x,y))$

（2）$(\forall x)(\forall y)(P(x,y) \rightarrow Q(x,y))$

（3）$(\forall x)(\exists y)(P(x,y) \vee (Q(x,y) \rightarrow R(x,y)))$

(4)　$(\forall x)(\forall y)(\exists z)(P(x,y) \rightarrow Q(x,y) \vee R(x,z))$

(5)　$(\exists x)(\exists y)(\forall z)(\exists u)(\forall v)(\exists w)(P(x,y,z,u,v,w) \wedge (Q(x,y,z,u,v,w) \vee \neg R(x,z,w)))$

2.11　什么是不确定性推理？不确定性推理中需要解决的基本问题有哪些？

2.12　设有如下推理规则：

r1：　　IF　E_1　THEN　　(2, 0.0001)　　H_1

r2：　　IF　E_2　THEN　　(100, 0.0001)　　H_1

r3：　　IF　E_3　THEN　　(200, 0.001)　　H_2

r4：　　IF　H_1　THEN　　(50, 0.01)　　H_2

且已知 $O(H_1) = 0.1$，$O(H_2) = 0.01$，又由用户告知：

$$C(E_1/S_1) = 3, \quad C(E_2/S_2) = 1, \quad C(E_3/S_3) = -2$$

请用主观 Bayes 方法求 $O(H_2/S_1, S_2, S_3) = ?$

2.13　何谓模糊匹配？有哪些计算匹配度的方法？模糊推理有哪些消解冲突的方法？

2.14　何谓非单调推理？有哪些处理非单调性的理论？

2.15　缺省理论中，缺省规则是如何表示的？有哪几种表示形式？

2.16　界限理论的基本思想是什么？

参考文献

[1] 王万森. 人工智能原理及其应用 [M]. 2 版. 北京：电子工业出版社，2007.

[2] 王永庆. 人工智能原理与方法 [M]. 西安：西安交通大学出版社，1998.

[3] 史忠植. 高级人工智能 [M]. 北京：科学出版社，2011.

[4] 沟口理一郎，石田亨. 人工智能 [M]. 卢伯英译. 北京：科学出版社，2003.

[5] 刘建炜，燕路峰. 知识表示方法比较 [J]. 计算机系统应用，2011，20（03）：242-246.

[6] 马创新. 论知识表示 [J]. 现代情报，2014，34（03）：21-24+28.

[7] 蒋云良. 知识表示综述 [J]. 湖州师专学报，1995（05）：18-22.

[8] 年志刚，梁式，麻芳兰，李尚平. 知识表示方法研究与应用 [J]. 计算机应用研究，2007（05）：234-236+286.

[9] 刘素姣. 一阶谓词逻辑在人工智能中的应用 [D]. 开封：河南大学，2004.

[10] 王湘云. 一阶谓词逻辑在人工智能知识表示中的应用 [J]. 重庆工学院学报（社会科学版），2007（09）：69-71.

[11] 张选平，高晖，赵仲孟. 数据库型知识的产生式表示 [J]. 计算机工程与应用，2002（01）：200-202.

[12] 朱光菊，夏幼明. 框架知识表示及推理的研究与实践 [J]. 云南大学学报（自然科学版），2006（S1）：154-157.

[13] 刘东立，唐泓英，王宝库，等. 汉语分析的语义网络表示法 [J]. 中文信息学报，1992（04）：1-10.

[14] 孙爽. 基于语义相似度的文本聚类算法的研究 [D]. 南京：南京航空航天大学，2007.

[15] 乐晓波，陈黎静. Petri 网应用综述 [J]. 长沙交通学院学报，2004（02）：51-55.

[16] 庞德强. Petri 网研究现状综述 [J]. 现代交际，2016（22）：144-145.

[17] 蒋昌俊. Petri 网理论与方法研究综述 [J]. 控制与决策，1997（06）：631-636.

[18] 方平. 基于 Petri 网的知识表示方法研究 [D]. 武汉：武汉理工大学，2013.

[19] 温有奎. 面向对象专家系统的知识表示方法研究 [J]. 情报理论与实践，2002（02）：130-132.

[20] 李曙歌. 基于面向对象知识表示的专家系统的实现 [D]. 济南：山东大学，2006.

[21] 王宽全. 面向对象的知识表示方法 [J]. 计算机科学，1994（01）：55-58.

［22］王燕. 面向对象的理论与 C++实践［M］. 北京：清华大学出版社，1997.

［23］卢延鑫. 经典逻辑在人工智能知识推理中的应用［J］. 软件导刊，2008（01）：22-24.

［24］王国俊. 数理逻辑引论与归结原理［M］. 2 版. 北京：科学出版社，2006.

［25］杨海深. 贝叶斯网络中不确定性知识推理算法及其应用研究［D］. 广州：华南理工大学，2010.

［26］胡玉胜，涂序彦，崔晓瑜，等. 基于贝叶斯网络的不确定性知识的推理方法［J］. 计算机集成制造系统-CIMS，2001（12）：65-68.

［27］周志杰，唐帅文，胡昌华，等. 证据推理理论及其应用［J］. 自动化学报，2021，47（05）：970-984.

［28］柯小路. 证据理论中信任函数的合成方法研究与应用［D］. 合肥：中国科学技术大学，2016.

［29］裴道武. 关于模糊逻辑与模糊推理逻辑基础问题的十年研究综述［J］. 工程数学学报，2004（02）：249-258.

［30］郭富强. 模糊推理发展综述［J］. 陕西广播电视大学学报，2007（04）：71-74.

［31］刘瑞胜，刘叙华. 非单调推理的研究现状［J］. 计算机科学，1995（04）：14-17.

［32］刘奋荣. 非单调推理的逻辑研究［D］. 北京：中国社会科学院研究生院，2001.

［33］DAVIS R，LENAT D B. Knowledge-Based systems in artificial intelligence：2 Case Studies［M］. New York：McGraw-Hill，Inc.，1982.

［34］KIDD，ALISON，et al. Knowledge acquisition for expert systems：A practical handbook［M］. Berlin：Springer Science & Business Media，2012.

［35］BARR AVRON，EDWARD A FEIGENBAUM，et al. The handbook of artificial intelligence［M］. Palo Alto：William Kaufmann，1981.

［36］KANAL，LAVEEN N，JOHN F LEMMER，et al. Uncertainty in artificial intelligence［M］. the Netherlands Elsevier，2014.

［37］DIETTERICH T G. Learning at the knowledge level［J］. Machine Learning，1986，1：287-315.

［38］LIOU Y I. Knowledge acquisition：issues，techniques，and methodology［C］. Proceedings of the 1990 ACM SIGBDP conference on Trends and directions in expert systems，1990：212-236.

［39］GOEL V. Anatomy of deductive reasoning［J］. Trends in cognitive sciences，2007，11（10）：435-441.

［40］JOHNSON-LAIRD P N. Deductive reasoning［J］. Annual review of psychology，1999，50（1）：109-135.

［41］GAINES B R. Foundations of fuzzy reasoning［J］. International Journal of Man-Machine Studies，1976，8（6）：623-668.

［42］MIZUMOTO M，ZIMMERMANN H J. Comparison of fuzzy reasoning methods［J］. Fuzzy sets and systems，1982，8（3）：253-283.

第 3 章　搜　索　技　术

什么是搜索？根据问题的实际情况不断寻找可利用的知识，构造出一条代价较小的推理路线，使问题得到圆满解决的过程称为搜索。搜索技术首先要求找到从初始事实到问题最终答案的一条推理路径，其次就是需要找到在时间和空间上复杂度最小的路径。人工智能所研究的对象大多是属于结构不良或非结构化的问题，根据问题的实际情况，人工智能搜索需要从海量的信息源中通过约束条件和额外信息运用来找到问题所对应的答案。

3.1　搜索概述

3.1.1　搜索的分类

搜索技术的关键要求是搜索目标和搜索空间，也就是在寻求问题解决的过程中需要明确搜索什么，在哪里搜索。搜索的第一步首先从初始或目的状态作为当前状态出发；第二步扫描操作算子集，将适用当前状态的一些操作算子作用在其上而得到下一个新状态，并建立指向其父节点的指针；第三步则检查所生成的新状态是否满足结束条件，如果满足，则得到问题的解，并可沿着有关指针从结束状态反向到达开始状态，给出一条解答路径；否则，将新状态作为当前状态，返回第二步再进行搜索。

第 3 章知识点
思维导图

搜索的过程中按照搜索方向分为正向搜索和反向搜索两类：

1）正向搜索，根据问题给出的条件，从初始状态出发，应用操作算子从给定条件中产生新条件，再用操作算子从新条件中产生更多的新条件，该过程一直持续到搜索到一条满足要求的路径为止。该搜索又称为数据驱动的搜索，用问题给定数据中的约束知识指导搜索，使其沿着那些已知是正确的路线前进。

2）反向搜索，先从想达到的目的状态入手进行反向操作，判断哪些操作算子能产生该目的，进而应用这些操作算子产生目的时需要的条件，这些条件成为搜索要达到的新的子目的。通过反向的连续的子目的不断搜索，直至找到问题给定的条件为止。这种反向的搜索方式也称作目的驱动搜索。

根据搜索过程中是否运用了与问题相关的信息，可以将搜索方法分为盲目搜索和启发式搜索两类：

1）盲目搜索，属于无信息搜索，即只按预定的控制策略或步骤进行搜索，在搜索过程中获得的中间信息不用来改进控制策略，能够快速调用操作算子。包含深度优先搜索、深度限制搜索、宽度优先搜索。

2）启发式搜索，属于有信息搜索，在搜索中加入了与问题有关的启发性信息，用于动态指导搜索朝着最有希望的方向进行，加速问题的求解过程并找到最优解。包含贪婪搜索、

A 搜索、A^* 搜索。

按问题表示方法分类：

1）状态空间搜索，根据一个问题可能处于的一组状态建模成一个状态空间，基于状态空间的目标状态本身，从初始状态搜索到目标状态的最佳路径[1]。

2）与/或树搜索，是指用问题规约方法来求解问题时所进行的搜索，这种搜索过程形成一颗与或树，当搜索成功时，经可解标记过程标识的由初始节点及其下属的可解节点构成的子树称为解树。

3.1.2 基于搜索的问题求解

很多问题的求解过程都可以转变为搜索问题，比如路径优化（找到一条路径使得从出发点 A 城市到终点 B 城市的路径最短，中间可能途径 S 城市、T 城市和 Z 城市），就是一个典型的搜索问题，一个搜索问题可以通过五个元素给出形式化的定义：

1）初始状态。状态用 s 表述，初始状态也是状态的一种，上述路径优化问题的初始状态可以描述为 $\text{In}(A)$。

2）可能的行动。行动用 a 表述，对于一个特殊状态 s，$\text{ACTIONS}(s)$ 返回在状态 s 下可以执行的动作集合。例如，在状态 $\text{In}(A)$ 下可能的行动为：$\{\text{Go}(S),\text{Go}(T),\text{Go}(Z)\}$。

3）转移模型。转移模型用 $\text{RESULT}(s,a)$ 表述，表示在状态 s 下执行行动 a 后达到的状态。通常也用术语后继状态来表示从一给定状态出发通过单步行动可以到达的状态集合。例如：$\text{RESULT}(\text{In}(A)，\text{Go}(Z))=\text{In}(Z)$。

4）目标测试。确定给定的状态是不是目标状态。在上述 A 城市到 B 城市的路径优化问题中，目标状态集是一个单元素集合 $\{\text{In}(B)\}$。

5）路径代价。采用行动 a 从状态 s 走到状态 s′所需要的单步代价表述为 $c(s,a,s')$，路径代价就代表从初始状态到目标状态的单步代价总和。

通过形式化的定义搜索问题，则搜索问题的解描述为一组让初始状态转变为目标状态的行动序列，而搜索问题的最优解描述为使得路径代价最小的一组让初始状态转变为目标状态的行动序列。

3.1.3 问题的状态空间表示

为了进行有效的搜索，对所求解的问题要以适当的形式表示出来，并且问题的表示方法直接影响问题求解的搜索效率。状态空间表示法就是用来表示问题及其搜索过程的一种方法，它是人工智能中最基本的形式化方法，也是讨论问题求解技术的基础。问题状态空间的构成由四个主要部分，分别是状态、算符、状态空间和问题的解，定义如下：

定义 3.1：状态。状态是描述问题求解过程中不同时刻状况的数据结构，一般用一组变量的有序集合表示：

$$Q=(q_0,q_1,\cdots,q_n) \tag{3-1}$$

其中，每个元素 $q_i(i=0,1,\cdots,n)$ 为集合的分量，称为状态变量。当给每一个分量以确定的值时，就得到了一个具体的状态。

定义 3.2：算符。引起状态中某些分量发生变化，从而使问题由一个状态变为另一个状态的操作称为算符。算符可分为走步、过程、规则、数学算子、运算符号或逻辑符号等。例如，在下棋搜索中，一个算符就是一个走步。

定义 3.3：状态空间。 由表示一个问题的全部状态及一切可用算符构成的集合称为该问题的状态空间。它一般由三部分构成：问题的所有可能初始状态构成的集合 S，算符集合 F，目标状态集合 G。用一个三元组表示为 (S,F,G)。状态空间的图示形式称为状态空间图。其中，节点表示状态，有向边（弧）表示算符。

定义 3.4：问题的解。 从问题的初始状态集出发，经过一系列的算法运算，到达目标状态。由初始状态到目标状态所用算符的序列就构成了问题的一个解。

用状态空间表示问题的步骤可以分为如下三步：

1）定义状态的描述形式。

2）用所定义的状态描述形式，把问题的所有可能状态都表示出来，并确定出问题的初始状态集合描述和目标状态集合描述。

3）定义一组算符，使得利用这组算符可把问题由一种状态转变为另一种状态。

利用状态空间求解问题的过程是一个不断把算符作用于状态的过程。首先将适用的算符作用于初始状态，以产生新的状态；然后再把一些适用的算符作用于新的状态；这样继续下去，直到产生的状态为目标状态为止。这时，就得到了问题的一个解，这个解是从初始状态所用算法构成的序列。

定义 3.5：状态空间搜索。 状态空间搜索就是将问题求解过程表现为从初始状态到目标状态寻找这个路径的过程。通俗点说，两点之间求一线路，这两点是求解的开始和问题的结果，而这一线路不一定是直线，可以是曲折的。由于求解条件的不确定性、不完备性，使求解问题的过程中分支较多，这些分支构成一个状态空间图。问题的求解实际上就是在这个图中找到一条可以从开始到结果的路径，而寻找路径的过程就是状态空间搜索。

问题的状态空间可用有向图来表达。若图中的每条边都是有方向的，则称为有向图。有向图中的边是由两个顶点组成的有序对，有序对通常用括号表示，如 (S_i,S_j) 表示一条有向边，其中，S_i 是边的始点，S_j 是边的终点。(S_i,S_j) 和 (S_j,S_i) 代表两条不同的有向边。问题的状态空间图又被称为状态树（State Tree）。如图 3-1 所示，从初始状态 S_0 到目的状态 S_G 的路径，即求解路径，状态之间的连接采用有向边，边上标以操作数 $O_1,\cdots,O_k$ 来表示状态之间的转换关系，也是状态空间的一个解，即操作算子序列 $O_1,\cdots,O_k$ 使初始状态转换为目标状态。

图 3-1　搜索的状态空间图

例 3.1 二阶 Hanoi 塔问题。已知三个柱子 1、2、3 和两个盘子 A、B（A 比 B 小）。初始状态下，A、B 依次放在柱子 1 上。目标状态是 A、B 依次放在柱子 3 上。条件是每次可移动一个盘子，盘子上方是空项方可移动，而且任何时候都不允许大盘在小盘之上。

解： 利用状态空间表示法给出问题的求解方案，步骤如下：

1）定义问题状态的描述形式。

设用 $S_k=(S_{KA},S_{KB})$ 表示问题的状态，S_{KA} 表示盘子 A 所在的柱号，S_{KB} 表示盘子 B 所在的柱号。

2）用所定义的状态描述形式把问题的所有可能的状态都表示出来，并确定出问题的初始状态集合描述和目标状态集合描述。本问题所有可能的状态共有 9 种，如图 3-2 所示，各状态的形式描述如下：

$S_0 = (1,1)$，$S_1 = (1,2)$，$S_2 = (1,3)$，$S_3 = (2,1)$，$S_4 = (2,2)$，$S_5 = (2,3)$，$S_6 = (3,1)$，$S_7 = (3,2)$，$S_8 = (3,3)$

问题的初始状态集合为 $S = \{S_0\}$，目标状态集合为 $G = \{S_8\}$。

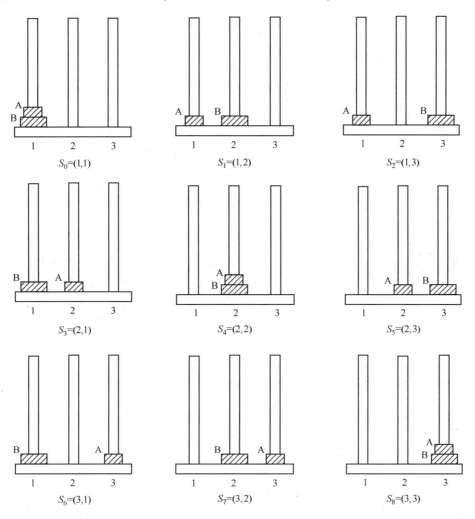

图 3-2　二阶 Hanoi 塔问题的状态

3）定义一组算符 F。定义算符 $A(i,j)$ 表示把盘子 A 从第 i 号柱子移到第 j 号柱子上的操作；算符 $B(i,j)$ 表示把盘子 B 从第 i 号柱子移到第 j 号柱子上的操作。这样定义的算符组 F 中共有 12 个算符，它们分别是：

$A(1,2)$，$A(1,3)$，$A(2,1)$，$A(2,3)$，$A(3,1)$，$A(3,2)$，$B(1,2)$，$B(1,3)$，$B(2,1)$，$B(2,3)$，$B(3,1)$，$B(3,2)$

至此，该问题的状态空间 (S,F,G) 构造完成。这就完成了对问题的状态空间表示。

为了求解该问题，根据该状态空间的 9 种可能状态和 12 种算符，构造它的状态空间图，如图 3-3 所示。在图 3-3 所示的状态空间图中，从初始节点$S_0 = (1,1)$到目标节点$S_8 = (3,3)$任何一条通路都是问题的一个解。但其中最短的路径长度是 3，它由 3 个算符组成，这 3 个算符是 A(1,2),B(1,3),A(2,3)。

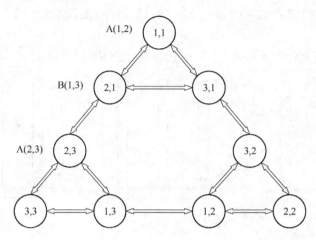

图 3-3 二阶 Hanoi 塔问题的状态空间图

3.1.4 问题的与/或树表示

与/或树是不同于状态空间法的另外一种用于表示问题及其求解过程的形式化方法，通常用于表示比较复杂的问题求解。在现实问题求解过程中，当问题的复杂性较高使得直接求解困难增大时，可以采用一种分解或变换的思想，将复杂问题进行分解或转化。后变成一组可直接解答的子问题，然后通过对这些子问题的求解来实现对原复杂问题的求解。这种将复杂问题分解或变换成一组可直接解答的子问题的过程，称为规约。

当把一个复杂问题规约为一组可直接解答的子问题时，其归约过程可以用一个与/或树来表示。下面介绍问题规约过程的与/或树表示方法。

（1）与树

当把一个复杂问题 P 分解成若干个子问题$P_1, P_2, \cdots, P_n$，其中每一个子问题又可以继续分解为若干个更为简单的子问题，直到不需要再分解或者不能再分解为止。对每一个子问题求解，当且仅当所有子问题$P_i(i = 1, 2, \cdots, n)$都有解时，原问题 P 才有解，它的解就是所有子问题解的"与"，即分解所得到的子问题的"与"和原问题 P 等价。

例如，设问题 P 可以分为 3 个子问题P_1、P_2、P_3，对三个子问题同时求解等价于原问题的求解，如图 3-4 所示，原问题 P 和三个子问题P_1、P_2、P_3之间的关系可以描述为一个"与树"。在这个"与树"中，节点分别表示问题 P、P_1、P_2、P_3，并用 3 条有向边分别从节点 P 指向节点P_1、P_2、P_3，用于表示P_1、P_2、P_3是原问题 P 的 3 个子问题。图中连接 3 条有向边的小弧线表示子问题之间是"与"的关系，节点 P 是"与"节点。

（2）或树

当把一个复杂问题 P 经过同构或同态的等价变换处理，将其变换成若干个容易求解的新问题$P_1, P_2, \cdots, P_n$，其中任一新问题P_i有解，则原问题 P 就有解。而当且仅当所有新问题都无解时，原问题 P 无解。则等价变换所得到的新问题的"或"和原问题等价。

例如，设原问题 P 可以变换为三个新问题 P_1、P_2、P_3 中的任意一个，即原问题与三个新问题中的任意一个等价，如图 3-5 所示，用一个"或树"表示原问题与新问题的关系。在"或树"中，有向边从节点 P 指向节点 P_1、P_2、P_3，表示 P_1、P_2、P_3 是与 P 等价的三个新问题。图中有向边没有小弧线连接，表示三个新问题之间是"或"的关系，即节点 P 是"或"节点。

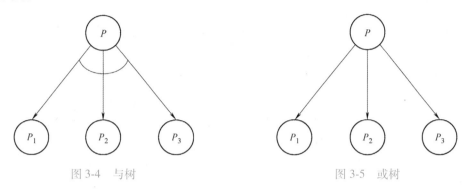

图 3-4　与树　　　　　　　　　　　图 3-5　或树

（3）与/或树

如果一个复杂原问题即需要通过分解，并通过变换能得到等价的可求解简单问题，则其求解过程可以用一个"与/或树"来表示。如图 3-6 所示，是一个复杂问题求解的与/或树例子。实际应用中，复杂问题在求解时，需要结合分解和变换操作才能解决，所以需要用与/或树来表示，并且利用根节点表示代求解的复杂原问题。

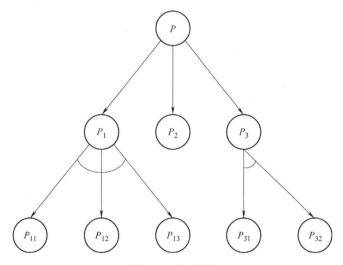

图 3-6　与/或树

（4）端节点与终止节点

在与/或树中，端节点是指没有子节点的节点；终止节点是指分解得到的子问题或变换得到的新问题所对应的节点。因此，终止节点一定是端节点，但端节点却不一定是终止节点。

（5）可解性判定

在与/或树中，一个节点是可解的，需满足以下条件之一：

1）该节点是一个终止节点。

2）该节点是一个"或"节点，且其子节点中至少有一个为可解节点。

3）该节点是一个"与"节点，且其子节点全部为可解节点。

同样地，节点是不可解的，需满足下列条件之一：

1）该节点是一个端节点，但却不是终止节点。

2）该节点是一个"或"节点，但其子节点中没有一个是可解节点。

3）该节点是"与"节点，且其子节点中至少有一个为不可解节点。

（6）解树

问题求解过程就是在一个与/或数中寻找一个从初始节点（复杂原问题）到目标节点（可解的简单问题）的路径问题。在与/或树中解的路径称为解树，指的是在与/或树中解的路径，也是由可解节点构成的一个子树，且子树中的这些可解节点推导出的初始节点也是可解节点。在解树中一定包含初始节点。例如，在图3-7中所给出的与/或数中，用粗线表示的子树就是它的一个解树。该图中的节点 P 为原问题节点，标有 t 的节点是终止节点。

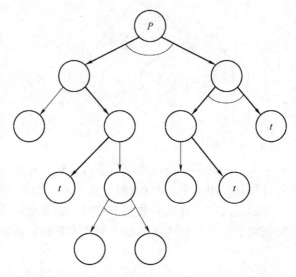

图 3-7　解树

（7）用与/或树表示问题的步骤

1）对所要求解的复杂原问题进行分解或等价变换。

2）若所得的子问题仍不能求解，则继续分解或变换，直到子问题能够求解。

3）在分解或变换中，若是不等价的分解，则用"与树"表示；若是等价变换，则用"或树"表示。

例3.2　三阶 Hanoi 塔问题。如图3-8所示，设有 A、B、C 共 3 个盘子（A 比 B 小，B 比 C 小）及 3 根柱子，3 个盘子按自上而下从小到大的顺序穿在柱子 1 上，要求把它们全部移到柱子 3 上，而且每次只能移动一个盘子，任何时刻都不能把大的盘子压在小的盘子上面。

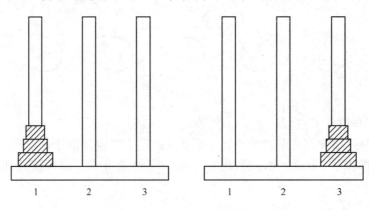

图 3-8　三阶 Hanoi 塔问题

解： 利用与/或树表示法对该问题进行求解。

1）设用三元组（i,j,k）表示问题在任一时刻的状态，用表示状态间的转换。在上述三元组中，i 表示盘子 C 所在的柱子号，j 代表盘子 B 所在的柱子号，k 代表盘子 A 所在的柱子号。则待求解的原问题可以表示为$(1,1,1)\rightarrow(3,3,3)$。

2）利用规约方法，原问题可分解为一下 3 个子问题。

子问题P_1，把盘子 A 和 B 移到柱子 2 上的双盘子移动问题。即$P_1:(1,1,1)\rightarrow(1,2,2)$

子问题P_2，把盘子 C 移到柱子 3 上的单盘子移动问题。即$P_2:(1,2,2)\rightarrow(3,2,2)$

子问题P_3，把盘子 A 和 B 移到柱子 3 的双盘子移动问题。即$P_3:(3,2,2)\rightarrow(3,3,3)$

其中，子问题P_1和P_3都是一个二阶 Hanoi 塔问题，它们都还可以再继续分解；子问题 P_2 可直接求解，不需要再分解。

$P_1:(1,1,1)\rightarrow(1,2,2)$ 又可分解为$P_{11}:(1,1,1)\rightarrow(1,1,3)$、$P_{12}:(1,1,3)\rightarrow(1,2,3)$ 和 $P_{13}:(1,2,3)\rightarrow(1,2,2)$；$P_3:(3,2,2)\rightarrow(3,3,3)$ 又可分解为$P_{31}:(3,2,2)\rightarrow(3,2,1)$、$P_{32}:(3,2,1)\rightarrow(3,3,1)$ 和$P_{33}:(3,3,1)\rightarrow(3,3,3)$。

3）根据分解和变换情况画出与/或树，如图 3-9 所示。

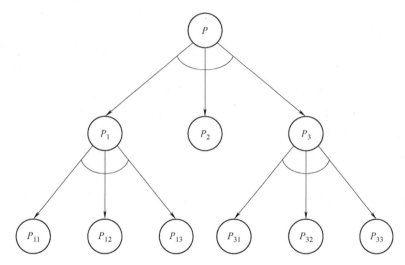

图 3-9　三阶 Hanoi 塔问题分解过程

图 3-9 中所示的与/或树是对三阶 Hanoi 塔问题分解过程的图示说明。在该与/或树中，有 7 个终止节点，它们分别对应着 7 个子问题。如果把这些子问题从左到右排列起来，即得到了原始问题的解：$P_{11}P_{12}P_{13}P_2P_{31}P_{32}P_{33}$。

$(1,1,1)\rightarrow(1,1,3),(1,1,3)\rightarrow(1,2,3),(1,2,3)\rightarrow(1,2,2),(3,2,2)\rightarrow(3,3,3),$
$(3,2,2)\rightarrow(3,2,1),(3,2,1)\rightarrow(3,3,1),(3,3,1)\rightarrow(3,3,3)$

3.2　无信息搜索基本策略

3.2.1　状态空间的图搜索

用状态空间法搜索求解问题，首先要把待求解的问题表示为状态空间图，把问题的解表

示为目标节点 S_n。求解就是要找到从根节点 S_1 到达目标节点 S_n 的搜索路径。状态空间图如图 3-10 所示。

在状态空间图中寻找路径的方法可以看成一种图搜索策略。在状态空间图搜索中会涉及两个集合，用表 Ω_{open} 和 Ω_{closed} 分别存储初始集合和满足终止条件的目标集合，按一定规则把初始节点集合中转换到目标节点集合，即为状态空间图中问题的最优路径解。

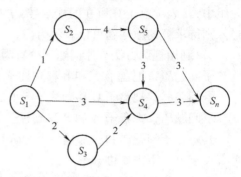

图 3-10　状态空间法

状态空间图搜索流程为：

1）创建未扩展节点表 Ω_{open}，构建只包含起始节点 S 的图 G，并把 S 放到 Ω_{open} 中。同时，创建已扩展节点表 Ω_{closed}，其初始状态为空表。

2）检查 Ω_{open} 表是否为空，若为空，则失败退出；否则将 Ω_{open} 中的第一个节点 n 移除至 Ω_{closed} 中，若 n 为目标节点，则找到解，成功退出。

3）扩展节点 n，生成包含 n 的所有后继节点（非祖先节点）的集合 Ω_L，把集合 Ω_L 中的所有节点作为 n 的后继节点添加到图 G 中。

4）为所有未在 G 中出现的 Ω_L 成员节点分别设置指向节点 n 的指针，把 Ω_L 的这些成员添加到表 Ω_{open} 中，对已经在 Ω_{open} 和 Ω_{closed} 表上的每个 Ω_L 成员节点，判断是否更改其指向节点 n 的指针，对已在 Ω_{closed} 表中的 Ω_L 成员节点，判断是否更改图 G 中指向其每个后继节点的指针。

5）按某种方法重排 Ω_{open} 表。

6）返回步骤 2）继续操作。

从图搜索流程可以看出，根据规则可重排 Ω_{open} 表的。该步骤是否执行或如何执行将按照某个规则或方法重新对 Ω_{open} 表排序，其对应的方法就是图搜索方法，包括一般搜索和启发式搜索。常用的状态空间图搜索算法有宽度优先搜索算法、深度优先搜索算法、A* 搜索算法等。

3.2.2　宽度优先搜索

宽度优先搜索[2] 是一种比较常用的图论算法，又称广度优先搜索，其特点是：每次搜索指定点，并将其所有未访问过的邻近节点加入搜索队列，循环搜索过程直到队列为空。它类似树的层次遍历，是树的按层次遍历的推广。

给定图 $G=(V,E)$ 和可以识别的源节点，对图中的边进行系统性的探索，以发现可以从源节点 S_0 到达的所有节点。该算法能计算出从源节点 S_0 到每个可到达节点的距离，同时生成一棵宽度优先搜索树。该树以源节点 S_0 为根节点，包含所有可以从 S_0 到达的节点。在宽度优先搜索树中，从节点 S_0 到节点 S_V 的简单路径所对应的就是图节点 S_0 到节点 S_V 的最短路径。宽度优先搜索算法适用于有向图，也可用于无向图。

如图 3-11 所示，宽度优先搜索是先由 S_0 生成状态 S_1、S_2，然后分别对状态 S_1、S_2 进行扩展，生成状态 S_3、S_4、S_5、S_6、S_7、S_8，每一层扩展完毕后，再进入下一层状态的扩展，如此一层一层的扩展下去，直到搜索到目的状态。在执行宽度优化搜索策略时，为了保存状态空间搜索的轨迹，用到两个表 Ω_{open} 和 Ω_{closed}，表 Ω_{open} 存储状态的排列次序，即搜索的次序。

表Ω_{closed}存储的是已被生成扩展过的状态。宽度优先搜索的算法流程如下所示：

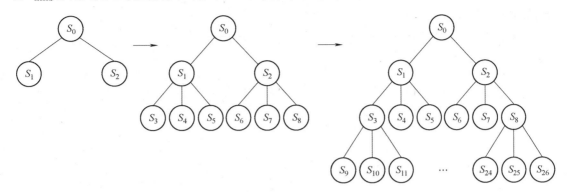

图 3-11　宽度优先搜索图

1）创建未扩展节点表Ω_{open}，构建只包含起始节点S的图G，并把S放到Ω_{open}中。同时，创建已扩展节点表Ω_{closed}，其初始状态为空表。

2）检查Ω_{open}表，若为空表，则失败退出；否则将Ω_{open}表中的第一个节点n移除至表Ω_{closed}中，若n为目标节点，则找到解成功退出。

3）扩展节点n，生成包含n的所有后继节点（非祖先节点）的集合Ω_L，把集合Ω_L中的所有节点作为n的后继节点添加到图G中。

4）为所有未在G中出现的Ω_L成员节点分别设置指向节点n的指针，把Ω_L的这些成员添加到表Ω_{open}中，对已经在Ω_{open}和Ω_{closed}表上的每个Ω_L成员节点，判断是否更改其指向节点n的指针，对已在Ω_{closed}表中的L成员节点，判断是否更改图G中指向其每个后继节点的指针。

5）返回步骤2）继续操作。

宽度优先搜索在搜索访问一层时，需要记住已被访问的顶点，以便在访问下层顶点时，从已被访问的顶点出发，搜索访问其邻接点。在搜索访问下层顶点时，先从队首取出一个已被访问的上层顶点，再从该顶点出发，搜索访问它的各个邻接点。宽度优先搜索能在搜索树中找到从起始节点到目标节点的最短路径。

例 3.3　八数码难题如图 3-12 所示。设在 3×3 的一个方格棋盘上，摆放着 8 个数码 1、2、3、4、5、6、7、8，有一个方格是空格，其初始状态S_0如图 3-12a 所示，要求对空格执行下列的操作（或算符）：

空格左移，空格上移，空格右移，空格下移

使 8 个数据最终按如图 3-12b 所示的格式摆放，图 3-12b 称为目标状态S_g。要求寻找从初始状态到目标状态的路径。

解：应用宽度优先搜索，可以得到如图 3-13 所示的搜索树。

搜索图中所有节点都标记它们所对应的状态描述，每个节点旁边的数字表示节点扩展的顺序（按逆时针方向移动空格）。

由图 3-13 可以看出，其解的路径为S_0—S_3—S_8—S_{16}—S_{27}。

宽度优先搜索的盲目性比较大，当目标节点距离初始节点较远时，将会产生大量的无用节点，搜索效率低，这是它的缺点。但是，只要问题有解，用宽度优先搜索总可以找到它的解，而且是搜索树中，从初始节点到目标节点的路径最短的解，也就是说，宽度优先搜索策略是完备的。

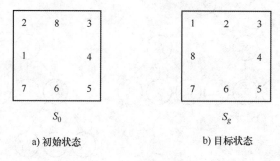

a) 初始状态　　　　　b) 目标状态

图 3-12　八数码难题

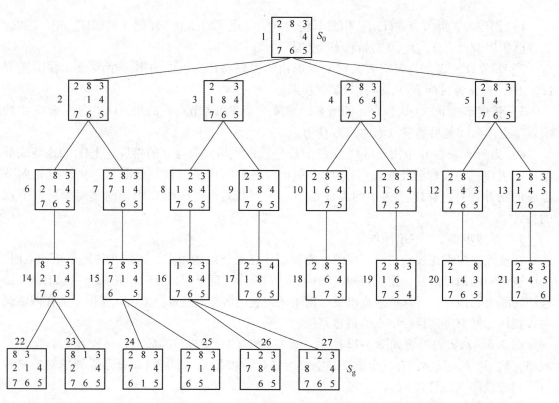

图 3-13　八数码难题的宽度优先搜索树

3.2.3　深度优先搜索

深度优先搜索方法类似于树的根遍历方法，如图 3-14 所示，算法从初始节点 S_0 开始，沿一个方向一直扩展下去（到状态 S_1、S_2、S_3、S_4），直到达到一定的深度。如果未找到目的状态或无法再扩展时，便回溯到另一条路径（状态 S_5）继续搜索。这种方法搜索一旦进入某个分支，就将沿着该分支一直向下搜索。如果目标节点恰好在此分支上，则可较快地得到解。但是，如果目标节点不在此分支上，不回溯就不可能得到解。所以，深度优先搜索是不完备的，只是推理步骤。如果回溯，不难证明其平均效率与宽度优先搜索法相同。因此，深度优先搜索法如果没有启发信息，很难有实用价值。

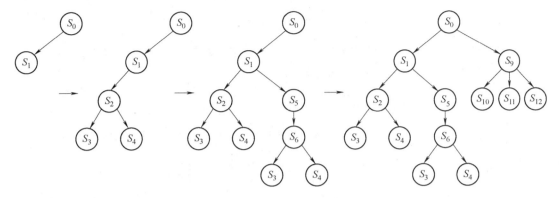

图 3-14　深度优化搜索

深度优先搜索的算法流程如下：

1）创建未扩展节点表 Ω_{open}，构建只包含起始节点 S 的图 G，并把 S 放到 Ω_{open} 中。同时，创建已扩展节点表 Ω_{closed}，其初始状态为空表。

2）检查表 Ω_{open} 是否空，若为空表，则失败退出。否则将 Ω_{open} 表中的第一个节点 n 移除至表 Ω_{closed} 中，若 n 为目标节点，则找到解，成功退出。

3）若节点 n 的深度为最大深度值，则返回步骤 2）。

4）扩展节点 n，生成包含 n 的所有后继节点（非祖先节点）的集合 Ω_L，把集合 Ω_L 中的所有节点作为 n 的后继节点添加到图 G 中，如果 n 没有后继，返回步骤 2）。

5）为所有未在图 G 中出现的 Ω_L 成员节点分别设置指向节点 n 的指针，把 Ω_L 的这些成员添加到表 Ω_{open} 前，对已经在 Ω_{open} 和 Ω_{closed} 表上的每个 Ω_L 成员节点，判断是否更改其指向节点 n 的指针，对已在 Ω_{closed} 表中的 Ω_L 成员节点，判断是否更改图 G 中指向其每个后继节点的指针。

6）返回步骤 2）继续操作。

上述两种方法都是一般搜索策略，非启发式搜索。如宽度优先搜索按照层次进行搜索，按 Ω_{open} 表的先后顺序从前到后依次进行考察；深度优先搜索是按照纵向深度进行搜索，按照 Ω_{open} 表的先后顺序从后向前依次进行考察。宽度和深度优先搜索都没有依据问题本身的特征，在扩展节点时，没有分析扩展节点在问题求解上是否有利或能否找到最优解。一般搜索算法生成无用节点量大、效率低。在扩展节点时，依据问题本身的特征，预估出节点的重要性，就能在搜索时选择有利节点，以便找到最优解。这种搜索策略为启发式搜索。

例 3.4　对图 3-12 所示的八数码难题利用深度优先方法进行搜索来求解问题。

解：搜索过程如图 3-15 所示。这里只给出了搜索状态图的一部分，仍可继续往下搜索，直至找到目标节点。

深度优化搜索中，搜索若进入某一分支，则沿着这一分支一直搜索下去，对于有限的状态空间图，从理论上讲，解总是能够找到的。但是，由于某些分支可能扩展得很深，而解又不在这些分支上，这就无疑会降低搜索的效率。为了防止在无解的分支上进行无效的搜索，对搜索的分支深度进行一定的限定，这就是下面的有界深度优化搜索。

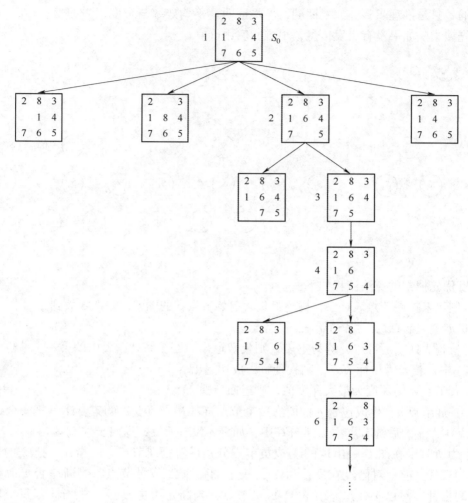

图 3-15　深度优先搜索树

3.3　启发式搜索基本策略

"启发"（Heuristic）是指关于发现和发明操作算子及搜索方法的研究。在状态空间搜索中，启发式被定义成一系列操作算子，并能从状态空间中选择最有希望到达问题解的路径。启发式策略，则是指利用与问题有关的启发信息进行搜索，按照什么顺序考察状态空间图的节点。启发式搜索策略常应用于博弈、机器学习、数据挖掘和智能检索等。

启发式策略适应于两种基本情况：①由于问题陈述和数据获取方面固有的模糊性（模糊理论），可能会使它没有一个确定的解；②虽然一个问题可能有确定解，但是其状态空间特别大，搜索中所生成扩展的状态数会随着搜索的深度呈指数级增长。

3.3.1　启发式搜索的几个重要概念

1）启发性知识：与被求解问题自身特性相关的知识，包括被求解问题的解特性、解分布规律和实际求解问题的经验和技巧等，对应问题求解的控制性知识。

2）启发函数：实现启发式搜索，需要把启发性知识用函数表示，通过函数来计算评价指标大小，指导搜索过程。在实际设计过程中，启发函数是用来估计搜索树节点 n 与目标节点接近程度的一种函数，通常记为 $h(n)$。启发函数可以是一个节点到目标节点的某种距离或差异的量度，或是一个节点处在最佳路径上的概率。

通常，估计一个节点的价值，必须综合考虑两方面的因素，即已经付出的代价和将要付出的代价。如：$f(n)=g(n)+h(n)$，其中 $f(n)$ 是节点 n 的启发函数，$g(n)$ 是在状态空间中从初始节点到 n 节点的实际代价，$h(n)$ 是从 n 到目标节点最佳路径的估计代价。在这里 $h(n)$ 主要体现了搜索的启发信息。启发函数确定后，在检索时总是沿着 $f(n)$ 最小的支路进行检索直到叶子节点，即找到满意的路径为止。

3）启发信息的分类：①陈述性启发信息：精准描述状态，缩小问题状态空间，如待求问题的特定状况等。②过程性启发信息：以规律性知识构造操作算子，使得操作算子少而精。③控制性启发信息：包括协调整个问题求解过程中，所使用到的控制策略、搜索策略、控制结构等方面的知识。

4）启发式搜索：用启发函数来导航，其搜索算法就要在状态图一般搜索算法基础上再增加启发函数值的计算与传播过程，并且由启发函数值来确定节点的扩展顺序。分为全局择优搜索和局部择优搜索。

3.3.2　A 搜索算法

传统的 A 算法常用于求解从一个起始点到一个目标点之间最优路径的搜索问题，其原理是"试探法"。通过试探某个节点到目标节点之间的每个方格探测可能的路径，直到最后探测到目标节点后，再通过反推的办法得到最优路径。试探的过程使用以下启发函数

$$f(n)=g(n)+h(n) \tag{3-2}$$

式中，$f(n)$ 为估价函数；$g(n)$ 表示从起点移动到指定方格的移动代价；$h(n)$ 表示从指定的方格移动到终点的估算成本。

与宽度优先和深度优先搜索算法一样，启发式图搜索算法使用两张表存储状态信息，即在 Ω_{open} 表中保留已生成而未扩展的状态；在 Ω_{open} 表中记录已扩展过的状态。算法中有一步是根据某些启发信息来排列 Ω_{open} 表。即不同于宽度优先所使用的先进先出队列，也不同于深度优先所使用的先进后出，而是一个按状态的启发函数值大小排列的表。进入 Ω_{open} 表的状态不是简单地排在队尾（或队首），而是根据其估值的大小插入到表中合适的位置，每次从表中优先取出启发函数最小的状态进行扩展。

A 算法可以看作是基于启发函数的加权启发式图搜索算法，其算法流程如下：

1）创建只包含起始节点 S_0 的图 G，把初始节点 S_0 和其对应的启发函数值 $f(S_0)$，放入 Ω_{open} 表。创建已扩展节点表 Ω_{closed}，并置初始状态为空表。

2）判断 Ω_{open} 表是否为空，若为空，则搜索失败退出；否则将 Ω_{open} 表中启发函数值最小的节点 n 移除至表 Ω_{closed} 中，根据启发函数 $f(n)$ 判断 n 是否为目标节点，若是则找到解，成功退出。

3）扩展节点 n，生成包含 n 的所有后继节点（非祖先节点）的集合 Ω_L，计算集合 Ω_L 中所有节点的启发函数 $f(n)$，$n \in \Omega_L$，并为每一个子节点设置指向父节点的指针，并将其放入表 Ω_{open} 中。

4）据各节点的启发函数值，对 Ω_{open} 表中的全部节点按从小到大的顺序重新进行排序。

5）返回步骤 2）继续操作。

上述 A 算法中，根据节点扩展类型的不同可以分为全局择优和局部择优，前者是从 Ω_{open} 表的所有节点中选择一个估价函数值最小的进行扩展。后者仅从刚生成的子节点集 Ω_L 中选择一个估价函数值最小的进行扩展。对于公式所示的启发函数，如果算法过程中，令 $h(n) \equiv 0$，则 A 算法相当于宽度优先搜索，因为上一层节点的搜索费用一般比下一层的小。如果 $g(n) \equiv h(n) \equiv 0$，则相当于随机算法。如果 $g(n) \equiv 0$，则相当于最佳优先搜索算法。另外，特别是当要求 $h(n) \leqslant h^*(n)$，就称这种 A 算法为 A^* 算法。

例 3.5 对图 3-12 所示的八数码难题利用 A 搜索算法进行搜索来求解问题。

解： 首先定义一个估价函数：

$$f(n) = g(n) + h(n) \tag{3-3}$$

式中，$g(n)$ 表示从节点 n 在搜索图中的深度；$h(n)$ 表示节点 n 对应的状态棋盘中，与目标节点对应的状态棋盘中棋子位置不同的个数。

例如，对于节点 S_0，其位于搜索图中的第 0 层，则 $g(S_0) = 0$，而节点 S_0 中的状态与目标节点 S_g 的状态相比，位置不同的棋子个数为 4，则 $h(S_0) = 4$。所以节点 S_0 的估价函数值 $f(S_0) = 0 + 4 = 4$。

搜索图如图 3-16 所示。

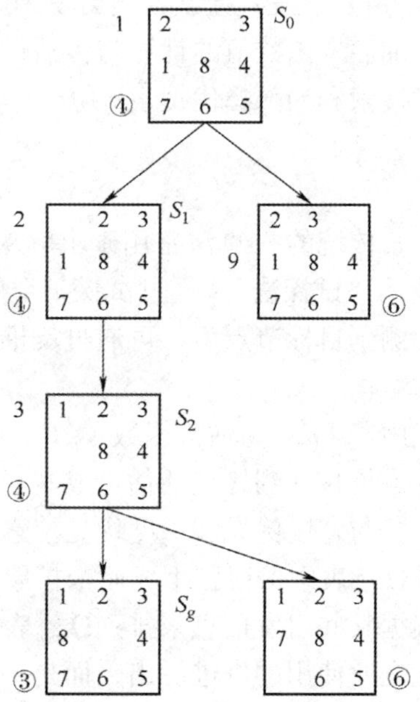

在启发式搜索中，估价函数的定义是非常重要的，启发式信息给得越多即估价函数值越大，则 A 搜索算法需搜索处理的状态数越少，其效率就越高。但也不是估价函数值越大越好，因为估价函数值太大会使 A 搜索算法不一定能搜索到最优解。

3.3.3 A^* 搜索算法

A^* 搜索算法是在 A 算法之上，如果在启发函数的定义中加上一个条件，对于所有的节点 n，公式所示的启发函数都满足 $h(n) \leqslant h^*(n)$，该算法也是目前最有影响的启发式搜索算法，又称为最佳图搜索算法。相比于 A 算法，A^* 搜索能够保证一定得到问题的解（问题有解的情况下），并且是满足目标的最优解。

1. 启发函数的信息性

启发函数的信息性通俗点说其实就是在估计一个节点值时的约束条件，如果信息越多或约束条件越多则排除的节点就越多，估价函数 $h(n)$ 越好或说这个算法越好。宽度优先算法中 $h(n) = 0$，不具备一点启发信息，所以搜索具有局限性。但在实际搜索应用中由于实时性的要求，$h(n)$ 的信息越多，会导致它的计算量就越大，耗费的时间就越多。此时，就应该适当地减小 $h(n)$ 的信息，即减小约束条件。在算法的实时性和准确性中获得一个平衡。

图 3-16　八数码难题的全局最佳优先搜索树

2. 启发函数的单调性

在 A* 算法中，每当扩展一个节点 n 时，都需要检查其子节点是否已在 Open 表或 Closed 表中。对于那些已在 Open 表中的子节点，需要决定是否调整指向其父节点的指针；对于那些已在 Closed 表中的子节点，除了需要决定是否调整其指向父节点的指针外，还需要决定是否调整其子节点的后继节点的父指针。这就增加了搜索的代价。如果我们能够保证，每当扩展一个节点时就已经找到了通往这个节点的最佳路径，就没有必要再去检查其后继节点是否已在 Closed 表中，原因是 Closed 表中的节点都已经找到了通往该节点的最佳路径。为满足这一要求，我们需要令函数 $h(n)$ 增加单调性限制。

例 3.6 假设有三个修道士和三个野人在河的左岸，准备渡河到右岸，但只有一条最多能容纳 2 人的小船，并且为了防止野人侵犯修道士，要求无论在何处，修道士的个数不得少于野人的人数（除非修道士个数为 0）。假设两种人都会划船，请规划一个确保每个人都能安全渡河到达右岸的方案。要求利用 A* 算法求解。

解: 用 M 表示左岸的修道士人数，C 表示左岸的野人数，B 表示船在左岸还是右岸，$B=0$ 表示船在右岸，$B=1$ 表示船在左岸，用三元组（M，C，B）表示问题的状态。用符号 L_{ij} 表示从左岸到右岸的船载人操作，用符号 R_{ij} 表示从右岸到左岸的船载人操作。其中，i 表示船上的修道士数，j 表示船上的野人数。

首先，确定估价函数。设 $g(n)=d(n)$，$h(n)=M+C-2B$，则可计算出

$$f(n)=g(n)+h(n)=d(n)+M+C-2B$$

其中，$d(n)$ 为节点的深度。可知，当左岸修道士人数等于总数或者为零，则 $0 \leqslant C \leqslant 3$；当左岸修道士人数在（0,3）之间时，则 $0 \leqslant C \leqslant M$，$0 < M < 3$；其他状态都不合法。

启发函数 $h(n)=M+C-2B$ 是否满足 A* 条件的分析。假设考虑下面两种情况:

（1）船在左岸的情况

如果不考虑限制条件，也就是说，船一次可以将三人从左岸运到右岸，然后再有一个人将船送回来。这样，船一个来回可以运过河 2 人，而船仍然在左岸。而最后剩下的三个人，则可以一次将他们全部从左岸运到右岸。所以，在不考虑限制条件的情况下，也至少需要摆渡 $[(M+C-3)/2]*2+1$ 次。其中分子上的"−3"表示剩下三个留待最后一次运过去。除以"2"是因为一个来回可以运过去 2 人，需要 $[(M+C-3)/2]$ 个来回，而"来回"数不能是小数，需要向上取整，这个用符号 $[\ ]$ 表示。而乘以"2"是因为一个来回相当于两次摆渡，所以要乘以 2。而最后的"+1"，则表示将剩下的 3 个运过去，需要一次摆渡。化简有: $M+C-2$。

（2）船在右岸的情况

同样不考虑限制条件。船在右岸，需要一个人将船运到左岸。因此对于状态（$M,C,0$）来说，其所需要的最少摆渡数，相当于船在左岸时状态（$M+1,C,1$）或（$M,C+1,1$）所需要的最少摆渡数，再加上第一次将船从右岸送到左岸的一次摆渡数。因此所需要的最少摆渡数为:（$M+C+1$）−2+1。其中（$M+C+1$）中的"+1"表示送船回到左岸的那个人，而最后边的"+1"，表示送船到左岸时的一次摆渡。化简有:（$M+C+1$）−2+1=$M+C$。

综合上述船在左岸和船在右岸两种情况下的分析得出，所需要的最少摆渡次数用一个式子表示为: $M+C-2B$，它是不考虑限制条件下推出的最少所需摆渡次数。当有限制条件时，最优的摆渡次数 $h^*(n)$ 只能大于或等于该摆渡次数，即满足 $h(n) \leqslant h^*(n)$，启发函数 $h(n)$ 满足 A* 算法条件。

基于 A* 算法得到问题的搜索图，如图 3-17 所示，图中每个节点旁边标出了该节点的 h 值和 f 值。

3.3.4 与/或树的有序搜索

与/或树的有序搜索是一种在其搜索过程中利用启发性信息寻找代价最小的解树或最优解树的搜索策略。这种策略在搜索过程中，为了求得代价最小的解树，就要在每次选择扩展节点时，往前多看几步；计算出扩展某个节点所要付出的代价，并选择代价最小的节点作为扩展节点。这种确定搜索路线的方法称为与/或树的有序搜索，属于一种启发式搜索策略。

下面分别介绍与/或树有序搜索的一些概念及其搜索算法。

3.3.4.1 解树的代价

在进行有序搜索时，首先需要计算解树的代价，才能寻找代价最小的解树或最优解树。解树的代价可通过计算解树中节点的代价得到，假设 $c(x,y)$ 表示节点 x 到其子节点 y 的代价，则解树代价的计算流程如下所示：

1）若 x 是终止节点，则定义节点 x 的代价 $h(y) = 0$。

2）若 x 是 "或" 节点，y_1，y_2，$\cdots$，y_n 是它的子节点，则节点 x 的代价为

$$h(x) = \min_{1 \leq i \leq n} \{ c(x, y_i) + h(y_i) \} \qquad (3\text{-}4)$$

3）如果 x 是 "与" 节点，则节点 x 的代价可用和代价法与最大代价法来计算。

若用和代价法计算，则其计算公式为

$$h(x) = \sum_{i=1}^{n} (c(x, y_i) + h(y_i)) \qquad (3\text{-}5)$$

若用最大代价法计算，则其计算公式为

$$h(x) = \max_{1 \leq i \leq n} \{ c(x, y_i) + h(y_i) \} \qquad (3\text{-}6)$$

4）如果 x 是端节点，但又不是终止节点，则 x 不可扩展，其代价为

$$h(x) = \infty \qquad (3\text{-}7)$$

5）根据上述步骤，当问题可解时，由子节点的代价可推算出其父节点的代价。只要逐

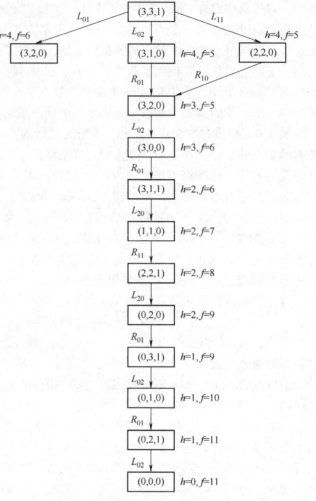

图 3-17　基于 A* 算法求解修道士和
野人渡河问题的搜索树

层上推，最终可以求出初始节点的代价，即为解树的代价。

例 3.7 设图 3-18 是一棵与/或树，其中包括两颗可解树，左边的解树由 S_0、S_1、t_1 组成；右边的解树由 S_0、S_2、S_4、S_5、t_3、t_4 组成。在此与/或树中，t_1、t_2、t_3、t_4 为终止节点；A、B、C 是端节点，边上的数字是该边的代价。请通过计算解树的代价求取最优解树。

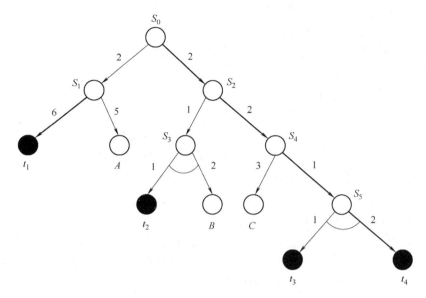

图 3-18　与/或树的代价

（1）先计算左边的解树

1）按和代价：$h(S_1)=6$，$h(S_0)=6+2=8$。

2）按最大代价：由于左边的解树中没有"与"节点，因此，其按最大代价计算的 $h(S_0)$ 与按和代价计算的相同。

（2）再计算右边的解树

1）按和代价：$h(S_5)=3$，$h(S_4)=4$，$h(S_2)=6$，$h(S_0)=8$。

2）按最大代价：$h(S_5)=2$，$h(S_4)=3$，$h(S_2)=5$，$h(S_0)=7$。

从以上计算可以看出，若按照和代价计算，右边的解树和左边的解树都是最优解树，代价均为 8；若按照最大代价计算，则右边的解树为最优解树，其代价为 7。需要说明的是，在有些情况下采用不同的代价计算方法，找到的最优解树有可能不同。

3.3.4.2 希望树

有序搜索的目的是找到最优解树，即找到代价最小的解树。这就要求在对与/或树进行搜索的过程中，每次选择欲扩展的节点时，都应该选择那些最有希望称为最优解树一部分的节点进行扩展。由于这些节点及其父节点（包括初始节点）所构成的与/或树最有可能称为最优解树的一部分，因此称它为希望解树，也简称为希望树。

为了寻找代价最小的解树，需要对与/或搜索树中的节点进行代价估计。如果要计算节点 x 的代价，除非节点 x 的子节点 $y_1, y_2, \cdots, y_n$ 都是不可扩展节点，否则子节点的代价是不知道的。为了解决这一问题，可根据问题本身提供的启发性信息定义一个启发函数，由此启发函数来估算子节点 y_i 的代价 $h(y_i)$，然后再按和代价或最大代价的计算方法算出节点 x 的

代价值 $h(x)$。因此便可以自下而上从节点 x 到它的父节点，直至初始节点的代价都可以推算出来。

但需要注意的是，在搜索过程中，随着新节点的不断生成，节点的代价值在不断变化，因此希望解树也会随搜索过程而不断变化。某一时刻，一部分节点构成希望树；但到另一时刻，可能由另外一些节点构成希望树。但不管怎么变化，希望树中总是包含初始节点，而且它是对最优解树近根部分的某种估计。

下面给出希望树的定义，满足以下三个条件：

1）初始节点在希望树 T 中。

2）对于与/或树中的某个节点 x，如果它是"或"节点，且它有 n 个子节点 $y_1, y_2, \cdots, y_n$，则其某个子节点 y_i 在希望树 T 中的充分必要条件是

$$h(y_i) = \min_{1 \leq i \leq n} \{ c(x, y_i) + h(y_i) \} \tag{3-8}$$

3）如果节点 x 是"与"节点，则 x 的全部子节点都在希望树 T 中。

3.3.4.3 与/或树的有序搜索算法流程

与/或树的有序搜索是一个不断地选择、修正希望树的过程，其搜索过程如下：

步骤 1：把初始节点放在 OPEN 表中。

步骤 2：根据当前搜索中节点的代价 h，求出以初始节点为根节点出发的希望树 T。

步骤 3：依次在 OPEN 表中选出 T 的端节点放入 CLOSED 表，并将该节点记为 n。

步骤 4：如果节点为终止节点，则做以下工作：

1）标识节点为可解节点。

2）在 T 上调用可解标示过程，把节点的前辈节点中的可解节点都标示为可解节点。

3）若初始节点能被标示为可解节点，则 T 就是最优解树，成功退出。

4）否则，从 OPEN 表中删去所有可解先辈节点。

5）转步骤 2。

步骤 5：如果节点不是终止节点，且不可扩展，则做以下工作：

1）标示节点 x 为不可解节点。

2）对 T 应用不可解标示过程，把 x 的先辈节点中不可解节点都标示为不可解节点。

3）若初始节点也被标示为不可解节点，则失败退出。

4）否则，从 OPEN 表中删去所有不可解先辈节点。

5）转步骤 2。

步骤 6：如果节点 x 不是终止节点，但它可扩展，则做以下工作：

1）扩展节点 x，产生 x 的所有子节点。

2）把这些子节点都放入 OPEN 表中，并为每个子节点配置指向父节点 x 的指针。

3）计算这些子节点的代价值及其先辈节点的代价值。

4）转步骤 2。

下面给出一个具体的例子，对上述搜索过程进行说明。设初始节点为 S_0，搜索过程从该节点开始每次扩展两层，其中一层按"与"节点来扩展，另一层按"或"节点来扩展。假设 S_0 扩展后得到的与/或树如图 3-19 所示，其中 B、C、E、F 为端节点，假设每个节点到其子节点的代价为 1，且基于启发式函数估算出的代价值分别为：

$$h(B) = 3, h(C) = 3, h(E) = 3, h(F) = 2$$

按照和代价计算法，得到端节点的父辈节点 A、B 和 S_0 的代价值为：

$$h(A) = C(A,B) + h(B) + C(A,C) + h(C) = 8,$$
$$h(D) = C(D,E) + h(E) + C(D,F) + h(F) = 7,$$
$$h(S_0) = \min\{C(S_0,A) + h(A), C(S_0,D) + h(D)\} = 8$$

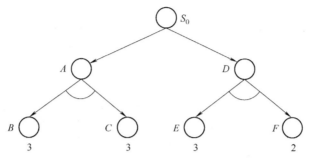

图 3-19　拓展两层后的与/或树

因为 D 节点的代价小，所以 S_0 的右子树被选为当前的希望树。下面将对其端节点进行扩展。首先对端节点 E 扩展两层后得到如图 3-20 所示的与/或树。假设节点下面的数字是采用启发式函数估算出的代价值，按和代价计算法，可得：

$$h(G) = 7, h(H) = 6, h(E) = 7, h(D) = 11$$

此时，由 S_0 的右子树算出 $h(S_0) = 12$，但由左子树算出 $h(S_0) = 9$。显然，左子树的代价小，所以改为取左子树作为当前的希望树。

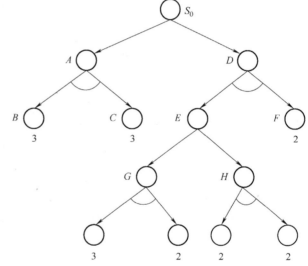

图 3-20　拓展 E 后的与/或树

假设对节点 B 扩展两层后得到如图 3-21 所示的与或树，节点旁的数字是相应节点的代价值，节点 L 的两个子节点是终止节点。按和代价法计算，得到

$$h(L) = 2, h(M) = 6, h(B) = 3, h(A) = 8$$

并由此可推算出 $h(S_0) = 9$。由于 L 的两个子节点都是终止节点，所以 L 和 B 都是可解节点。因节点 C 目前不能确定是可解节点，故 A 和 S_0 也还不能确定为可解节点。

下面对节点 C 进行扩展两层后，得到如图 3-22 所示的与/或树，节点旁的数字是相应节点的代价值，节点 N 的两个子节点都是终止节点。按和代价法计算，得到

$$h(N) = 2, h(P) = 7, h(C) = 3, h(A) = 8$$

并由此可推算出 $h(S_0) = 9$。另外，由于 N 的两个子节点都是终止节点，所以 N 和 C 都是可解节点。再由前面推出的 B 是可解节点，就可推出 A 和 S_0 都是可解节点。这样就求出了代价最小的解树，即最优解树，如图 3-22 中粗线部分所示。该最优解树是用和代价法求出来的，解树的代价为 9。

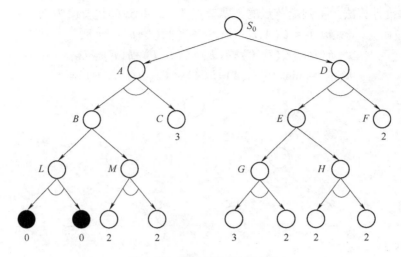

图 3-21　拓展 B 后的与/或树

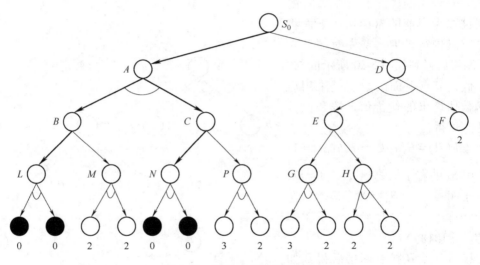

图 3-22　拓展 C 后的与/或树

3.4　博弈搜索基本策略

在一般的搜索过程中，总是会有一个限定的、有限的搜索内容集。一般的搜索算法也仅仅限于在该固定集中进行查找操作，返回是否查找成功，即待查找的元素是否属于该集合。而在许多情境中，该类搜索并不能满足用户的全部需要，有时候，我们并不是搜索某一特定的元素，而是给出集合中最符合用户需求的元素。这些元素并不是绝对确定的，而在某一些特定要求下，根据某个估值函数进行评估，在有限的搜索集合中找出最需要的元素。在博弈搜索中，估值函数是机器求解是否准确的关键，但很难确定。它需要根据具体情况的不断变化来确定，在博弈搜索的整个过程中需要对它反复验证，权值需要反复修改，最终确定一个最佳值。

博弈[3,4]是一类富有智能行为的竞争活动，如甲乙双方进行对弈，假定轮到甲走棋，甲可以有若干种走法；对于甲的任一种走法，乙也可以有与之相对的若干种走法，阻碍甲的前进；对乙的任一走法甲又有若干种与之对应的走法，阻碍乙的前进。对弈的结果是一方赢、另一方输，或者双方和局。通常可以构造一棵博弈树，将所有的走法罗列出来。博弈树的根节点是当前时刻的棋局，它的子节点是假设下一步以后的各种棋局，子节点的子节点是从子节点的棋局再下一步的各种棋局，以此类推，直到可以分出胜负的棋局。博弈搜索的任务就是对博弈树进行搜索以找出当前的最佳走步。这个过程中，最为重要的是搜索算法，高效的搜索算法可以保证用尽量少的时间和空间损耗来达到寻找最高价值的走法，也是人工智能机器博弈研究的热点。

3.4.1 博弈树

博弈树是由模拟博弈双方轮流下棋产生不同的局面而形成的一棵从上到下不断扩展的与/或树，与/或树的每个节点代表一个问题，根节点代表初始问题，非端节点都具有子节点，每个非端节点的子节点可以是或节点也可以是与节点。一般对于甲乙双方博弈问题，甲方扩展的节点是或节点，而乙方扩展的节点是与节点，即在甲方扩展的节点当中，甲方只需要选取较好节点，而乙方扩展的节点需要全部考虑进去。如果任何一个或节点代表的问题得到解决，则该或节点的父节点代表的问题就得到解决；如果所有与节点代表的问题都得到解决，则具有这些与节点的父节点代表的问题得到解决。端节点没有子节点，代表一个或者可解或者不可解的基本问题。博弈树搜索通常是寻找一棵在某种条件下最好的解树。一般博弈树的分支也比较多，扩展的节点都以几何级数形式增长。所以通常情况下很难将所有局面都存储起来，并用评估函数来评价局面的好坏，而往往依靠评估函数评估局面不够准确，所以就需要使用搜索算法对扩展的博弈树进行搜索，在有限的局面中选取较好落子。按照智能化来分类，可以将博弈树算法分为穷举式搜索算法和启发式搜索算法，穷举搜索是最基本的算法，启发式算法是经过优化得到的，已经成功引入到五子棋。

博弈搜索树结构如图 3-23 所示，对于甲乙双方进行的棋类游戏，图中所标的根节点代表着当前棋盘局面状态，也就是当轮到己方或对方下棋时棋盘上已经存在的状态，例如先手第一次落子之前的棋盘状态就是一个空的棋盘。中间子节点代表己方模拟走法扩展的节点，例如轮到己方下子，此时己方需要

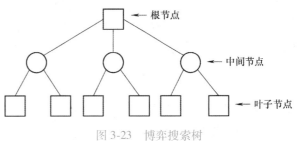

图 3-23　博弈搜索树

获得走法，通过估值后得到三个可行的走法。图 3-23 中的端节点表示对方扩展的节点，也就是对己方三个走法的分别扩展，端节点作为博弈树一个分支的最后节点，也就是在一定深度的情况下能够模拟到的最终局面状态。该局面状态可能是已分出胜负的状态，也可能是未分出胜负，如果分出胜负就以一个极大值或极小值返回，如果未分出胜负，则根据估值函数对当前棋盘的评估进行回溯。博弈树的边代表一次走法，即模拟落子，从当前局面中落子，然后进入下一个局面状态。

由于受到搜索时间、存储空间、以及棋盘的大小和棋子数量的限制，不可能将局面的所

有状态都模拟出来，因此只能按照一定的深度和宽度进行搜索，然后选取最佳的走法。因此，博弈树通常具有以下四个特征：

1）博弈的初始格局作为博弈树的根节点，其实这是一个虚拟节点，并不存在任何分支，即不存在父节点。

2）奇偶性。甲乙双方是轮流进行模拟的，对于端节点既可以在奇数层也可以在偶数层，这需要看设置的深度。

3）本原性。所谓本原就是己方取胜的节点都是有效的解，能够迫使对方赢棋的走法都是不可解的。

4）博弈树中扩展的所有节点都是以己方为立场进行构建的，对于对方扩展的节点是属于模拟，前提也是利用己方的思维进行判断估值的。

上述博弈树的研究虽然算法相对简单，但是它在实际中却又有着很广泛的基础。小到棋类活动中棋子部署和调遣，大到军事行动中军队的部署、后勤物资的供应、乃至行动的时机选择都可以在适当的条件下成为博弈的对象，得到优良的结果，为复杂的博弈问题，提供了参考基础。在多方参加，不完全知识并且存在运气的情况下，原有的成果只要将新加入的条件作为加入的参数进行博弈，仍然可以很好地完成工作。博弈树搜索只是整个过程的一部分，还需要对所分析事件进行合理的建模才能达到良好的结果，这就要求在研究博弈树的同时，仍需要能够合理地分析具体问题，并建立恰当的数据结构，同时根据具体问题的复杂程度选择恰当的分析策略。

3.4.2 极大极小值算法

极大极小值算法是香农（C. E. Shannon）教授在 1950 年首先提出来的，极大极小值算法也是当代计算机博弈各种搜索算法的基础。由于对弈双方都是理智的，都想赢棋，在选择着法的时候都尽量让棋局朝着有利于自己的方面转化，所以在博弈树上，在不同层上就要有不同的选择标准。

极大极小搜索算法的基本思想如下：

1）在偶数层节点的着法即轮到 MAX 走棋的节点时，MAX 应考虑最好的情况，选择其全部子节点中评估值最大的一个，即

$$F(v) = \max\{F(v_1), F(v_2), \cdots, F(v_n)\} \tag{3-9}$$

式中，$F(\cdot)$ 为节点估值；$v_1, v_2, \cdots, v_n$ 为节点 v 的子节点。

2）在奇数层节点的着法即轮到 MIN 走棋的节点时，MAX 应考虑最坏的情况，选择其全部子节点中评估值最小的一个，即

$$F(v) = \min\{F(v_1), F(v_2), \cdots, F(v_n)\} \tag{3-10}$$

3）评价往回倒推时，相当于两个局中人的对抗策略，交替使用前两种方法传递倒推值。

在进行极大极小值搜索的时候，首先要在有限深度内展开全部子节点到端节点，并进行评估，然后自下而上地进行搜索计算，一直反推到根节点。在反推的过程中始终要记住算出该值的子节点是谁，这样就可以得到一个从根节点到端节点的一条路径，这就是最佳路径，它是双方表现最佳的对弈着法序列。如图 3-24 所示的博弈树，MAX 层取下一层的极大值，MIN 层取下一层的极小值。

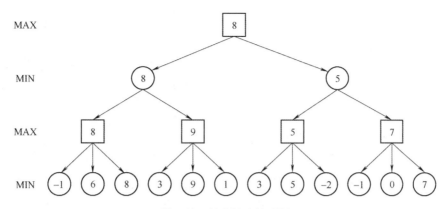

图 3-24　极大极小搜索树

上述极大极小值搜索是一种"变性"搜索，在偶数层进行 MAX 搜索，而在奇数层进行 MIN 搜索。如果把极大极小值算法稍做变形，就是负极大值算法。负极大值算法是克努特（D. E. Knuth）和摩尔（J. S. Moore）在 1975 年提出的，是对极大极小值算法的优化。

负极大值算法的思想在于：父节点的值是各子节点值的负数的极大值，如图 3-25 所示。在负极大值算法下，无论轮到人或者电脑走棋，选取的都是子节点负数最大的分枝，即

$$F(v) = -\max\{-F(v_1), -F(v_2), \cdots, -F(v_n)\} \tag{3-11}$$

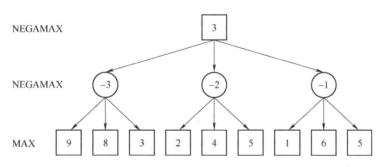

图 3-25　负极大值搜索树

例 3.8　"8"游戏。这是一个简单的二人儿童游戏。第一个玩家（MAX）从集合 $n = \{1, 2, 3\}$ 中选择了一个数字 n_i，下一个对手（MIN）选择数字 n_j，其中 $n_j \neq n_i$，$n_j \in n$（即 min 必须从这个集合中选择不同的数）。沿着每条路径，保存运行所选择数字的总数。将这数增加到"8"的第一个玩家赢得了游戏。如果玩家超过了"8"，他就输了，对手就赢了。

解： 在本游戏中不可能出现平局。图 3-26 是"8"游戏完整的博弈树，所选择的数字沿着每条分支显示。在矩形或圆圈中标识了当前数的总和。注意：数值可以超过"8"。

在最右侧的分支上，第一个玩家（MAX）选择了数字"3"；这个事实反映在分支下方的圆圈中出现的"3"中。现在，MIN 可能选择数字"1"和"2"。如果选择"2"，那么我们继续最右侧的分支，其中在 MAX 方框中，你可以观察到"5"。如果 MAX 下一个选择数字"3"，那么总和为"8"，他就赢了。但是如果他选择"1"，就给 MIN 提供了一个获胜的机会。

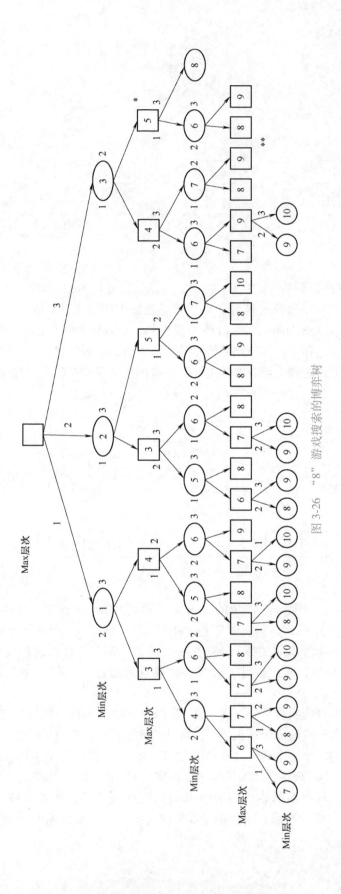

图 3-26 "8" 游戏搜索的博弈树

这颗博弈树的绩效极大值评估如图 3-27 所示。为了清楚起见，我们忽略了玩家对数字的选择（如它们早期在图 3-26 中的样子），保留了矩形和圆圈中数的总和。MAX 获胜用 1 表示，−1 表示 MIN 获胜（或是 MAX 输了）。习惯上，将平局表示为 0，但是如前所述，在这个游戏中不会发生平局。

让我们用图 3-27 中的两条路径来加强理解。同样，我们专注于这棵树中最右侧的路径。如上所述，MAX 选择了数字"3"。接下来，MIN 选择"2"。这样就出现了第 2 层方框中的"5"（用 * 标记）。下一步，MAX 决定选择数字"3"；这样"8"的总和就达到了。MAX 赢得了游戏，这由最右侧叶节点外部的评估值 1 可以证明。接下来，考虑一个也以 MAX 选择"3"开始的路径，然后 MIN 选择了"2"。我们再一次到了有 * 标记的第二层节点。然后，假设 MAX 选择了"1"，MIN 选择了"2"（接下来的两个分支），直至到达节点 **。MIN 已经赢得了这场比赛，这从叶节点外部的−1 得到了印证。

同样，即便是小游戏，也可能生成大型博弈树，如果想设计成功的计算机博弈程序，就需要有更全面、灵活、复杂的评估函数。同样，再来看这棵树的最右侧部分，MAX 玩家选择了数字"3"，MIN 选择了"2"，因此他在博弈中获胜。这个结果由出现在 MIN 叶节点（包含"8"的圆圈节点）下方的"1"反映出来了。

利用负极大值搜索算法求解"8"游戏，如图 3-28 所示。请将其与直接采用极小化极大评估法的图 3-27 相比较。

比起简单的极大极小值算法，由于负极大值搜索只需要使用最大化操作，因此对极大极小值算法做出了些许的改进。在博弈树的层与层之间，负极大值评估法的表达式符号互相交替，这反映出一个事实，那就是对于 MAX 返回的大正数，MIN 返回了大负数。也就是说，这些玩家交替移动，因此返回值的符号也必须是交替的。

3.4.3　alpha-beta 剪枝算法

使用负极大值算法进行搜索时，随着搜索深度的增加，虽然可以得到更好的"最优解"，但是花费的时间也大大增加。以象棋对弈作为分析为例，从算法分析的角度看，分析的节点数目是在一定层次下可能的棋子走法。从表 3-1 中可以看到，当层次是 1 和 2 的时候，花费的时间很少（分别是 1ms 和 100ms）；但是当层次达到 3 和 4 层时，时间急速增加，到第 5 层已经是不可忍受的时间花费成本了。

表 3-1　极大极小值算法效率

层次	花费时间/ms	分析节点
1	1	45
2	90	1566
3	3985	67024
4	145099	2415804
5	6206000	102400000

从表 3-1 中可以看出，每增加一层，分析的节点约增加 40 倍，这个和象棋的平均可能行动相吻合。花费的时间约为 16.5 节点/ms，所以经过分析当到达第 5 层时，所分析的节点约为 102400000 个节点，花费 6206s 的时间。

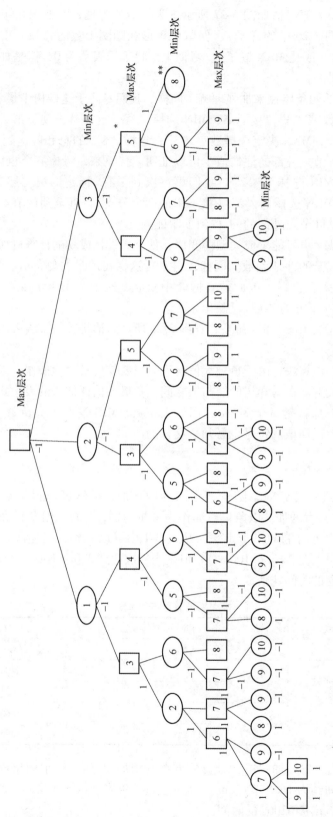

图 3-27 博弈树的极大值评估

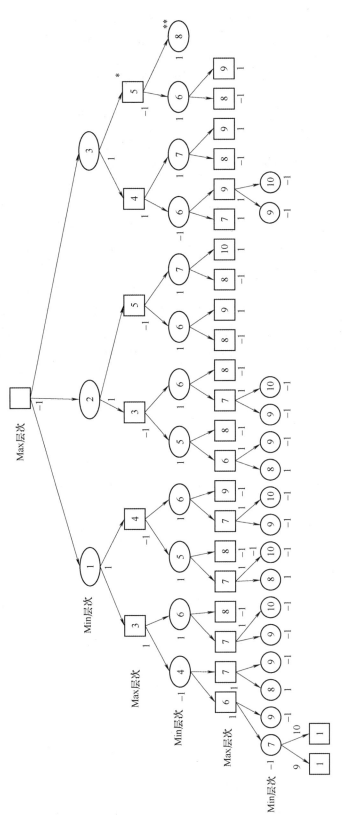

图 3-28 负极大值搜索求解 "8" 游戏

之所以会发生这样的情况，是因为算法每次都会去分析全部的节点（这也是为什么分析节点会根据层次的增加按照指数级增加），人类之所以不会去分析绝大多数的节点是因为人们认为这不需要分析。以象棋为例，很少有人会在开始的步伐内去移动"将"、"士"等棋子。所以通过合理的算法优化，我们可以让计算机去模拟人类这种行为，达到分析较少的节点仍能得到最优解的情况。

alpha-beta 剪枝搜索算法思路如下所示：

在极大极小值搜索过程中，遍历了整棵博弈树，每个节点都访问了一次，这样做的缺点是效率低下。在极大极小值搜索的基础上，以窗口的形式引进 alpha-beta 剪枝技术，使得搜索的效率显著提高。

如果博弈树的局部为 MAX 层-MIN 层-MAX 层的关系，如图 3-29 所示，在搜索完左边一枝之后，父节点得到一个值 4，可以称之为 alpha 值。如果在其他支路的叶节点上发现了一个小于 alpha 的节点，则整个支路便可以剪掉，即没有必要再搜索下去，因为根据极大极小值算法的运算关系，这一枝不可能对局面有更好的贡献。图 3-29 的示例中节点 2 取叶子节点 5、6、7 的极小值 4，返回根节点 1 的 alpha 值为 alpha=4；节点 3 取叶节点 8、9、10 的极小值，当搜索到节点 9 的时候，节点 9 的值小于节点 8 的值，所以将节点 9 的值返回给节点 3，节点 3 的值等于 2；显然节点 3 的值小于 alpha 的值 4，所以剪掉节点 10，进而剪掉节点 3；继续搜索，节点 11 的值为 3，返回节点 4 的值为 3，小于 alpha 值，所以剪掉节点 12、13，进而剪掉节点 4。所以整个博弈树的 alpha 值为 alpha=4。图 3-29 的示例中最佳路径为 1→2→7。所以 alpha 限定的是极小值。

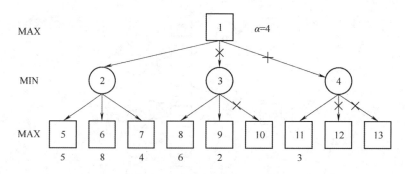

图 3-29 alpha 剪枝算法示例

beta 剪枝出现在 MIN 层-MAX 层-MIN 层的子树部分。如图 3-30 所示，在搜索完左边一枝后，父节点得到一个值 7，可以称之为 beta 值，如果在其他支路的叶子节点上发现了一个大于 beta 值的节点，则整个支路便可以剪掉，即没有必要再搜下去。因为根据极大极小值的运算关系，这一枝不可能对局面有更好的贡献。分析过程同 alpha 剪枝过程，节点 2 取叶节点 5、6、7 的极大值 7，返回根节点 p 值 beta=7，节点 3 取叶子节点 8、9、10 的极大值，搜索到节点 9 时将 9 返回节点 3，节点 3 的值大于 beta 值 7，所以剪掉节点 10；进而剪掉节点 3，继续搜索节点 11，将 8 返回到节点 4；节点 4 的值大于 beta 值 7，剪掉节点 12、13，进而剪掉节点 4。图 3-30 示例中的最佳路径为 1→2→7。所以 beta 限定的是极大值。

在多层搜索中，alpha 与 beta 剪枝相互配合就实现了 alpha-beta 剪枝搜索，虽然它没有遍历某些子树的大量节点，但它仍不失为遍历搜索的本性。在搜索着法过程中，每个搜索过的着法都返回跟 alpha 与 beta 有关的值，它们之间的关系非常重要，也许意味着搜索可以停止并返回。剪枝技巧的发现，一下便为博弈树搜索效率的提高开创了崭新的局面。

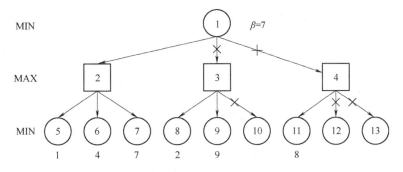

图 3-30　beta 剪枝示例

alpha 剪枝的成功就在于负极大值法的取反上，它说明了对于博弈的双方而言，极大极小是可以统一的，对于一方好的行动，在另外一方看来就会是很危险的行动。alpha-beta 剪枝算法的基本流程可以分为四步：首先，判断博弈问题是否有解，如果有的话就将解返回；其次，如果没有求出解的话，就判断是否为叶子节点，如果是的话就用估值函数将叶子节点的值计算出来；第三步是最关键的一步，它首先测试一种可能的行动，并且得到行动相应的估值，然后它按照行动的估值来判断是否需要更换新的 alpha 值（当值超过 alpha 值的时候）还是需要进行剪枝（当估值超过 beta 值的时候）；最后返回 alpha 值。

在第一次调用代码时，alpha 和 beta 的值分别是负无穷和正无穷，它说明对于一个局面来说双方都是有可能取得胜利的。alpha 和 beta 值在递归调用时的交换，则正说明了双方策略相互的制约关系；而且从剪枝的方法来看，最后的结果应该是区间收敛的结果，也就是双方在各自的"或"空间内增加 alpha 值，直到最后 alpha 和 beta 的收敛。这正是双方得益的均衡结果。

3.5　禁忌搜索算法

禁忌搜索（Tabu Search or Taboo Search，TS）算法是 20 世纪 80 年代末由美国工程院院士 F. W. Glover 教授提出[5-8]，并对算法进行了定义和改进。在智能算法中，由于禁忌搜索算法能够借助其灵活的存储结构和相应的禁忌准则来避免迂回搜索，所以成为研究热点，受到国内外学者的广泛关注。并且在组合优化、生产调度、机器学习、电路设计和神经网络等领域，禁忌搜索算法也取得了成功应用，近年来又在全局优化方面获得较多的研究，并有迅速发展的趋势[9-12]。

禁忌指的是禁止重复前面的操作。禁忌搜索算法引入一个禁忌表，表中对引进搜索过的局部最优点进行记录，并在下一次搜索中，对禁忌表中已有的信息不再搜索或进行有选择地搜索，这样便可以跳出局部最优点，从而实现全局最优，它克服了局部邻域搜索容易陷入局部最优点的不足。禁忌搜索算法是对**局部邻域搜索**的一种扩展，是一种全局邻域搜索、逐步寻优的算法。禁忌搜索算法也是一种迭代搜索算法，利用记忆来引导算法的搜索过程，是一种高阶的启发式搜索策略。算法中模拟了人类智力过程，是人工智能的一种体现。算法中采用邻域、禁忌表、禁忌长度、候选解、藐视准则等概念，改进了邻域搜索技术，通过禁忌准则有效避免重复搜索，并通过藐视准则来赦免一些被禁忌的优良状态，进而保证多样化的有效搜索来最终实现全局优化。

3.5.1 局部搜索与最优化

搜索的关键在于优化问题，即如何在限定条件下尽可能得到最优解。因为在理论上，任何可计算问题都能用穷举法逐一测试最优解，但问题是求解的过程中等待时间过长，限制了方法的实际应用推广。所以搜索方法必须在工程可以接受的时间内给出尽可能最好的解。上述的搜索算法中，要求保存并记录搜索的路径，得到的解是一个全局最优的行动序列。当搜索空间较大时，搜索算法的效率将明显降低。如果只关心最终解的状态，而不需要知道求解过程，那么花费大量内存去保存搜索"历史"则不太合适。针对大范围搜索空间的优化问题，可以采用基于局部解空间状态的局部搜算算法来求解。

优化问题又称为最优化问题，就是在满足一系列相关限制条件（约束）下，选择一组参数（变量），使设计指标（目标）达到最优值，可以表示为：

$$\min F(x)$$
$$\text{s. t.} \quad x \in \Omega \tag{3-12}$$

式中，x 表示被选择的参数（优化变量）；$F(x)$ 表示目标函数；min 表示选择最优目标，这里要求目标函数最小，也可以求最大函数值；Ω 表示优化问题的限制条件，即约束。

在数学上不考虑时间、内存等运算资源的情况下，优化问题可分为无约束优化问题和有约束优化问题。有约束优化问题又可分为等式约束优化问题和不等式约束优化问题。

对于优化问题可以用数学解析法直接求出理论最优解，或者经过迭代逐步逼近理论最优解。但是当问题很复杂，无法建立精确的数学解析式，或者有些数学解析式无法求导时，数学解析法就无法使用了。实际上，求解优化问题就是在巨大的解空间中找到最优解，属于一类搜索问题。最简单的搜索策略就是穷举法，即依次遍历所有可能解（或者路径）。当问题规模（即解空间）很小时穷举法有效；但是当问题规模很大时，穷举法所需要的时间就让人无法接受了。而随机搜索方法是一种通用的、普适的优化求解方法。随机搜索方法带有一定随机性，但又不是彻底的盲目搜索，是通过启发式信息合理运用随机性，尽可能概率性收敛于最优解。但是随机搜索法不一定总能得到理论最优解。

3.5.2 禁忌搜索算法理论

3.5.2.1 基本概念

禁忌搜索是对局部邻域搜索算法的一种扩展，是建立在局部邻域搜索算法之上的。本节首先简要介绍局部邻域搜索算法，算法通用、易于实现，且容易理解，但其搜索性能完全依赖于邻域结构和初始解，尤其容易陷入局部极小值而无法保证全局最优。

在组合优化问题中，邻域是一个非常重要的概念。组合优化问题求解的一个基本思想就是在一个点附近搜索另一个目标值更优的点。下面给出有关邻域的两个基本定义。

定义 3.6 令 (D,f) 为一个组合优化问题，其中 D 为决策变量的可行域，f 为目标函数，记决策变量为 x，则一个邻域函数可定义为 D 上的一个映射，即 $N: D \rightarrow 2^D$。其中 2^D 表示 D 的所有子集组成的集合。即对每个 $x \in D$，$N(x) \in 2^D$。$N(x)$ 称为 x 的邻域，$x' \in N(x)$

称为 x 的一个邻居。

基于邻域的概念，可对局部极小和全局最小进行定义。

定义 3.7 若 $\forall x \in N(x^*)$，均满足 $f(x^*) \leqslant f(x)$，则称 x^* 为 f 在 D 上的局部极小解；若 $\forall x \in D$，均满足 $f(x^*) \leqslant f(x)$，则称 x^* 为 f 在 D 上的全局最小解。

3.5.2.2　局部邻域搜索算法

局部邻域搜索算法是基于贪婪思想利用邻域函数持续地在当前的邻域中进行搜索，它通常可描述为：从一个初始解出发，利用邻域函数持续地在当前解的邻域中搜索比它更优的解，若能够找到如此的解，就将其作为新的当前解，然后重复上述过程，否则结束搜索过程，并以当前解作为最终解。局部邻域搜索算法的求解步骤可简单表示如下：

步骤 1：选定一个初始可行解 x^0，记录当前最优解 $x^{best} = x^0$，令 $P = N(x^{best})$。

步骤 2：当 $P = \phi$ 或满足其他算法终止准则时，停止运算，输出计算结果；否则，继续步骤 3。

步骤 3：从 $N(x^{best})$ 中选一集合 S，得到 S 中的最优解 x^{now}；若 $f(x^{now}) < f(x^{best})$，则 $x^{best} = x^{now}$，$P = N(x^{best})$；否则，$P = P - S$；返回步骤 2。

在上面叙述的局部邻域搜索算法中，步骤 1 中的初始可行解可随机选取，也可由一些经验的算法或是其他算法得到。步骤 3 中集合 S 的选取可以大到 $N(x^{best})$ 本身，也可小到只有一个元素。S 选取得小将使每一步的计算量减少，但可比较的范围很小；S 选取得大则每一步计算时间增加，比较的范围自然增加。这两种情况的应用效果依赖于实际问题。在步骤 2 中，$P = \phi$ 以外的其他算法终止准则的选取取决于人们对算法计算时间、计算结果的要求。可见，局部邻域搜索算法尽管具有通用、易实现且容易理解的特点，但其搜索性能完全依赖于邻域结构和初始解，邻域结构设计不当或初值选取不合适，则算法最终的性能将会很差。同时，贪婪思想无疑将使算法丧失全局优化的能力，也即算法在搜索过程中无法避免陷入局部极小。因此，若不在搜索策略上进行改进，那么要实现全局优化，局部邻域搜索算法采用的邻域函数必须是"完全"的，即邻域函数将导致解的完全枚举。而这在大多数情况下是无法实现的，而且穷举的方法对于大规模问题来说，会在搜索时间上花费太长时间，是不允许的。

为提高局部邻域搜索算法的质量，可采用如下方法：

1) 对大量初始解执行算法，再从中选优。

2) 引入更复杂的邻域结构，使算法能对解空间的更大范围进行搜索。

3) 改变局部邻域搜索算法只接受优化解的准则，在一定限度内接受恶化解。

4) 在搜索规则中引入智能机制。

5) 将优化过程协同于某一系统功能。

常用的几大现代优化算法，如模拟退火算法、遗传算法、禁忌搜索算法、人工神经网络算法等，便是从不同的角度利用不同的搜索机制和策略进行了搜索过程的改进，改善了算法全局优化的性能。

改变局部邻域搜索中只按下降规则转移状态的一个容易理解的方法是蒙特卡洛方法，主要变化是局部邻域搜索算法的步骤 3：

1) 选定一个初始可行解 x^0，记录当前最优解 $x^{best} = x^0$。

2) 当满足算法终止准则时，停止运算，输出计算结果；否则，继续步骤 3)。

3）从 $N(x^{best})$ 中随机选一个点 x^{now}；若 $f(x^{now}) \leq f(x^{best})$，则 $x^{best} = x^{now}$；否则，根据 $f(x^{now}) - f(x^{best})$ 以一定的概率接受 x^{now}，即以一定的概率使 $x^{best} = x^{now}$；返回步骤2）。

蒙特卡洛算法是以一定的概率接受一个较坏的状态。模拟退火算法就是基于这样的搜索思想，可以动态概率接受劣解来逃逸局部极小。不同于蒙特卡洛随机搜索算法的思想，禁忌搜索则是用确定性的方法跳出局部极小。

3.5.2.3　禁忌搜索算法基本思想

简单的禁忌搜索是在局部邻域搜索的基础上，通过设置禁忌表来禁忌一些已经历的操作，并利用藐视准则来奖励一些优良状态，其中邻域结构、候选解、禁忌长度、禁忌对象、藐视准则、终止准则等是影响禁忌搜索算法性能的关键。

简单禁忌搜索算法的基本思想是：设定算法参数和一种邻域搜索结构，并给定一个初始解作为当前解以及当前最优解；在当前解的邻域解集中选取若干候选解并计算各候选解的适配值；若最佳（适配值最优）候选解满足藐视准则（例如最佳候选解的适配值优于当前最优解的适配值），则忽视其禁忌属性，用其替代当前解和当前最优解，并将相应对象加入禁忌表，同时修改禁忌表中各对象的任期（通常禁忌对象先进先出）；否则，选取候选解中非禁忌的最佳状态作为新的当前解，而无视它与当前解的优劣，同时将相应对象加入禁忌表，并修改各禁忌对象的任期；如此重复上述迭代过程，直至满足终止准则。

需要指出的是：首先，由于禁忌搜索是局部邻域搜索的一种扩充，因此邻域结构的设计很关键，它决定了当前解的邻域解的产生形式和数目，以及各个解之间的关系；其次，出于改善算法的优化时间性能的考虑，若邻域结构决定了大量的邻域解，则可以仅尝试部分邻域解，而候选解也仅取其中的少量最佳状态；禁忌长度是一个很重要的关键参数，它决定禁忌对象的任期，其大小直接影响整个算法的搜索进程和行为；禁忌表中禁忌对象的替换通常采用先进先出方式，当然也可以采用其他方式，甚至是动态自适应的方式；藐视准则的设置是算法避免遗失优良状态，激励对优良状态的局部邻域搜索，进而实现全局优化的关键步骤；对于非禁忌候选状态，算法无视它与当前状态的适配值的优劣关系，仅考虑它们中间的最佳状态为下一步决策，如此可实现对局部极小的突跳（是一种确定性策略）；为了使算法具有优良的优化性能或时间性能，必须设置一个合理的终止准则来结束整个搜索过程。此外，在许多场合禁忌对象的被禁次数（Frequency）也被用于指导搜索，以取得更大的搜索空间。禁忌次数越高，通常可认为出现循环搜索的概率越大。

3.5.2.4　禁忌搜索的收敛性

对一般问题 $\min f(x)$，$x \in D$，其中 $f(x)$ 为目标函数，x 为决策变量或称搜索状态，D 为决策变量的可行域或称搜索状态空间。从图论角度，有限状态优化问题的禁忌搜索可用图 $G_N = (V, A)$ 表示，其中 N 为邻域结构，V 为所有状态构成的顶点集，A 为相应的边集，$A = \{e: \forall x, e = (x, x'), \text{if } x' \in N(x)\}$。

关于禁忌搜索算法邻域结构的对称性和连通性的定义：

定义 3.8　称邻域结构是对称的，如果 $\forall x, x' \in D$，均有 $x \in N(x') \Leftrightarrow x' \in N(x)$ 成立，即对可行域中任意两个状态 x 和 x'，如果 x 为 x' 的邻居，则 x' 一定也是 x 的邻居。

定义 3.9　称邻域结构是强连通的，如果 $\forall x, x' \in D$，必存在一条 x 到 x' 的路径，即可行域中任意两个状态可通过有限步邻域搜索到达。

关于禁忌搜索算法的收敛性，已有学者证明如下结论[13]：

定理 3.1 假设 D 为有限空间，如果邻域结构是对称且为强连通的，则禁忌搜索算法必然收敛且找到最优解。

上述对邻域结构的要求并不苛刻，组合优化问题的许多邻域结构均满足这两条要求。定理 3.1 的意义可归纳为：若有限状态空间相对候选解集是连通的，并且禁忌表的大小充分大，则禁忌搜索一定能够达到全局最优解。尽管在理论上可以保证全局最优，但如果禁忌表的大小充分大，则会造成遍历所有状态，显然这在时间上是不可承受的。因此，搜索的操作和参数对算法性能的影响以及算法搜索效率有待进一步研究，这也有助于开发高效的禁忌搜索算法。

3.5.3 改进禁忌搜索

3.5.3.1 禁忌搜索算法的特点

与传统的优化算法相比，禁忌搜索算法的主要特点是：

1）在搜索过程中可以接受劣解，因此具有较强的"爬山"能力。

2）新解不是在当前解的邻域中随机产生，而或是优于当前最优解的解，或是非禁忌的最佳解，因此选取到优良解的概率远远大于其他解。

由于禁忌搜索算法具有灵活的记忆功能和藐视准则，并且在搜索过程中可以接受劣解，具有较强的"爬山"能力，搜索时能够跳出局部最优解，转向解空间的其他区域，从而增强获得更好的全局最优解的概率，所以禁忌搜索算法是一种局部搜索能力很强的全局迭代寻优算法。但是，禁忌搜索算法也有明显的不足，即：对初始解有较强的依赖性，好的初始解可使禁忌搜索在解空间中搜索到好的解，而较差的初始解则会降低禁忌搜索的收敛速度；迭代搜索过程是串行的，仅是单一状态的移动，而非并行搜索。为了进一步改善禁忌搜索的性能，一方面可以对禁忌搜索算法本身的操作和参数选取进行改进，另一方面则可以与模拟退火、遗传算法、神经网络以及基于问题信息的局部邻域搜索相结合。

3.5.3.2 禁忌搜索算法的改进方向

禁忌搜索算法是著名的启发式搜索算法，但是禁忌搜索算法也有明显的不足，即在以下方面需要改进：

1）对初始解有较强的依赖性，好的初始解可使禁忌搜索算法在解空间中搜索到好的解，而较差的初始解则会降低禁忌搜索算法的收敛速度。因此可以与遗传算法、模拟退火算法等优化算法相结合，先产生较好的初始解，再用禁忌搜索算法进行搜索优化。

2）迭代搜索过程是串行的，仅是单一状态的移动，而非并行搜索。为了进一步改善禁忌搜索算法的性能，一方面可以对禁忌搜索算法本身的操作和参数选取进行改进，对算法的初始化、参数设置等方面实施并行策略，得到各种不同类型的并行禁忌搜索算法；另一方面则可以与遗传算法、神经网络算法以及基于问题信息的局部搜索相结合。

3）在集中性与多样性搜索并重的情况下，多样性不足。集中性搜索策略用于加强对当前搜索的优良解的邻域做进一步更为充分的搜索，以期找到全局最优解。多样性搜索策略则用于拓宽搜索区域，尤其是未知区域，当搜索陷入局部最优时，多样性搜索可改变搜索方向，跳出局部最优，从而实现全局最优。增加多样性策略的简单处理手段是对算法的重新随机初始化，或者根据频率信息对一些已知对象进行惩罚。

3.5.4　禁忌搜索算法流程

禁忌搜索算法的基本思想是：给定一个当前解（初始解）和一种邻域，然后在当前解的邻域中确定若干候选解；若最佳候选解对应的目标值优于当前最优状态，则忽视其禁忌特性，用它替代当前解和当前最优状态，并将相应的对象加入禁忌表，同时修改禁忌表中各对象的任期；若不存在上述候选解，则在候选解中选择非禁忌的最佳状态为新的当前解，而无视它与当前解的优劣，同时将相应的对象加入禁忌表，并修改禁忌表中各对象的任期。如此重复上述迭代搜索过程，直至满足停止准则。简单禁忌搜索算法的步骤可描述如下：

步骤1：给定算法参数和初始解 x^0，置当前解 $x^{now}=x^0$、当前最优解 $x^{best}=x^0$ 以及禁忌表为空。

步骤2：判断算法终止条件是否满足；当满足算法终止准则时，停止运算，输出计算结果；否则，继续步骤3。

步骤3：利用当前解的邻域函数产生其邻域 $N(x^{now})$，从中选取若干解确定候选解集 $Can\_N(x^{now})$。

步骤4：判断是否有候选解满足藐视准则。若存在，则用满足藐视准则的最佳候选解 x^* 替代 x^{now} 成为新的当前解，即 $x^{now}=x^*$，并替换当前最优解，即 $x^{best}=x^*$，同时更新禁忌表 TL（如禁忌表中禁忌对象采用先进先出方式，则用与 x^* 对应的禁忌对象替换最早进入禁忌表的禁忌对象），然后转步骤2；否则，继续步骤5。

步骤5：判断各候选解对应对象的禁忌属性，选择候选解集 $Can\_N(x^{now})$ 中非禁忌的最佳候选解 x' 替代 x^{now} 成为新的当前解，即 $x^{now}=x'$，同时更新禁忌表 TL，然后转步骤2。

上述步骤可用算法流程图更直观的描述，如图 3-31 所示。可见，邻域函数、禁忌对象、禁忌表和藐视准则，构成了禁忌搜索算法的关键。其中，邻域函数沿用局部邻域搜索的思想，用于实现邻域搜索；禁忌表和禁忌对象的设置，体现了算法避免迂回搜索的特点；藐视准则，则是对优良状态的奖励，它是对禁忌策略的一种放松。需要指出的是，上述算法仅是一种简单的禁忌搜索框架，对各关键环节复杂和不同的设计则可构造出各种禁忌搜索算法。同时，算法流程中的禁忌对象，可以是搜索状态，也可以是特定搜索操作，甚至是搜索目标值等。

3.5.5　禁忌搜索算法的参数设置

一般而言，要设计一个禁忌搜索算法，需要确定算法的以下环节：初始解、适配值函数、邻域结构和禁忌对象、候选解选择、禁忌表及其长度、藐视准则、禁忌频率、集中搜索和分散搜索策略、终止准则[14-17]。面对上述诸多参数，针对不同邻域的具体问题，很难有一套比较完善的或非常严格的步骤来确定这些参数。围绕上面几点从实现技术上介绍禁忌搜索算法最基本的操作和参数的常用设计原则和方法。

1. 初始解

与其他智能算法类似，禁忌搜索的初始解通常可随机产生，但也可以基于问题信息借助一些启发式方法产生，较优良的初始解可保证一定的初始性能。由于禁忌搜索算法主要是基于邻域搜索的，初始解的好坏对搜索的性能影响很大。尤其是一些带有很复杂约束的优化问题，如果随机给出的初始解很差，甚至通过多步搜索也很难找到一个可行解，这时应该针对特性的复杂约束，采用启发式方法或其他方法找到一个可行解作为初始解；再用禁忌搜索算法求解，以提高搜索的质量和效率。也可以采用一定的策略来降低禁忌搜索算法对初始解的敏感性。

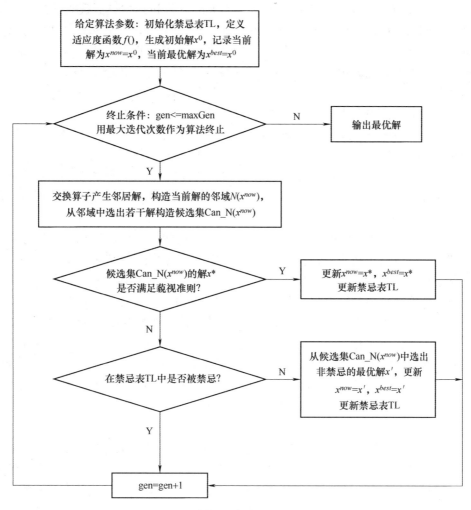

图 3-31　禁忌搜索算法基本流程图

2. 适配值函数 $f(x^{now})-f(x^{best})$

禁忌搜索的适配值函数用于评价搜索状态以便选取优良邻域解作为候选解集的元素，进而结合禁忌准则和藐视准则来选取新的当前状态。显然目标函数 $f(x)$ 直接作为适配值函数是比较容易理解的做法。也可对目标函数进行简单变形，例如目标函数与当前解 x^{now} 的目标值的差 $f(x)-f(x^{now})$、或者目标函数与当前最优解 x^{best} 的目标值的差 $f(x)-f(x^{best})$ 都可以作为算法的适配值函数。基于目标函数的适配值函数主要通过对目标函数进行简单运算，它的变形很多。

有些情况目标函数的计算比较困难或耗时较多，如一些复杂工业过程的目标函数值需要一次仿真才能获得，此时可采用反映原目标函数特性的某些特征值来作为适配值，进而降低算法的计算复杂性。选取何种特征值要视具体问题而定，但必须保证特征值的最优性与目标函数的最优性一致。

3. 邻域结构

邻域结构的设计通常与问题相关，所谓邻域结构是指从一个解（当前解）通过"移动"产生另一个解（新解）的途径，它是保证搜索产生优良解和影响算法搜索速度的重要因素之一。邻域结构的设计方法很多，对不同的问题应采用不同的设计方法，常用设计方法包括互换、插值、逆序等方式。不同的"移动"方式将导致邻域解个数及其变化情况的不同，对搜索质量和效率有一定影响，但目前尚无一般定论，可根据具体问题测试而定。

4. 禁忌对象

所谓禁忌对象就是被置入禁忌表中的那些变化元素，禁忌的目的是为了尽量避免迂回搜索而多搜索一些有效的搜索途径。归纳而言，禁忌对象通常可选取状态本身、状态分量或适配值的变化等。

1）以状态本身或其变化作为禁忌对象是最为简单、最容易理解的途径。具体而言，当状态由 x 变化到状态 x^* 时，将状态 x^*（或 $x \to x^*$ 的变化）视为禁忌对象，从而在一定条件下禁止了 x^*（或 $x \to x^*$ 的变化）的再度出现。

2）状态的变化包含了多个状态分量的变化，因此以状态分量的变化作为禁忌对象将扩大禁忌的范围，并可减少相应的计算量。比如，若邻域结构设计为两状态分量置换，这意味着相应两状态分量的变化，这种变化即可作为禁忌对象；对高维函数优化问题，则可将某一位分量本身或其变化作为禁忌对象；并且，状态分量变化的方向也可同时考虑。

3）类似等高线的原理，以适配值或其变化作为禁忌对象则将处于同一适配值的状态视为相同状态，这在函数优化中经常采用。由于一个值的变化隐含着多个状态的变化，因此这种情况相对于选取状态变化作为禁忌对象，禁忌范围将有所扩大。可见，以状态本身为禁忌对象比以状态分量或适配值为禁忌对象的禁忌范围要小，从而给予的搜索范围更大，容易造成计算时间的增加。然而，禁忌范围过大也可能使搜索陷入局部极小。

5. 候选解和禁忌表

候选解集的大小和禁忌长度是影响禁忌搜索算法性能的两个关键参数。候选解集通常是当前状态的邻域解集的一个子集。候选解通常在当前状态的邻域解集中择优选取，选取的数量即候选解集的大小可视问题特性和对算法的要求而定。但有时要做到整个邻域的择优也需要大量的计算，因此可通过一些确定性或随机性的规则在部分邻域解中选取候选解。

禁忌表是针对禁忌对象所设计的一种结构。所谓禁忌长度，是指禁忌对象在不考虑藐视准则情况下不允许被选取的最大次数，也可视为对象在禁忌表中的任期，对象只有在任期为0时才被解禁。在算法的构造和计算过程中，要求计算量和存储量尽量少，这就要求候选解集和禁忌表尽量小，但禁忌长度过短容易造成搜索的循环，候选解集过小容易造成早熟收敛，即陷入局部极小。

禁忌长度的选取与问题特性、研究者的经验有关，它决定了算法的计算复杂性。一个好的禁忌长度应该是尽量小，且可以避免算法进入循环搜索。一方面，禁忌长度 t 可以是一个确定的常数，如直接将禁忌长度设定为某个数（如 $t=5$ 等），或者设定为一个与问题规模相关的量（如 $t=n$，n 为问题维数或规模），如此实现方便简单。另一方面，禁忌长度 t 也可以是动态变化的，如根据搜索性能和问题特性设定禁忌长度的变化区间 $[t_{min}, t_{max}]$，而禁忌长度则可按某种原则或公式在其区间内变化。当然，禁忌长度的区间大小也可随搜索性能的变化而动态变化。

一般而言，当算法的性能动态下降较大时，说明算法当前的搜索能力比较强，也可能当前解附近极小解形成的"波谷"较深，从而可设置较大的禁忌长度来延续当前的搜索行为，并避免陷入局部极小。大量研究表明，禁忌长度的动态设置方式比静态方式具有更好的性能和鲁棒性，而更为合理高效的设置方式还有待进一步研究。

6. 藐视准则

在禁忌搜索算法中，可能会出现候选解全部被禁忌，或者存在一个优于当前最优解的禁忌候选解，此时藐视准则将使某些状态解禁，以实现更高效的优化性能。藐视准则有如下4种常用方式：

1）基于适配值的准则。全局形式（最常用的方式）：若某个禁忌候选解的适配值优于当前最优解的适配值，则解禁此候选解为新的当前解和当前最优解；区域形式：将搜索空间分成若干个子区域，若某个禁忌候选解的适配值优于它所在区域的当前最优解的适配值，则解禁此候选解为新的当前解和相应区域的新的当前最优解。该准则可直观理解为算法搜索到了一个更好的解。

2）基于搜索方向的准则。若禁忌对象上次被禁时使得适配值有所改善，并且目前该禁忌对象对应的候选解的适配值优于当前解的适配值，则解禁该禁忌对象。该准则可直观理解为算法正按有效的搜索途径进行。

3）基于最小错误的准则。若候选解均被禁忌，且不存在优于当前最优解的候选解，则对候选解中最佳的候选解进行解禁，以继续搜索。该准则可直观理解为对算法死锁的简单处理。

4）基于影响力的准则。在搜索过程中不同对象的变化对适配值的影响有所不同，而这种影响力可作为一种属性与禁忌长度和适配值来共同构造藐视准则。直观的理解是，解禁一个影响力大的禁忌对象，有助于在以后的搜索中得到更好的解。需要指出的是：影响力仅是一个标量指标，可表征适配值的下降，也可表征适配值的上升。例如，若候选解均差于当前最优解，而某个禁忌对象的影响力指标很高，且很快将被解禁，则立刻解禁该对象以期待更好的状态。

7. 禁忌频率

记忆禁忌频率（或次数）是对禁忌属性的一种补充，可放宽选择决策对象的范围。比如，若某个适配值频繁出现，则可以推测算法陷入某种循环或某个极小点，或者说现有算法参数难以有助于发掘更好的状态，进而应当对算法结构或参数做修改。在实际求解时，可以根据问题和算法的需要，记忆某个状态出现的频率，也可以是某些对换对象或适配值等出现的信息。这些信息又可以是静态的，或者是动态的。

静态的频率信息主要包括状态、适配值或对换等对象在优化过程中出现的频率，其计算相对比较简单，如对象在计算中出现的次数，出现次数与总迭代步数的比，某两个状态间循环的次数等。显然，这些信息有助于了解某些对象的特性，以及相应循环出现的次数等。动态的频率信息主要记录从某些状态、适配值或对换等对象转移到另一些状态、适配值或对换等对象的变化趋势，如记录某个状态序列的变化。显然，对动态频率信息的记录比较复杂，而它所提供的信息量也较多。常用的方法如下：

1）记录某个序列的长度，即序列中的元素个数，而在记录某些关键点的序列中，可以按这些关键点的序列长度的变化来进行计算。

2）记录由序列中的某个元素出发后再回到该元素的迭代次数。

3）记录某个序列的平均适配值，或者是相应各元素的适配值的变化。

4）记录某个序列出现的频率等。

上述频率信息有助于加强禁忌搜索的能力和效率，并且有助于对禁忌搜索算法参数的控制，或者可基于此对相应的对象实施惩罚。比如，若某个对象频繁出现，则可通过增加禁忌长度来避免循环；若某个序列的适配值变化较小，则可以增加对该序列所有对象的禁忌长度，反之则减小禁忌长度；若最佳适配值长时间维持下去，则可以终止搜索进程而认为该适配值已是最优值。此外，还可根据频率等信息在算法中增加集中搜索（或集中性）和分散搜索（或多样性）机制，以增强算法的搜索质量和效率。其中，集中搜索强调算法对优良区域的重点搜索，分散搜索强调拓宽搜索范围，尤其是那些未探索的区域。显然集中搜索和分散搜索在某些层面上是矛盾的，而两者对算法性能都有很大影响，因此作为一个较好的禁忌搜索算法，应当具有合理平衡集中搜索和分散搜索的能力。

8. 搜索策略

搜索策略分为集中性搜索策略和分散性搜索策略。集中性搜索策略用于加强对优良解的邻域的进一步搜索。其简单的处理手段可以是在一定步数的迭代后基于最佳状态重新进行初始化，并对其邻域进行再次搜索。在大多数情况下，重新初始化后的邻域空间与上一次的邻域空间是不一样的，当然也就有一部分邻域空间可能是重叠的。多样性搜索策略则用于拓宽搜索区域，尤其是未知区域。其简单的处理手段可以是对算法的重新随机初始化，或者根据频率信息对一些已知对象进行惩罚。

9. 终止准则

禁忌搜索理论上的严格收敛条件是在禁忌长度充分大的条件下实现状态空间的遍历，但若以此作为终止准则显然不切合实际。因此实际设计算法时通常采用近似的收敛准则。常用方法如下：

1）给定最大迭代步数。此方法简单易操作，但难以保证优化质量。

2）设定某个对象的最大禁忌频率。即若某个状态、适配值或对换等对象的禁忌频率超过某一阈值，则终止算法，其中也包括最佳适配值连续若干步保持不变的情况。

3）设定适配值的偏离幅度。即如果问题的下界可估计，一旦算法中最佳适配值与下界的偏离值小于某规定幅度时，则终止搜索。

3.5.6 禁忌搜索实例

例 3.9 旅行商问题（Traveling Salesman Problem，TSP）。假设有一个旅行商人要拜访全国 31 个省会城市，该名商人需要选择行走的路径，每个城市只能拜访一次，并且最后要回到原先出发的城市。所选择的路径中，以行走的总路程最小的路径为最佳路径。要求利用禁忌搜索算法求解最佳路径。

已知全国 31 个省会城市的坐标为［1304 2312；3639 1315；4177 2244；3712 1399；3488 1535；3326 1556；3238 1229；4196 1044；4312 790；4386 570；3007 1970；2562 1756；2788 1491；2381 1676；1332 695；3715 1678；3918 2179；4061 2370；3780 2212；3676 2578；4029 2838；4263 2931；3429 1908；3507 2376；3394 2643；3439 3201；2935 3240；

3140 3550；2545 2357；2778 2826；2370 2975〕。

解：禁忌搜索算法流程如下：

1）初始化优化城市规模 $N = 31$，禁忌长度 $TabuL = 22$，候选集的个数

例 3-9 求解

$Ca = 200$，最大迭代次数 $G = 1000$。

2）计算任意两个城市的距离间隔矩阵 $\boldsymbol{D}$；随机产生一组路径为初始解 S_0，计算其适配值，并将其赋给当前最优解 x^{now}。

3）定义初始解的邻域映射为 2-opt 形式，即初始解路径中的两个城市坐标进行对换。产生 Ca 个候选解，计算候选解的适配值，并保留前 1/2 个最好的候选解。

4）对候选解判断是否满足藐视准则：若满足，则用满足藐视准则的解替代初始解称为新的当前最优解，并更新禁忌表 $Tabu$ 和禁忌长度 $TabuL$，然后转步骤 6）；否则，继续以下步骤。

5）判断候选解对应的各对象的禁忌属性，选择候选解集中非禁忌对象所对应的最佳状态为新的当前解，同时更新禁忌表 $Tabu$ 和禁忌长度 $TabuL$。

6）判断是否满足终止条件：若满足，则结束搜索过程，输出优化值；若不满足，则继续进行迭代优化。

得到优化后的路径最短距离为 16633.7788，最优路径如图 3-32 所示，适应度进化曲线如图 3-33 所示。

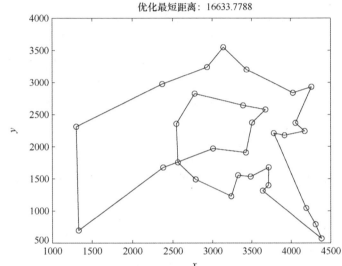

图 3-32　基于禁忌搜索算法的 TSP 问题优化解

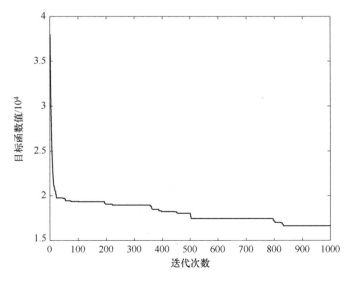

图 3-33　基于禁忌搜索算法求解 TSP 问题的适应度函数曲线

例 3.10　配电网无功优化问题。配电网无功优化问题是一个含大量离散和连续控制变量的多目标、多约束的非线性混合整数组合的优化难题，且优化的目标函数有时不可微。针对电力系统无功优化的特点，国内外专家学者们将各种智能优化算法应用于该领域，本节算例采用禁忌搜索算法求解 IEEE33 节点无功优化问题，如图 3-34 所示，给电网中选择两处最佳接入无功补偿电容的位置和容量，以电压不越限为约束条件，以电网的网络损耗为优化的目标函数。

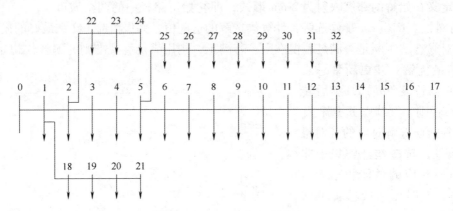

图 3-34　IEEE33 节点配网图

损耗目标函数可以通过式（3-13）牛顿拉夫逊潮流计算得出：

$$\text{Min } P_{loss} = \sum_{(i,j) \in \Psi} G_{ij}(U_i^2 + U_j^2 - 2U_i^2 U_j^2 \cos\theta_{ij}) \tag{3-13}$$

潮流方程约束：

$$\begin{cases} P_{Gi} = U_i \sum_{j=1}^{n} \left[U_j(G_{ij}\cos\theta_{ij} + B_{ij}\sin\theta_{ij}) - P_{WTi} + P_{li} \right] \\ Q_{Gi} = U_i \sum_{j=1}^{n} \left[U_j(G_{ij}\sin\theta_{ij} + B_{ij}\cos\theta_{ij}) - Q_{WTi} + Q_{li} - Q_{Ci} \right] \end{cases} \tag{3-14}$$

式中，P_{Gi}、Q_{Gi} 分别表示电源注入节点 i 的有功功率和无功功率；P_{li}、Q_{li} 分别表示负荷的有功功率和无功功率；P_{WTi}、Q_{WTi} 分别表示风电机组注入节点 i 的有功功率和无功功率；Q_{Ci} 表示无功补偿装置注入节点 i 的无功功率；n 为节点总数。

对于公式中所示的非线性潮流方程，当给定某个注入功率值，利用牛顿拉夫逊计算方法便可以计算出电网的节点电压幅值和相角，进一步代入到目标函数中便可以求得此刻的网络损耗值。

电压安全约束为：

$$U_{i,min} \leq U_i \leq U_{i,max}, i \in n \tag{3-15}$$

式中，U_i 表示节点 i 的电压；$U_{I,min}$、$U_{I,max}$ 分别表示节点 i 的电压上下限。

无功出力约束为：

$$Q_{Ci,min} \leq Q_{Ci} \leq Q_{Ci,max}, i \in n \tag{3-16}$$

式中，$Q_{Ci,min}$、$Q_{Ci,max}$ 分别为无功补偿装置的无功出力上下限。

在优化过程中，如果节点电压越线，则把不符合节点电压约束条件的解向量直接删除。

解：禁忌搜索算法的目标是使适应值函数最大化，定义配电网无功优化问题的适应度函数为，无功补偿后网络减少的总有功损耗电量最大，即：

$$\text{Object} = \max(\Delta P_{loss}) = \max(P_{loss}^0 - P_{loss}) \tag{3-17}$$

式中，P_{loss}^0 表示无功优化前的配电网初始状态总有功损耗。

无功补偿优化问题的解空间由固定和可投切电容器的安装位置及补偿容量两部分组成，建设有 n 组固定和 m 组可投切并联电容器组，则解空间如式（3-18）所示：

$$X = [n_{f1}, \cdots, n_{fn}, Q_{f1}, \cdots, Q_{fn}, n_{s1}, \cdots, n_{sm}, Q_{s1}, \cdots, Q_{sm}] \tag{3-18}$$

解 X 中的安装位置和补偿容量都是离散变量，邻域搜索算法中当前解的邻域，是指对单一电容器组的安装位置实行加 1 减 1 操作，对补偿容量以某个确定补偿增加和减少容量策略进行补偿容量邻域搜索。

禁忌对象是当前解的各状态量，即补偿节点和对应的补偿容量。将搜索过的当前解的状态量放入禁忌表，把已经搜索过的节点和对应节点的容量放入禁忌表，以免再次搜索访问。禁忌长度是禁忌对象在禁忌表中的任期，根据计算的规模大小选取，在对应的配电网节点数不多时一般可选取 5。为了保证算法有良好的优化性能和较高的搜索效率，设置合适的终止条件，即最优状态连续若干次保持不变或者达到最大持续迭代步数。

采用基于禁忌搜索算法的配电网无功优化算法流程如图 3-35 所示。

1）给定算法参数，置禁忌表为空。

2）以随机生成的方式，产生无功补偿容量的初始解，并代入潮流方程利用牛顿拉夫逊方法进行潮流计算，得出此状态下的电网节点电压幅值和相角、以及功率损耗。

3）判断电压约束条件是否满足，若不满足则返回步骤 2）重新生成初始解；若满足则进入步骤 4）。

4）判断终止条件是否满足，若满足则输出优化结果；若不满足则进入步骤 5）。

5）通过当前解的邻域搜索，产生满足电压约束条件的候选解集。

6）判断藐视准则是否满足，若满足，则更新当前解和禁忌表，并替换最优状态，返回至步骤 4）；若不满足，则将非禁忌对象对应的最佳候选解作为当前解，并更新禁忌表，返回至步骤 4）。

根据上述步骤求解得到优化后的无功最优补偿量见表 3-2，电力系统通过无功补偿量的优化，使得系统总耗损从 221.72kW 降低到 163.70kW。各节点的电压曲线如图 3-36 所示，无功补偿后，电压幅值得到了明显的提升。

表 3-2　最优解和优化前后的系统损耗

无功补偿最优解		系统总损耗/kW	
补偿节点位置	8	22	优化前	221.7235
无功补偿量	1000	1300	优化后	163.6995

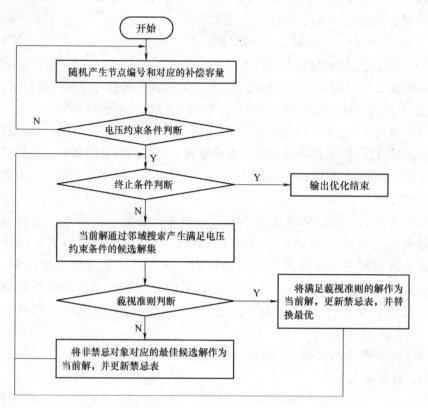

图 3-35　基于禁忌搜索算法的配电网无功优化流程图

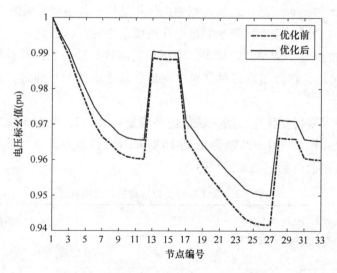

图 3-36　无功补偿前后系统的节点电压曲线

思考讨论题

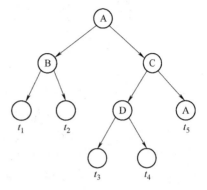

图 3-37　思考讨论题 3.6 与/或树

3.1　什么是状态空间？什么是与或树？

3.2　搜索算法按照搜索方向能够分为哪几类？按照搜索方法能够分为哪几类？按照问题表示方法能够分为哪几类？

3.3　简述宽度优化搜索和深度优化搜索的算法流程。

3.4　启发式搜索中应用的启发信息主要有哪几类？

3.5　什么是 A* 算法？该算法的评估函数是如何定义的？A* 算法和 A 算法的区别是什么？

3.6　如图 3-37 所示的与/或树，请分别用广度优先搜索和深度优化搜索方法求出其解树。

3.7　请给出极大极小算法的算法流程图。

3.8　什么是局部邻域搜索算法？

参考文献

［1］陈素琼. 搜索算法综述［J］. 信息与电脑，2016（2）：87-88.

［2］KREHER D L，STINSON D R. Combinatorial algorithms：generation，enumeration，and search［M］. Boca Raton，Florida：CRC Press，1999.

［3］周子龙. 博弈搜索树算法的实现及其优化［J］. 科学技术创新，2021（18）：108-110.

［4］孙伟，马绍汉. 博弈树搜索算法设计和分析［J］. 计算机学报，1993，16（5）：361-369.

［5］GLOVER F. Future paths for integer programming and links to artificial intelligence［J］. Computers & Operations Research，1986，13（5）：533-549.

［6］GLOVER F . Tabu search—part I［J］. ORSA Journal on Computing，1989，1（1）：89-98.

［7］GLOVER F . Tabu search—part II［J］. Informs Journal on Computing，1990，2（1）：4-32.

［8］GLOVER F. Tabu search：a tutorial［J］. Interfaces，1990，20（4）：74-94.

［9］ODDI A，CESTA A. A tabu search strategy to solve scheduling problems with deadlines and complex metric constraints［C］. Proceedings of the 4th European Conference on Planning：Recent Advances in AI Planning，1997：351-363.

［10］HIGGINS A J. A dynamic tabu search for large-scale generalised assignment problems［J］. Computers & Operations Research，2001，28（10）：1039-1048.

［11］GENDREAU M，LAPORTE G，SEMET F. A tabu search heuristic for the undirected selective travelling salesman problem［J］. European Journal of Operational Research，1998，106（2-3）：539-545.

［12］NIAR S，FREVILLE A. A parallel tabu search algorithm for the 0-1 multidimensional knapsack problem［C］. Proceedings of the IEEE 11th International Parallel Processing Symposium，1997：512-516.

［13］HANAFI S. On the convergence of Tabu search［J］. Journal of Heuristics，2001，7（1）：47~58.

［14］贺一. 禁忌搜索及其并行化研究［D］. 重庆：西南大学，2006.

［15］武晓朦，李新桥. 基于并行禁忌搜索算法的配电网重构［J］. 西安石油大学学报（自然科学版），2021，36（2）：122-126.

［16］李士勇. 智能优化算法原理与应用［M］. 哈尔滨：哈尔滨工业大学出版社，2012.

［17］李新桥. 基于禁忌搜索算法的配电网重构研究［D］. 西安：西安石油大学，2020.

［18］张仰森、黄改娟. 人工智能教程［M］. 2 版. 北京：高等教育出版社，2016.

第4章 进化算法和群智能算法

在问题求解的过程中，具体的每一步往往有多种可用知识或可用操作的可能选择。不同的选择方案首先影响问题的求解效率，其次影响解的获取（或最优解是否获得）。第3章中所述搜索策略，记录了求解问题过程中从起点到终点的每一步操作，尤其是面对多种选择岔路时如何决策。本章所述的进化算法和群智能算法，将解决如何在限定信息和条件下尽可能获得问题的最优解，属于求解大规模复杂环境搜索问题的智能优化策略。

4.1 概述

优化技术是指在满足一定条件下，在众多方案或参数中寻找最优化方案或参数值，以使得某个或多个功能指标达到最优，或使系统的某些性能指标达到最大值或最小值。在计算智能和人工智能交叉工程应用领域得到广泛重视，鉴于实际工程问题的复杂性、约束性、非线性、多极小、建模困难等特点，需要寻求适用于大规模并行且具有智能特征的算法。智能优化算法又称为现代启发式算法，受人类智能、生物群体社会性或自然现象规律的启发，为接近复杂问题提供了新的思路和手段。

智能优化算法大体可以分为五类：进化算法、群智能算法、模拟退火算法、禁忌搜索算法和神经网络算法。其中，进化算法通过模拟自然界群体和个人间的进化机制、合作竞争来设计搜索策略；群智能算法则受到生物群体行为研究的启发，将模拟生物群体寻径行为融入求解高度复杂的优化问题中。

4.2 遗传算法

遗传算法（Genetic Algorithm，GA）是一种进化算法，其基本原理是仿效生物界中的"物竞天择、适者生存"的演化法则，它最初由美国密歇根大学的 J. Holland 教授于1967年提出[1]。20世纪70年代，K. A. De Jong 基于遗传算法的思想，在计算机上进行了大量的纯数值函数优化计算试验[2]；20世纪80年代，遗传算法由 D. E. Goldberg 在一系列研究工作的基础上归纳总结而成[3]；20世纪90年代以后，遗传算法作为一种高效、实用、鲁棒性强的优化技术，发展极为迅速，在机器学习、模式识别、神经网络、控制系统优化及社会科学等不同领域得到广泛应用。进入21世纪，以不确定性、非线性、时间不可逆为内涵的复杂性科学成为一个研究热点。遗传算法因能有效地求解不确定性多项式（Non-deterministic Polynomial，NP）问题以及非线性、多峰函数优化和多目标优化问题，得到了众多学科学者的高度重视，同时也极大地推动了遗传算法理论研究和实际应用的不断深入与发展[4-7]。

遗传算法是从代表问题可能潜在的解集的一个种群（Population）开始的，而一个种群则由经过基因（Gene）编码的一定数目的个体（Individual）组成。因此，第一步需要实现从表现型到基因型的映射即编码工作。初代种群产生之后，按照适者生存和优胜劣汰的原理，逐代（Generation）演化产生出越来越好的近似解，在每一代，根据问题域中个体的适应度（Fitness）大小选择个体，并借助于自然遗传学的遗传算子（Genetic Operators）进行组合交叉和变异，产生出代表新的解集的种群。这个过程将导致种群像自然进化一样，后生代种群比前代更加适应于环境，末代种群中的最优个体经过解码（Decoding），可以作为问题近似最优解。

4.2.1 基本 GA 算法

达尔文的自然选择说表明，生物要活下去必须进行种内、种间以及与环境之间的生存斗争。在生存斗争中，具有有利变异的个体容易存活下来，并且有更多的机会将有利变异传给后代；具有不利变异的个体就容易被淘汰，产生后代的机会也将少得多。生物进化的内在因素主要由遗传和变异来决定，其中遗传（Heredity）是指子代和父代具有相同或相似的性状，保证物种的稳定性；变异（Variation）表示子代与父代，子代不同个体之间存在的差异，是生命多样性的根源。自然选择过程是长期的、缓慢的、连续的过程。

根据现代细胞学和遗传学的研究可知：染色体（Chromosome）是遗传物质的主要载体；脱氧核糖核酸（DNA）是指大分子有机聚合物，具有双螺旋结构；遗传基因（Gene）指DNA 或 RNA 长链结构中占有一定位置的基本遗传单位，存储遗传信息，可以被复制也可能发生突变。遗传使得生物界的物种保持相对的稳定；变异可以是基因的重组、基因的突变和染色体在结构和数目上的变异所产生，变异使生物个体产生新的性状，推动生物的进化和发展。

人们正是通过对环境的选择、基因的交叉和变异这一生物演化的迭代过程的模仿，才提出了能够用于求解最优化问题的强鲁棒性和自适应的遗传算法。

4.2.1.1 算法原理

在介绍遗传算法之前，先对算法使用到生物进化的基础术语[8]进行简要介绍：①种群（Population）：用于描述可行解集；②个体（Individual）：用于描述可行解；③染色体：用于描述可行解的编码；④基因（Gene）：用于描述可行解编码的分量；⑤基因形式：用于描述遗传编码；⑥适应度（Fitness）：用于描述评价函数值。遗传算法从代表问题可能潜在解集的一个种群开始，种群由经过基因编码的一定数目的个体组成。每个个体实际上是染色体带有特征的实体，染色体作为遗传物质的主要载体，即多个基因的集合。初代种群产生之后，按照适者生存和优胜优劣的原理，逐代演化产生出越来越好的近似解。在每一代，根据问题域中个体的适应度大小挑选个体，并借助于自然遗传学的遗传算子进行组合交叉和变异，产生出代表新的解集的种群。这个过程将导致群像自然进化一样的后生代种群比前代更加适应于环境，末代种群中的最优个体经过解码，可以作为问题近似最优解。

John Holland 在 20 世纪 60 年代研究出基本遗传算法理论和方法，采用位串编码技术，由二进制编码来表述优化变量，二进制编码串接在一起组成染色体便可以表述多个优化变量。该编码技术应用于变异操作和交叉操作，并将交叉操作作为主要的遗传操作。在创建初始群体时，代表个体的二进制串是在一定字长的限制下随机产生的。随机选择交叉的位置，将两个染色体上对应位置上的二进制数值进行交换，生成两个新的个体；随机选择变异的位置，将对应位置的二进制取反，生成一个新的个体。

4.2.1.2 算法流程

遗传算法使用群体搜索技术，将种群代表一组问题解，通过对当前种群施加选择、交叉和变异等一系列遗传操作来产生新一代的种群，并逐步使群体进化到包含近似最优解的状态。遗传算法包括三个基本操作：选择、交叉和变异。

1）选择（Selection），用来确定重组和交叉个体，以及被选个体将产生多少个子代个体。选择操作首要要计算适应度值，通常可以采取按比例的适应度计算或基于排序的适应度计算。其次，按照计算出来的适应度值进行父代个体的选择，通常采用的选择方法包含：轮盘赌选择、随机遍历抽样、局部选择、截断选择和锦标赛选择。

2）交叉（Crossover），结合来自父代遗传种群的信息来产生新的个体。依据个体编码表示方法的不同，可以选择不同的交叉算法，对于实值编码，可以选择离散重组、中间重组、线性重组、扩展线性重组。对于二进制编码，可以选择单点交叉、多点交叉、均匀交叉、洗牌交叉、缩小代理交叉。

3）变异（Mutation），交叉之后的子代基因按一定概率产生变化，依据个体编码表示方法的不同，可以采取实值变异和二进制变异两种方法。

在遗传算法中，将 n 维决策变量 $X = [x_1, x_2, \cdots, x_n]^{\mathrm{T}}$ 用 n 个记号 $C_i(i=1,2,\cdots,n)$ 所组成的符号串 C 来表示：

把每一个 C_i 看作一个遗传基因，C 是由 n 个遗传基因组成的一个染色体。一般情况下，染色体的长度是固定的，但对一些问题来说长度也可以是变化的。根据实际问题的不同，基因可以表示整数变量、实数变量、符号变量，最简单的基因编码形式是二进制符号串。这种编码所构成的排列形式是个体的基因型，与之对应的 C 值是个体的表现型。对于每一个染色体（个体）要按照一定的规则确定其适应度。个体的适应度与个体表现型的目标函数值相关联，个体越接近目标函数的最优点，对应的适应度越大；反之，适应度越小。

在遗传算法中，决策向量 X 组成了问题的解空间。对问题最优解的搜索是通过对染色体 C 的搜索过程来完成的，因而所有的染色体 C 就组成了问题的搜索空间。遗传算法对最优解的搜索过程，是模仿生物染色体之间通过交叉和变异完成的进化过程，从第 t 代群体 $P(t)$，经过遗传和进化，并按照优胜劣汰的规则将适应度较高的个体更多地保留，得到第 $t+1$ 代群体 $P(t+1)$，如此反复迭代后，最终在群体中将会得到一个优良的个体，达到或接近于问题的最优解。

遗传算法的求解流程如图 4-1 所示。具体步骤如下：

步骤 1：初始化。设置进化代数计数器 $t=0$，设置最大进化代数 G，随机生成 N_p 个个体作为初始种群 $P(0)$。

步骤 2：个体评价。计算群体 $P(t)$ 中每个个体的适应度。

步骤 3：选择运算。将选择算子作用于种群，根据个体的适应度，按照一定的规则或方法，选择一些优良个体作为父代，产生下一代种群。

步骤 4：交叉运算。将交叉算子作用于种群，对选中的成对父代个体，以某一概率相互交换父代个体中的一部分染色体，产生新的子代个体。

步骤 5：变异运算。将变异算子作用于种群，对选中的父代个体，以某一概率改变某一个或某一些基因值，产生变异子代个体。

步骤 6：循环操作。群体 $P(t)$ 经过选择、交叉和变异运算之后得到下一代群体 $P(t+1)$。计算其适应度值，并根据适应度值进行排序，准备进行下一次遗传操作。

步骤 7：终止条件判断。若 $t \leq G$，则 $t = t+1$，转到步骤 2；若 $t > G$，则此进化过程中所得到的具有最大适应度的个体作为问题的最优解输出，终止迭代。

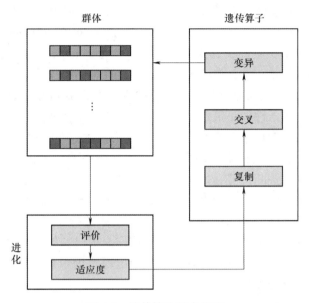

图 4-1　遗传算法基本流程

4.2.2　遗传算法的参数设置

在遗传算法程序设计与调试中，有几个重要的参数对于算法性能有着至关重要的作用：

1）种群规模。种群规模影响遗传算法迭代的最终输出结果和算法执行效率。如果种群规模较小，遗传优化性能一般不会太好。种群规模过大，虽然能够减小算法陷入局部最优解的可能性，但会导致计算复杂度倍增。通常情况，种群规模取 10~200。

2）交叉概率。交叉概率控制交叉运算执行的频率。较高的交叉概率能够增强算法在迭代过程中开辟新搜索区域的能力，但同时也增大了整体性能模式被破坏的可能性；如果交叉概率太低，可能会导致遗传算法陷入搜索迟钝。通常情况，交叉概率取 0.25~1.00。

3）变异概率。变异运算作为遗传算法的辅助性搜索操作，主要目的是保持群体的多样性。频繁的变异会使遗传算法接近纯粹的随机搜索，造成种群中重要的基因信息不能够顺利遗传下去。通常情况，变异概率取 0.001~0.1。

4）终止条件判断的最大进化代数。迭代结束的最大进化代数是遗传算法运行结束的一个重要判定参数，遗传算法执行到指定的最大进化代数后就停止迭代，并将当前群体中的适应度最大的个体作为问题的最优解输出。一般根据具体的工程应用问题来定义，通常情况，最大进化代数在 100~1000 之间取值。

4.2.3　改进遗传算法

遗传算法的主要思想是通过选择、交叉、变异等遗传操作，产生优良的个体，且这些个体能够充分描述解空间的最优解，算法上要避免早熟收敛和收敛性差的缺点。算法改进的方向通常针对个体基因的操作、种群的宏观操作、基于知识的操作和并行化遗传算法方面进行。

1. 算法结构和参数的改进

遗传算法设计的核心要素主要包含：问题编码、初始种群设定、适应度值计算函数、遗传操作设计、控制参数设计（种群大小、选择概率、交叉概率等）。

1）初始种群生成方法。要实现收敛到全局最优解，初始种群在解空间最好尽量分散。首先将解空间划分为 S 个子空间；其次量化每个子空间，运用均匀数组或正交数组选择 M 个染色体；最后从 MS 个染色体中选择适应度值最大的 N_p 个染色体作为初始种群。

2）选择算子的改进。轮盘赌选择策略容易引起早熟收敛和搜索迟钝问题。这里采用有条件的最佳保留策略，有条件的将最佳个体直接传递给下一代或至少等同于前一代，能够有效避免这个问题。还可以增加一条判断程序，当判断连续数代最佳染色体没有任何进化或各个染色体已过于近似时，实施灾变，即突然增大变异概率或对不同个体实施不同规模的突变。能够打破原有基因的垄断优势，增加基因的多样性。

3）小范围竞争择优的遗传。从加快收敛速度、提高全局搜索性能两方面，在交叉和变异运算中引入小范围竞争择优算法。即将某对父代个体进行 n 次交叉、变异操作，生成 $2n$ 个不同的个体，并在其中选出适应度值最大的个体作为子代。如此反复选择父代，直到生成设定个数的子代种群。该方法能够降低在下一代中出现"近亲繁殖"问题的概率。

2. 有约束优化问题的遗传算法

基本遗传算法中是针对无约束优化问题的求解，对于有约束优化问题，约束条件的处理方法主要有以下三种：

1）把问题的约束在"染色体"的表示形式中体现出来，并设计专门的遗传算子，使染色体所表示的解，在 GA 算法运行过程中始终保持可行性。该方法最直接，但适用领域有限，算子的设计也较困难。

2）在编码过程中不考虑约束，而在 GA 算法运行过程中，增加一条判断程序，通过检验解的可行性来决定解是否保留。此方法一般只适用于简单的约束问题。

3）采用惩罚的方法来处理约束越界问题，将问题的约束以动态方式合并到适应度函数中，形成一个具有变化的惩罚项的适应度函数，并以此来指导遗传搜索。

对于高维、多约束、多目标优化问题的求解，遗传算法仍具有一定的局限性。

3. 并行遗传算法

GA 算法具有内在并行性，在并行计算机上执行 GA 算法能够有效提高算法性能和效率。下面对三种算法并行方案分别进行介绍：

（1）同步主从式

并行遗传算法的异步并发式执行流程如图 4-2 所示，在这种并行方式中，利用一个主过程协调若干个子过程，其中主过程中进行选择、交叉和变异操作的运算，而在子过程中执行适应度值的计算。这种并行方式比较直观且易于实现，缺点是子过程之间计算适应度值的时间存在差异，并造成整个系统长时间的等待；算法结构的可靠性较差，对主过程状况的依赖性较大。

（2）异步并发式

并行遗传算法的异步并发式执行流程如图 4-3 所示，在这种并行方式中，分配了若干个进程，通过存取一个共享存储器，若干个同样的处理机彼此无关地执行各个遗传算子和适配

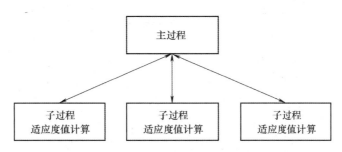

图 4-2　同步主从式并行遗传算法执行流程

值的计算。只要存在一个并行过程，同时共享存储器可继续运行，则整个系统就可进行有效的处理。显然，这种方式不易实现，但可大大提高系统的可靠性。

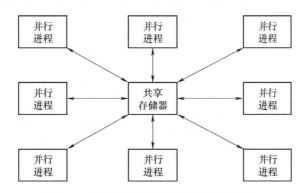

图 4-3　异步并发式并行遗传算法执行流程

（3）网格式并行算法

遗传算法的网格式并行执行流程如图 4-4 所示，将群体分解成若干个子群体，并为之分配若干个独立的存储器，每个存储器上进行独立的遗传操作和适应度值计算，各个子群体之间通过网络通信传递每一代计算出来的最佳个体信息。与前两种方式相比，虽然通信时延或间隔会影响算法性能，但各个模块独立自治，有效提高了可靠性。

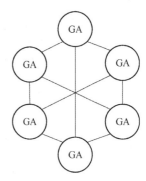

4.2.4　遗传算法优化实例

图 4-4　网格式并行遗传算法流程

例 4.1　求函数 $f(x)=x+10\sin(5x)+7\cos(4x)$ 的最大值，其中 x 的取值范围为 $[0,10]$。该函数是一个具有多个局部极值的函数，函数曲线如图 4-5 所示，利用基本遗传算法求解。

解： 遗传算法流程如下：

1）初始化种群 $N_p=50$，染色体二进制编码长度为 $L=20$，最大进化代数为 $G=100$，交叉概率取 $P_c=0.8$，变异概率取 $P_m=0.1$。

2）产生初始种群，将二进制编码转换成十进制，计算个体适应度值，并进行归一化；采用基于轮盘赌的选择操作、以概率 P_c 进行交叉和以概率 P_m 进行变异，产生新的种群，并把历史的最优个体保留在新种群中，进行下一步遗传操作。

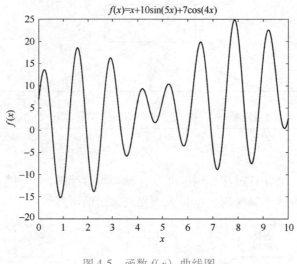

图 4-5　函数 $f(x)$　曲线图

3）判断是否满足终止条件：若满足，则结束搜索过程，输出当前种群适应度最大的个体优化值；若不满足，则继续进行迭代优化。

算法迭代过程中适应度进化曲线如图 4-6 所示，优化结果为 $x = 7.8569$，函数 $f(x)$ 的最大值为 24.8554。

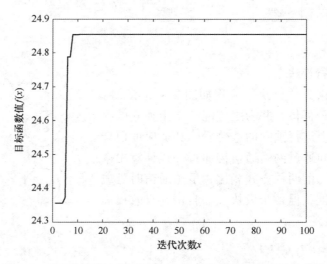

图 4-6　基于遗传算法求解函数 $f(x)$ 最大值的适应度进化曲线

例 4-2 程序

例 4.2 旅行商问题（Traveling Salesman Problem，TSP）。假设有一个旅行商人要拜访全国 31 个省会城市，该名商人需要选择行走的路径，每个城市只能拜访一次，并且最后要回到原先出发的城市。所选择的路径中，以行走的总路程最小的路径为最佳路径。要求利用遗传算法求解最佳路径。

已知全国 31 个省会城市的坐标为 ［1304 2312；3639 1315；4177 2244；3712 1399；3488 1535；3326 1556；3238 1229；4196 1044；4312　790；4386　570；3007 1970；2562 1756；2788 1491；2381 1676；1332　695；3715 1678；3918 2179；4061 2370；3780 2212；

148

3676 2578；4029 2838；4263 2931；3429 1908；3507 2376；3394 2643；3439 3201；2935 3240；3140 3550；2545 2357；2778 2826；2370 2975]。

解：遗传算法流程如下：

1）初始化种群数目为 $N_p = 200$，染色体维数为 $N = 31$，最大进化代数为 $G = 1000$。

2）产生初始种群，计算个体适应度值，即路径长度；采用基于概率的方式选择个体作为遗传的父代；并从父代中选择成对个体，随机交叉所选中的成对城市坐标，以确保交叉后的路径里满足每个城市只到访一次的约束；从父代中选单个个体，随机交换其中一对城市坐标作为变异操作，产生新的种群，进行下一次遗传。

3）判断是否满足终止条件：若满足，则结束搜索过程，输出当前种群适应度最大的个体优化值；若不满足，则继续进行迭代优化。

算法结束后得到的最佳路径如图 4-7 所示，每次迭代对应的适应度进化曲线如图 4-8 所示。

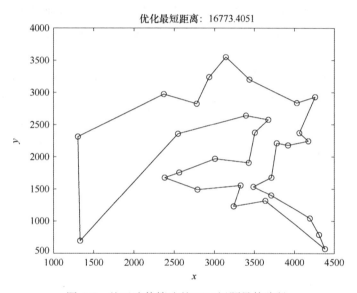

图 4-7　基于遗传算法的 TSP 问题最佳路径

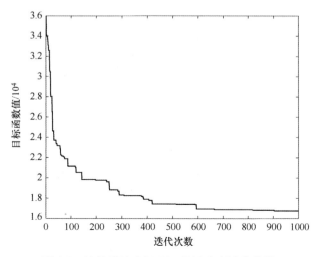

图 4-8　遗传算法求解 TSP 的适应度进化曲线

例 4.3 背包（0-1）问题

有 N 件物品和一个容量为 V 的背包。第 i 件物品的体积是 $c(i)$，价值是 $w(i)$。求解将哪些物品放入背包可使物品的体积总和不超过背包的容量，且价值总和最大。假使物品数量为 10，背包的容量为 300。每件物品的体积为 $[95,75,23,73,50,22,6,57,89,98]$，价值为 $[89,59,19,43,100,72,44,16,7,64]$。

解： 遗传算法求解流程如下：

1）初始化种群数目为 $N_p = 50$，染色体维数为 $L = 10$，最大进化代数为 $G = 100$。

2）产生二进制初始种群。其中 1 表示选择该物品，0 表示不选择该物品。适应度值等于所有被选中物品的价值总和，计算种群中个体适应度值，当物品体积总和大于背包容量时，对适应度值添加惩罚项计算。

3）对适应度进行归一化。采用基于轮盘赌的选择操作、基于概率的交叉和变异操作，产生新的种群，并把历代的最优个体保留在新种群中，进行下一步遗传操作。

4）判断是否满足终止条件：若满足，则结束搜索过程，输出优化值；若不满足，则继续进行迭代优化。

优化结果为 $[1,0,1,0,1,1,1,0,0,1]$。其中 1 表示选择相应物品，0 表示不选择相应物品，选中的物品价值总和为 388。遗传算法每次迭代对应的适应度进化曲线如图 4-9 所示。

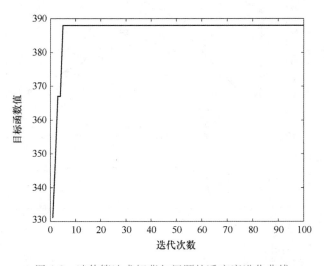

图 4-9　遗传算法求解背包问题的适应度进化曲线

4.3　差分进化算法

差分进化（Differential Evolution，DE）算法是一种简单的进化算法。1995 年，该算法由 Rainer Storn 和 Kenneth Price 为求解切比雪夫多项式而提出[9]。DE 算法原理简单，易于理解，采用与标准进化算法类似的计算方法步骤，主要通过变异、交叉和选择三种操作进行搜索。不同的是，DE 算法通过选择互异的个体生成比例差分向量，产生新的个体，扰动当前种群，扩大寻优范围[10]。该算法也是一种对种群进行操作的启发式算法，整个算法流程包括四个步骤：初始化、变异、交叉和选择。初始化是在可行域内利用均匀分布产生满足条件的随机解，所产生的个体向量称为目标向量。在可行解种群中任意选择三个不重复个体，一个作为基向量，另外两个解向量做差后形成差分向量，将其与基向量加和，所进行的操作称为变异，所产生的个体叫作变异个体。根据一定规则，目标向量从变异向量索取一部分分量，所形成既含有目标向量又含有变异向量的新个体称为试验向量，形成试验向量的过程，称为交叉。将目标向量和试验向量带回所要求解的函数模型，具有好的适应度值的个体被保留并取代原来的目标向量，另外的解则被丢弃，此时新一代的目标个体已经生成，此过程称为选择。种群中的每一个体每一代都要进行一次以上操作，这样就得到一个利用偏差扰动策略来解决复杂、高维工程问题的自适应程序。差分进化算法采用实数编码方式，其独特之处在于引入差分变异模式，具有很强的全局搜索能力和快速的收敛速率。

该算法由于具有易实现、高效、鲁棒性强等诸多优点被用于电力系统、控制工程和机器人技术、微波工程、生物学、数据挖掘、模式识别与图像处理、人工神经网络等工程性问题中，具有很强的实际应用价值。

4.3.1 标准 DE 算法

差分进化算法模拟生物体的进化过程，以自适应自组织的机制解决问题。算法以整个种群为操作对象，采用并行优化模式，不断迭代，通过变异、交叉和选择三种操作进行搜索寻优，直至寻得最优解或进化迭代次数达到上限，则算法停止寻优。与传统的进化算法有所不同，DE 算法通过随机选择互异的个体生成比例差分向量，产生新的个体，扰动当前种群，扩大寻优范围[6]。在对 DE 算法的改进中，对变异策略的改进也是研究的热点，目前已提出大量改进变异策略来提高算法处理复杂问题的能力，很多改进变异操作都直接或间接利用种群中相对较优解的引导作用，由它们指导优化进程。

4.3.1.1 算法基本原理

DE 算法有两个阶段：种群初始化和进化迭代。种群初始化是在可行域内采用均匀分布等概率的生成初始空间解向量，进化迭代过程的操作有差分变异、交叉和选择等主要步骤。首先随机选择种群中两个互异的个体进行差分和缩放，再加上种群中第三个随机个体来产生变异个体，然后父代个体和变异个体采用交叉操作获得试验个体，最后将试验个体和父代个体的适应度值进行比较，选择适应度值较优的个体进入下一代继续迭代，直到满足终止准则，停止迭代。

4.3.1.2 算法流程

基本的差分进化算法操作程序主要有以下五个操作程序组成：

1) 种群初始化。为了建立优化搜索的初始点，种群必须被初始化。通常采用实数编码方式，随机生成一个规模为 (N_P, D) 的种群，这里 N_P 为种群大小，D 为决策变量个数，其中第 G 代第 i 个体的 $\boldsymbol{x}_i^G$ 如式（4-1）所示。

$$\boldsymbol{x}_i^G = (x_{i1}, x_{i2}, \cdots, x_{iD}) \tag{4-1}$$

式中，x_{ij} 表示第 i 个体第 j 维的值，$x_{ij} \in [L_j, U_j]$；L_j 和 U_j 分别是决策变量的上界和下界，且 x_{ij} 在 $[L_j, U_j]$ 内随机均匀初始化，如式（4-2）所示。

$$x_{ij} = rand_j(0,1) \cdot (U_j - L_j) + L_j, i = 1, 2, \cdots, N; j = 1, 2, \cdots, D \tag{4-2}$$

式中，函数 $rand_j(0,1)$ 表示区间 $[0,1]$ 的一个随机数。

如果可以预先得到问题的初步解，则初始种群也可以通过初步解加入正态分布随机偏差来产生，以提高重建效果。

2）差分变异。通常情况，对于每个目标向量 x_i，$i=1,2,\cdots,N_P$，差分进化算法的变异向量可以通过下式产生：

$$v_i^{G+1} = x_{r_1}^G + F(x_{r_2}^G - x_{r_3}^G) \tag{4-3}$$

式中，随机选择的序号 r_1、r_2、r_3 互不相同，且与被变异的目标向量序号 i 也不相同，所以这里种群大小必须满足 $N_P \geq 4$；变异算子 $F \in [0,2]$ 是一个实常数因数，它控制偏差变量的缩放。

3）交叉操作。为了增加干扰参数向量的多样性，引入交叉操作，则交叉后的向量表示为：

$$u_i^{G+1} = (u_{i1}^{G+1}, x_{i2}^{G+1}, \cdots, x_{iD}^{G+1}) \tag{4-4}$$

$$u_{ij}^{G+1} = \begin{cases} v_{ij}^{G+1}, & \text{若 } rand_b(j) \leqslant CR \text{ 或 } j = rnbr(i) \\ x_{ij}^{G+1}, & \text{若 } rand_b(j) > CR \text{ 且 } j \neq rnbr(i) \end{cases} \tag{4-5}$$

式中，$i=1,2,\cdots,N_P$；$j=1,2,\cdots,D$；$rand_b(j)$ 表示产生 $[0,1]$ 之间随机数发生器的第 j 个估计值；$rnbr(i) \in (1,2,\cdots,D)$ 表示一个随机选择的序列，用它来确保 u_i^{G+1} 至少从 v_i^{G+1} 获得一个参数；CR 表示交叉算子，其取值范围为 $[0,1]$。

4）选择操作。为决定变异后的向量 u_i^{G+1} 是否成为下一代中的成员，差分进化算法按照贪婪准则将该向量与当前种群中的目标向量 x_i^G 进行比较。如果目标函数要被最小化，那么具有较小目标函数值的向量将在下一代种群中出现。下一代中的所有个体都比当前种群的对应个体更佳或者至少一样好。

5）边界条件的处理。在有边界约束的问题中，必须保证产生新个体的参数值落在问题的可行域中，一个简单方法是将不符合边界约束的新个体抛弃，然后在可行域中随机产生的一个参数向量来替换该个体，即：

如果

$$u_{ij}^{G+1} < x_j^{(L)} \text{ 或 } u_{ij}^{G+1} > x_j^{(U)} \tag{4-6}$$

那么

$$u_{ij}^{G+1} = rand(0,1) \cdot (x_j^{(U)} - x_j^{(L)}) + x_j^{(L)}, i=1,2,\cdots,N_P; j=1,2,\cdots,D \tag{4-7}$$

还有一个方法是利用边界吸收处理方法，将超过边界约束的个体值设置为临近的边界值。

综上所述，差分进化算法采用实数编码，其主要流程如图4-10所示。

具体流程如下：

步骤1：确定差分进化算法的控制参数和所要采用的具体策略。差分进化算法的控制参数包括：种群数量、变异算子、交叉算子、最大进化代数、终止条件等。

步骤2：随机产生初始种群，进化代数 $k=1$。

步骤3：对初始种群进行评价，即计算初始种群中每个个体的目标函数值。

步骤4：判断是否达到终止条件或达到最大进化代数：若是，则进化终止，将此时的最佳个体作为解输出；否则，继续下一步操作。

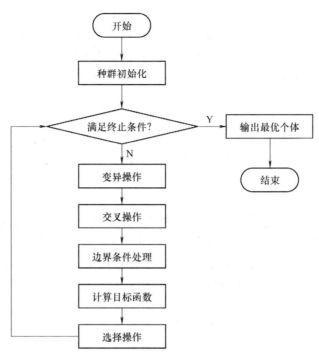

图 4-10　进化算法流程图

步骤 5：进行变异操作和交叉操作，对边界条件进行处理，得到临时种群。

步骤 6：对临时种群进行评价，计算临时种群中每个个体的目标函数值。

步骤 7：对临时种群中的个体和原种群中对应的个体，进行"一对一"的选择操作，得到新种群。

步骤 8：进化代数 $k=k+1$，转步骤 4。

4.3.2　差分进化算法的参数设置

全局优化算法的性能可以通过控制参数的适当选取来提升，对于差分进化算法可以参照一些经验规则来选取控制参数。

（1）种群规模

一般情况下，种群的规模 N_p 越大，所包含的个体就越多，种群的多样性就越好，寻优能力也越强，但是因此会增加计算的复杂度。所以，N_p 不能无限大。依据经验，种群数量 N_p 的合理选择在 $5D \sim 10D$ 之间，且必须满足 $N_p \geqslant 4$，以确保差分进化算法具有足够的不同的变异向量。

（2）变异算子

变异算子一般取实常数因子，即 $F \in [0,2]$，它决定偏差向量的缩放比例。变异算子过小，则可能会造成算法"早熟"。随着 F 值的增大，防止算法陷入局部最优的能力增强，但当 $F>1$ 时，算法将很难收敛到最优值。这是由于当差分向量的扰动大于两个个体之间的距离时，种群的收敛性会变得很差。目前的研究表明，$F=0.5$ 通常是一个较好的初始选择。如果种群过早收敛了，那么可以适当地增大变异算子和种群规模。

（3）交叉算子

交叉算子 CR 是一个范围在 $[0,1]$ 内的实数，它控制着交叉向量有多大的概率来自随机选择的变异向量，又有多大概率来自原变量。交叉算子 CR 越大，发生交叉的可能性就越大。CR 的一个较好的选择是 0.1，但 CR 的值变大会加速算法的收敛，可以通过尝试让 CR 的值取 0.9 或 1.0，来尝试看是否可能获得一个加速解。

（4）最大进化代数 G

最大进化代数 G 是表示差分进化算法运行结束条件的一个参数，表示差分进化算法运行到指定的进化代数之后就停止运行，并将当前群体中的最佳个体输出，便得到所求问题的最优解。一般进化代数选取为 100~500 之间。

（5）终止条件

差分进化算法的终止条件除了判定是否达到最大进化代数以外，还可以增加其他判定准则。一般通过判定目标函数值是否小于阈值来终止算法，阈值通常选 10^{-6}。

上述参数中，变异算子和交叉算子影响搜索过程的收敛速度和鲁棒性，它们的选取不仅依赖于目标函数的特性，还与种群规模有关。通常的做法是通过经验试凑法，选取不同的值进行试验，通过试验和结果误差来寻找 F、CR 和 N_P 的合适值。

4.3.3 改进 DE 算法

1. DE 算法的变形形式

实际应用中根据具体问题，在上述基本差分进化算法的操作流程中进行改进，变异操作主要有以下四个变形：

（1）DE/best/1/bin

$$v_i^{G+1} = x_{best}^G + F(x_{r_2}^G - x_{r_3}^G) \tag{4-8}$$

（2）DE/rand-to-best/1/bin

$$v_i^{G+1} = x_i^G + \lambda(x_{best}^G - x_i^G) + F(x_{r_1}^G - x_{r_2}^G) \tag{4-9}$$

（3）DE/best/2/bin

$$v_i^{G+1} = x_{best}^G + F(x_{r_1}^G - x_{r_2}^G + x_{r_3}^G - x_{r_4}^G) \tag{4-10}$$

（4）DE/rand/2/bin

$$v_i^{G+1} = x_{r_5}^G + F(x_{r_1}^G - x_{r_2}^G + x_{r_3}^G - x_{r_4}^G) \tag{4-11}$$

另外，还有在交叉操作中利用指数交叉的情况，如 DE/rand/1/exp，DE/best/1/exp，DE/rand-to-best/1/exp，ED/best/2/exp 等[11]。

2. 自适应差分进化算法

在基本的差分进化算法中，其搜索过程的变异算子是实常数，算法实施中的变异算子如果取得太大，则算法搜索效率低下，导致所求得的全局最优解精度低；若变异算子取的太小，则种群多样性降低，易出现"早熟"的现象。因此，针对变异算子的选择较难的问题，提出具有自适应变异算子的差分进化算法，该算法可以根据搜索进展的情况，根据如下原则进行自适应的设计[12]：

$$\lambda = e^{1 - \frac{G_m}{G_m + 1 - G}}, \ F = F_0 \times 2^\lambda \tag{4-12}$$

式中，F_0 表示变异算子；G_m 表示最大进化代数；G 表示当前进化代数。

在算法开始时自适应变异算子为 $2F_0$，具有较大的初值，在初期能够保持个体多样性，避免"早熟"；随着算法的进展，变异算子逐步降低，到后期变异率接近 F_0，保留优良信息，避免最优解遭到破坏，增加搜索到全局最优解的概率。

还可设计一个随机范围的交叉算子 $CR = 0.5^* [1 + rand(0,1)]$，这样使得交叉算子的平均值保持在 0.75，如此在搜索过程中能够考虑差分向量放大中可能存在的随机变化，有助于在搜索过程中保持群体多样性。

3. 离散差分进化算法

差分进化算法的个体采用浮点数编码，能够在连续空间进行优化计算，在求解实数变量优化问题时比较有效。但在求解整数规划或混合整数规划问题时，则略显不足，所以要对算法进行改进。差分进化算法的基本操作包括变异、交叉和选择操作，与其他进化算法一样也是依据适应度值大小进行操作。根据差分进化算法的特点，只要对变异操作进行改进就可以将差分进化算法用于整数规划和混合整数规划问题的求解。即对差分进化算法变异操作中的差分矢量进行向下取整运算，从而保证整数变量直接在整数空间进行寻优[13,14]，即

$$v_i^{G+1} = \text{floor}\left[x_{r_1}^G + F(x_{r_2}^G - x_{r_3}^G) \right] \tag{4-13}$$

式中，floor[ ] 表示向下取整。

4.3.4 差分进化算法优化实例

例 4.4 计算函数 $f(x) = \sum\limits_{i=1}^{n} x_i^2$，$(-20 \leqslant x_i \leqslant 20)$ 的最小值，其中个体 x 的维数 $n = 10$。（这是一个简单的平方和函数，只有一个极小点 $x = (0,0,\cdots,0)$，理论最小值 $f(0,0,\cdots,0) = 0$。）

解：差分进化算法求解过程如下：

1）初始化个体数目为 $N_P = 50$，变量维数为 $D = 10$，最大进化代数为 $G = 200$，初始变异算子取 $F_0 = 0.4$，交叉算子取 $CR = 0.1$，阈值取 $y_z = 10^{-6}$。

2）产生初始种群，计算个体目标函数；进行变异操作、交叉操作、边界条件处理，产生临时种群，其中变异操作采用自适应变异算子，边界条件处理采用在可行域中随机产生参数向量的方式。

3）计算临时种群个体目标函数，与原种群对应个体进行"一对一"选择操作，产生新种群。

4）判断是否满足终止条件：若满足，则结束搜索过程，输出优化值；若不满足，则继续进行迭代优化。

算法迭代过程结束后，DE 目标函数曲线如图 4-11 所示，优化后的结果为 $X =$ [- 0.0004, 0.0000, - 0.0008, 0.0001, 0.0013, -0.0003, 0.0001, 0.0002, 0.0003, - 0.0003]，函数 $f(x)$ 的最小值为

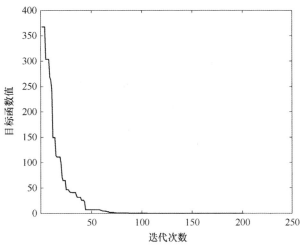

图 4-11　差分进化算法求解函数 $f(x)$
最小值的适应度进化曲线

3. 0004e−06。

例 4.5 用离散差分进化算法求函数 $f(x,y)=-[(x^2+y-1)^2+(x+y^2-7)^2]/200+10$ 的最大值，其中 x 的取值为 −100~100 之间的整数，y 的取值为 −100~100 之间的整数，其函数值图形如图 4-12 所示。

解：差分进化算法求解过程如下：

1）初始化：个体数目为 $N_P=20$，变量维数为 $D=2$，最大进化代数为 $G=100$，变异算子 $F=0.5$，交叉算子 $CR=0.1$。

2）产生范围在 $[-100,100]$ 内的整数组成初始种群，并计算个体的目标函数；进行交叉操作，对变异后的种群内数值进行取整操作，然后进行交叉操作、边界条件处理操作，产生临时种群，其中边界条件处理采用边界吸收方始。

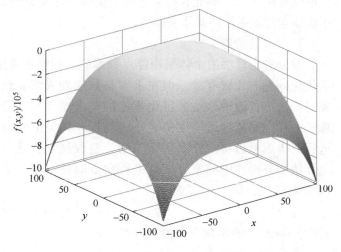

图 4-12　函数 $f(x,y)$ 的曲线图

3）计算临时种群个体目标函数，与原种群对应个体进行"一对一"选择操作，产生新种群。

4）判断是否满足终止条件：若满足，则结束搜索，输出优化值；若不满足，则继续进行迭代优化。

迭代结束后，DE 目标函数曲线如图 4-13 所示，优化后的结果为：$x=-2$，$y=-3$，对应的函数 $f(x,y)$ 最大值为 10。

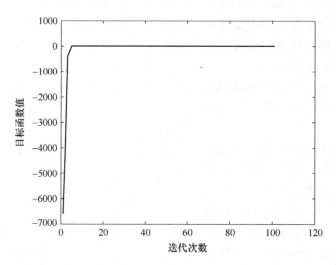

图 4-13　基于差分进化算法求解函数 $f(x,y)$ 最大值的目标函数曲线

4.4　粒子群算法

　　1995 年 Kennedy 等人模拟鸟群觅食的过程，提出了粒子群（Particle Swarm Optimization，PSO）算法，后来演变为一种很好的优化工具。基本思想源于在鸟类觅食过程中通过集体协作和竞争达到迁移和聚集，PSO 算法就是从这种模拟中得到启示并应用到求解优化问题中，这里的"粒子"表示优化问题解搜索空间中的一只鸟，每个粒子都对应有一个适应度值（Fitness Value）来判定被优化函数是否达到最优值。粒子从随机方式产生的初始位置和速度开始，根据适应度值来调整方向，朝着全局最优和个体最优的方向聚集，可见初始时粒子随机分布，随着迭代过程的进行，粒子趋向最优解附近。

　　社会认知学的角度从另一个侧面，也给出了 PSO 算法的理论解释，即群体中的每个个体都可以从过往经验和邻近个体表现中获得有益信息，该理论基础由以下三个主要基本因素[15]组成：外在刺激的评价、与近邻的比较和领先个体的模仿。根据邻近粒子的定义范围，PSO 算法可以分为全局模式和局部模式，即全局 PSO 算法的邻近粒子是指整个粒子群体；而局部 PSO 算法的邻近粒子仅指几个拓扑相邻或空间相邻的粒子。两种模式表现出不同的算法性能，前者收敛速度较快，但会陷入局部极值；后者算法收敛速度较慢，但极少陷入局部极值。这种算法以其实现容易、精度高、收敛快等优点引起了学术界的重视，并且在解决实际问题中展示了其优越性。粒子群算法是一种并行算法。

4.4.1　基本 PSO 算法

　　PSO 从随机解出发，通过迭代寻找最优解，它也是通过适应度 $f_{fitness}$ 来评价解的品质，但它比遗传算法规则更为简单，没有遗传算法的"交叉"（Crossover）和"变异"（Mutation）操作，通过追随当前搜索到的最优值来寻找全局最优。

4.4.1.1　算法基本原理

　　PSO 算法在初始化环节，使得一群粒子处于初始状态，包括了各个粒子的随机位置和随机飞行方向。假设粒子群的目标搜索空间是 D 维，群体 $\{X_i\}_{i=1,\cdots,M}$ 由 M 个粒子组成，在搜索空间中第 i 个粒子的位置表示为 $X_i=(x_i^1,x_i^2,\cdots,x_i^D)$，该粒子在各个维度上移动的速度表示为 $V_i=(v_i^1,v_i^2,\cdots,v_i^D)$。位置 X_i 是一个可行解，将其代入目标函数可以计算出对应的适应值，并根据适应值大小来衡量其优劣。经过多次迭代寻找，粒子自己所找到的最优位置，是个体最优值，表示为 $\boldsymbol{pbest}_i=(pbest_i^1,pbest_i^2,\cdots,pbest_i^D)$，整个群体所找到的最优位置，是全局最优值，表示为 $\boldsymbol{gbest}_i=(gbest_i^1,gbest_i^2,\cdots,gbest_i^D)$；对于局部 PSO 算法，不考虑整个种群仅考虑一部分邻近粒子，则记录邻居中的最优位置是局部最优值，表示为 $\boldsymbol{lbest}_i=(lbest_i^1,lbest_i^2,\cdots,lbest_i^D)$。粒子根据如下公式来对其位置和速度进行更新：

$$v_{id}^{k+1}=v_{id}^k+c_1r_1(pbest_{id}^k-x_{id}^k)+c_2r_2(gbest_{id}^k-x_{id}^k) \tag{4-14}$$

$$x_{id}^{k+1}=x_{id}^k+v_{id}^{k+1} \tag{4-15}$$

式中，$d=1,\cdots,D$；v_{id}^k 是第 k 次迭代中第 d 维的速度；x_{id}^k 是粒子 i 在第 k 次迭代中第 d 维的位置；$pbest_{id}^k$ 是粒子 i 在第 k 次迭代记录下来的第 d 维个体最优位置；$gbest_{id}^k$ 是整个群体在第 k 次迭代记录下来的第 d 维全局最优位置；r_1、r_2 是 $[0,1]$ 上的随机数，用于增加搜索的随机性；c_1、c_2是学习因子（也称为加速系数或加速因子），通过这两项参数来调整粒子飞向个体最优位置和全局最优位置加速项的权重。

从上式可以看出，式（4-15）表示，第i个粒子在各维度方向上以速度v_i来更新位置；速度v_i的更新受到当前个体最优值和全局最优值信息的影响，即式（4-14）中，等式右边第一项是惯性部分表示粒子的当前速度，反映了粒子在搜索空间飞行的动力；第二项是认知部分表示粒子根据个体经验，促使粒子朝着自身所经历过的最优位置移动；第三项是社会部分表示粒子之间信息共享合作，根据群体中其他优秀粒子经验，调整飞行轨迹向群体发现的最优位置移动。

4.4.1.2 算法流程

基本 PSO 优化算法的流程图如图 4-14 所示，每个粒子的位置和速度都以随机方式进行初始化，而后粒子的速度就朝着全局最优和个体最优的方向靠近，位置的更新由粒子的速度和移动所花费的时间决定。在运动过程中（即每一次迭代），都对每个粒子位置的适应度不断进行评价，当如果某个粒子的适应度值优于全局最优位置的适应度，则该粒子所处的位置就成为种群最优粒子位置，这样全局最优解将不断更新。在整个粒子群群体的运动过程中，每个粒子也根据自身适应度来更新个体的最优位置。由此表明，粒子在向全局最优解转移的同时，也向个体最优解靠拢。

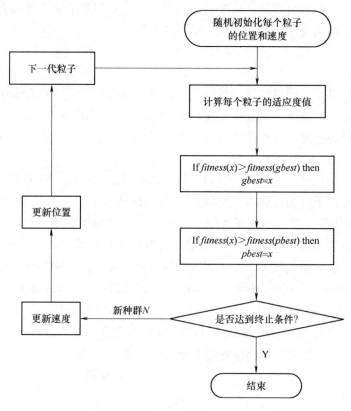

图 4-14　粒子群算法的基本流程图

为了获得更好的算法性能和优化效果，很多学者试图改进粒子群优化算法的参数，比如：群体的大小，扩大整群的规模，拓扑结构等。

4.4.2　粒子群优化算法的参数设置

1. 惯性权重

在粒子速度的更新方程式（4-14）中加入惯性权重 w，通过惯性权重来控制当前速度对下一速度的影响，使得粒子在搜索空间中保持运动惯性[16,17]。如式·（4-16）所示：

$$v_{id}^{k+1}=\omega v_{id}^k+c_1 r_1(pbest_{id}^k-x_{id}^k)+c_2 r_2(gbest_{id}^k-x_{id}^k) \tag{4-16}$$

如式（4-16）所示，如果 $\omega=0$，则粒子不具备速度的记忆能力，下一速度只取决于粒子当前位置以及当前所记录的个体最优值和全局最优值。如果 $\omega\neq0$，则粒子具有扩展搜索空间的能力，较小的 ω 能加强局部搜索的能力，较大的 ω 可以加强全局搜索的能力。基本的 PSO 算法是 $\omega=1$ 的情况，此算法迭代后期缺乏局部搜索能力。

PSO 优化算法在迭代过程中也可以采用动态调整惯性权重的方法来提高算法的全局搜索能力[18,19]，比如线性调整、模糊调整、随机调整等。

（1）线性调整策略

也称为惯性权重线性递减算法（Linearly Decreasing Inertia Weight，LDIW）[20]，在实际优化问题的开始阶段，粒子的搜索空间快速收敛于某一区域，然后在该区域进行局部精细搜索以获得高精度的解，如下式所示：

$$\Omega=\omega_{max}-\frac{\omega_{max}-\omega_{min}}{iter_{max}}\times iter \tag{4-17}$$

式中，ω_{min}、ω_{max} 分别是惯性权重的最小值和最大值；分别是当前迭代次数和最大迭代次数。

一般取 ω 的初始值为 0.9，随着迭代次数的增加 ω 线性递减为 0.4，以达到上述期望的优化目的。

（2）模糊调整策略

基本 PSO 算法针对静态系统问题的求解，能够以较快的搜索速度收敛到精确的优化结果。针对实际工程应用中优化目标随着系统环境动态变化的情况，PSO 算法不能跟踪动态目标的变化。为了解决优化目标变化显著的问题，可以采用一种动态的惯性权重法[21]，如下式所示：

$$\Omega=0.5+\frac{rand(0,1)}{2.0} \tag{4-18}$$

上式产生一个范围在 $[0.5,1]$ 的 ω 值，使得 PSO 算法具备跟随非静态目标函数的能力，比进化规划和进化策略得到的结果精度更高，收敛速度更快。

另外，还有其他调整策略，如非线性权值递减策略、自适应动量因子法[22]、自适应调节惯性权值[15]等。

2. 学习因子

速度更新式（4-14）中，c_1 表示粒子下一步动作来源于自身经验部分所占的权重，将粒子推向个体最优位置 $pbest_{id}^k$ 的加速权重；c_2 表示粒子下一步动作来源于其他粒子经验部分所占的权重，将粒子推向群体最优位置 $gbest_{id}^k$ 的加速权重。

1）$c_1=0$ 代表无私型粒子群算法，"只有社会，没有自我"，迅速丧失群体多样性，易陷入局部最优而无法跳出。

2）c_2＝0 代表自我认知型粒子群算法，"只有自我，没有社会"，完全没有信息的社会共享，导致算法收敛速度缓慢。

3）当 c_1＝c_2＝0 时，粒子将一直以当前速度飞行，直至到达边界。c_1 和 c_2 都不为 0 代表完全型粒子群算法，更容易保持收敛速度和搜索效果的均衡，是较好的选择。

学习因子值太小使粒子在目标区域外徘徊，值太大导致粒子越过目标区域。通常 c_1 和 c_2 推荐的取值范围是在 ［0,4］ 取值，针对不同的问题有不同的取值，一般通过试凑法调整。

3. 收缩因子

在速度更新公式中引入收缩因子，令当前速度调整结束后整体收缩后再更新，如下式所示：

$$V_{id}^{k+1} = \chi \left[v_{id}^k + c_1 r_1 \left(pbest_{id}^k - x_{id}^k \right) + c_2 r_2 \left(gbest_{id}^k - x_{id}^k \right) \right] \tag{4-19}$$

$$\chi = \frac{2}{\left| 2 - \varphi - \sqrt{\varphi^2 - 4\varphi} \right|} \tag{4-20}$$

其中，$\varphi = c_1 + c_2$，$\varphi > 4$，有研究表明，收缩因子有助于确保 PSO 算法收敛，且可以有效搜索不同的区域，使算法能得到高质量的解。

4. 种群规模

粒子群的规模大小也是影响算法性能的关键参数之一，粒子数太少，容易使粒子陷入局部最小值。但粒子数到达一定数量后，即便再增加粒子，算法性能也不会有太大的改善，而且会增大算法的时间复杂度，一般来说粒子群的规模在 20～40 个，可以视所要解决的具体问题来调整种群规模，比如对于高维的函数优化问题，可以适当增加种群规模。

基本 PSO 算法中，种群大小是一个常数，在算法运行中保持不变，有一种算法改进的思想，是让种群规模在算法迭代过程中能够动态调整[23]。通常情况下，固定种群规模要比动态调整规模的性能更好些。如果多次尝试都不能找到最佳的种群规模，则使用动态调整规模的方法可以有效节省时间。

5. 拓扑结构

这里把群体中的粒子看作图的连接节点，PSO 算法在迭代过程中，粒子之间传递信息，看作是图的连接。粒子群的拓扑结构[24]是指整个群体中所有粒子之间相互连接的方式，反映了不同粒子之间的信息和功能流，也是决定粒子群优化算法精度和收敛速度的一个很重要的因素，不同拓扑结构的粒子群算法效果差别很大。

拓扑结构采用一些参数来表示其结构信息及节点间的信息流动速度，其中有三个重要的参数：

1）平均距离：两个节点间的平均边数。

2）直径：两个节点间的最大距离。

3）分配序列 $<d_1, d_2, \cdots, d_n>$，其中 d_i 表示从一个节点出发经过 i 条边（不循环）可以到达的节点个数的平均值。

只有充分学习 PSO 算法中的一些常见拓扑结构的特点才能为算法选择更加合理的拓扑结构，从而提高算法性能。

粒子群算法的拓扑结构研究大多基于以下五种模式，如图 4-15 所示，分别为全连接、环形连接、四类连接、金字塔连接、四方网格连接：①全连接拓扑是基本 PSP 算法提出时所采用的，每一个个体与群体中的所有其他成员连接，该类型连接信息传递速度快，算法收敛快，但是比较容易陷入局部极小点；②环形连接拓扑，结构简单易编程，节点间拥有最少的边，所以信息传递缓慢，算法的收敛速度会受到很大影响；③四类连接拓扑结构，由四个独立的小团体组成，每个小团体中只有处于邻域的少数粒子可以与其他的粒子团体交流，

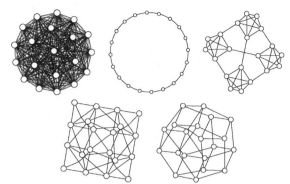

图 4-15　粒子群算法的拓扑结构类型

信息在整个结构中传递的效率最高；④金字塔连接拓扑结构，也是四面体结构，拥有较小的平均距离（2.04），粒子之间交流的代价最少；⑤四方网格拓扑结构，也成为冯诺依曼结构，每个粒子和上下左右四个最邻近的粒子相互连接，形成一种网状的结构，每个区域的粒子得到充分交流，减少陷入局部最优的风险。

4.4.3　改进粒子群优化算法

4.4.3.1　离散 PSO 算法[25-28]

20 世纪末，Kennedy 和 Eberhart 提出了在编码方式上与 PSO 有所不同的基于 PSO 算法的离散版粒子群算法（Binary Particle Swarm Optimization，BPSO）[29]，算法中的速度向量考虑了粒子位置改变的概率，而不是传统的算法那样参考位移量。所以位置也可以用 0，1 的二进制型诠释，这就是所说的离散型粒子群算法。

在离散粒子群优化算法中，将离散问题空间映射到连续粒子运动空间，通过修改基本粒子群算法来求解，算法中仍然保留基本粒子群优化算法的速度和位置更新运算法则。为了使每次迭代后 x 的值只取 0 或者 1，首先要将粒子速度映射到区间 $[0,1]$，用速度与概率进行映射的方法，这里利用 sigmoid 函数，如下式所示：

$$f_{sig}(v_{id}) = \frac{1}{1+\exp(-v_{id})} \tag{4-21}$$

$$x_{id} = \begin{cases} 1, rand(0,1) < f_{sig}(v_{id}) \\ 0, 其他 \end{cases} \tag{4-22}$$

式中，$rand(a,b)$ 产生一个在 $[a,b]$ 区间均匀分布的随机数；$f_{sig}(v_{id})$ 用来表示 x_{id} 取 1 的位置概率。

通常当函数 $f_{sig}(v_{id})$ 的值接近 1 的时候，对应粒子的位置 x_{id} 也应该取 1，对于每个粒子的速度有 $v_{id} \in [-V_{max}, V_{max}]$，以 $V_{max} = 4$ 为例，可以得到 $f_{sig}(v_{id})$ 的函数关系如图 4-16 所示。

4.4.3.2　基于雁群启示的 PSO 算法

自然界中的雁群是一种特殊模式的群体，雁队有明确的分工，其中的两个基本角色是头

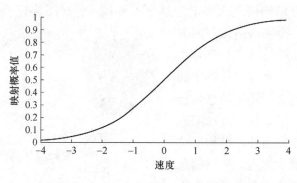

图 4-16   sigmoid 函数曲线

雁（leader）和跟随者（follower），大雁的群体在迁徙时基于角色的分工编队飞行，它们排成"人"字或"一"字形的飞行方式非常高效。借鉴雁群的飞行启示，大雁的强壮程度可以类比粒子的优劣程度，因此将所有粒子按历史最优适应值排序，选出历史最优适应值最好的粒子作为头雁，其他依次向后排，由头雁确定一个好的搜索方向，其他跟随的大雁排成一列沿此方向搜索。所以前面那只大雁的个体极值作为其后面那只大雁的全局极值。

根据雁群飞行特征对粒子群算法进行改进后，速度更新公示为：

$$v_{id}^{t+1} = v_{id}^t + c_1 r_1 (pbest_{id}^t - x_{id}^t) + c_2 r_2 (pbest_{(i-1)d}^t - x_{id}^t) \tag{4-23}$$

由式（4-23）可见，右侧第三部分粒子群第 k 次迭代的群体全局的最优值 $gbest_{id}^t$ 被前面那只大雁的个体极值 $pbest_{(i-1)d}$ 取代。在雁队飞行时，头雁和跟随者的角色不是固定的，头雁是可以轮换的。算法中，每次迭代后，更新每个粒子的历史最优适应值，将所有粒子重新排序，如果头雁不能继续带领雁队找到更好的适应值，那么群体更换头雁。为使雁队排在前面的大雁，尤其是头雁，始终保持较好的强壮性，每次迭代要获取较好的更新信息，粒子更新公式中，个体极值 $pbest_{id}^t$ 替换为按历史最优适应度值排序后的粒子个体极值 $spop_{id}^t$，即

$$v_{id}^{t+1} = v_{id}^t + c_1 r_1 (spop_{id}^t - x_{id}^t) + c_2 r_2 (pbest_{(i-1)d}^t - x_{id}^t) \tag{4-24}$$

$$x_{id}^{t+1} = x_{id}^t + v_{id}^{t+1} \tag{4-25}$$

算法的基本步骤：

1）在解空间内随机初始化一群大雁（n 只），计算每个大雁的适应值，取得最好适应值的大雁作为头雁（leader）（记录头雁适应值为 $f(\text{leader})$，第一次也就是雁队历史最优值 $f(\text{team})$）。

2）每只大雁沿群体最优方向（即头雁的负梯度方向）做直线搜索，取得最好位置的大雁为新的头雁，记录其最优值 $f(\text{leader})$。

3）将 $f(\text{leader})$ 与群体历史最优值 $f(\text{team})$ 比较，若小于后者，则替换后者；若规定迭代次数内，$f(\text{team})$ 未得到更新，则转步骤 1）。

4）是否满足终止条件，若满足则结束；不满足则在头雁的新旧迭代点间均匀分出 $n-1$ 段，在每一段内随机初始化一只大雁，转步骤 2）。

基于雁群启示的 PSO 算法流程如图 4-17 所示。

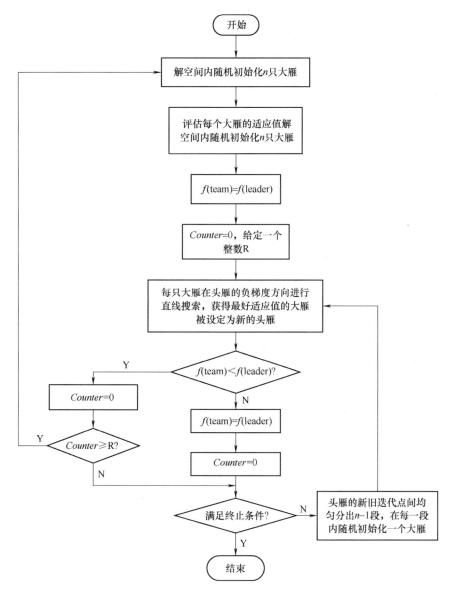

图 4-17 基于雁群启示的 PSO 算法流程

4.4.3.3 遗传 PSO 算法

粒子群 PSO 算法步骤简明，具有鲁棒性强且收敛性不依赖初值的特点，但缺乏变异能力，对搜索空间的判断不够全面，结合遗传 GA 算法通过交叉变异扩展搜索空间的优点，形成具有遗传特性的 PSO 算法，算法结合了生物进化的特性，有效提高收敛速度。遗传粒子群混合算法（GAPSO）对粒子速度的变异操作进行更改，对粒子位置引入一种交叉操作，加强算法摆脱局部极值点的能力。

由于粒子群算法与遗传算法均是对一群个体进行操作来体现算法的并行性的，而且两种算法的判断依据都是适应度函数的值，编码方式也都是采用二进制活实数编码，所以两种算法可以通过结合的方式起到优势互补，相互取长补短，结合后的混合算法有可能实现加快搜索的收敛速度、增强全局寻优能力、提高优化性能与鲁棒性的目的。

算法的基本思路是，在前期依靠 GA 的交叉变异和全局探索能力以保证种群个体的多样性，提供初步的优化结果，保留全局搜索的优势。在算法运行的后期转为执行 PSO，强化局部开发，提高收敛速度和计算精度。遗传 PSO 算法流程如图 4-18 所示。

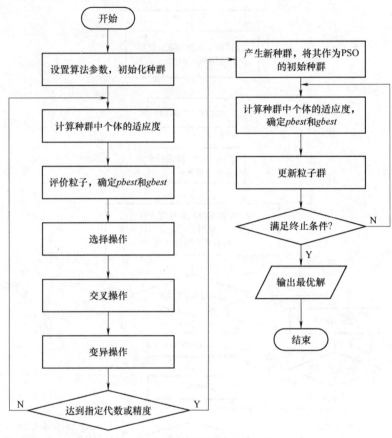

图 4-18　遗传 PSO 算法流程图

4.4.4　粒子群优化算例

例 4.6　求函数 $f(x,y)=3\cos(xy)+x+y^2$ 的最小值，其中 x 和 y 的取值范围均为 $[-4,4]$。这是一个有多个局部极值的函数，其函数值图形如图 4-19 所示。

解：算法流程如下：

1）初始化群体粒子个数为 $N=100$，粒子维数为 $D=2$，最大迭代次数为 $T=200$，学习因子 $c_1=c_2=1.5$，惯性权重最大值为 $w\_max=0.8$，惯性权重最小值为 $w\_min=0.4$，位置最大值为 $x\_max=4$，位置最小值为 $x\_min=-4$，速度最大值为 $v\_max=1$，速度最大值为 $v\_min=-1$。

2）初始化粒子群迭代的初值（随机取值）：种群粒子位置 x 和速度 v，粒子个体最优位置 p 和最优值 p_best，粒子群全局最优位置 g 和最优值 $gbest$。

3）计算动态惯性权重值 w，更新位置 x 和速度值 v，并进行边界条件处理，判断是否替换粒子个体最优位置 p 和最优值 p_best，以及粒子群全局最优位置 g 和最优值 $gbest$。

4）判断是否满足终止条件：若满足，则结束搜索过程，输出优化值；若不满足，则继续进行迭代优化。

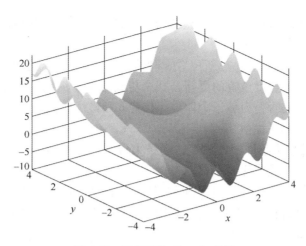

图 4-19 目标函数 $f(x,y)$ 曲线

算法迭代结束后，输出最优值和最优解，其适应度进化曲线如图 4-20 所示。优化的结果为：在 $x=-3.9998$、$y=-0.7588$ 时，函数 $f(x)$ 取得最小值 -6.4071。

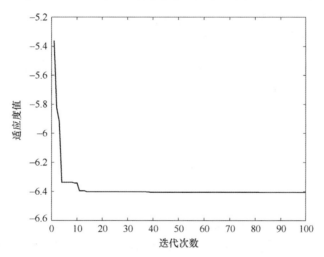

图 4-20 PSO 求解函数最小值的适应度进化曲线

例 4.7 背包（0-1）问题。有 N 件物品和一个容量为 V 的背包。第 i 件物品的体积是 $c(i)$，价值是 $w(i)$。求解将哪些物品放入背包可使物品的体积总和不超过背包的容量，且价值总和最大。

假使物品数量为 10，背包的容量为 300。每件物品的体积为 $[95,75,23,73,50,22,6,57,89,98]$，价值为 $[89,59,19,43,100,72,44,16,7,64]$。

解：采用离散粒子群算法求解流程如下：

1）初始化群体粒子个数为 $N=100$，粒子维数（即二进制编码长度）$D=10$，最大迭代次数为 $T=200$，学习因子 $c_1=c_2=1.5$，惯性权重最大值为 $w\_max=0.8$，惯性权重最小值为 $w\_min=0.4$，速度最大值为 $v\_max=10$，速度最小值为 $v\_min=-10$。

2）初始化速度 v 和二进制编码的种群粒子位置 x，其中 1 表示选择该物品，0 表示不选择该物品。取适应度值为选择物品的价值总和，计算个体适应度值，当物品体积总和大于背包容量时，对适应度值进行惩罚计算。获得粒子个体最优位置 p 和最优值 p_best，以及粒子群全局最优位置 g 和最优值 $gbest$。

3）计算动态惯性权重值 w，更新位置 x 和速度值 v，并进行边界条件处理，并按照离散粒子群速度位置的更新公式来更新二进制编码的位置 x，计算其适应度值，判断是否替换粒子个体最优位置 p 和最优值 p_best，以及粒子群全局最优位置 g 和最优值 $gbest$。

例 4-7 程序 1

4）判断是否满足终止条件：若满足，则结束搜索过程，输出优化值；若不满足，则继续进行迭代优化。

优化结果为 $[1,0,1,0,1,1,1,0,0,1]$，其中 1 表示选择相应物品，0 表示不选择相应物品，价值总和为 388。迭代过程的适应度值进化曲线如图 4-21 所示。

例 4-7 程序 2

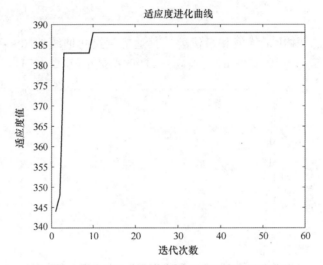

图 4-21　离散 PSO 求解背包问题的适应度进化曲线

例 4.8　配电网无功优化问题。对于第 3 章例题（如式（3-34）~式（3-39））所示的无功优化问题，利用粒子群算法进行求解。利用罚函数法，将电压和功率约束与目标函数结合，建立适应度函数 f

$$f(P_i(k)) = P_{loss} + \lambda_1(U_i - U_{i,lim})^2 + \lambda_2(Q_{Ci} - Q_{Ci,lim})^2 \tag{4-26}$$

式中

$$U_{i,lim} = \begin{cases} U_{i,max}, & U_i \geq U_{i,max} \\ U_i, & U_{i,max} \geq U_i \geq U_{i,min} \\ U_{i,min}, & U_i \leq U_{i,min} \end{cases} \tag{4-27}$$

$$Q_{Ci,lim} = \begin{cases} Q_{Ci,max}, & Q_i \geq Q_{Ci,max} \\ Q_{Ci}, & Q_{Ci,max} \geq Q_{Ci} \geq Q_{Ci,min} \\ Q_{Ci,min}, & Q_{Ci} \leq Q_{Ci,min} \end{cases} \tag{4-28}$$

解：采用粒子群算法求解无功优化问题的算法流程图如图 4-22 所示，无功补偿 Q_{Ci} 对应为粒子群中粒子位置，算法流程如下所示：

1）设置初始参数，初始化种群。此时迭代次数 $k=0$，生成满足无功补偿约束的 N 个初始粒子位置,随机初始化粒子速度。

2)根据适应度函数评估种群中的粒子,确定全局最优值和个体最优值的初值。其中,适应度函数 f 由目标函数和罚函数组成,目标函数为有功网损,惩罚项为节点电压越限惩罚和无功补偿越限惩罚(节点电压、有功网损由各粒子对应无功补偿解算潮流得到),式(4-26)中 λ_1 和 λ_2 为节点电压越限补偿因子和无功补偿越限补偿因子。

3)$k=k+1$,调整粒子惯性权重,更新粒子的速度。根据式(4-18)自适应调整粒子惯性权重,根据式(4-16)更新粒子速度。

4)更新粒子位置,进行潮流计算。根据式(4-15)更新粒子位置,根据适应度函数评估粒子,寻找全局最优值和个体最优值。对粒子 $i(i=1,2,\cdots,N)$,若 $f(P_i(k))<f(pIbest_i(k-1))$,则 $pIbest_i(k)=P_i(k)$;否则 $pIbest_i(k)=pIbest_i(k-1)$。对于种群,若存在 $f(pIbest_i(k))<f(pGbest(k-1))i\leqslant N$,则 $pGbest(k)=pIbest_i(k)$;否则 $pGbest(k)=pGbest(k-1)$。

5)判断是否当达到最大迭代次数或收敛停滞,若是,结束寻优,得到无功补偿优化结果;否则,转步骤3)。

6)输出粒子群算法无功优化结果,得到无功补偿量。

无功优化过程的适应度进化曲线如图 4-23 所示。

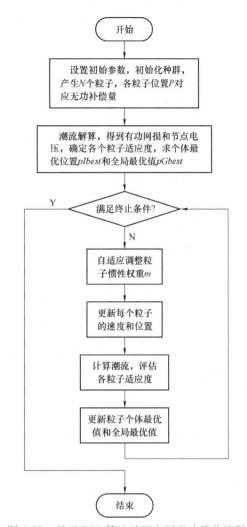

图 4-22 基于 PSO 算法的配电网无功优化流程

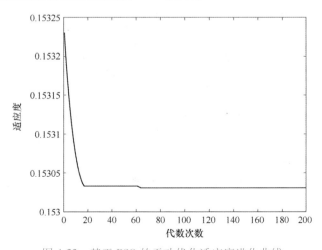

图 4-23 基于 PSO 的无功优化适应度进化曲线

4.5　蚁群算法

蚂蚁虽然身躯细小，但却能从远古时代繁衍至今，期间地球的生态环境发生了大变迁，弱肉强食、物竞天择，连身躯庞大的恐龙都已灭绝，但是蚂蚁靠着群体集体的力量和顽强的生命力存活下来。科学家也曾做过实验并计算出蚂蚁能够举起超过自己体重 400 倍的物体，甚至可以把比自己重 1400 倍的食物拖到洞中，而且蚂蚁能够借助自身分泌化学物质来给同伴传递信息，这种化学物质被称为信息素（Pheromone），遇到危险时，信息素可以刺激蚁群来传递警示信息，依靠这种特殊的通信，蚂蚁可以在运动过程中通过感知信息素来指导自己的运动方向，按计划执行一项任务，而这种控制自身环境的能力是在其社会行为不断发展的过程中获取的。大量的蚂蚁聚集成群的蚁群集体行为便表现出一种信息正反馈现象，比如某一条路径走的蚂蚁越多，则后来者选择该路径的概率越大。

蚂蚁通过相互协调、分工、合作来完成筑巢、觅食、迁移、清扫蚁穴等任务，并且蚂蚁能够在觅食过程中通过相互协作找到蚁穴到食物源的最短路径。基于这种觅食行为的模拟，M. Dorigon 等提出了蚁群优化（Ant Colony Optimization，ACO）算法[30-33]来解决复杂优化问题，算法表现较强的鲁棒性并支持灵活的分布式计算机制。蚁群算法的基本原理是模拟蚂蚁搜寻事务的具体过程模拟，蚁群在觅食时总能找到一条从食物源到巢穴之间的最优路径，这都是依靠蚂蚁释放在经过路径上的信息素，当蚂蚁碰到一个还没有走过（没有信息素）的路口时，就随机挑选一条路径前行，同时释放一种浓度与路径的长度相关的信息素，路径越长，该路径上信息素的浓度越低；路径越短，则信息素的浓度越高。当后来的蚂蚁再次碰到这个路口时，以相对较大的概率选择信息素浓度较高的路径，这样就形成了一个正反馈，随着越来越多的蚂蚁经过，最优路径上的信息素浓度越来越大，而其他的路径上的信息素浓度则慢慢降低，最终整个蚁群都会沿着这个最优路径进行觅食。图 4-24 简单模拟了整个最优路径搜寻过程。

如图 4-24a 所示，食物源在 D 点，蚂蚁以相同的速度从 A 点出发，可随机选择路线 a-ABD 或路线 b-ACD，假设初始时每条路线分配一只蚂蚁，每个时间单位走一步，从图中可以看出，经过 9 个时间单位，走路线 a 的蚂蚁已到达食物源 D，而走路线 b 的蚂蚁才走到路程的中间 C 点处。如图 4-24b 所示，经过 18 个时间单位，走路线 a 的蚂蚁到达食物源 D 后拿着食物又返回了起点 A，而走路线 b 的蚂蚁刚好走到 D 点。假设蚂蚁边走边释放信息素，每隔相同时间释放一次且每次一个单位信息素，经过 72 个时间单位后，所有从 A 点一起出发的蚂蚁经过不同的路径都到达 D 点并取得了食物，其中，走路线 a 的蚂蚁往返了四趟，每隔单位路段有 8 个单位的信息素；而走路线 b 的蚂蚁往返了两趟，每单位路段有 4 个单位的信息素，其比值为 2∶1。当觅食过程继续进行，依据信息素的指导，蚁群在路线 a 上增派了一只蚂蚁（路线 a 共有 2 只蚂蚁参与觅食），而路线 b 上仍然只有 1 只蚂蚁。再经过 72 个时间单位，两条路线单位路段上的累积信息素分别为 24 和 8（3∶1）。按照上述规则，蚁群在路线 a 上持续增派一只蚂蚁（共 3 只），而路线 b 上仍然为 1 只蚂蚁，再经过 72 个时间单位后，两条路线单位路段上的累积信息素分别为 48 和 12（4∶1）。久而久之，在信息素指导下，蚁群将逐渐放弃路线 b 而全部选择路线 a，这就是蚁群优化的正反馈效应，即蚂蚁通过信息素交流机制来进行个体间的通信，如果某一路径上走过的蚂蚁越多，则后来者选择该路径的概率越大，最终蚁群实现沿最短路径搜寻食物。

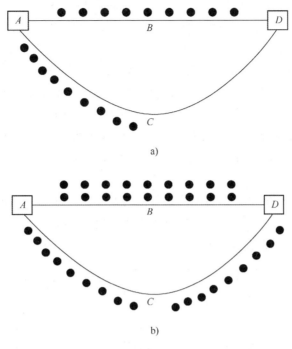

图 4-24　蚁群算法

　　蚁群优化算法可根据环境的改变和过去的行为结果，调整自身的知识库或自身的组织结构，从而实现算法求解能力的进化，体现了算法很强的自学习能力。在实际应用中，往往比较强调算法的执行效率，为了解决该类问题，可以引入启发因子，令蚁群算法根据所求问题空间的具体特征获得一个初始的引导，在蚂蚁决定行走方向的概率选择中引入随机搜索，使得在路径选择的过程中提高算法效率，使蚁群算法在实际工程中的有效应用成为可能。

4.5.1　基本蚁群算法

　　基于真实蚁群寻找食物时的最优路径选择问题，构造人工蚁群，来解决最优化问题，在人工蚁群中，具有简单功能的工作单元可以看作是蚂蚁。不同的工作单元之间通过信息素进行间接通信，并利用该信息和与问题相关的启发式信息逐步构造问题的解。与真实蚂蚁不同的是人工蚁群生活在离散的时间，从一种离散状态到另一种离散状态。这些具有简单功能的工作单元通过存储内部状态来记忆人工蚁群经过的地方，更新信息素的时机可以根据特定问题的条件来设定。

　　蚁群算法具有并行特性[34]，可以看作是一个分布式的多智能体系统，每只蚂蚁在问题空间中进行多点搜索的过程彼此独立，仅通过信息素进行通信，增强了算法的可靠性和全局搜索能力。相比于其他算法，蚁群算法的参数较少、设置简单，并且求解过程中对初始路线的依赖性不高，在搜索中不需要进行人工的调整，所以在组合优化问题的求解中具有优势。蚁群最终能够找到最优路径，依赖于其在路径上堆积的信息素，这一正反馈的特性保证了算法进化过程得以进行。

4.5.1.1　算法基本原理

　　蚁群算法是根据模拟蚂蚁寻找食物的最短路径行为来设计的仿生算法，可以用来解决最短路径问题，尤其是在旅行商问题（Traveling Salesman Problem，TSP）上取得了比较好的成效。也可以拓展应用到图着色问题、车辆调度问题、集成电路设计、数据聚类分析等方面[35,36]。这里为了方便阐述算法原理和流程，以 TSP 为例。在算法的初始时刻，将 m 只蚂蚁随机地放到 n 座城市，为每只蚂蚁设置一个搜索表 tab，表格的第一个元素设置为它当前所在的城市，设置每一条路径上的信息素初值，每只蚂蚁根据路径上残留的信息素浓度和启发式信息（两城市间的距离）独立地选择下一座城市。对于第 k 只蚂蚁，其搜索表 tab_k 中记录了这只蚂蚁当前走过的城市，当所有的城市都加入了表 tab_k 中，则蚂蚁 k 完成了一次周游，此时蚂蚁 k 所走过的路径便是 TSP 的一个可行解。

4.5.1.2　算法流程

假设共有 n 座城市，蚁群在进行路径选择的时候，已经过的城市记录在表 tab_k 中，下一步允许经过的城市记录在表 $J_k(i)$ 中，则 $J_k(i)+tab_k=\{1,2,\cdots,n\}$；用 $p_{ij}^k(t)$ 表示蚂蚁 k 在第 t 次从城市 i 转移到城市 j 的概率，即

$$p_{ij}^k(t)=\begin{cases}\dfrac{\left[\tau_{ij}(t)\right]^{\alpha}\cdot\left[\eta_{ij}\right]^{\beta}}{\sum\limits_{s\in J_k(i)}\left[\tau_{is}(t)\right]^{\alpha}\cdot\left[\eta_{is}\right]^{\beta}},\text{当}j\in J_k(i)\text{时}\\[12pt]0,\text{其他}\end{cases}\tag{4-29}$$

式中，α 和 β 分别表示信息素和期望启发因子的相对重要程度；η_{ij} 表示启发式因子，通常取城市 i 到城市 j 之间距离 d_{ij} 的倒数，$\eta_{ij}=1/d_{ij}$；$\tau_{ij}(t)$ 表示第 t 次从城市 i 到城市 j 路径上的信息素浓度。

当蚁群里的所有蚂蚁完成一次周游后，进行下一次迭代之前，各路径上的信息素需要更新一次，如下所示：

$$\tau_{ij}(t+1)=(1-\rho)\cdot\tau_{ij}(t)+\Delta\tau_{ij}\tag{4-30}$$

式中，$0<\rho<1$ 表示路径上信息素的蒸发系数；$\Delta\tau_{ij}$ 表示本次迭代中城市 i 到城市 j 路径上信息素的增量，即

$$\Delta\tau_{ij}=\sum_{k=1}^m\Delta\tau_{ij}^k\tag{4-31}$$

式中，$\Delta\tau_{ij}^k$ 表示第 k 只蚂蚁在本次迭代中留在城市 i 到城市 j 路径上的信息素量，如果蚂蚁 k 没有经过该路径，$\Delta\tau_{ij}^k$ 的值为零。

$\Delta\tau_{ij}^k$ 的取值通常有三种模型[37]：ant-cycle 模型、ant-quantity 模型和 ant-density 模型。

1）ant-cycle 模型：

$$\Delta\tau_{ij}^k=\begin{cases}\dfrac{Q}{L_k},\text{当蚂蚁}k\text{经过路径}(i\to j)\\[10pt]x,\text{其他}\end{cases}\tag{4-32}$$

式中，Q 为正常数；L_k 表示蚂蚁 k 在本次周游中所走过的路径长度。

2）ant-quantity 模型：

$$\Delta\tau_{ij}^k=\begin{cases}\dfrac{Q}{d_{ij}},\text{当蚂蚁}k\text{经过路径}(i\to j)\\[10pt]x,\text{其他}\end{cases}\tag{4-33}$$

式中，Q 为正常数。

3）ant-density 模型：

$$\Delta \tau_{ij}^{k} = \begin{cases} Q, \text{当蚂蚁 } k \text{ 经过路径}(i \rightarrow j) \\ x, \text{其他} \end{cases} \tag{4-34}$$

蚁群算法将正反馈原理和启发式算法相结合，在选择路径时，蚂蚁不仅利用了路径上的信息素，也用到了城市间距离的倒数作为启发式因子。实验表明：ant-cycle 模型利用了全局信息更新路径上的信息素量，比 ant-quantity 模型和 ant-density 模型有更好的性能。

基本蚁群算法的实现步骤如下（见图 4-25）：

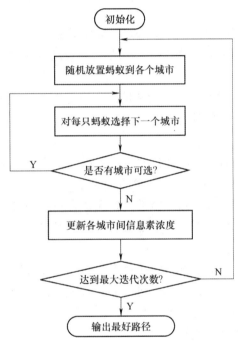

图 4-25　基本蚁群算法流程图

步骤 1：参数初始化。令循环次数 $t=0$，设置最大循环次数 T_G；$k=0$，将 m 个蚂蚁置于 n 个城市上，令每条路径（$i \rightarrow j$）的初始化信息量 $\tau_{ij}(t)=c$，其中 c 是常数。$\Delta \tau_{ij}=0$。

步骤 2：循环次数 $t=t+1$。

步骤 3：蚂蚁数目 $k=k+1$。

步骤 4：蚂蚁 k 根据概率式（4-29）计算的概率选择城市 j 并前进。

步骤 5：修改搜索表 tab_k 的指针，即选择好之后将蚂蚁移动到新的城市上，并把该城市保存到蚂蚁个体的搜索表中。

步骤 6：判断所有的蚂蚁是否都已经完成一次周游，即判断 $k<m$ 是否成立，若是则跳转到步骤 4；否则，执行步骤 7。

步骤 7：记录本次最佳路线。

步骤 8：根据式（4-30）更新每条路径上的信息素浓度。

步骤 9：判断是否满足结束条件，即如果 $t>T_G$，则循环结束并输出程序优化结果；否则清空搜索表 tab_k，并跳转到步骤 2。

4.5.2　蚁群算法的参数设置

在蚁群算法执行中，蚂蚁之间的合作行为会严重影响算法的性能，通过合理配置算法的关键参数，可以提高算法的求解性能和效率，下面是关键参数的说明。

（1）蚂蚁数量 m

蚂蚁数量一般设置为目标数的 1.5 倍较为稳妥；参数设置过大会造成每条路径上信息素趋于平均，正反馈作用减弱，从而导致收敛速度减；过小则可能导致一些从未搜索过的路径信息素浓度减小为 0，导致过早收敛，解的全局最优性降低。

（2）信息素常量 Q

信息素常量根据经验一般取值在 $[10,1000]$；参数设置过大会使蚁群的搜索范围减小容易过早的收敛，使种群陷入局部最优；过小则每条路径上信息含量差别较小，容易陷入混沌状态。

（3）最大迭代次数 T_G

最大迭代次数一般取 $[100,500]$，通常情况建议取 200。参数设置过大会导致运算时间过长，过小则可选路径较少，使种群陷入局部最优。

（4）信息素因子 α

表示当前路径的选择与否受到路径信息量浓度影响的程序，也反映了蚂蚁运动过程中在路径上积累的信息素浓度在指导蚁群搜索中的相对重要程度。取值范围通常在 $[1,4]$。其值越大，蚂蚁选择以前已经走过的路可能性也越大，容易使随机搜索性减弱；其值取小则蚁群易陷入纯粹的随机搜索，使种群陷入局部最优。

（5）启发函数因子 β

表示启发式信息在指导蚁群搜索中的相对重要程度，反映了蚁群寻优过程中先验性、确定性因素作用的强度。根据经验，该因子通常的取值范围在 $[3,5]$；参数越大，蚂蚁选择局部最短路径的可能性就越大，可以加快收敛速度，但是易陷入局部最优；反之则蚁群易陷入纯粹的随机搜索，很难找到最优解。

（6）信息素挥发系数 ρ

蚁群算法中的人工蚂蚁具有记忆能力，ρ 是路径上信息素的挥发程度，而 $1-\rho$ 反映了信息素的保持程度。根据经验，取值范围通常在 $[0.2,0.5]$。ρ 越大表示信息素挥发越快，容易导致较优路径被排除；ρ 越小表示以前搜索过的路径被再次选择的可能性越大，各路径上信息素含量差别较小，会降低收敛速度。

4.5.3　改进蚁群算法

在某些应用领域，利用基本蚁群算法求解问题会需要较长的搜索时间，甚至会出现停滞现象，所以很多学者研究并提出了改进思路，提高算法性能和效率。

（1）带精英策略的蚁群算法

带精英策略的蚁群算法是在基本蚁群算法上引入了精英策略，由 M. Dorigo[38] 等人提出，其设计思想是对每次循环之后给予最优路径额外的信息素量，找出这个解的蚂蚁称精英蚂蚁。将所发现的最优路径记为 T^{bs}，该路径在修改信息素时，会人工释放外的信息素，增强正反馈的效果。信息素的修改公式为：

$$T_{ij}(t+1) = (1-\rho)\tau_{ij}(t) + \sum_{k=1}^{m} \Delta\tau_{ij}^{k}(t) + e\Delta\tau_{ij}^{bs}(t) \tag{4-35}$$

$$\Delta\tau_{ij}^{bs}(t) = \begin{cases} \dfrac{1}{L_{bs}}, (i \to j) \in T^{bs} \\ 0, 其他 \end{cases} \tag{4-36}$$

式中，e 是一个常数，表示调整 T^{bs} 影响权重的程度；L_{bs} 是已知最优路径 T^{bs} 的长度。

使用带精英策略的蚁群算法，需要选取一个适当的 e 值，能够使得算法在更少的迭代次数内搜寻到更好的解。

（2）最大-最小蚁群算法

为了克服基本蚁群算法可能出现的停滞现象，Thomas Stutzle 等人提出最大-最小（max-min）改进蚁群算法[39]，主要包含以下 3 个改进之处：

1）将每条路径的信息素浓度限制于 $[\tau_{min}, \tau_{max}]$，超出这个范围的值被强制设为 τ_{min} 或 τ_{max}。这可以避免算法过早收敛于局部最优解，有效地避免某条路径上的信息素量远大于其余路径，避免所有蚂蚁都集中到同一条路径上。

2）路径上信息素的初始值被设定为其取值范围的上界。在算法的初始时刻，信息素挥发系数 ρ 取较小的值时，算法有更好地发现较好解的能力。

3）强调对最优解的利用。每次循环结束后，只有最优解所属路径上的信息被更新，从而更好地利用了历史信息。

当所有蚂蚁完成一次循环后，对路径上的信息做全局更新

$$T_{ij}(t+1) = (1-\rho)\tau_{ij}(t) + \Delta\tau_{ij}^{best}(t) \tag{4-37}$$

$$\Delta\tau_{ij}^{bs}(t) = \begin{cases} \dfrac{1}{L_{best}}, (i \to j) \in 最优路径 \\ 0, 其他 \end{cases} \tag{4-38}$$

式中，允许更新的路径可以是全局最优解，或本次循环获得的最优路径。逐渐增加全局最优解的使用频率，会使该算法获得较好的性能[40]。

（3）基于排序的蚁群算法

基于排序的蚁群算法中，对蚁群中的蚂蚁进行了分级，让每个蚂蚁释放的信息素可以按照它们的等级进行挥发，类似于精英策略，让精英蚂蚁在每次循环中释放更多的信息素。该算法是由 Bullnheimer、Hartl 和 Strauss 等人[41]研究提出的。蚂蚁的等级划分是按照它们的旅行路径长度进行排序，路径短的排在前面，蚂蚁释放信息素的量和蚂蚁的排名相乘。在每次循环中，只有排名前 $w-1$ 位的蚂蚁和精英蚂蚁才允许在路径上释放信息素。信息素更新原则为：

$$T_{ij}(t+1) = (1-\rho)\tau_{ij}(t) + \sum_{r=1}^{w-1}(w-r)\Delta\tau_{ij}^{r}(t) + w\Delta\tau_{ij}^{gb}(t) \tag{4-39}$$

$$\Delta\tau_{ij}^{r}(t) = \frac{1}{L^{r}(t)}, \Delta\tau_{ij}^{gb}(t) = \frac{1}{L^{gb}(t)} \tag{4-40}$$

式中，$L^{r}(t)$ 是排名为第 r 位的蚂蚁旅行路径的长度；$L^{gb}(t)$ 是精英蚂蚁旅行路径的长度。

（4）自适应蚁群算法

为了克服按固定不变模式去更新信息量和确定每次路径选择概率的不足，有学者研究并提出了自适应蚁群算法，算法中建立一种新的自适应策略[42,43]。自适应的改变 ρ 值：

$$\rho(t) = \begin{cases} 0.95\rho(t-1), & \text{当 } \rho(t) \geqslant \rho_{min} \\ \rho_{min}, & \text{其他} \end{cases} \tag{4-41}$$

式中，ρ_{min} 为 ρ 的最小值，它可以防止 ρ 过小而降低算法的收敛速度。

可知当问题规模较大时，由于信息量挥发系数 ρ 的存在，使那些从未被搜索过的路径上的信息量减小到接近为 0，从而降低了算法在这些路径上的搜索能力；反之，当某条路径中信息量较大时，这些路径中的信息量增大，搜索过的路径再次被选择的机会就会变得较大。

搜索过的路径再次被选择的机会变大，会影响算法的全局搜索能力，此时通过固定地变化挥发系数虽然可以提高全局搜索能力，但却使算法的收敛速度降低。自适应蚁群算法通过自适应的改变 τ 值的方法，将信息素更新的公式变为：

$$T_{ij}(t+1) = \begin{cases} (1-\rho)^{1+\varphi(m)}\tau_{ij} + \Delta\tau_{ij}, & \tau_{ij} \geqslant \tau_{max} \\ (1-\rho)^{1-\varphi(m)}\tau_{ij} + \Delta\tau_{ij}, & \tau_{ij} < \tau_{max} \end{cases} \tag{4-42}$$

式中，$\varphi(m) = m/c$ 是一个于收敛次数 m 成正比的函数，收敛次数 m 越多，$\varphi(m)$ 的取值越大；c 为常数。

缩小最好和最差路径上的信息量的差距，并且适当加大随机选择的概率，以小于 1 对解空间进行的更完全搜索，可以有效地克服基本蚁群算法的不足。

4.5.4 蚁群算法的优化实例

例 4.9 旅行商问题（TSP）。

假设有一个旅行商人要拜访全国 31 个省会城市，该名商人需要选择行走的路径，每个城市只能拜访一次，并且最后要回到原先出发的城市。

例 4-9 程序

所选择的路径中，以行走的总路程最小的路径为最佳路径。要求利用遗传算法求解最佳路径。

已知全国 31 个省会城市的坐标为 [1304 2312；3639 1315；4177 2244；3712 1399；3488 1535；3326 1556；3238 1229；4196 1044；4312 790；4386 570；3007 1970；2562 1756；2788 1491；2381 1676；1332 695；3715 1678；3918 2179；4061 2370；3780 2212；3676 2578；4029 2838；4263 2931；3429 1908；3507 2376；3394 2643；3439 3201；2935 3240；3140 3550；2545 2357；2778 2826；2370 2975]。

解：蚁群算法流程如下所示：

1）初始化蚁群规模，令蚂蚁个数 $m = 50$，信息素重要程度参数 $\alpha = 1$，启发式因子重要程度参数 $\beta = 5$，信息素蒸发系数 $\rho = 0.1$，最大迭代次数 $T^G = 200$，信息素增加强度系数 $Q = 100$。

2）将 m 个蚂蚁置于 n 个城市上，计算待选城市的概率分布，m 只蚂蚁按概率函数选择下一座城市，完成各自的周游。

3）记录本次迭代最佳路线，更新信息素，搜索表清零。

4）判断是否满足终止条件：若满足，则结束搜索过程，输出优化值；若不满足，则继续进行循环迭代优化。

优化后的路径如图 4-26 所示，适应度进化曲线如图 4-27 所示。

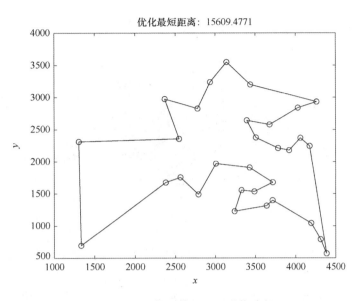

图 4-26　基于蚁群算法 TSP 最优路径

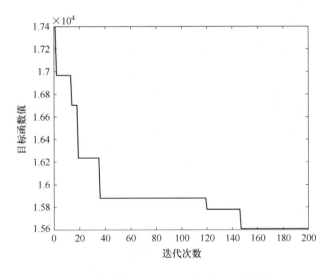

图 4-27　蚁群算法求解 TSP 的适应度进化曲线

例 4.10　求函数 $f(x,y)=20(x^2-y^2)^2-(1-y)^2-3(1+y)^2+0.3$ 的最小值，其中 x 的取值范围为 $[-5,5]$，y 的取值范围为 $[-5,5]$。这是一个有多个局部极值的函数，其函数值图形如图 4-28 所示。

解：蚁群算法求解流程如下：

1）初始化蚁群规模，令蚂蚁个数 $m=20$，最大迭代次数 $T^G=200$，信息素蒸发系数 $\rho=0.9$，路径转移概率常数 $P_0=0.2$，局部搜索补偿 $step=0.1$。

2）随机产生蚂蚁初始位置，计算适应度函数值，设为初始信息素，计算路径转移概率。

3）进行蚂蚁位置更新：当概率小于 P_0 时，进行局部搜索；反之，进行全局搜索，产生新的蚂蚁位置，并利用边界吸收方式进行边界条件处理，将蚂蚁位置界定在取值范围内。

4）计算新的蚂蚁位置的适应度值，判断蚂蚁是否移动，更新信息素。

175

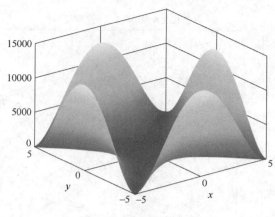

图 4-28　目标函数曲线

　　5）判断是否满足终止条件：若满足，则结束搜索过程，输出优化值；若不满足，则继续进行迭代优化。

　　适应度值随着蚁群逐代寻找路径的进化曲线如图 4-29 所示，优化后的结果为 $x = -5$，$y = 5$，函数 $f(x, y)$ 的最小值为 -123.7。

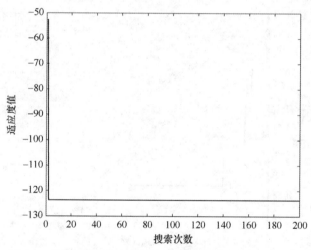

图 4-29　基于蚁群算法求解函数最小值的适应度进化曲线

思考讨论题

　　4.1　什么是进化计算？它包括哪些内容？有哪些优势？

　　4.2　请阐述遗传算法的基本原理，并给出遗传算法的算法求解步骤？

　　4.3　请阐述差分进化算法的基本原理，并给出差分进化算法的算法求解步骤？

　　4.4　请阐述粒子群算法的基本原理，并给出粒子群算法的算法求解步骤？

　　4.5　请阐述蚁群算法的基本原理，并给出蚁群算法的算法求解步骤？

　　4.6　表 4-1 给出城市中 14 个地址的坐标，两地之间的通行费 $y_{(A_i, A_j)}$ 与距离 $L_{(A_i, A_j)}$ 相关，即 $y_{(A_i, A_j)} = \gamma L_{(A_i, A_j)}$，其中 γ 表示单位距离的通行费。假设快递员从 A_1 出发，需要经过每一个地址去送快递，最终回到 A_1。请用至少三种算法帮助快递员找出一条费用最省的路线，并比较这些算法的搜索结果和运行时间。

表 4-1　城市的坐标

序号	A_1	A_2	A_3	A_4	A_5	A_6	A_7
坐标	(13,23)	(36,13)	(41,22)	(37,13)	(34,15)	(33,15)	(41,10)
序号	A_8	A_9	A_{10}	A_{11}	A_{12}	A_{13}	A_{14}
坐标	(43,7)	(30,19)	(33,26)	(27,28)	(27,14)	(10,12)	(3,44)

参 考 文 献

[1] HOLLAND J H. Adaptation in natural and artificial systems［M］. University of Michigan Press，1975.

[2] JONG K D. An analysis of the behaviore of a class of genetic adaptive systems［D］. Ann Arbor，University of Michigan，University Microfilms，1975.

[3] GOLDBERG D E. Genetic algorithms in search，optimization，and machine learning［M］. Massachusetts：Addison-Wesley Publishing Co. 1989.

[4] DAVIS L. Handbook of genetic algorithms［M］. Amsterdam：Elsevier，1991.

[5] 王凌. 智能优化算法及其应用［M］. 北京：清华大学出版社，2001.

[6] 周明，孙树栋. 遗传算法原理及应用［M］. 北京：国防工业出版社，1999.

[7] DEB K，PRATAP A，AGARWAL S，et al. A fast and elitist multiobjective genetic algorithm：NSGA-II［J］. IEEE Transactions on Evolutionary Computation，2002，6（2）：182-197.

[8] 雷英杰，张善文. MATLAB 遗传算法工具箱及应用［M］. 西安：西安电子科技大学出版社，2014.

[9] STORN R，PRICE K. Differential evolution-a simple and efficient heuristic for global optimization over continuous spaces［J］. Journal of Global Optimization，1997，11（4）：341-359.

[10] CASTILLO O，OCHOA P，SORIA J. Differential evolution algorithm［M］. Berlin：Springer，2020.

[11] PRICE K V. Differential evolution：a fast and simple numerical optimizer［C］. IEEE Nafips，Biennial Conference of the North American of Fuzzy Information Processing Society，1996.

[12] TASOULIS D K，PAVLIDIS N G，PLAGIANAKOS V P，et al. Parallel differential evolution［C］. IEEE Congress on Evolutionary Computation，2004.

[13] CHIOU J P，WANG F S. Hybrid method of evolutionary algorithms for static and dynamic optimization problems with application to a fed-batch fermentation process［J］. Computers & Chemical Engineering，1999，23（9）：1277-1291.

[14] LIN U C，HWANG K S，WANG F S. Plant scheduling and planning using mixed-integer hybrid differential evolution with multiplier updating［C］. IEEE Congress on Evolutionary Computation，2000：593-600.

[15] 张岩. 基于多因子惯性权重的粒子群优化算法的研究［D］. 武汉：华中科技大学，2013.

[16] 王启付，王战江，王书亭. 一种动态改变惯性权重的粒子群优化算法［J］. 中国机械工程，2005，16（11）：945-948.

[17] SHI Y，EBERHART R C. Parameter selection in particle swarm optimization［M］. Berlin：Spring，1998.

[18] 姜建国，田旻，王向前，等. 采用扰动加速因子的自适应粒子群优化算法［J］. 西安电子科技大学学报，2012，39（4）：74-80.

[19] 高岳林，任子晖. 带有变异算子的自适应粒子群优化算法［J］. 计算机工程与应用，2007，43（25）：

43-47.

[20] 张龙，王华奎. 粒子群优化算法中惯性权重的研究 [J]. 机械管理开发，2008，23（6）：6-7.

[21] EBERHART R C. Tracking and optimizing dynamic systems with particle swarms [C]. Proceedings. IEEE Congress on Evolutionary Computation，2001.

[22] 高鹰，姚振坚，谢胜利. 基于种群密度的粒子群优化算法 [J]. 系统工程与电子技术，2006，28（6）：922-924，932.

[23] CLERC M. The swarm and the queen: towards a deterministic and adaptive particle swarm optimization [C]. IEEE Congress on Evolutionary Computation，2002.

[24] MENDES R，KENNEDY J，NEVES J. The fully informed particle swarm: simpler，maybe better [J]. IEEE Trans Evolutionary Computation，2004，8（3）：204-210.

[25] 刘建华，杨荣华，孙水华. 离散二进制粒子群算法分析 [J]. 南京大学学报：自然科学版，2011，47（5）：504-514.

[26] 张长胜，孙吉贵，欧阳丹彤. 一种自适应离散粒子群算法及其应用研究 [J]. 电子学报，2009，37（2）：299-304.

[27] 陈曦. 离散粒子群算法的改进及其应用研究 [D]. 合肥：安徽大学，2014.

[28] 王皓. 基于混合离散粒子群算法的电动汽车充电站优化布局研究 [D]. 北京：华北电力大学，2017.

[29] KENNEDY J，EBERHART R C. A discrete binary version of the particle swarm algorithm [C]. IEEE International Conference on Systems，Man，and Cybernetics. Computational Cybernetics and Simulation，1997，5：4104-4108，doi：10. 1109/ICSMC. 1997. 637339.

[30] COLORNI A，DORIGO M，MAFFIOLI F，et al. Heuristics from nature for hard combinatorial optimization problems [J]. International Transactions in Operational Research，2010，3（1）：1-21.

[31] BONABEAU E，DORIGO M，THERAULAZ G. Inspiration for optimization from social insect behaviour [J]. Nature.

[32] CORNE D，DORIGO M，GLOVER F. New ideas in optimization [M]. New York：McGraw-Hill Ltd，1999.

[33] DORIGO M，CARO G D. Ant colony optimization: a new meta-heuristic [C]. 1999 Congress on Evolutionary Computation（CEC99），vol. 2. 1999.

[34] DORIGO M，CARO G D. The ant colony optimization metaheuristic: algorithms，applications，and advances [M]. New York：McGraw-Hill Ltd，2006.

[35] PARPINELLI R S，LOPES H S，FREITAS A A. Data mining with an ant colony optimization algorithm [J]. IEEE Transactions on Evolutionary Computation，2002，6（4）：321-332.

[36] 段海滨，王道波，朱家强，等. 蚁群算法理论及应用研究的进展 [J]. 控制与决策，2004，19（12）：1321-1326.

[37] DORIGO M，MANIEZZO V. Ant system: optimization by a colony of cooperating agents [J]. IEEE Trans. on SMC-Part B，1996，26（1）：29.

[38] DORIGO M，GAMBARDELLA L M，GAMBARDELLA L M. Ant colony system: a cooperative learning approach to the traveling salesman problem [J]. IEEE Transactions on Evolutionary Computation，1997，1（1）：53-66.

[39] STUTZLE T，HOOS H H. Max-min ant system [J]. Future Generation Computer Systems，2000，16（8）：889-914.

[40] MEHDIABADI N J. Ant symbioses: colony-level effects of antagonistic and mutualistic interactions in two model ant systems [D]. Knoxvicle：The University of Texas，2002.

［41］ Bullnheimer B，Hartl R F，Strauss C. A New rank based version of the ant system - a computational study ［J］. Central European Journal of Operations Research，1999，7（1）：25-38.

［42］ 张纪会，高齐圣，徐心和. 自适应蚁群算法［J］. 控制理论与应用，2000，17（1）：1-38.

［43］ 刘志硕，申金升，柴跃廷. 基于自适应蚁群算法的车辆路径问题研究［J］. 控制与决策，2005，20（5）：562-566.

［44］ 包子阳，余继周，杨杉. 智能优化算法及其 MATLAB 实例［M］. 3 版. 北京：电子工业出版社，2020.

第 5 章 机 器 学 习

在人工智能的应用过程中，所遇到的环境往往是复杂多变的。为达到特定的目标，人工智能所需完成的任务可能会随着时间的推移和空间的改变而变得不可控，而程序设计者由于必然存在的局限性而往往无法实现绝对完备的程序设计。在一些更为复杂的问题上，如人脸识别等，即使是最好的程序员也不能编写出完成此任务的计算机程序。因此，研究人员们期待人工智能能够自行学习，使计算机能够实现一些常规编程难以完成的任务。

5.1 机器学习基础

5.1.1 机器学习的基本概念

要知道什么是机器学习，首先需要知道什么是学习。一般来说，学习的行为可以归结到几个方面，即学会技能、提高精度、提高速度以及增加知识等。然而，不同学科对学习的概念有不同的解释，目前，对"学习"概念的解释有如下影响力较大的四种观点：

1）学习是系统改进其性能的过程。这是西蒙关于"学习的观点"。他在卡内基-梅隆大学召开的机器学习研讨会上做了"为什么机器应该学习"的发言，发言中将学习定义为：学习是系统中的任何改进，这种改进使得系统在重复同样的工作或进行类似的工作时，能完成得更好。这一观点在机器学习研究领域有较大的影响，学习的基本模型就是基于这一观点建立起来的。

2）学习是获取知识的过程。这是从事专家系统研究的人们提出的观点。由于知识获取一直是专家系统搭建过程中的困难问题，因此他们把机器学习与知识联系起来，希望通过机器学习的研究，实现知识的自动获取。

3）学习是技能的获取。这是心理学家关于如何通过学习获得熟练技能的观点。人们通过大量实践和反复训练可以改进机制和技能，像骑自行车、弹钢琴等都是这样。学习技能的获取是学习的重要范畴，也是当前人工智能发展的主要方向之一。

4）学习是事物规律的发现过程。由于对智能机器人的研究取得了一定进展，同时又出现了一些发现系统，于是人们开始把学习看作是从感性知识到理性知识的认识过程，从表层知识到深层知识的特化过程，即发现事物规律、形成理论的过程。

上述各种观点分别是从不同角度理解"学习"这一概念，若把它们综合起来可以认为，学习是一个有特定目的的知识获取过程，具体表现为对知识、经验、规律进行学习，以达到性能优化、环境适应和自我完善。

而所谓机器学习，就是要使计算机完成上述的学习功能，通过自动或被动的知识、技能获取，为之后的人工智能应用进行准备。

5.1.2 机器学习的研究历史

在人工智能发展历程中，符号机制主义与连接机制主义往往是在对立中求得发展的，机器学习也存在着所谓符号逻辑方法和神经网络方法两大流派。其中符号逻辑方法则是将谓词逻辑和规则等符号表示的知识作为学习目的。神经网络方法受人类神经系统构造所启发，利用神经元集群与神经元集群之间加权、偏移等映射关系构建神经网络，将网络作为实现学习的机构并完成机器学习。在机器学习的发展历史中，两种机制都曾成为机器学习的主流方法。接下来按时间顺序进行介绍。

最早的机器学习始于 20 世纪 50 年代中期，主要研究工作是应用决策理论的方法研制可适应环境的通用学习系统（General-Purpose-Learning-System）。它所基于的基本思想是：如果给系统一组刺激、一个反馈源和修改自身组织的自由度，那么系统就可以自适应地趋向最优组织。其中以罗森布拉特（Rosen-Blatt）的感知器为代表，它由阈值性神经元组成，试图模拟动物和人脑的感知和学习能力。在 1969 年，明斯基（M. Minsky）和佩珀特（S. Papert）证明了感知器的功能限制，神经网络的研究开始走入低潮。而符号学习的研究开始逐渐兴起。

符号学习的研究始于 20 世纪 70 年代中期。当时专家系统的研究已经取得了一定成果，获取知识困难的问题亟待解决，这一需求刺激了机器学习的发展，研究者们试图用逻辑的演绎及归纳推理代替数值的或统计的方法。莫斯托夫（D. J. Mostow）的指导式学习、温斯顿（Winston）和卡鲍尼尔（J. G. Carbonell）的类比学习以及米切尔（T. J. Mitchell）等人提出的解释学习都是在这阶段涌现出来的。除了学习效率和所需存储空间外，机器学习并没有致命的问题。但与此同时，随着神经元模型局限性的克服，多层网络学习算法的高效性使得连接学习再一次成为了研究的热点。

20 世纪 80 年代到 21 世纪初，符号学习和连接学习都取得了较大进展，它们各有所长，具有较大的互补性。就目前的研究情况来看，连接学习适用于连续目标的模式识别；而符号学习在离散模式识别及专家系统的规则获取方面有较多的应用。现在人们已开始把符号学习与连接学习结合起来进行研究，里奇（E. Rich）开发的集成系统就是其中的一个例子。

5.1.3 机器学习的分类

按学习时所用的方法可以将机器学习分为机械式学习、指导式学习、类比学习和解释学习等。今天，机器学习的学习方法逐渐多样化，以这种方式进行分类则过于详细，缺乏分类所需的概括性。而由于符号机制和连接机制的机器学习并不是明确的对立关系，将这两个概念用于进行分类会有大量机器学习方法无法被准确定义，不能适应机器学习发展的需要。为便于介绍，本章将机器学习分为四类，即演绎学习、监督学习、非监督学习和强化学习。下面给出本书中的分类方法及分类依据。

首先，根据学习的机理，机器学习可分为基于演绎的学习及基于归纳的学习。

所谓基于演绎的学习是指以演绎推理为基础的学习。演绎推理是从已知前提逻辑地推出结论的一种推理，它具有"保真性"，即若已知 E→H 及 E 为真，则就可得出 H 必然为真的结论。解释学习在其推理过程中主要用的演绎方法，因而可将它划入基于演绎的学习这一类。

基于归纳的学习是指以归纳推理为基础的学习。归纳推理是从特殊事物或大量实例概括出一般规则或结论的一种推理，它是一种"不充分置信"的推理。也就是说不能断定由归纳推理得到的结论一定是准确的，通常只能以一定的置信度予以接受。深度学习、非参数化学习在学习过程中都使用了归纳推理，因而可将它们划入基于归纳的学习这一类。

由于近20年来基于归纳的学习方法取得了长足的发展，大部分最新发展的学习方法都是基于知识归纳进行学习的。当前存在大量归纳学习方法，在此根据外界（包括环境和样本等）反馈的类型将归纳学习细分为两种学习类型，分别是非监督学习、强化学习和监督学习。

（1）非监督学习

人工智能被迫在不提供或不足量提供显式反馈的情况下，完成对输入分布的学习。非监督学习可分无监督学习、半监督学习和自监督学习。最常见的无监督学习任务是聚类：在输入样例中发现有用的类集。例如，即使在没有老师对样例进行标注的情况下，人工智能也可以逐步开发"风和日丽"和"狂风暴雨"的概念。

无监督学习不依赖任何标签值，通过对数据内在特征的挖掘，找到样本间的关系，比如聚类相关的任务。其与有监督学习的最主要差别即为是否需要人工标注的标签信息。真正的无监督学习应该不需要任何标注信息，通过挖掘数据本身蕴含的结构或特征，来完成相关任务，大体可以包含三类：①聚类（K-means，谱聚类等）；②降维（线性降维：PCA 等；非线性降维：SOM、KernelPCA 等；图上降维：图嵌入等）；③离散点检测（主要应用于异常检测）。

半监督学习即让学习器不依赖外界交互，自动的利用未标记样本来提升学习性能。半监督学习的用法可分为两类：①无标签数据预训练网络后有标签数据微调；②利用从网络得到的深度特征来做半监督算法。

相比上述方法，自监督学习可以用更少的样本来学习。自监督学习的标注源于数据本身，而非人工标注。判断一个工作是否属于自监督学习，除了无须人工标注这个标准外，还有一个重要标准，就是是否学到了新的知识。自监督学习主要用于特定类型数据的生成，其生成的数据可用于预测、调试优化模型等。这与数据的先验性、连贯性以及数据内部结构相关。

（2）强化学习

人工智能在强化序列即奖赏和惩罚组合的序列中学习。如 AlphaGo 首先通过现有的 Policy-Network 策略模拟一次从某局面节点到最终游戏胜负结束的对弈，在完成后通过局面树层层回溯到出事局面节点，修正原先的 Policy-Network，通过海量并发棋局模拟来提升基准 Policy-Network，使每一步走出好步的概率尽可能提升。

（3）监督学习

人工智能观察某些"输入-输出"对，学习从输入到输出的映射函数。拿人的学习举例，在有教师以举例的形式告知特定天气现象对应的天气类型的情况下，使得这个学习者在出现一个新的天气现象时，可以判断具体的天气类型。这个教师的告知过程就是人的监督学习过程。监督学习的目标可以归纳为：

给定由 N 个"输入-输出"对样例组成的训练集：

$$(X_1,Y_1),(X_2,Y_2),\cdots,(X_N,Y_N)$$

对于 $\forall i \in (1,\cdots,N)$，$X_i$ 对应输入，Y_i 对应输出，一般也称为标签（Label）。监督学习假设存在一个未知函数 f 使得对于 $\exists i \in (1,\cdots,N)$，$Y_i = f(X_i)$，而学习的目标则是发现一个函数 h 使其尽可能逼近 f。

上述任务描述中的 X_i 和 Y_i 不限于数值，可以是包括向量、矩阵等任何形式的值。函数 h 的学习过程是一个对**映射假说**的搜索过程，是在假说空间中（这个空间中包含所有以固定模型为基础，由不同参数进行区分的所有映射函数）寻找一个不仅在训练集上，而且在新样例上也具有高精度的映射函数。为了测量假说在新样例里的精确度，一般给学习系统一个不包含训练样本的，由样例组成的测试集。所谓一个假说泛化得好，是指它能正确预测测试集样例的 Y 值。有些时候，函数 f 不是 X 的严格函数，h 要学习的是一个条件概率分布 $P(Y \mid X)$。

当输出 Y 的值集是有限集合时（诸如 sunny，cloudy 和 rainy），学习问题称为分类，若值集仅含两个元素，称为布尔或二元分类。若 Y 的值是数值型的（诸如明天的气温），则学习问题称为回归。技术上，解决回归问题是发现 Y 的条件预期或平均值，而分类问题可以视为一种特殊的回归问题。

图 5-1 展示了一个常见的回归例子：在某些数据点上拟合一个单变量函数。样例是直角坐标系上的点，其中在真实函数 f 未知的情况下，用假说空间 H 的一个函数 h 逼近它。在这个例子中，假说空间是诸如 x^5+3x^2+2 形式的多项式集合。图 5-1a 表明直线能确切拟合平面中所有的点。该直线被称为一致假说，是由于它与所有数据相符。图 5-1b 显示一个与同样数据一致的高阶多项式。如何在多个一致性假说中选优一直是一个难以回答的问题，其中一种思路是选择与数据一致的最简单假说。这个原理称为奥卡姆剃刀（Ockham's razor），它以十四世纪英国哲学家威廉·奥卡姆（Willian Ockham）的名字命名，奥卡姆用它反对各类复杂的事物。定义简单性不是一件容易的事情。但是一阶多项式明显要比七阶多项式简单，因而相对于图 5-1b，图 5-1a 具有更高的选择优先级。

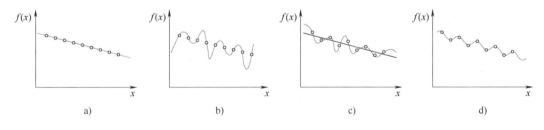

图 5-1　回归问题的例子

图 5-1c 显示一个辅助数据集。对于这个数据集，不存在符合一致假说的直线，事实上需要一个六阶多项式才能确切拟合它。因为七个数据点中每个数据点都对应一阶参数，可以认为所拟合到的多项式并没有发现这七个点内部的任何规律，因此该多项式也不可能有较好的泛化能力。相对地，以线性回归得到的直线可能不能准确地拟合所有点，但也切实发现了数据的一阶规律，泛化能力上反而可能更强。一般来说，监督学习需要在较好拟合训练数据的复杂假说和更好泛化的简单假说之间存在折中。在图 5-1d 中，扩展了假说空间，允许它包含 cos、sin 的多项式。发现图 5-1c 中所有的点都能够被形如 $ax+b+c\sin(x)$ 这样简单的函数确切拟合。这表明假说空间选择的重要性。所以只要假说空间包含展示函数的话，学习问

题就一定能解决。不幸的是，在真实函数未知的情况下，很难得到准确的假设空间。值得一提的是，低阶多项式的先验概率是高于高阶多项式的。因此仅当数据本身表明有需要时才允许看起来很怪异的函数，否则不鼓励使用这样的函数进行拟合。

综上，本章将机器学习分为演绎学习、监督学习、非监督学习和强化学习。其中，演绎学习是基于演绎推理实现的，其仅是在推理过程完成后添加了信息存储的步骤，本章中不进行深入介绍，而强化学习将在第6章中进行介绍。本章接下来的部分将机器学习分为监督学习和非监督学习进行详细介绍。值得一提的是，当目光聚集在本章所着重描述的机器进行学习的这一过程时，知识的来源和使用的模型是实际的工程中仅有的影响因素。在使用此书时，可以先根据知识来源的数据类型确定使用哪种学习方法，再根据即将介绍的每个模型的利弊，进行实际模型的选择。

以上讨论了关于学习和机器学习的若干基本概念，自下一节开始讨论各种知识表示方法和推理方法。

5.2 神经网络

深度学习方法是当前机器学习领域方法中最多变、应用最广泛的细分领域。虽然深度学习可以用于非监督学习，但是其在监督学习中也有大量应用。因此，在继续以监督/非监督为分类条件进行机器学习方法介绍前，先介绍深度学习的基础-神经网络。本节以浅层神经网络为例介绍神经网络的基本单元、经典结构以及优化机制，下一节则介绍几个常用于监督学习的神经网络。

5.2.1 神经网络的基本特点

图 5-2 所示的计算单元被称为感知器，得名于该计算单元可以实现对输入数据的感知，并将感知结果反映到输出中去。感知器就是组成神经网络的基本单元，不同类型神经网络间的区别就在于输入数据在感知器间的传递路径范式有所不同。

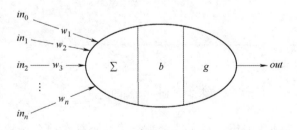

图 5-2 神经网络单元作用原理示意图

感知器可以视为添加了激活函数 g 的多变量线性模型，其组成部分包括输入数据 $in_0 \sim in_n$、权重数据 $w_0 \sim w_n$、偏置值 b，以及激活函数 g。感知器的输出可以表示为 $g\left(\sum_i x_i w_{i,j} + b\right)$。感知器和以感知器为基础的神经网络有着相同的学习机理，学习过程主要包括输入数据的前向传递、损失值的反向传播和梯度优化。

在结构方面，浅层神经网络可以按不同层的位置，将神经网络层分为三类：输入层、隐藏层和输出层，其中隐藏层一般为 1~2 层。图 5-3 是一个四层的浅层神经网络，其中每个圆圈都是一个感知器，每一条从特定圆圈右侧接出的直线都代表对对应感知器输出数据的传递。图 5-3 中每个感知器的输入是上一层中所有感知器的输出，称有这样特征的神经网络为全连接神经网络，图上每个色块内的感知器组成一个神经层，对应全连接神经网络，图中的神经层称为全连接层。

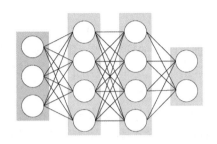

图 5-3　四层的浅层神经网络

全连接神经网络的层与层之间是全连接的，也就是说，第 i 层的任意一个神经元一定与第 $i+1$ 层的任意一个神经元相连。输入层的每个数据都会对隐藏层、输出层中所有的数据产生影响。可以看到，如果没有激活函数而只有权重数据和偏置数据，无论有多少层，最终得到的输出都是输入数据的一次多项式。要想对输入数据的非线性关系进行感知，则必须要对数据进行非线性处理，神经网络方法一般使用激活函数来实现这一目的。

5.2.2　激活函数

激活函数的选择是神经网络训练速度和训练效果的重要影响因素，这一小节介绍常用的几个激活函数以及它们的应用场景。

Sigmoid 函数是经典的二分类软阈值激活函数，可以在保证存在梯度的同时将输出控制在 0~1 之间。Sigmoid 的函数图像为如图 5-4 所示，从图上可以看出：当输入的绝对值越来越大后，函数曲线变得越来越平缓，意味着此时的导数 σ' 也越来越小。仅仅在输入值为 0 的附近时，导数的取值较大。对于深度较深的网络，极有可能存在梯度极小的时候，导致训练参数的更新较慢，因此该激活函数不适合放在最后一层以外的层中。

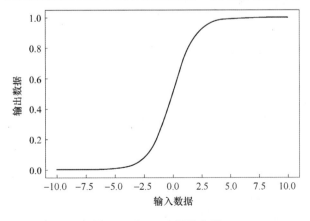

图 5-4　Sigmoid 函数曲线

神经网络的优化是基于损失函数对每个可训练数据的梯度来完成的，也就是说，计算梯度是神经网络方法不可缺少的一步。Sigmoid 函数存在指数函数，这会导致反向传播算法收敛速度慢的问题，并进而影响神经网络的收敛速度。一种常见的改进方法是用交叉熵损失函数 $Loss(h(x),y) = -[y\ln h(x) + (1-y)\ln(1-h(x))]$ 来代替均方差损失函数。交叉熵损失函数输出层中激活函数输入值 z 的梯度为：

$$\frac{\partial Loss}{\partial z} = -y\frac{1}{h(x)}h(x)(1-h(x)) + (1-y)\frac{1}{1-h(x)}h(x)(1-h(x)) = h(x) - y \tag{5-1}$$

此时的梯度中已经不存在激活函数的导数了，因此可以看到使用交叉熵是不会产生反向传播中收敛速度慢的问题。通常情况下，如果使用了 Sigmoid 激活函数，交叉熵损失函数肯定比均方差损失函数好用。

Sigmoid 函数多用于二分类问题，而对于多目标分类问题（从复数个目标中选择一个可能性最大的目标），比如假设有一个三个类别的分类问题，对应问题的深度神经网络输出层应该有三个神经元，假设第一个神经元对应类别一，第二个对应类别二，第三个对应类别三，这样期望的输出应该是 (1,0,0)，(0,1,0) 和 (0,0,1) 这三种。即样本真实类别对应的神经元输出应该无限接近或者等于 1，而非该样本真实输出对应的神经元的输出应该无限接近或者等于 0。或者说，希望输出层的神经元对应的输出是若干个概率值，这若干个概率值即深度神经网络模型对于输入值对于各类别的输出预测。同时为满足概率模型，这若干个概率值之和应该等于 1。1-hot 向量与 Softmax 函数之间存在天然的联系，即 Softmax 函数的输出全是 0~1 之间的数，且所有输出的和为 1。Softmax 函数输出的第 i 个值为：

$$o_i = \frac{e^{In_i}}{\sum_j e^{In_j}}$$

式中，In_i 为 Softmax 的第 i 个输入；o_i 为第 i 个输出。

很明显，分母中的求和标志让所有的输出之和为 1。这个方法很简洁漂亮，仅仅只需要将输出层的激活函数从 Sigmoid 之类的函数转变为上式的激活函数即可。上式这个激活函数就是 Softmax 激活函数，它在分类问题中有广泛的应用。将深度神经网络用于分类问题，在输出层用 Softmax 激活函数也是最常见的了。如图 5-5 所示假设输出层为三个神经元，而未激活的输出为 3、1 和-3，求出各自的指数表达式为：20、2.7 和 0.05，和为 22.75，这样就求出了三个类别的概率输出分布为 0.88，0.12 和 0。

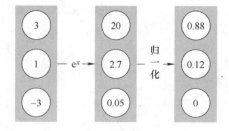

图 5-5　Softmax 前向传播方法

从上面可以看出，将 Softmax 用于前向传播算法是也很简单的。同时，该激活函数在进行反向传播的梯度时同样比较简单。对于用于分类的 Softmax 函数，对应的损失函数一般都用对数似然函数取反，即 $Loss = -\sum_i y_i \ln h(x)_i$，其中 y 取值为 0 或 1，如果某一训练样本的输出为第 i 类，则 y_i 等于 1。由于每个样本只属于一个类别，所以这个对数似然函数可以简化为 $-\ln h(x)_i$。

可见，梯度计算也很简洁，也没有训练速度慢的问题。当 Softmax 输出层的反向传播计算完以后，后面的普通深度神经网络层的反向传播计算和之前讲的普通深度神经网络没有区别。

上文中的交叉熵、Softmax 函数仅解决了 Sigmoid 输出层的问题，而 Sigmoid 作为隐藏层的激活函数还存在两个主要问题：①采用 Sigmoid 等函数，算激活函数时（指数运算），计算量大，反向传播求误差梯度时，求导涉及除法，计算量相对大；②对于深层网络，Sigmoid 函数反向传播时，很容易就会出现梯度消失的情况（在 Sigmoid 接近饱和区时，变换太缓慢，导数趋于 0，这种情况会造成信息丢失），从而无法完成深层网络的训练。

ReLU 函数拥有更小的计算量需求，并且不会随着深度的加深而存在梯度消失的问题，ReLU 只会在输入小于等于 0 的时候不存在梯度。而这种情况对于神经网络相当于跳过一个神经元。大量使用 ReLU 会增强网络稀疏性，在一定程度上有助于避免过拟合现象的产生。

ReLU 函数的图像如图 5-6a 所示，其公式为 $f(x) = \max(0, x)$。可以看出来 ReLU 函数就是就是个取最大值的函数。ReLU 函数在大于 0 的部分梯度为常数，所以不会产生梯度弥散现象。ReLU 函数在负半区的导数为 0，所以一旦神经元激活值进入负半区，那么梯度就会为 0，而正值不变，这种操作被称为单侧抑制。正因为有了这单侧抑制，才使得神经网络中的神经元也具有了稀疏激活性。尤其体现在深度神经网络模型中，当模型增加 N 层之后，理论上 ReLU 神经元的激活率将降低 2 的 N 次方倍。

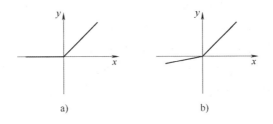

图 5-6　ReLU 函数曲线

在拥有上述优势的同时，ReLU 也存在不足，就是训练的时候很脆弱。举个例子：一个非常大的梯度流过一个 ReLU 神经元，更新过参数之后，这个神经元再也不会对任何数据有激活现象了。如果这个情况发生了，那么这个神经元的梯度就永远都会是 0。针对这个问题提出的改进方案为 LeakyReLU 函数，如图 5-6b 所示。这个函数小于 0 的部分有一个较低的斜率，通过斜率的不同实现神经网络函数的非线性。

5.2.3　神经网络的学习机理

虽然神经网络的模型同时可以用于在学习目标上大相径庭的监督学习和非监督学习，但是对于神经网络自身而言，学习过程所基于的步骤和机理是不变的。学习的步骤包括：输入数据在神经网络中的前向传递、损失值在神经网络中的反向传播和基于反向传播梯度的可训练参数优化。本小节以监督学习为例介绍这几个步骤。

监督学习的神经网络的学习目标可以抽象表达为：假设有 N 个训练样本 $\{(x_1,y_1),(x_2,y_2),\cdots,(x_N,y_N)\}$，其中 $x_j(\forall j \in \{1,2,\cdots,N\})$ 为输入向量，特征维度为 n_{in}，而 $y_j(\forall j \in \{1,2,\cdots,N\})$ 为输出向量，特征维度为 n_{out}。需要利用这 N 个样本训练出一个模型，当有一个新的测试样本 $(x_{test}?)$ 时，可以预测 y_{test} 向量的输出。这个学习的过程中假设预测任务中的输入-输出关系与所有训练样本中的输入-输出关系相似，因此，神经网络的学习过程应该是使神经网络模型的映射关系靠近训练样本普适的输入-输出关系的过程。第一段中的每个步骤都是以实现这个过程为目标的。

如图 5-3 所示，每一个神经层的输出都将作为下一个神经层的输入。当利用样本 $\{x,y\}$ 进行神经网络学习时，首先需要将输入数据 x 进行逐神经层的处理（每个神经层内完成对应计算），得到神经网络对应的 f 在输入为 x 时的输出 $f(x)$，上述过程就是所谓的前向传递。

使用代数法一个个的表示输出比较复杂，而如果使用矩阵法则比较简洁。假设第 $l-1$ 层共有 m 个神经元，而第 l 层共有 n 个神经元，则第 l 层的线性系数 w 组成了一个 $n\times m$ 的矩阵 W_l。第 l 层的偏倚 b 组成了一个 $n\times 1$ 的向量 B_l，第 $l-1$ 层的输出组成了一个 $m\times 1$ 的向量 a_{l-1}，第 l 层的未激活前线性输出 z 组成了一个 $n\times 1$ 的向量 Z_l，第 l 层的输出组成了一个 $n\times 1$ 的向量 a_l。用矩阵法表示，第 l 层的输出为：

$$a_l = g(W_l a_{l-1} + B_l) \tag{5-2}$$

所谓的深度神经网络前向传播算法就是利用若干个权重系数矩阵 W，偏倚向量 B 来和输入值向量 X 进行一系列线性运算和激活运算，从输入层开始，一层层地向后计算，一直到运算到输出层，得到输出结果 $f(x)$。

前向传播的最后一步是得到输出结果 $f(x)$ 和样本的实际标签 y 间的差异，这个差异是神经网络学习和优化的依据，这个差异值一般是由损失函数计算得到的。

训练的目标是使模型的输出尽可能靠近实际的标签，具体来说就是使这个损失函数尽可能地减小。与非线性化的单变量回归模型相同，在深度神经网络地训练中，损失函数优化方法中最常见的一般是通过梯度下降法来一步步迭代完成的，也可以是其他的迭代方法比如牛顿法与拟牛顿法。

在进行深度神经网络反向传播算法前，需要选择一个损失函数，来度量训练样本计算出的输出和真实的训练样本输出之间的损失。例如，L_1、L_2 损失等都是常用的损失函数。根据损失函数对各 w 和 b 的导数，可以判断每个参数的变化方向，再乘以学习率就可以获得每个参数的更新方式。

用一个以均方差为损失函数的 3 层神经网络进行反向传播的示范。

神经网络给的输出可以表示为：

$$\begin{cases} h(x) = f_1(f_2(x)) \\ f_l(x) = \sigma_l(w_l x + b_l) \end{cases} \tag{5-3}$$

其二范数损失为：

$$Loss = \frac{1}{2}\|h(x)-y\|_2^2 = \frac{1}{2}\|\sigma_1(w_1 f_2(x)+b_1)-y\|_2^2 \tag{5-4}$$

损失对第二层网络参数的导数为：

$$\begin{cases} \dfrac{\partial Loss}{\partial w_1} = (h(x)-y)(f_2(x))^{\mathrm{T}} \odot \sigma'_1(w_1 f_2(x)+b_1) \\ \dfrac{\partial Loss}{\partial b_1} = (h(x)-y) \odot \sigma'_1(w_1 f_2(x)+b_1) \end{cases} \tag{5-5}$$

损失对第一层网络参数的导数可以表示为：

$$\begin{cases} \dfrac{\partial Loss}{\partial w_2} = \dfrac{\partial Loss}{\partial w_2} \dfrac{\partial w_2}{\partial w_1} \\ \dfrac{\partial Loss}{\partial b_1} = \dfrac{\partial Loss}{\partial b_2} \dfrac{\partial w_2}{\partial b_1} \end{cases} \tag{5-6}$$

算出损失对每一层参数的梯度，接下来就可以结合预设的学习率进行参数更新为：

$$\begin{cases} w_l \leftarrow w_l * \dfrac{\partial Loss}{\partial w_l} \\ b_l \leftarrow b_l * \dfrac{\partial Loss}{\partial b_l} \end{cases} \tag{5-7}$$

神经网络可以通过重复上面的操作，实现 f 向 h 的靠近。重复的次数可以根据预设值来确定，也可以根据模型的表现来确定。考虑到模型的泛化能力需求，一般会将部分训练样本剥离出来，不用它们进行模型的训练，而用于验证模型在训练样本空间外的表现，这部分样本称为验证样本，它们的集合称为验证集，验证集的数量、选取方式和使用方法一般针对具体的任务有所区别，因此不做过多介绍。

将注意力返回到神经网络的优化上，优化所用的传统梯度下降法存在的两点缺陷：

1）训练速度慢：每走一步都要计算调整下一步的方向，下山的速度变慢。在应用于大型数据集中，每输入一个样本都要更新一次参数，且每次迭代都要遍历所有的样本。会使得训练过程极其缓慢，需要花费很长时间才能得到收敛解。

2）容易陷入局部最优解：由于是在有限视距内寻找下山的方向。当陷入平坦的洼地，会误以为到达了山地的最低点，从而不会继续往下走。所谓的局部最优解就是鞍点。落入鞍点，梯度为 0，使得模型参数不再继续更新。

可以看到，这两个问题都可以通过优化训练过程的参数更新机制实现改进，例如：批训练方法、随机梯度下降、动量梯度下降、自适应学习等方法，实现高效的模型优化。

批训练方面：对于含有 n 个训练样本的数据集，每次参数更新，选择一个大小为 m 的样本集作为更新参数的依据，对于每次迭代：

$$\theta_{t+1} = \theta_t - \eta \sum_{i=x}^{i=x+m-1} \nabla_\theta J_i(\theta, x_i, y_i) \tag{5-8}$$

式中，η 默认为全局学习率；$\nabla_\theta J_i(\theta, x_i, y_i)$ 为样本 $g_1(x), g_2(x), \cdots, g_l(x)$ 对参数的梯度。

小批量梯度下降法即保证了训练的速度，又能保证最后收敛的准确率。常用的小批量尺寸范围在 50~256，但可能因不同的应用而异。

批训练的优点在于一方面可以降低参数更新时的方差，收敛更稳定。另一方面可以充分地利用深度学习库中高度优化的矩阵操作来进行更有效的梯度计算。

随机梯度下降法方面：每次利用 SGD 法更新参数时，仅仅选取一个样本 (x_i, y_i) 计算其梯度，参数更新公式为：

$$\theta_{t+1} = \theta_t - \alpha \cdot \nabla_\theta J_i(\theta, x_i, y_i) \tag{5-9}$$

公式看起来和标准梯度下降法一样,但不同点在于,这里的样本是从所有样本中随机选取一个。这一特点带来了两个特点:①即使在样本量很大的情况下也有较快地训练速度,可能只需要其中一部分样本就能迭代到最优解;②由于每次迭代方向的随机性,训练过程中模型容易从一个局部最优跳到另一个局部最优,难以保持训练的稳定性。

然而缺点在于不能保证很好的收敛性,学习率如果选择得太小,收敛速度会很慢;如果太大,损失函数就会在极小值处不停地震荡甚至偏离(有一种措施是先设定大一点的学习率,当两次迭代之间的变化低于某个阈值后,就减小学习率,不过这个阈值的设定需要提前写好,这样的话就不能够适应数据集的特点)。对于非凸函数,还要避免陷于局部极小值处或者鞍点处,因为鞍点所有维度的梯度都接近于 0,SGD 很容易被困在这里。

随机梯度下降法对所有参数更新时应用同样的学习率,如果数据是稀疏的,我们更希望对出现频率低的特征进行大一点的更新,且学习率会随着更新的次数逐渐变小。

梯度下降法容易被困在局部最小的沟壑处来回震荡;且收敛速度可能较慢。动量法(Momentum)就是为了解决这两个问题提出的。动量法希望参数更新时在一定程度上保留之前更新的方向,同时又利用当前训练样本的梯度微调最终的更新方向,简言之就是通过积累之前的动量来加速当前的梯度。

假设 m_t 表示 t 时刻的动量,γ 表示动量因子,在 SGD 的基础上增加动量,则参数更新公式为

$$\begin{cases} m_{t+1} = \gamma \cdot m_t + \eta \cdot \nabla_\theta J(\theta) \\ \theta_{t+1} = \theta_t - m_{t+1} \end{cases} \tag{5-10}$$

一阶动量 m_t 是各个时刻梯度方向的指数移动平均值,约等于最近 $1/(1-\gamma)$ 个时刻的梯度向量和的平均值。也就是说,t 时刻的下降方向,不仅由当前点的梯度方向决定,而且由此前累积的下降方向决定。

动量因子 γ 的经验值为 0.9,这就意味着下降方向主要是此前累积的下降方向,并略微偏向当前时刻的下降方向。在梯度方向改变时,动量法能够降低参数更新速度,从而减少震荡,在梯度方向相同时,动量法可以加速参数更新,从而加速收敛。

学界普遍认为学习率是对训练影响最大的超参,如果学习率太小,则梯度很大的参数会有一个很慢的收敛速度;如果学习率太大,则已经优化得差不多的参数可能会出现不稳定的情况。麻烦的地方在于,对于同意模型中的不同参数,最合适的学习率很可能并不相同。因此,对每个参与训练的参数设置不同的学习率,在整个学习过程中通过一些算法自动适应这些参数的学习率。如果损失与某一指定参数的偏导的符号相同,那么学习率应该增加;如果损失与该参数的偏导的符号不同,那么学习率应该减小。

自适应学习率算法主要有:AdaGrad、Adam、AdaDelta、RMSProp 算法及其变体等,我们主要介绍 AdaGrad 和 Adam 算法。

AdaGrad(Adaptive Gradient),即自适应梯度法。其实是对学习率进行了一个约束,对于经常更新的参数,我们已经积累了大量关于它的知识,不希望被单个样本影响太大,希望学习速率慢一些;对于偶尔更新的参数,我们了解的信息太少,希望能从每个偶然出现的样本(稀疏特征的样本)身上多学一些,即学习速率大一些。AdaGrad 算法独立地适应所有模型参数的学习率,缩放每个参数反比于其所有梯度历史平均值总和的平方根。其梯度更新公

式为

$$\theta_{t+1,i} = \theta_{t,i} - \frac{\eta}{\sqrt{G_{t,ii}+\epsilon}} \cdot g_{t,i} \tag{5-11}$$

式中，$g_{t,i}$ 为 t 时刻 θ_i 的梯度 $g_{t,i} = \nabla_{\theta_t} J(\theta_{t,i})$。

区别于普通 SGD，AdaGrad 的更新公式中，矫正的学习率 $\eta/\sqrt{G_{t,ii}+\epsilon}$ 也随着 t 而变化，也就是所谓的"自适应"（其中分母加了一个小的平滑项 ϵ 是为了防止分母为 0）。

上式中的 $G_{t,ii}$ 为对角矩阵，(i,i) 元素就是到 t 时刻为止，参数 θ_i 的累积梯度平方和，也就是"二阶动量"。从上述公式可以看出，$\sqrt{G_{t,ii}+\epsilon}$ 是恒大于 0 的，而且参数更新越频繁，二阶动量就越大，学习率 $\frac{\eta}{\sqrt{G_{t,ii}+\epsilon}}$ 就越小，所以在稀疏的数据场景下表现比较好。

Adagrad 的优点在于其学习率可以自动调整，无须人工调参，且能有效应对局部最优。而缺点在于：仍需要手工设置一个全局学习率，如果设置过大的话，会使得过于敏感，对梯度的调节太大。同时，分母上梯度累加的平方和会越来越大，使得参数更新量趋近于 0，使得训练提前结束，无法控制学习的停止时间。

Adam 结合了前面方法的一阶动量和二阶动量，相当于 Ada+Momentum，Adam 同时储存了过去梯度 m_t 的指数衰减平均值，也储存了去梯度的平方 v_t 的指数衰减平均值：

$$\begin{cases} m_t = \beta_1 m_{t-1} + (1-\beta_1) g_t \\ v_t = \beta_2 v_{t-1} + (1-\beta_2) g_t^2 \end{cases} \tag{5-12}$$

如果 m_t 和 v_t 被初始化为 0 向量，那么它们就会向 0 偏置，所以做了偏差校正，通过计算偏差校正后的 $\hat{m}_t$ 和 $\hat{v}_t$ 来抵消这些偏差。

$$\begin{cases} \hat{m}_t = \dfrac{m_t}{1-\beta_1^t} \\ \hat{v}_t = \dfrac{v_t}{1-\beta_2^t} \end{cases} \tag{5-13}$$

最终的更新公式为：

$$\theta_{t+1} = \theta_t - \frac{\eta}{\sqrt{\hat{v}_t}+\epsilon} \hat{m}_t \tag{5-14}$$

通常情况下，默认值为 $\beta_1^t = 0.9$，$\beta_2^t = 0.999$，$\epsilon = 0.001$。Adam 还有诸如 AdamW，Adamax 等变体，其内在思想并没有太大变化，有兴趣可自行了解。

在实际应用中，选择哪种优化器应结合具体问题。在充分理解数据的基础上，依然需要根据数据特性、算法特性进行充分的调参实验，找到最优解。

5.2.4　线性分类器

本节以最简单的线性模型为例，介绍神经网络在有监督的分类任务中的作用机制。如图 5-7 所示，两个班级 A 和 B，其高等数学 x_1 和马克思主义原理 x_2 的成绩分布分别由空心点和实心点画在坐标轴中。给定这些训练数据，分类的任务是确定一个假说 h，当新的数据 (x_1, x_2) 输入到 h 中时，班级 A 则返回 0，班级 B 则返回 1。值得一提的是，在添加了最后的判断步骤后，线性模型就变为了非线性模型，但由于决策边界是由线性模型得到的，因此这类模型称为线性分类器。

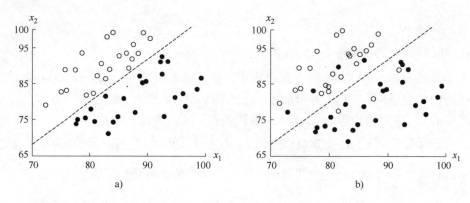

图 5-7　线性可分和线性不可分

决策边界是分离两个类的一条线或一个面。在图 5-7a 中，决策边界是一条直线。值得一提的是，在如图 5-7b 中的样本分布情况中，没有一条直线能完美地进行决策，但却能大致准确地进行分类，这种情况下一般用软间隔进行分类。线性决策边界称为线性分离器，允许线性分离器的数据称为线性可分。图中虚线对应的线性分离器可表示为：$x_1 = 1.1x_2 + 67$ 或 $-x_1 + 1.1x_2 + 67 = 0$。

班级 A 分类为 0，其 x_2 高 x_1 低，因此都是 $-x_1 + 1.1x_2 + 67 < 0$，而代表班级 B 的点都有 $-x_1 + 1.1x_2 + 67 > 0$。现在的目标是找到 h 使得

$$h(x) = \begin{cases} 1, Wx \geqslant 0 \\ 0, \text{else} \end{cases} \tag{5-15}$$

可通过将 h 看作是让线性函数 Wx 通过一个阈值函数的结果：

$$h(x) = Threshold(Wx)，\text{其中} \ Threshold(Wx) = \begin{cases} 1, Wx \geqslant 0 \\ 0, \text{其他} \end{cases} \tag{5-16}$$

既然假说 h 可以由数学的形式来表示，就可考虑选择权重 W 来极小化损失。之前分别以封闭形式（通过将梯度置为 0 并求出权重）和权重空间的梯度下降进行求解。而在此，两种方式都不适用，因为在权重空间中，除了使 $Wx = 0$ 的点和梯度未定义的点之外，还有很多点存在梯度为 0 的情况。

然而，在数据线性可分的情形下，存在一个简单的、能够收敛到解的权重更新规则，即能够完美分类数据线性的分离器。对于单个样例 (x_j, y_j)，第 i 个权重的变化为：

$$w_i \leftarrow w_i + \alpha(y_j - h(x_j))x_j \tag{5-17}$$

真实的 y_j 和假说输出的 $h(x_j)$ 都是 0 或 1，因此有三种可能：

1）如果输出正确，则权重不发生变化。

2）如果 y_j 是 1 而 $h(x_j)$ 是 0，为了使 $h(x_j)$ 输出为 1，应使 Wx_j 增大。

3）如果 y_j 是 0 而 $h(x_j)$ 是 1，为了使 $h(x_j)$ 输出为 0，应使 Wx_j 减小。

上述方法存在的问题是，函数 h 是不可微的，这增加了学习过程中无法学到知识的风险（当输入 $x_{ji} = 0$ 时无法更新权重）。学者们通过软化阈值函数，即用连续可微函数逼近硬阈值。其中有两个比较常用的函数，分别是 Sigmoid 函数和 tanh 函数，他们的公式分别为：

$$\text{sigmoid}(x) = 1/(1 + e^{-x}) \tag{5-18}$$

$$tanh(x) = (e^x - e^{-x})/(e^x + e^{-x}) \tag{5-19}$$

注意，Sigmoid 函数和 tanh 函数的输出是 $0 \sim 1$ 之间和 $-1 \sim 1$ 之间的数字，当 $x = 0$ 时输出分别为 0.5 和 0，这个输出没有任何意义，但同时它具有函数全区间最大的梯度，因此能最快地向有意义的方向进行学习。下文中用 g 代表 Sigmoid 函数，g' 代表它的微分。

对于单个样例 (x_j, y_j)，根据链式求导法可以得到下式：

$$\frac{\partial}{\partial w_i}(Loss(h)) = \frac{\partial}{\partial w_i}(y_j - h(x_j))^2 = 2(h(x_j) - y_j)g'(Wx)x_{ji} \tag{5-20}$$

由于 g' 满足 $g'(z) = g(z)(1 - g(z))$，因此有

$$g'(Wx) = g(Wx)(1 - g(Wx)) = h(x)(1 - h(x)) \tag{5-21}$$

因此，关于极小化损失的权重更新时有：

$$w_i \leftarrow w_i + \alpha(y_j - h(x_j))h(x_j)(1 - h(x_j))x_{ji} \tag{5-22}$$

用硬阈值和软阈值分类的实验图如图 5-8 所示，可以看到，软阈值分类的回归收敛更加稳定和高效，在具体的应用中，也是以软阈值为主。

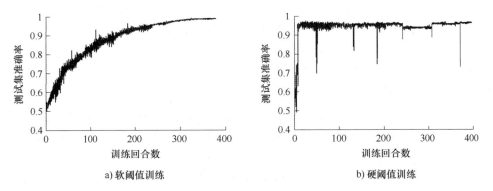

a) 软阈值训练　　　　　　　　　　　　　b) 硬阈值训练

图 5-8　软硬阈值分类的训练效果

在电气工程领域中，若不考虑模型的可解释性，则所有的工作都可以由各式各样的深度神经网络来实现。但是，由于电网对运行可靠性的需求，能获取解析解的工作一般仍然更倾向于使用传统方法。人工智能方法更多得用于无法生成解析解的问题上，一般包括：能源预测、系统规划、运行优化、稳定控制、故障诊断、用能分析、电力市场、网络安全与防护等等。

5.3　深度神经网络

深度的概念与浅层相对应，隐藏层大于两层的神经网络一般称为深度神经网络。深度神经网络的定义虽然简单，但是感知器组合方式的多样性，以及神经网络与数据的交互模式使得深度神经网络的内涵非常的丰富，这一节对当前应用最广泛且最成熟的集中经典网络进行介绍。首先介绍深度神经网络的网络结构，再对这些网络结构的代表网络进行介绍。

5.3.1　神经网络的结构

深度神经网络拆解开来就是神经层，因此神经层的作用和形式对深度神经网络有极大的

影响。而且与此同时，如何将这些神经层相互联系，使特征以什么方式在这些神经层间进行传递，对于神经网络最终的效果也是存在极大的影响的。如果将人脑中的每个脑细胞作为一个神经层的话，其中的信息传递并不会很复杂，而正是脑细胞与脑细胞的连接方式导致、脑电波传递延时导致的信息传递顺序，使得大量简单的"神经层"组成了人脑这样拥有判断力、记忆力以及计算能力的精密智能装置，因此，从深度神经网络研究的一开始，网络结构的研究就是重点方向之一。本小节先大致介绍几种传统的深度神经网络结构，具体的神经网络将结合后几小节中具体的神经层进行介绍。

前馈神经网络（Feed Forward Neural Network）是一种最简单的神经网络，各神经元分层排列。每个神经元只与前一层的神经元相连。接收前一层的输出，并输出给下一层，各层间没有反馈。是目前应用最广泛、发展最迅速的人工神经网络之一。研究从 20 世纪 60 年代开始，目前理论研究和实际应用达到了很高的水平。

其中最需要关注的主要是深度前馈网络（Deep Feedforward Network），其目标是拟合某个函数 h，由于从输入到输出的过程中不存在与模型自身的反馈连接，因此被称为"前馈"。常用于监督学习的深度前馈网络包括：多层感知机、卷积神经网络、图神经网络等。其中，多层感知机是不限制隐藏层层数的全连接神经网络，其前身单层感知机就是剔除了隐藏层的全连接神经网络。后两种类型的网络将分别在 5.3.2 节和 5.3.3 节中详细介绍。用于无监督学习的前馈神经网络包括自组织神经网络、自编码器等，这两种神经网络分别常用于聚类和场景生成的工作。

与前馈神经网络形成自然对应的神经网络就是反馈神经网络。反馈神经网络又称递归网络、回归网络，是一种将输出经过一步时移再接入到输入层的神经网络系统。这类网络中，神经元可以互连，有些神经元的输出会被反馈至同层甚至前层的神经元。常见的有 Hopfield 神经网络、Elman 神经网络、玻尔兹曼机等。前馈神经网络和反馈神经网络的主要区别包括：

1）前馈神经网络各层神经元之间无连接，神经元只接受上层传来的数据，处理后传入下一层，数据正向流动；反馈神经网络层间神经元有连接，数据可以在同层间流动或反馈至前层。

2）前馈神经网络不考虑输出与输入在时间上的滞后效应只表达输出与输入的映射关系；反馈神经网络考虑输出与输入之间在时间上的延迟，需要动态方程来描述系统的模型。

3）前馈神经网络的学习主要采用误差修止法（如 BP 算法），计算过程一般比较慢，收敛速度也比较慢；反馈神经网络主要采用 Hebb 学习规则，一般情况下计算的收敛速度很快。

相比前馈神经网络，反馈神经网络更适合应用在联想记忆和优化计算等领域。后面将在 5.3.4 节中对 Hopfield 网络、Elman 网络、玻尔兹曼机和受限玻尔兹曼机进行介绍。

回归神经网络（Recurrent Neural Network，RNN）是当前最广泛使用的反馈神经网络模型，对具有序列特性的数据非常有效，它能挖掘数据中的时序信息以及语义信息。利用了循环神经网络的这种能力，使深度学习模型在解决语音识别、语言模型、机器翻译以及时序分析等自然语言分析（Nature Language Processing，NLP）领域的问题时有所突破。

先来看一个自然语言分析很常见的问题，命名实体识别，举个例子，现在有两句话：

第一句话：I like eating apple!（我喜欢吃苹果!）

第二句话：The Apple is a great company!（苹果真是一家很棒的公司!）

任务目标是为"apple"打上标签。大家都知道"apple"既是一种水果，又是苹果公司。假设我们有大量已经标记好的数据可以用来训练模型。当使用全连接的神经网络时，通常的做法是将"apple"这个单词的特征向量输入模型，并在输出结果时选择具有最高概率的正确标签作为训练模型的目标。然而，在语料库中，有些"apple"的标签是水果，有些标签是公司，这将导致模型在训练过程中预测的准确度依赖于训练集中某种标签的占比。这种模型对我们来说毫无意义。问题出在没有考虑上下文来训练模型，而是单独训练"apple"这个单词的标签。这也是全连接神经网络模型无法实现的，为了实现对上下文的综合考虑，研究人员提出了循环神经网络。

循环神经网络的结构如图 5-9 所示，其中图 5-9a 左边是在不考虑时间或序列的情况下的示意图，其中除了隐藏层中的 W 外，就是一个普通的全连接神经网络，而模型中 s 到 W 再到 s 的操作就是循环神经网络中循环二字的由来了。图 5-9a 右边的 $\{\cdots, x_{t-1}, x_t, x_{t+1}, \cdots\}$ 是一个时间序列，每一个输入可以是一个单词、可以是一张图片，也可以是一帧语音，s_t 是第 t 个隐藏变量，它由 x_t、s_{t-1} 和 W 共同决定，其中 W 可以是门控循环神经网络（GRU）的单一门控信号，也可以是长短期记忆神经网络（LSTM）中的多门控信号。

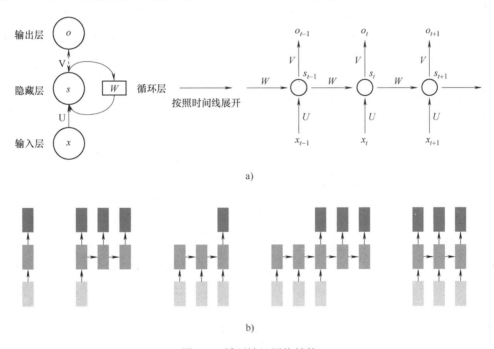

图 5-9　循环神经网络结构

循环神经网络背后的想法是利用顺序信息。在传统的神经网络中，假设所有输入（和输出）彼此独立。但对于许多任务而言，这是一个非常糟糕的想法。如果你想预测句子中的下一个单词，那你最好知道它前面有哪些单词。循环神经网络被称为"循环"，因为它们对序列的每个元素执行相同的任务，输出取决于先前的计算。考虑循环神经网络的另一种方式是它们有一个"记忆"，它可以捕获到目前为止计算的信息。理论上，循环神经网络可以利用任意长序列中的信息，但实际上它们仅限于回顾几个步骤（稍后将详细介绍）。

与在每层使用不同参数的传统深度神经网络不同，循环神经网络共享相同的参数（所

有步骤的 U, V, W）。这反映了在每个步骤执行相同任务的事实，只是使用不同的输入，这大大减少了需要学习的参数总数。根据不同的具体任务，循环神经网络结构可以是图 5-9b 中的任一种。

像这种将时间序列中的各元素进行异步输入，且较先输入的数据对较后输出的数据存在影响的神经网络称为循环神经网络，其最常见的应用领域包括：①自然语言处理（自然语言分析）：主要有视频处理，文本生成，语言模型，图像处理；②机器翻译，机器写小说；③语音识别；④图像描述生成；⑤文本相似度计算；⑥音乐推荐、商品推荐、视频推荐等新的应用领域。其中最具代表性的模型，门控循环神经网络和长短期记忆神经网络，也将在本节中进行详细介绍。

还有一种发展和应用都较为广泛的神经网络架构，称为生成对抗网络（Generative Adversarial Network，GAN），其利用博弈的思想，通过分别训练生成模型 G 和判别模型 D，实现对更贴近现实的数据、样本、场景的生成。生成模型的任务是生成看起来自然真实的、和原始数据相似的实例。判别模型的任务是判断给定的实例看起来是自然真实的还是人为伪造的（真实实例来源于数据集，伪造实例来源于生成模型）。

这可以看作一种零和游戏。用类比的手法通俗理解：生成模型像"一个造假团伙，试图生产和使用假币"，而判别模型像"检测假币的警察"。生成器试图欺骗判别器，判别器则努力不被生成器欺骗。模型经过交替优化训练，两种模型都能得到提升，但最终要得到的是效果提升到很高很好的生成模型（造假团伙），这个生成模型（造假团伙）所生成的产品能达到真假难分的地步。最经典的 GAN 的大致结构如图 5-10 所示。

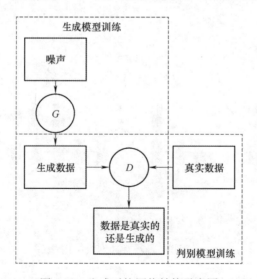

图 5-10　生成对抗网络结构示意图

结合整体模型图示，再以生成图片作为例子具体说明下面。有两个网络，生成网络 G（Generator）和辨别网络 D（Discriminator）。G 是一个生成图片的网络，它接收一个随机的噪声 z，通过这个噪声生成图片，记做 $G(z)$。D 是一个判别网络，判别一张图片是不是"真实的"。它的输入是 x，x 代表一张图片，输出 $D(x)$ 代表 x 为真实图片的概率，如果为 1，就代表 100% 是真实的图片；而输出为 0，就代表不可能是真实的图片。

一般来说，GAN 是不需要人为标注的样本的，即 GAN 一般用于非监督学习的样本生成。但是如果需要实现利用标签、文本生成图片这种较为复杂的工作，则还是需要人为的标注来控制模型的学习方向。因此，生成对抗网络是一种既能监督，又能半监督，又能无监督的神经网络，其中监督和半监督是为了生成准确的，不同类型的样本，无监督是为了生成同类型的样本。以图中的 GAN 为基础发展出了 WGAN、CycleGAN 等模型。由于其主要应用于半监督的领域，将在 6.7 节中对这些模型进行详细介绍。

5.3.2　前馈神经网络——卷积神经网络

5.2 节中的浅层神经网络内部，每个隐藏层中的每个神经元同时与上一层中的每个神经元和下一层中的每个神经元相连，由这种全连接构建的深度神经网络仍然称为全连接神经网络。但是随着各个行业对机器学习性能的需求，诞生了很多有着特定信息传递路径范式的感知器连接方法，因此诞生了如卷积神经网络、图神经网络这样独特的神经网络，这些神经网络的独特之处主要在于其中神经层独特的信息处理方式，这一小节主要介绍这些神经层的特点，并介绍对应的经典模型。

值得一提的是，虽然在这里将卷积神经网络划为前馈神经网络，但仅是因为大部分的应用场景中卷积层都是用于前馈神经网络中的，实际上反馈神经网络中也可以使用卷积神经网络中的卷积层。由于神经网络的灵活性，每一种类型的神经网络都可以多个性质，因此后文对神经网络所属类型也都是根据大部分的应用场景所确定的。

首先介绍卷积神经网络：当前自媒体、电商的行业正在蓬勃发展，图像处理技术一直是相关的热点，每天都有成千上万的公司和数百万的消费者在使用这项技术。图像识别由深度学习提供动力，但是如果用全连接神经网络处理大尺寸图像具有三个明显的缺点：①首先将图像展开为向量会丢失空间信息；②其次参数过多效率低下，训练困难；③同时大量的参数也很快会导致网络过拟合。而使用卷积神经网络可以很好地解决上面的三个问题。

与常规神经网络不同，卷积神经网络的各层中的神经元是 3 维排列的：宽度、高度和深度。其中的宽度和高度是很好理解的，因为本身卷积就是一个二维模板，但是在卷积神经网络中的深度指的是激活数据体的第三个维度，而不是整个网络的深度，整个网络的深度指的是网络的层数。举个例子来理解什么是宽度，高度和深度，假如使用 CIFAR-10 中的图像作为卷积神经网络的输入，该输入数据体的维度是 32×32×3（宽度，高度和深度）。将看到，层中的神经元将只与前一层中的一小块区域连接，而不是采取全连接方式。对于用来分类 CIFAR-10 中的图像的卷积网络，其最后的输出层的维度是 1×1×10，因为在卷积神经网络结构的最后部分将会把全尺寸的图像压缩为包含分类评分的一个向量，向量是在深度方向排列的。图 5-11 画出了全连接神经网络和卷积神经网络的区别。图 5-11a 是一个 3 层的神经网络；图 5-11b 是一个卷积神经网络，将它的神经元呈 3 个维度（宽、高和深度）进行排列。卷积神经网络的每一层都将 3D 的输入数据变化为神经元 3D 的激活数据并输出。在图 5-11b 的左侧，输入层代表输入图像，所以它的宽度和高度就是图像的宽度和高度，它的深度是 3（代表了 3 种通道），与输入层相邻的部分是经过卷积、池化等操作之后神经元的特征，最右边则是输出层，这一层往往是一个一维向量。

卷积层是构建卷积神经网络的核心层，它产生了网络中大部分的计算量。注意是计算量而不是参数量。

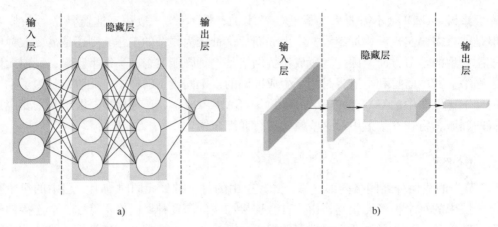

图 5-11　全连接层与卷积层的结构差异

　　卷积层主要起到滤波的作用，卷积层的参数是由一些可学习的滤波器集合构成的。每个滤波器在空间上都比较小，但是深度和输入数据一致。直观地来说，网络会让滤波器学习到当它看到某些类型的视觉特征时就激活，具体的视觉特征可能是某些方位上的边界，或者在第一层上某些颜色的斑点，甚至可以是网络更高层上的蜂巢状或者车轮状图案。

　　在处理图像这样的高维度输入时，让每个神经元都与前一层中的所有神经元进行全连接是不现实的。相反，让每个神经元只与输入数据的一个局部区域连接。该连接的空间大小叫作神经元的感受野（Receptive field），它的尺寸是一个超参数（其实就是滤波器的空间尺寸）。在深度方向上，这个连接的大小总是和输入量的深度相等。需要再次强调的是，对待空间维度（宽和高）与深度维度是不同的：连接在空间（宽高）上是局部的，但是在深度上总是和输入数据的深度一致。

　　图 5-12 展示了一层卷积层内发生的信息转移，其中最左侧为输入数据，假设输入数据体尺寸为［32×32×3］，如果感受野（或滤波器尺寸）是 5×5，那么卷积层中的每个神经元会有输入数据体中［5×5×3］区域的权重，共 5×5×3 = 75 个权重（还要加一个偏差参数）。注意这个连接在深度维度上的大小必须为 3，和输入数据体的深度一致。其中还有一点需要注意，对应一个感受野有 75 个权重，这 75 个权重是通过学习进行更新的，所以很大程度上这些权值之间是不相等。在这里相当于前面的每一个层对应一个传统意义上的卷积模板，每一层与自己卷积模板做完卷积之后，再将各个层的结果加起来，再加上偏置，注意是一个偏置，无论输入数据是多少层，一个卷积核就对应一个偏置。每一个过滤器会给卷积层的输出带来 1 的厚度，卷积层带有多少过滤器称为其深度或通道数。

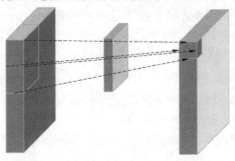

图 5-12　卷积层中的信息转移

感受野讲解了卷积层中每个神经元与输入数据体之间的连接方式，但是尚未讨论输出数据体中神经元的数量，以及它们的排列方式。3 个超参数控制着输出数据体的尺寸：深度（Depth），步长（Stride）和零填充（Zero-padding）。深度就是滤波器的数量，下面给出补偿和零填充的定义：在滑动滤波器的时候，必须指定步长。当步长为 1，滤波器每次移动 1 个像素；当步长为 2，滤波器滑动时每次移动 2 个像素。当然步长也可以是不常用的 3，或者更大的数字，但这些在实际中很少使用。这个操作会让输出数据体在空间上变小。有时候用 0 在输入数据体的边缘处进行填充是很方便的。这个零填充的尺寸是一个超参数。零填充有一个良好性质，即可以控制输出数据体的空间尺寸（最常用的是用来保持输入数据体在空间上的尺寸，使得输入和输出的宽高都相等）。

输出数据体在空间上的尺寸 $W_e^2 \times H_e^2 \times D_e^2$ 可以通过输入数据体尺寸 $W_e^1 \times H_e^1 \times D_e^1$，卷积层中神经元的感受野尺寸（$F$），步长（$S$），滤波器数量（$K$）和零填充的数量（$P$）计算出输出来。

$$W_e^2 = (W_e^1 - F + 2P)/S + 1 \qquad (5\text{-}23)$$

$$H_e^2 = (H_e^1 - F + 2P)/S + 1 \qquad (5\text{-}24)$$

$$D_e^2 = K \qquad (5\text{-}25)$$

一般说来，当步长 $S=1$ 时，零填充的值是 $P=(F-1)/2$，这样就能保证输入和输出数据体有相同的空间尺寸。

注意这些空间排列的超参数之间是相互限制的。举例说来，当输入尺寸 $W=10$，不使用零填充 $P=0$，滤波器尺寸 $F=3$，此时步长 $S=2$ 是行不通的，因为 $(W-F+2P)/S+1=4.5$，结果不是整数，这就是说神经元不能整齐对称地滑过输入数据体。因此，这些超参数的设定就被认为是无效的，一个卷积神经网络库可能会报出一个错误，通过修改零填充值、修改输入数据体尺寸，或者其他什么措施来让设置合理。在后面的卷积神经网络结构小节中，读者可以看到合理地设置网络的尺寸让所有的维度都能正常工作，是相当让人头痛的事；而使用零填充和遵守其他一些设计策略将会有效解决这个问题。

在卷积层中权值共享是用来控制参数的数量。假如在一个卷积核中，每一个感受野采用的都是不同的权重值（卷积核的值不同），那么这样的网络中参数数量将是十分巨大的。

权值共享是基于这样的一个合理的假设：如果一个特征在计算某个空间位置的时候有用，那么它在计算另一个不同位置的时候也有用。基于这个假设，可以显著地减少参数数量。换言之，就是将深度维度上一个单独的 2 维切片看作深度切片（Depth slice），比如一个数据体尺寸为 [55×55×96] 的就有 96 个深度切片，每个尺寸为 [55×55]，其中在每个深度切片上的结果都使用同样的权重和偏差获得的。在这样的参数共享下，假如一个例子中的第一个卷积层有 96 个卷积核，那么就有 96 个不同的权重集了，一个权重集对应一个深度切片，如果卷积核的大小是 11×11 的，图像是 3 通道的，那么就共有 96×11×11×3 = 34848 个不同的权重，加上 96 个偏差参数总共有 34944 个参数，并且在每个深度切片中的 55×55 的结果使用的都是同样的参数。而如果不共用权重的话，将会产生 96×11×11×45×3＋96 = 1568256 个参数，模型将变得非常难以训练。

如果在一个深度切片中的所有权重都使用同一个权重向量，那么卷积层的前向传播在每个深度切片中可以看作是在计算神经元权重和输入数据体的卷积（这就是"卷积层"名字由来）。这也是为什么总是将这些权重集合称为滤波器（Filter）[或卷积核（Kernel）]，因为它们和输入进行了卷积。

有时候参数共享假设可能没有意义，特别是当卷积神经网络的输入图像是一些明确的中心结构的时候。这时候就应该期望在图片的不同位置学习到完全不同的特征（而一个卷积核滑动地与图像做卷积都是在学习相同的特征）。一个具体的例子就是输入图像是人脸，人脸一般都处于图片中心，而期望在不同的位置学习到不同的特征，比如眼睛特征或者头发特征可能（也应该）会在图片的不同位置被学习。在这个例子中，通常就放松参数共享的限制，将层称为局部连接层（Locally-Connected Layer）。

最近一个研究中给卷积层引入了一个新的叫扩张（Dilation）的超参数。到目前为止，只讨论了卷积层滤波器是连续的情况。但是，让滤波器中元素之间有间隙也是可以的，这就叫作扩张。如图 5-13 为进行 1 扩张。在某些设置中，扩张卷积与正常卷积结合起来非常有用，因为在很少的层数内更快地汇集输入图片的大尺度特征。比如，如果上下重叠 2 个 3×3 的卷积层，那么第二个卷积层的神经元的感受野是输入数据体中 5×5 的区域。如果对卷积进行扩张，那么这个有效感受野就会迅速增长。

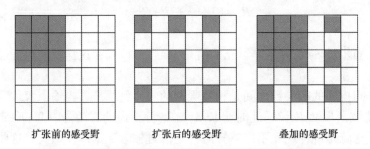

扩张前的感受野　　　　　扩张后的感受野　　　　　叠加的感受野

图 5-13　普通卷积层与扩张后卷积层的感受野

通常在连续的卷积层之间会周期性地插入一个池化层。它的作用是逐渐降低数据体的空间尺寸，这样的话就能减少网络中参数的数量，使得计算资源耗费变少，也能有效控制过拟合。池化层使用 MAX 操作，对输入数据体的每一个深度切片独立进行操作，改变它的空间尺寸。最常见的形式是汇聚层使用尺寸 2×2 的滤波器，以步长为 2 来对每个深度切片进行降采样，将其中 75% 的激活信息都丢掉。每个 MAX 操作是从 4 个数字中取最大值（也就是在深度切片中某个 2×2 的区域），深度保持不变。

对于池化层而言，输入数据体尺寸为 $W_e^1 \times H_e^1 \times D_e^1$，空间大小为 FF，步长为 SS 时，输出数据的尺寸 $W_e^2 \times H_e^2 \times D_e^2$ 可以根据下式计算：

$$W_e^2 = (W_e^1 - FF)/SS + 1 \tag{5-26}$$

$$H_e^2 = (H_e^1 - FF)/SS + 1 \tag{5-27}$$

$$D_e^2 = D_e^1 \tag{5-28}$$

池化的计算步骤在尺寸变化上与之前的卷积操作主要有两点区别，首先在池化的过程中基本不会进行另补充；其次池化前后深度不变。

在实践中，最大池化层通常只有两种形式：一种是 $FF = 3$，$SS = 2$ 也叫重叠汇聚（Over-Lapping Pooling），另一个更常用的是 $FF = 2$，$SS = 2$。对更大感受野进行池化需要的池化尺寸也更大，而且往往对网络有破坏性。

除了最大池化，池化单元还可以使用其他的函数，比如平均池化（Average pooling）或

L-2 范式池化（L2-norm pooling）。平均池化历史上比较常用，但是现在已经很少使用了。因为实践证明，最大池化的效果比平均池化要好。

在反向传播过程中，池化层遵循的原则是保证传递的梯度之和不变，根据这条规则，最大池化层和平均池化层的反向传播是不同的。最大池化的前向传播是把视野域中的最大值传递给后一层，而其他数据直接舍弃掉，那么反向传播也就是把梯度直接传给前一层某一个像素，而其他像素不接受梯度，也就是为 0。所以最大池化的反向传播需要知道池化操作的前向传播时到底是哪个像素值最大，池化层反向传播的路径如图 5-14 所示，其中颜色较浅的方块就代表了最大像素值的位置。

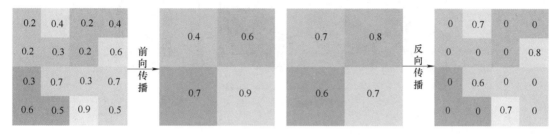

图 5-14　最大池化层的反向传播

而对于平均池化，认为梯度在反向传播的过程中也是根据平均原则返回上层网络的，其反向传播中的梯度传递如图 5-15 所示。

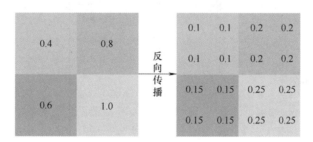

图 5-15　平均池化层的反向传播

严格来说，全连接层并不仅属于卷积神经网络，所有的输入特征在经过适量处理后都可以输入到全连接层中。但是对于用于实现图像识别的卷积神经网络而言，全连接层是其中不可缺少的一部分，直观的思维是，前面的卷积层和池化层都是用于抓取图像中的信息，并得到各个部分的特征。而全连接层的作用则是根据这些特征对图像的具体性质进行判断。全连接层在整个卷积神经网络中起到"分类器"的作用。如果说卷积层、池化层和激活函数等操作是将原始数据映射到隐层特征空间的话，全连接层则起到将学到的"分布式特征表示"（下面会讲到这个分布式特征）映射到样本标记空间的作用。全连接层的作用如图 5-16 所示。

假设已经将图像经过卷积和池化后得到了一个 3×3×5 的 3 维特征，而构建卷积神经网络的目标是判断图像中的电机是否存在损坏，标签是一个 2 维的 1-hot 向量，因此神经网络的输出也应该是 一个 2 维向量。用于将这 45 和特征整合到最终的 2 个特征，并使每个输入特征都与输出特征相关联的层称为全连接层。具体到这个例子，输出的每个特征都可以由一个 3×3×5 的过滤器得到，具体如图 5-17 所示。

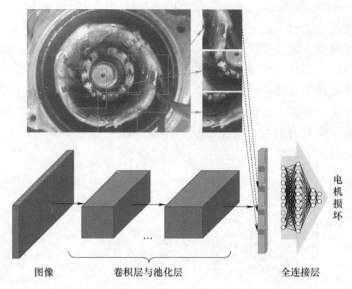

图 5-16　全连接层在卷积神经网络中的作用

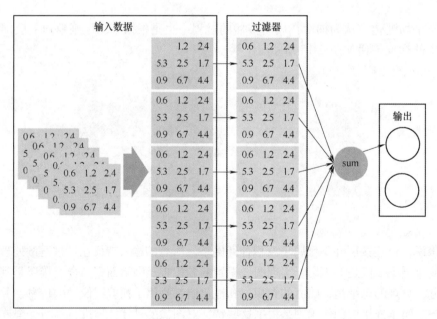

图 5-17　利用卷积实现全连接效果

从图 5-17 可以看出，用一个 3×3×5 的 filter 去卷积激活函数的输出，得到的结果就是一个 fully connected layer 的一个神经元的输出，这个输出就是一个值。因为有 2 个神经元。实际就是用一个 3×3×5×3 的卷积层去卷积激活函数的输出。

全连接层的正向传播与反向传播都与传统深度神经网络的全连接层相同，因此不进行进一步讲解。

卷积神经网络通常是由三种层构成：卷积层，池化层和全连接层（简称 FC）。ReLU 激活函数也应该算是一层，它逐元素地进行激活函数操作，常常将它与卷积层看作是同一层。

卷积神经网络最常见的形式就是将一些卷积层和 ReLU 层放在一起，其后紧跟汇聚层，重复如此直到图像在空间上被缩小到一个足够小的尺寸，在某个地方过渡成全连接层也较为常见。最后的全连接层得到输出，比如分类评分等。

传统的将层按照线性进行排列的方法已经受到了挑战，挑战来自谷歌的 Inception 结构和微软亚洲研究院的残差网络（Residual Net）结构。这两个网络的特征更加复杂，连接结构也不同。

卷积层的大小选择一般有如下规则：几个小滤波器卷积层的组合比一个大滤波器卷积层好。假设一层一层地重叠了 3 个 3×3 的卷积层（层与层之间有非线性激活函数）。在这个排列下，第一个卷积层中的每个神经元都对输入数据体有一个 3×3 的视野。第二个卷积层上的神经元对第一个卷积层有一个 3×3 的视野，也就是对输入数据体有 5×5 的视野。同样，在第三个卷积层上的神经元对第二个卷积层有 3×3 的视野，也就是对输入数据体有 7×7 的视野。假设不采用这 3 个 3×3 的卷积层，而是使用一个单独的有 7×7 的感受野的卷积层，那么所有神经元的感受野也是 7×7，但是就有一些缺点：首先，多个卷积层与非线性的激活层交替的结构，比单一卷积层的结构更能提取出深层的更好的特征；其次，假设所有的数据有 C 个通道，那么单独的 7×7 卷积层将会包含 $49C^2$ 个参数，而 3 个 3×3 的卷积层的组合仅有 $27C^2$ 个参数。直观说来，最好选择带有小滤波器的卷积层组合，而不是用一个带有大的滤波器的卷积层。前者可以表达出输入数据中更多个强力特征，使用的参数也更少。唯一的不足是，在进行反向传播时，中间的卷积层可能会导致占用更多的内存。

层的尺寸选择一般按照如下规律：输入层应该能被 2 整除很多次。常用数字包括 32（如 CIFAR-10）、64 和 96（如 STL-10）或 224（如 ImageNet）、384 和 512。

卷积层应该使用小尺寸滤波器（3×3 或最多 5×5），使用步长 $S=1$。还有一点非常重要，就是对输入数据进行零填充，这样卷积层就不会改变输入数据在空间维度上的尺寸。比如，当 $F=3$，那就使用 $P=1$ 来保持输入尺寸。当 $F=5$，$P=2$，一般对于任意 F，当 $P=(F-1)/2$ 的时候能保持输入尺寸。如果必须使用更大的滤波器尺寸（比如 7×7 之类），通常只用在第一个面对原始图像的卷积层上。

池化层负责对输入数据的空间维度进行降采样。最常用的设置是用 2×2 感受野（即 $F=2$）的最大值汇聚，步长为 2（$S=2$）。注意这一操作将会把输入数据中 75% 的激活数据丢弃（因为对宽度和高度都进行了 2 的降采样）。另一个不那么常用的设置是使用 3×3 的感受野，步长为 2。最大值汇聚的感受野尺寸很少有超过 3 的，因为汇聚操作过于激烈，易造成数据信息丢失，这通常会导致算法性能变差。

因为内存限制所做的妥协：在某些案例（尤其是早期的卷积神经网络结构）中，基于前面的各种规则，内存的使用量迅速飙升。例如，使用 64 个尺寸为 3×3 的滤波器对 224×224×3 的图像进行卷积，零填充为 1，得到的激活数据体尺寸是［224×224×64］。这个数量就是一千万的激活数据，或者就是 72MB 的内存（每张图就是这么多，激活函数和梯度都是）。因为 GPU 通常因为内存导致性能瓶颈，所以做出一些妥协是必需的。在实践中，人们倾向于在网络的第一个卷积层做出妥协。例如，妥协可能是在第一个卷积层使用步长为 2，尺寸为 7×7 的滤波器（比如在 ZFnet 中）。在 AlexNet 中，滤波器的尺寸的 11×11，步长为 4。

这一小节的主要介绍目标为特定的神经层，而卷积、池化和全连接层并不仅仅应用于卷积神经网络，可以与其他类型的网络灵活搭配，以适应不同的应用场景。

5.3.3　前馈神经网络——图神经网络

尽管传统的深度学习方法被应用在提取欧氏空间数据的特征方面取得了巨大的成功，但许多实际应用场景中的数据是从非欧式空间生成的，传统的深度学习方法在处理非欧式空间数据上的表现却仍难以使人满意。例如，在电子商务中，一个基于图（Graph）的学习系统能够利用用户和产品之间的交互来做出非常准确的推荐，但图的复杂性使得现有的深度学习算法在处理时面临着巨大的挑战。这是因为图是不规则的，每个图都有一个大小可变的无序节点，图中的每个节点都有不同数量的相邻节点，导致一些重要的操作（例如卷积）在图像（Image）上很容易计算，但不再适合直接用于图。此外，现有深度学习算法的一个核心假设是数据样本之间彼此独立。然而，对于图来说，情况并非如此，图中的每个数据样本（节点）都会有边与图中其他实数据样本（节点）相关，这些信息可用于捕获实例之间的相互依赖关系。

近年来，人们对深度学习方法在图上的扩展越来越感兴趣。在多方因素的成功推动下，研究人员借鉴了卷积网络、循环网络和深度自动编码器的思想，定义和设计了用于处理图数据的神经网络结构，由此一个新的研究热点——"图神经网络（Graph Neural Networks，GNN）"应运而生，本节主要对图神经网络的研究现状进行简单的概述。

需要注意的是，图神经网络的研究与图嵌入或网络嵌入密切相关，图嵌入或网络嵌入是数据挖掘和机器学习界日益关注的另一个课题。图嵌入旨在通过保留图的网络拓扑结构和节点内容信息，将图中顶点表示为低维向量，以便使用简单的机器学习算法（例如，支持向量机分类）进行处理。许多图嵌入算法通常是无监督的算法，它们可以大致可以划分为三个类别，即矩阵分解、随机游走和深度学习方法，将在5.4节中进行介绍。

根据信息的传递机理，可以将大部分的图神经网络分为两个大类，即图卷积神经网络（Graph Convolution Network，GCN）和图注意力网络（Graph Attention Network，GAN）。其他的大部分常用网络，如时空图神经网络（Spatial-Temporal Graph Convolution Networks，ST-GCN）、图残差神经网络（Residual Graph Convolutional Network，ResGCN）等，在图上信息的处理思路上都是由上述网络发展而来的。本节着重介绍前两种网络，并在介绍完循环神经网络后介绍循环神经网络中的代表 Graph LSTM。

在具体介绍图神经网络前，先对图进行一个基本的定义：图（Graph，如图 5-18 所示）通常由顶点的有穷非空集合和顶点之间的边的集合所构成，通常可表示为$\varsigma=(V,E,A)$。其中，V 是顶点的集合，E 是边的集合，A 为图的邻接矩阵。在图 5-18 中，$v_i \in V$ 表示一个节点，$e_{ij}=(v_i,v_j) \in E$ 表示一条边，A 是一个 $N{\times}N$ 的矩阵（N 表示顶点的数目）：若存在 e_{ij} 则 $A_{ij}=w_{ij} \neq 0$，若不存在 e_{ij} 则 $A_{ij}=0$，图 5-18 中顶点的度指的是与该顶点相连的边的数量。可以为图的顶点赋予一个属性从而得到图的所有节点的属性矩阵 $X \in \mathscr{R}^{N{\times}D}$，矩阵 X 的每一行代表对应顶点的属性向量，每个节点有 D 个属性。

图神经网络旨在将卷积推广到图领域。在这个方向上的进展通常分为频谱方法（Spectral Method）和空间方法（Spatial Method）。

首先介绍频谱方法。通过计算图拉普拉斯算子的特征分解，在傅立叶域中定义卷积运

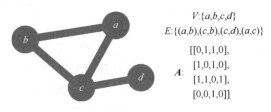

图 5-18　图的组成与表达形式

算。可以将操作定义为将原始的处于空域的图信号变换到频域上之后，对频域属性进行滤波，然后再恢复到原来的图信号所在的空域中，从而完成了对图信号的降噪与特征提取的功能。

给定一个有 N 个顶点的简单图（既不含平行边也不含自环的图）ς，其拉普拉斯矩阵（Laplacian Matrix）L 定义为：

$$L = D - A \tag{5-29}$$

其中 D 为与 A 同形的对角矩阵，其每一行在对角线上的元素值为 A 在该行的所有元素之和，即 $D_{ii} = \sum_j A_{ij}$。A 为图的邻接矩阵，这里不考虑图中边的权重，从而 A 中仅仅包含 0 和 1 并且对角线元素为 0。可得到图的拉普拉斯矩阵中的元素的值为

$$L_{ij} = \begin{cases} \deg(v_i), & i=j \\ -1, & e_{ij} \in \varsigma \\ 0, & \text{其他} \end{cases} \tag{5-30}$$

其中，$\deg(v_i)$ 表示节点 v_i 的度。此外常用一种标准化的拉普拉斯矩阵来表示一个无向图，其定义为：

$$L_{ij} = \begin{cases} 1, & i=j \\ -\dfrac{1}{\sqrt{\deg(v_i)\deg(v_j)}}, & e_{ij} \in \varsigma \\ 0, & \text{其他} \end{cases} \tag{5-31}$$

这一标准化的拉普拉斯矩阵是一个实对称半正定矩阵，从而可以分解为 $L = U\Lambda U^{\mathrm{T}}$，其中 U 是矩阵的特征向量所构成的矩阵，Λ 是对应的特征向量构成的对角矩阵且有 $\Lambda_{ii} = \lambda_i$。此外，特征向量可以构成一个 n 维的正交空间，即 $U^{\mathrm{T}}U = I$。

图信号（图中节点的属性值）X 的图傅里叶变换被定义为 $F(X) = U^{\mathrm{T}}X$，对应的傅里叶逆变换被定义为 $F^{-1}(\hat{X}) = U\hat{X}$，其中 $\hat{X}$ 表示对原始的图信号进行傅里叶变换的结果。从这一定义上实际可以看出图傅里叶变换实际上是将原始的图信号变换到图的标准化的拉普拉斯矩阵的特征向量所构成的正交空间中。这样原始的图信号其实可以通过正交空间中的基向量进行线性表示，即

$$UF(X) = UU^{\mathrm{T}}X = X \tag{5-32}$$

从而可以得到，$X = \sum_i \hat{X}_i u_i$。定义输入信号 X 与滤波器 $g \in \mathbb{R}^N$ 的图卷积操作为：

$$X * g = F^{-1}(F(X) \odot F(g)) = U(U^{\mathrm{T}}X \odot U^{\mathrm{T}}Xg) \tag{5-33}$$

其中 $\odot$ 代表对应元素之间的乘积（Hadamard Product）。如果在图卷积后的频域空间中

定义一个矩阵形式的滤波器为 $g_\theta = \mathrm{diag}(\boldsymbol{U}^{\mathrm{T}}g)$，这时可以得到更为简单的图卷积的定义：

$$X * g_\theta = \boldsymbol{U}g_\theta \boldsymbol{U}^{\mathrm{T}}X \tag{5-34}$$

基于频谱的图卷积网络均遵循这一简单的定义方法。直觉上来说，图卷积操作可以看成将原始的处于空域的图信号变换到频域上之后，对频域属性进行滤波，然后再恢复到原来的图信号所在的空域中，从而完成了对图信号的降噪与特征提取的功能。

接下来介绍 ChebNet。这个这个模型使用 K 阶切比雪夫多项式（Chebyshev Polynomials）$T_k(X)$ 来近似 g_θ：

$$g_\theta * X \approx \sum_{k=0}^{K} \theta_k T_k(\bar{L}) X \tag{5-35}$$

式中，$\bar{L} = \dfrac{2}{\lambda_{\max}}\boldsymbol{L} - \boldsymbol{I}_N$；$\lambda_{\max}$ 为 $\boldsymbol{L}$ 的最大特征值；$\boldsymbol{\theta} \in \mathcal{R}^K$ 是切比雪夫多项式的系数向量，θ_k 为其元素。

可以看出，该模型是 K 邻域的，因为他是近似的 K 阶项式。通过引入切比雪夫多项式，ChebNet 不必计算拉普拉斯矩阵的特征向量，降低了计算量。其中，切比雪夫多项式为：

$$\begin{cases} T_k(x) = 2xT_{k-1}(x) - T_{k-2}(x), \\ T_0(x) = 1 \\ T_1(x) = x \end{cases} \tag{5-36}$$

接下来正式介绍 GCN。通过限制层级的卷积为 $K=1$ 来缓解了节点度分布非常宽的图对局部邻域结构的过度拟合问题，并进一步近似 $\lambda_{\max} \approx 2$，可以将 $g_\theta * X$ 简化为：

$$g_{\theta'} * X \approx \theta_0' x + \theta_1'(\boldsymbol{L} - \boldsymbol{I}_N)X = \theta_0' X - \theta_1' D^{-\frac{1}{2}}AD^{-\frac{1}{2}}X \tag{5-37}$$

其中 θ_0'、θ_1' 是两个不受约束的变量。添加约束使得 $\theta_0' = -\theta_1' = \theta$，则得到：

$$g_{\theta'} * X \approx \theta(I_N + D^{-\frac{1}{2}}AD^{-\frac{1}{2}})X \tag{5-38}$$

注意到如果直接堆叠这个运算，将会导致数值不稳定和梯度的爆炸或者消失问题，引入重归一化（Renormalize）$D^{-\frac{1}{2}}AD^{-\frac{1}{2}} \rightarrow \widetilde{D}^{-\frac{1}{2}}\widetilde{A}\widetilde{D}^{-\frac{1}{2}}$，其中 $\widetilde{A} = A + I_N$，$\widetilde{d}_{ii} = \sum_j \widetilde{a}_{ij}$，$\widetilde{d}_{ii}$，$\widetilde{a}_{ij}$ 分别为矩阵 $\boldsymbol{A}$ 和 $\boldsymbol{D}$ 中对应位置元素。最终进行堆叠可以得到对于任意 C 通道的信号 $X \in R^{N \times C}$ 和 F 个特征映射的滤波器的定义：

$$\boldsymbol{Z} = \widetilde{D}^{-\frac{1}{2}}\widetilde{A}\,\widetilde{D}^{-\frac{1}{2}}X\boldsymbol{\Theta} \tag{5-39}$$

式中，$\boldsymbol{\Theta} \in R^{C \times F}$ 是滤波器组参数成的矩阵；$\boldsymbol{Z} \in R^{N \times F}$ 是卷积得到的信号矩阵。

此时的 GCN 作为一个谱方法的简化，也可以看作是一种空间方法。

基于频谱方法的一个关键缺陷是其需要将整个图的信息载入内存中，这使得其在大规模的图结构（如大规模的社交网络分析）上不能有效地进行应用。另一方面，基于空间域的图卷积方法只在空间相邻的邻居上进行计算，其瞄准的是图中的每个子图，而不是整张图，在处理大规模网络时更不容易陷入局部最优或过拟合的状况。空间卷积给予的假设是局部不变性，其中最大的挑战是针对不同节点度的节点组成的子网，需要分别设计卷积核，当前有四种常用的网络类型，分别是 Neural FPS、LGCN、MoNeT 和 GraphSAGE。

Neural FPS 的理念是：对度不同的节点，使用不同的权重矩阵。其有效神经层的前向公式为：

$$\begin{cases} X = h_v^{t-1} + \sum_{i=1}^{|N_v|} h_i^{t-1} \\ h_v^t = \sigma(X\boldsymbol{W}_t^{|N_v|}) \end{cases} \tag{5-40}$$

式中，$\boldsymbol{W}_t^{|N_v|}$ 是度为 $|N_v|$ 的节点在第 t 层对应的权重矩阵；N_v 表示在节点 v 的相邻节点的集合；h_v^t 是节点 v 在第 t 层对应的嵌入。

可以从上式中看出，模型首先将节点与它相邻节点的嵌入做累加，并使用 $\boldsymbol{W}_t^{|N_v|}$ 进行变换。对于度不同的节点，模型定义不同的权重矩阵 $\boldsymbol{W}_t^{|N_v|}$。模型的主要不足在于不能应用在大规模图结构中，因为它的节点具有很多不同的度。

LGCN 网络基于可学习图卷积层（LGCL）和子图训练策略。LGCL 利用 CNN 作为聚合器。它对节点的邻域矩阵进行最大池化，以获取前 k 个要素元素，然后应用 1-D 卷积来计算隐藏表示。计算过程如图 5-19 所示。

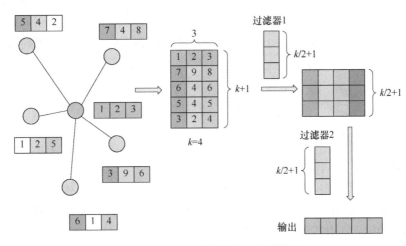

图 5-19　LGGL 的前向信息传递路径

LGCL 的传播步骤公式如下：

$$\begin{cases} \hat{H}_t = g(H_t, \boldsymbol{A}, k), \\ H_{t+1} = c(\hat{H}_t) \end{cases} \tag{5-41}$$

式中，$\boldsymbol{A}$ 是邻接矩阵；$g(\cdot)$ 是选取最大的 k 个节点的操作；$c(\cdot)$ 表示常规的一维 CNN。

该模型使用 k 个最大的节点选择操作来收集每个节点的信息。对于给定的节点，首先收集其邻居的特征。假设它具有 n 个邻居，并且每个节点具有 c 个特征，则获得矩阵 $\boldsymbol{M} \in R^{n \times c}$。如果 $n < k$，则用零列填充 $\boldsymbol{M}$。然后选择第 k 个最大的节点，即将每一列中的值排序并选择前 k 个值。之后，节点的嵌入插入 $\boldsymbol{M}$ 的第一行将得到矩阵 $\hat{\boldsymbol{M}} \in R^{(k+1) \times c}$，并进行 1-D 卷积来聚合特征。卷积函数的输入维度为 $N \times (k+1) \times c$，输出维度为 $N \times D / N \times 1 \times D$。

MoNet 是一种概括了 GCNN（Geodesic CNN）、ACNN（Anisotropic CNN）、GCN、DCNN 等模型的泛化表达方式。使用 x 表示节点，$y \in N_x$ 表示节点 x 相邻的一个节点，MoNet 计算伪坐标（Pseudo-Coordinates）$u(x,y)$，并对不同相邻节点使用不同权重：

$$D_j(x)f = \sum_{y \in N_x} w_j(u(x,y))f(y) \tag{5-42}$$

其中，模型需要学习的参数为 $w_\Theta(u) = (w_1(u), \cdots, w_J(u))$，$j$ 表示相邻节点个数。接着就可以定义卷积：

$$(f * g)(x) = \sum_{j=1}^{J} g_j D_j(x)f \tag{5-43}$$

对于上面提到的不同方法，都可以看作这种形式，只不过它们的 $u(x,y)$，$w_j(u)$ 有所区别。其中，CNN、GCN 和 DCNN 的参数如图 5-20 所示。

模型	$u(x,y)$	$w_j(u)$
CNN	$x(x,y)=x(y)-x(x)$	$\delta(u-\bar{u}_j)$
GCN	$\deg(x),\deg(y)$	$\left(1-\left\|1-\dfrac{1}{\sqrt{u_1}}\right\|\right)\left(\left\|1-\dfrac{1}{\sqrt{u_2}}\right\|\right)$
DCNN	$p^0(x,y),\cdots,p^{r-1}(x,y)$	$id(u_j)$

图 5-20　不同模型的参数列表

GraphSAGE 是一个泛化的 inductive 框架，通过采样和聚合邻居节点的特征来产生节点的嵌入。其通用的传播过程为：

$$\begin{cases} h_{N_v}^t = A_{gg}(\{h_u^{t-1}, \forall u \in N_v\}) \\ h_v^t = \sigma(W^t \cdot [h_v^{t-1} \| h_{N_v}^t]) \end{cases} \tag{5-44}$$

式中，W^t 是第 t 层的参数。

然而，GraphSAGE 并不使用所有的相邻节点，而是随机采样固定数量的相邻节点，A_{gg} 步骤可以有多种形式，包括：

1）平均聚合。可以看作是近似版本的 transductive GCN 卷积操作，inductive GCN 的变体写作：$h_v^t = \sigma(W \cdot MEAN(\{h_v^{t-1}\} \cup \{h_u^{t-1}, \forall u \in N_v\}))$ 这个聚合方法和其他方法不同之处在于不像 GraphSAGE 通用传播过程中那样进行拼接操作，可以被看作是一种残差连接（Skip Connection），所以效果更好。

2）长短期记忆聚合。基于长短期记忆神经网络实现，具有更高的表达能力，但是由于建模序列数据，所以不同的排列会造成不同的结果。可以通过修改长短期记忆神经网络的实现来对无序的相邻节点集合作处理。

3）池化聚合（Pooling Aggregator）。将邻节点的嵌入通过一个全连接层并最大池化：$h_v^t = \max(\{\sigma(W_{pool}h_u^{t-1}+b), \forall u \in N_v\})$，这里的池化也可以用任意对称的计算替代。

为了获得更好的表示，GraphSAGE 进一步提出一种无监督的损失函数，它鼓励相近的节点具有类似的表示而距离较远的节点具有不同的表示：

$$J_G(z_u) = -\ln(\sigma(z_u^T z_v)) - Q \cdot E_{v_n \sim P_n(v)}\ln(-\sigma(z_u^T z_{v_n}))$$

式中，v 是节点 u 的相邻节点；$P_n(v)$ 是负采样的分布；Q 是负例样本的个数。

注意力机制已成功用于许多基于序列的任务，例如机器翻译，机器阅读等等。与 GCN 平等对待节点的所有邻居相比，注意力机制可以为每个邻居分配不同的注意力得分，从而识别出更重要的邻居。将注意力机制纳入图谱神经网络的传播步骤是很直观的，图注意力网络也可以看作是图卷积网络家族中的一种方法。

GAT 在传播过程引入注意力机制，每个节点的隐藏状态通过注意其邻居节点来计算。GAT 网络由堆叠简单的图注意力层（Graph Attention Layer）来实现，每一个注意力层对节点对 (i,j)，注意力系数计算方式为：

$$\alpha_{ij} = \frac{\exp(LeakyReLU(\boldsymbol{a}^T[\boldsymbol{W}h_i \| \boldsymbol{W}h_j]))}{\sum\limits_k \exp(LeakyReLU(\boldsymbol{a}^T[\boldsymbol{W}h_i \| \boldsymbol{W}h_j]))} \tag{5-45}$$

式中，α_{ij} 是节点 j 到 i 的注意力系数；h_i 表示节点 i 的邻居节点。

节点输入特征为 $h = \{h_1, h_2, \cdots, h_N\}$，$h_i \in R^F$，其中 N 和 F 分别表示节点个数和特征维数。节点特征的输出为 $h' = \{h'_1, h'_2, \cdots, h'_N\}$，$h'_i \in R^{F'}$。$W \in R^{F' \times F}$ 是在每一个节点上应用的线性变换权重矩阵，$a \in R^{2F'}$ 是权重向量，可以将输入映射到 R。最终节点的特征输出由以下式子得到：

$$h'_i = \sigma \left(\sum_j \alpha_{ij} W h_j \right) \tag{5-46}$$

此外，该层也利用多头注意力以稳定学习过程。它应用 K 个独立的注意力机制来计算隐藏状态，然后将其特征连接起来（或计算平均值），从而得到以下两种输出表示形式：

$$h'_i = \mathop{\|}_{k} \sigma \left(\sum_j \alpha_{ij}^k W^k h_j \right) \tag{5-47}$$

$$h'_i = \sigma \left(\frac{1}{k} \sum_k \sum_j \alpha_{ij}^k W^k h_j \right) \tag{5-48}$$

其中 α_{ij}^k 是第 k 个注意力头归一化的注意力系数，$\|$ 表示拼接操作。模型单层内的信息传递路径如图 5-21 所示。

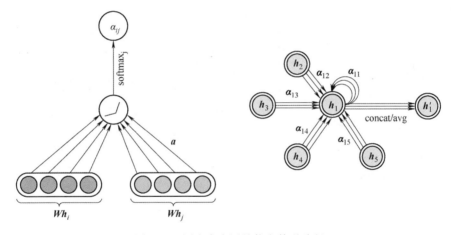

图 5-21　图注意力层的信息传递路径

这一模型结构具有如下特点：节点-邻居对的计算是可并行化的，因此运算效率很高（和 GCN 同级别）；可以处理不同程度的节点，并为其邻居分配相应的权重；可以很容易地应用于归纳学习（Inductive Learning）问题。与基于空间域的 GCN 类似，GAT 同样是一种局部网络，无须了解整个图结构，只需知道每个节点的邻节点即可。

由于图中的顶点-连边与电网中的节点-线路具有较高的一致性。因此，与电网运行相关的工作，如线路、节点故障分析，薄弱环节辨识，暂态稳定性分析等，图神经网络的表现往往优于其他形式的神经网络。

5.3.4　反馈神经网络

反馈神经网络中，神经元可以互连，有些神经元的输出会被反馈至同层甚至前层的神经元。其中有代表性经典网络包括 Hopfield 神经网络、Elman 神经网络、玻尔兹曼机等，其中玻尔兹曼机及其变体受限玻尔兹曼机将在自监督学习部分中详细介绍。本小节中首先介绍前两种代表性的传统反馈神经网络，然后介绍循环神经网络及其代表性的模型。

Hopfield 网是一种单层对称全反馈网络，该网络为一种基于能量的模型。能量函数的提出意义重大，它保证了向局部极小的收敛，使神经网络运行稳定性的判断有了明确的可靠的依据。Hopfield 网提供了模拟人类记忆的模型。

根据激活函数不同，分为两种：离散 Hopfield 网（Discrete Hopfield Neural Network，DHNN）和连续 Hopfield 网（Continuous Hopfield Neural Network，CHNN）；

DHNN 主要用于联想记忆，输入部分信息即可联想到完整的输出，即具有容错性；CHNN 主要用于优化计算，如 TSP、调度等。

最初提出的 Hopfield 网络是离散网络，输出值只能取 0 或者 1，分别表示神经元的抑制和兴奋状态。图 5-22 是 4 个神经元组成的离散 Hopfield 网络结构图。

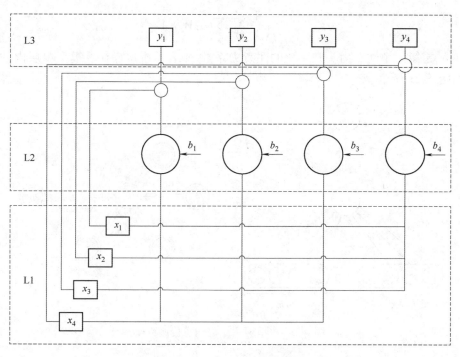

图 5-22　Hopfield 网络结构图

图 5-22 中，输出神经元的取值为 0/1 或 −1/1。对于中间层（L2）任意两个神经元间的连接权值为 ω_{ij}，神经元的连接是对称的。若 $\omega_{ii}=0$，则神经元自身无连接，称之为无自反馈的 Hopfield 网络。若 $\omega_{ii}\neq0$，称之为有自反馈的 Hopfield 网络。但是，考虑到稳定性，一般避免使用有自反馈的网络。如图 5-22 所示，第一层（L1）的 X_i 仅作为输入，没有实际功能，第三层（L3）为输出神经元，其功能是用阈值函数对计算结果进行二值化。若输入为 y_i，则第三层（L3）的输出为：

$$y_i=\begin{cases}0,X_i<\theta_i\\1,X_i>\theta_i\end{cases}\qquad(5\text{-}49)$$

式中，θ_i 为各神经元的阈值。

仅考虑中间层神经元的节点，发现每个神经元的输出都成为其他神经元的输入，每个神经元的输入都来自其他神经元。神经元输出的数据经过其他神经元之后最终又反馈给自己，所以可以把 Hopfield 网络画成如图 5-23 的网络结构。

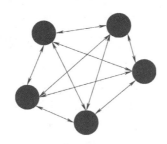

图 5-23　Hopfield 网络神经元间的信息传递

忽略了输入和输出层，Hopfield 网络可以理解为单层全互连网络。假设共有 N 个神经元，每个神经元 t 时刻的输入为 X_i，二值化后的输出为 y_i，则 t 时刻神经元的输入为：

$$X_i = \sum_{j=1, j \neq i}^{N} w_{ij} y_j + b_i \tag{5-50}$$

式中，b_i 是第 i 个神经元的偏置量。

$t+1$ 时刻的输出为：

$$y_i(t+1) = f(X_i(t)) \tag{5-51}$$

Hopfield 网络按神经动力学的方式运行，工作过程为状态的演化过程，对于给定的初始状态，按"能量"减小的方式演化，最终达到稳定状态。

对于反馈网络来说，稳定性是至关重要的性质，但反馈网络不一定都能稳定收敛。网络从初态 $Y(0)$ 开始，经过有限次递归之后，如果其状态不再发生变化，即 $Y(t+1) = Y(t)$，则称该网络是稳定的。网络状态最终会收敛到一个稳定的值，因此是稳定的。而不稳定的网络往往是发散到无穷远的系统，在离散 Hopfield 网络中，由于输出只能取二值化的值，因此不会出现无穷大的情况，此时，网络出现有限幅度的自持震荡，在有限个状态中反复循环，称为有限环网络。

在有限环网络中，系统在确定的几个状态中循环往复。系统也可能不稳定收敛于一个确定状态，而是在无限多个状态之间变化，但轨迹并不发散到无穷远，这种现象称为混沌。

离散的 Hopfield 网络可以用于联想记忆，因此又称联想记忆网络。与人脑的联想记忆功能类似，Hopfield 网络实现联想记忆需要两个阶段：

1）记忆阶段：在记忆阶段，外界输入的数据，使得系统自动调整网络的权值，最终用合适的权值使系统具有若干个稳定状态，即吸引子。其吸引域半径定义为吸引子所能吸引的状态的最大距离。吸引域半径越大，说明联想能力越强。联想记忆网络的记忆容量定义为吸引子的数量。

2）联想阶段：在联想阶段，对于给定的输入模式，系统经过一定的演化过程，最终稳定收敛于某个吸引子。假设待识别的数据为向量 $\mu = [\mu_1, \mu_2, \cdots, \mu_N]$，则系统将其设置为初始状态，即 $y_i(0) = \mu_i$。

网络中神经元的个数与输入向量长度相同。初始化完成后，根据下式反复迭代，直到神经元的状态不发生改变为止。此时输出的吸引子就是对应于输入 μ 进行联想的返回结果。

$$y_i(t+1) = \text{sgn}\Big[\sum_j w_{ij}x_j(t)\Big] \tag{5-52}$$

完成联想记忆的关键在于恰当的学习算法得到网络的权值。常见的学习算法有外积法，投影学习法，伪逆法和特征结构法。这不是本节介绍的重点，感兴趣的读者可以自行了解。

Elman 神经网络是一种典型的局部回归网络。Elman 网络可以看作是一个具有局部记忆单元和局部反馈连接的递归神经网络。Elman 网络具有与多层前向网络相似的多层结构。是在 BP 网络基本结构的基础上，在隐含层增加一个承接层，作为一步延时算子，达到记忆的目的，从而使系统具有适应时变特性的能力，增强了网络的全局稳定性，它比前馈型神经网络具有更强的计算能力，还可以用来解决快速寻优问题。

Elman 网络的主要结构如图 5-24 所示，其主要结构是前馈连接，包括输入层、隐含层、输出层，其连接权可以进行学习修正；反馈连接由一组"结构"单元构成，用来记忆前一时刻的输出值，其连接权值是固定的。在这种网络中，除了普通的隐含层外，还有一个特别的隐含层，称为关联层（或联系单元层）；该层从隐含层接收反馈信号，每一个隐含层节点都有一个与之对应的关联层节点连接。关联层的作用是通过连接记忆将上一个时刻的隐层状态连同当前时刻的网络输入一起作为隐层的输入，相当于状态反馈。隐层的传递函数仍为某种非线性函数，一般为 Sigmoid 函数，输出层为线性函数，关联层也为线性函数。

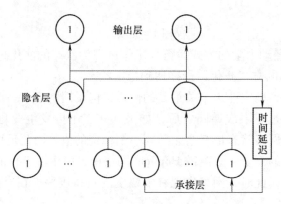

图 5-24　Elman 网络结构示意图

门控循环神经网络（GRU）是循环神经网络的一种。是为了解决长期记忆和反向传播中的梯度等问题而提出来的。

门控循环神经网络的输入输出结构如图 5-25 所示。

由图 5-25 中可以看到，有一个当前的输入 x^t，和上一个节点传递下来的隐状态（Hidden State）h^{t-1}，这个隐状态包含了之前节点的相关信息。结合 x^t 和 h^{t-1}，门控循环神经单元会得到当前隐藏节点的输出 y^t 和传递给下一个节点的隐状态 h^t。

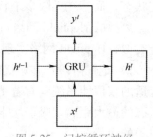

图 5-25　门控循环神经网络的输入输出结构

门控循环神经单元的内部结构如图 5-26 所示，其中的 r 为控制重置的门控（Reset Gate），z 为控制更新的门控（Update Gate），门控信号的范围为 0~1。门控信号越接近 1，代表"记忆"下来的数据越多；而越接近 0 则代表"遗忘"的越多。门控循环神经单元最关键的步骤可以称之为"更新记忆"阶段，在这个阶段，同时进行了遗忘了记忆两个步骤。使用了先前得到的更新门控 z 来更新表达式：$h^t = (1-z) \odot h^{t-1} + z \odot h'$。其中 $(1-z) \odot h^{t-1}$ 表示对原本隐藏状态的选择性"遗忘"。这里的 $1-z$ 可以想象成遗忘门（Forget Gate），忘记 h^{t-1} 中一些不重要的信息；$z \odot h'$ 表示对包含当前节点信息 h' 进行选择性"记忆"。与上面类似，这里的 $(1-z)$ 同理会忘记 h' 中的一些不重要的信息。或者，这里更应当看作是对 h' 中的某些信息进行选择。结合上述，这一步的操作就是忘记传递下来的 h^{t-1} 中的某些维度信息，并加入当前节点输入的某些维度信息。

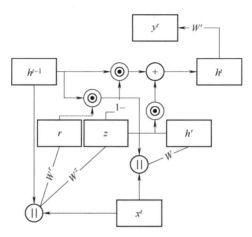

图 5-26　门控循环神经单元内部结构示意图

长短期记忆神经网络的设计主要是为了解决门控循环神经网络训练过程中的梯度消失和梯度爆炸问题。简单来说，就是相比普通的循环神经网络，长短期记忆神经网络能够在更长的序列中有更好的表现。

相比门控循环神经网络只有一个传递状态 h^t，长短期记忆神经网络有两个传输状态，一个 c^t（Cell State），和一个 h^t（Hidden State）。其中对于传递下去的 c^t 改变得很慢，通常输出的 c^t 是上一个状态传过来的 c^{t-1} 加上一些数值。而 h^t 则在不同节点下往往会有很大的区别。下面具体对长短期记忆神经网络的内部结构来进行剖析。

首先使用长短期记忆神经网络的当前输入 x^t 和上一个状态传递下来的 h^{t-1} 拼接训练得到四个状态：

$$\begin{cases} z = \tanh(W(x^t \| h^{t-1})) \\ z^i = \sigma(W^i(x^t \| h^{t-1})) \\ z^f = \sigma(W^f(x^t \| h^{t-1})) \\ z^o = \sigma(W^o(x^t \| h^{t-1})) \end{cases} \tag{5-53}$$

式中，z^i，z^f，z^o 是由拼接向量乘以权重矩阵之后，再通过一个 Sigmoid 激活函数转换成 0 到 1 之间的数值，来作为一种门控状态。

而 z 则是将结果通过一个 tanh 激活函数将转换成 -1 到 1 之间的值（这里使用 tanh 是因为这里是将其作为输入数据，而不是门控信号）。长短期记忆神经网络的内部结构如图 5-27 所示。

长短期记忆神经网络内部主要有三个阶段：

1）忘记阶段。这个阶段主要是对上一个节点传进来的输入进行选择性忘记。简单来说

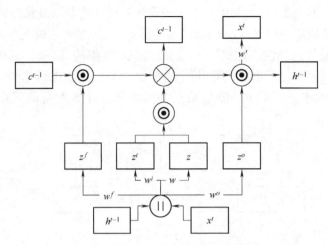

图 5-27　长短期记忆神经网络内部结构示意图

就是会"忘记不重要的，记住重要的"。具体来说是通过计算得到的 z^f（f 表示 forget）来作为忘记门控，来控制上一个状态的 c^{t-1} 哪些需要留哪些需要忘。

2）选择记忆阶段。这个阶段将这个阶段的输入有选择性地进行"记忆"。主要是会对输入 x^t 进行选择记忆。哪些重要则着重记录下来，哪些不重要，则少记一些。当前的输入内容由前面计算得到的 z 表示。而选择的门控信号则是由 z^i（i 代表 information）来进行控制。

3）输出阶段。这个阶段将决定哪些将会被当成当前状态的输出。主要是通过 z^o 来进行控制的。并且还对上一阶段得到的 c^o 进行了放缩（通过 tanh 激活函数进行变化）。

作为一个深度学习模型，循环神经网络于前馈神经网络的区别更大程度上在于其与数据的交互模式上，循环神经网络在前推过程中是按时间顺序从前往后推理，而在反向传递梯度时则是从后往前学习。

门控循环神经网络和长短期记忆神经网络在前向传递和反向传递上只存在微小的差别，这里以门控循环神经单元为例介绍循环神经网络的前向传递公式和反向传递公式。

对于 t 时刻，门控循环神经网络的正向传递为：

$$\begin{cases} r_t = \sigma(W_r x_t + U_r h_{t-1}) \\ h'_t = \tanh(W x_t + U(r_t * h_{t-1})) \\ z_t = \sigma(W_z x_t + U_z h_{t-1}) \\ h_t = (1 - z_t) * h_{t-1} + z_t * h'_t \end{cases} \tag{5-54}$$

以梯度下降法为优化器时，门控循环神经网络的反向传递为：

$$\begin{cases} \dfrac{\partial h_t}{\partial z_t} = h_{t-1} + \widetilde{h}_t \\[2mm] \dfrac{\partial h_t}{\partial W_z} = \left(\dfrac{\partial h_t}{\partial z_t} * (z_t * (1 - z_t)) \right) \cdot x_t^{\mathrm{T}} \\[2mm] \dfrac{\partial h_t}{\partial U_z} = \left(\dfrac{\partial h_t}{\partial z_t} * z_t * (1 - z_t) \right) \cdot h_{t-1}^{\mathrm{T}} \end{cases} \tag{5-55}$$

$$\begin{cases} \dfrac{\partial h_t}{\partial W} = (z_t * (1-\widetilde{h}_t^2)) \cdot x_t^{\mathrm{T}} \\[2mm] \dfrac{\partial h_t}{\partial U} = (z_t * (1-\widetilde{h}_t^2)) \cdot (r_t * h_{t-1})^{\mathrm{T}} \\[2mm] \dfrac{\partial h_t}{\partial r_t} = (U^{\mathrm{T}} \cdot (z_t * (1-\widetilde{h}_t^2))) * h_{t-1} \end{cases} \tag{5-56}$$

$$\begin{cases} \dfrac{\partial h_t}{\partial W_r} = \left(\dfrac{\partial h_t}{\partial r_t} * r_t * (1-r_t)\right) \cdot x_t^{\mathrm{T}} \\[2mm] \dfrac{\partial h_t}{\partial U_r} = \left(\dfrac{\partial h_t}{\partial r_t} * r_t * (1-r_t)\right) \cdot h_{t-1}^{\mathrm{T}} \end{cases} \tag{5-57}$$

$$\frac{\partial h_t}{\partial x_t} = W_z^{\mathrm{T}} \cdot ((\widetilde{h}_t - h_{t-1}) * z_t * (1-z_t)) + z_t * (W^{\mathrm{T}} \cdot (1-\widetilde{h}_t^2) +$$
$$W_r^{\mathrm{T}} \cdot ((U^{\mathrm{T}} \cdot (1-\widetilde{h}_t^2)) * h_{t-1} * r_t * (1-r_t))) \tag{5-58}$$

$$\frac{\partial h_t}{\partial h_{t-1}} = -U_z^{\mathrm{T}} \cdot (h_{t-1} * z_t * (1-z_t)) + (1-z_t) + U_z^{\mathrm{T}} \cdot (\widetilde{h}_t * z_t * (1-z_t)) +$$
$$U_r^{\mathrm{T}} \cdot ((U^{\mathrm{T}} \cdot (z_t * (1-\widetilde{h}_t^2))) * h_{t-1} * r_t * (1-r_t)) +$$
$$(U^{\mathrm{T}} \cdot (z_t * (1-\widetilde{h}_t^2))) * r_t \tag{5-59}$$

门控循环神经网络和长短期记忆神经网络往往用于时间序列的预测，在电气工程领域中主要包括新能源出力预测、负荷用能预测、以此为基础可以延伸到电力市场、运行优化等方向。因此这两个模型在电力系统中的应用较为广泛。但是值得一提的是，当前最新的研究发现，这两种模型更偏向于预测短期数据。而对于长期数据的预测，全连接神经网络具有更好的效果。有兴趣的读者可以自行验证。

5.4 学习技巧

本章的前半部分主要以模型为基础对机器学习进行了介绍，其中也提到了如核函数这种用于特定学习方法的学习技巧，本节将对一些不止能应用于特定学习方法的学习技巧进行介绍，为解决在进行机器学习过程中可能出现的问题做准备。

5.4.1 自监督学习

自监督学习的应用场景可以归纳为三部分，分别是模型预训练、数据生成和数据降维。本小节分别以生成预训练变形（GPT）、自编码器、变分自编码器这 3 个经典模型，介绍自监督学习在这三个场景下的使用方法。

5.4.1.1 自监督预训练

样本特征在学习过程中至关重要。在简单的数据挖掘任务中，重要的数据特征是人工设计的。在自然语言处理领域，这种类型的表示通常要求设计合适的函数以从语句中的词语和它们所处的位置上提取所需的信息。由于自然语言处理任务的复杂性，数据收集和标记将因其对时间和经济的高需求成为模型训练过程中的障碍。此外，监督学习所学到的内容可能会受到泛化错误和虚假关联的影响，导致最终学习效果不理想。因此，尽管监督学习是过去二十年来开发人工智能模型的主要学习范式，但监督学习的瓶颈迫使研究界寻找替代的学习模式。迫使研究界寻找其他的学习范式，如自我监督学习。自监督学习不需要人类标记的数据，通过从大量的数据中学习，提升模型泛化能力并减少对人工标记样本的需求。

近期，号称强人工智能和弱人工智能间分水岭的 GPT4.0 问世，其在文字理解、图片理解和语言组织上的能力都达到了当前研究领域的最优，并在律师、医生等职业考试中取得了前 10% 的成绩，其名字中的 P 指的是 Pretrain，而相关文件披露，其预训练所用的模型就是基于 Transformer 的预训练模型（T-PTLM），本小节后面称其为预训练。本小节将详细介绍这类模型的相关概念，并尝试根据 GPT4.0 得到的效果，推测预训练模型在其中的参与模式。最终根据预训练带来的特点分析其能为电力工业带来的影响。

预训练的效果主要取决于 5 个方面，分别是①准备语料库；②语料符号化；③设计预训练任务；④选择预训练模型；⑤选定预训练学习方案。接下来分别介绍。

语料库方面：预训练语料可以分为四种类型。不同类型的语料库，其文本特征也不尽相同。例如，来源于官方新闻、百度百科、危机百科等的预料中，由于文本都是由专业人士撰写的，预训练过程中的噪音较小。而在社交媒体的文本中，由于撰写者以口语方式写作，因此会有较大的噪声。此外，许多特定的领域，如生物医学和金融，包含许多领域的特定词汇，而这些词在一般的领域是不使用的。一般领域模型在特定领域任务中的表现是有限的，因此，我们必须根据目标领域选择预训练语料库，以达到良好的效果。在前几代 GPT 中，所用的语料库都是来自维基百科等通用语料库。

语料符号化方面：语料在符号化后会生成针对预训练模型的字典，其中每个特定的语料都会对应一种符号（1-hot 向量），根据语料最基本单元的特征，可以将符号划分为四类：词语符号化、字母序列符号化、子词符号化以及混合符号化。其中词语符号化会导致字典外词语的产生，因此使用得较少。字母序列符号化和子词符号化可以解决这个问题：字母序列符号化通过将单词拆分成多个较短的字符串，每种字符串对应一种符号；子词符号化与序列符号化相似，区别在于子词的长度较长。字母序列和子词都有着相对固定的词汇表，实际工作中可以参考历史工作。混合符号化是指将一个语料并行使用多种上述符号化方法，从而实现更全面的语料符号化。常用方法见图 5-28。

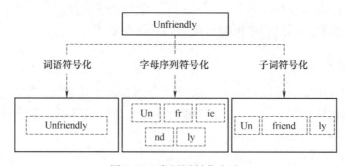

图 5-28　常用语料化方法

预训练任务方面：预训练任务是自我监督的，这些任务利用了伪标签（样本的输出和输入同源，但经过了不同的操作）。数据属性和预训练任务的定义决定了伪标签。预训练任务的指定标准是在有足够挑战性的同时，与下游任务能较好地衔接。常用的预训练任务包括：因果语言建模（Causal Language Modeling，CLM）；掩蔽语言建模（Masked Language Modeling，MLM）；替换符号检测（Replaced Token Detection，RTD）；混乱符号检测（Stochastic Token Detection，STD）；随机符号替换（Replace Token Stochastically，RTS）；翻译语言建模（Translation Language Modeling，TLM）；交换语言建模（Exchange Language Modeling，ELM）；下句预测（Next Sentence Prediction，NSP）；句序预测（Sentence Order Prediction，SOP）等等。其中 GPT 模型中使用的是从左到右的随机语言建模。随机语言建模可以根据上下文预测即将出现的词。其中，因果语言建模分为从左到右和从右到左，比如在从左到右的语言建模中，上下文包括左边的所有单词。而在从右到左的随机语言建模中，上下文包括了右侧的所有词。GPT 系列的第一到第三代所使用的都是第一个使用因果语言建模（见图 5-29）作为预训练任务的模型，通过对词语关系的学习，试图学到每个词语的含义。图 5-29 中以样本"机器学习"四个字符为例，从左到右的因果语言建模会将前三个字符作为输入，通过将它们输入到 CLM 神经网络，对第四个字符位置上的字符进行预测。样本标签是一个表征下个字符的 one-hot 向量，对应的预测结果是下一个字符是字典中每个标记（Token）的可能性，通过对预测结果和实际标签交叉熵的梯度反向传递，可以得到神经网络中可训练参数的优化方向。

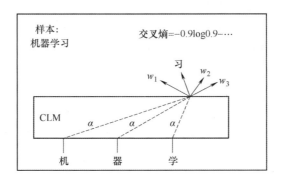

图 5-29 因果语言建模及训练目标

预训练模型方面：预训练模型指的就是预训练任务所用的神经网络，在自然语言处理的范畴中，自注意力机制自 2017 年提出以来，一直是最受关注也是应用最多的神经网络模型，T-PTLM 中的 T 就是取自于自注意力机制中的 Transformer，因此本节所关注的预训练全都与 Transformer 相关（于 6.8.3 节中详细介绍）。Transformer 是一个编码-解码结构的神经网络，其中编码过程用到了复数个编码器。每次编码都会将所有输入数据输入编码器，得到一个或多个输出，这个输出将作为下一个编码器的输入。依次迭代，最终得到表征输入数据的特征向量或矩阵。解码部分的每个输出都会与输入相拼接，共同作为下一个解码器的输入。预训练模型分为三种：①只用编码部分；②只用解码部分；③两个部分都用。GPT1.0-3.0 使用的是解码部分，但是在 GPT4.0 中添加了读取图像数据的能力。虽然没有文件披露最新方案在预训练模型上的改动，但它的模型肯定包含了能对图像数据进行高效预训练的预训练网络，这个面向图像数据的模型可能与前几代预训练模型相混合。但是，新增部分更可能有一套独立的预训练流程，为后续任务提供额外维度的特征。

从头开始训练（Pre-Training from Scratch，PTS）、连续预训练（Continual Pre-Training，CPT）、同时预训练（Simultaneous Pre-Training，SPT）、知识继承训练（Knowledge-Inherited Pre-Training，KIPT）。大致流程如图 5-30 所示：

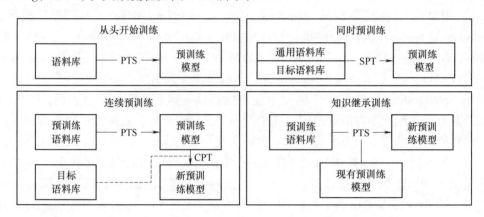

图 5-30　预训练模型常用学习方案

1）从头开始训练顾名思义，就是对没有任何预处理的、参数随机初始化的预训练模型进行预训练；从头预训练对语料库规模和训练成本有着极大的需求，对于常见语料的预训练结果已有大量开源数据，可以直接调用。

2）对于针对特定领域的语言模型预训练一般采用连续预训练，其利用不对称的专业语料对常见语料训练出的预训练模型进行进一步预训练，从而实现更小样本集、更快训练速度的预训练。

3）但是由于语言的通用性和专业的稀缺性，存在一些专业语料实在过少的情况，这种情况下则需要从头对通用语料和专业语料并行预训练，用通用语料辅助训练专业语料。

4）知识继承训练中涉及到了知识蒸馏这一步骤，现简要介绍如下：知识蒸馏是一种改善模型轻量化能力的方法，在已经拥有完成训练的大规模神经网络的前提下，将大规模的输入输出作为训练数据，训练一个较小的模型。

在知识继承训练中，将专业语料库和已有通用语料预训练模型的输入输出对共同用于训练一个较小的预训练模型，能降低模型的规模，并同时减少所需的专业语料。

一直到第三代为止，GPT 系列的工作都是围绕着上述这五点进行展开的，GPT-3 中包含着三个强大的能力：分别是对上下文的学习能力（预训练任务），对海量知识的掌握能力（语料库的选取）和对人类语言的生成能力（预训练任务）。而使得 GPT-3.5 拥有如此强大能力的最重要改进在于其所采用的高效的下游任务学习范式。

预训练方案的选择与最终任务目标高度相关，选取预训练方案时应参考这个最终任务，从预训练的角度看，这个任务称为下游任务。为充分理解预训练模型的作用效果，现对下游任务的处理和实现进行简要介绍。

预训练模型有三种适应下游任务的方法，分别是直接将预训练模型的输出作为下游任务的输入特征；将预训练模型的部分神经层进行微调后与下游任务的模型进行结合；利用提示法对预训练模型进行微调。其中 GPT 系列使用的方法都是提示法微调，而 GPT3.5，也就是大家熟知的 ChatGPT 就是利用提示来进行微调的。

具体"提示"的做法是：将人为的规则给到预训练模型，使模型可以更好地理解人的指令的一项技术，以便更好地利用预训练模型。例如，在文本情感分类任务中，输入为"I love this movie."，希望输出的是"positive/negative"中的一个标签。那么可以设置一个提示，形如："The movie is ＿＿＿"，然后让模型用来表示情感状态的答案（Label），如 positive/negative，甚至更细粒度一些的"fantastic"、"boring"等，将空补全作为输出。

与微调相比，提示更依赖预训练模型中的任务，而微调更依赖下游任务模型的再训练。微调方法中：是预训练语言模型"迁就"各种下游任务。具体体现就是通过引入各种辅助任务损失值，将其添加到预训练模型中，然后继续预训练，以便让其更加适配下游任务，这个过程中，预训练语言模型做出了更多的牺牲。提示方法中，是利用各种下游任务使预训练语言模型"回忆起"学习过的内容。具体体现也是上面介绍的，我们需要对不同任务进行重构，使得它达到适配预训练语言模型的效果，这个过程中，是下游任务做出了更多的牺牲。

提示方法的优点是给定一组合适提示，以完全无监督的方式训练的单个语言建模就能够用于解决大量任务。提示方法的设计主要从提示的位置数量、模板的设计方法两个方面完成。位置数量方面主要取决于任务的形式和模型的类别。设计方法包括手工设计和自动学习，其中手工设计一般基于人类自然语言知识，力求得到语义流畅且高效的模板，虽然方法成效较为直观，但需要较多专业知识，成本较高。自动学习模板可以利用计算机技术自动学习并设计适配目标任务的模板，其中又可分为离散提示和连续提示。自动生成离散提示指的是自动生成由自然语言的词组成的提示，因此其搜索空间是离散的。连续生成提示则直接用字典中的标记作为提示，将提示变成了可以简单梯度下降求解的连续参数问题，实现机器对提示更直接的理解。GPT 系列模型使用的使离散生成提示，在第一代和第二代中，研究人员通过适当设计提示，使语言建模在情感分类和阅读理解任务上有不错的性能，在语言建模利用提示可以挖掘事实和常识，后来提示方法被引入了小型语言建模，与大型语言建模如 GPT-3 不同，小语言建模对完整模型进行了微调，并且用的是双向掩码。合适地在提示基础上进行微调可以让模型性能进一步优化。第三代的 GPT 则可以从训练集中将随机实例和实际查询连接起来。由于预训练模型已经学会从上下文中捕获模式，并且 Transformers 的自注意力允许跨过这些实例逐个进行比较，因此上下文学习的效果出奇地好。GPT-3 因此被称之为"元学习"，指"阅读"了大量的无监督文本数据后，模型初步具有广泛的模式识别能力。预训练期间也会在单个序列中嵌入重复的子任务，很类似与上下文学习的模式。

GPT-3.5 所使用的微调方式被称为指示调整（Instruction Tuning），区别于提示方法中用填空题对模型进行调整，指示学习的问题更接近于选择题。它的选项来自一个更小的集合，对于 GPT-3.5 而言，这个选项由 GPT-3 生成，通过人为标注 GPT-3 给出推测结果的准确性，并将这一结果凝聚成样本，最终能用于 GPT-3.5 的学习。这种基于指令的微调给模型来了三个更强大的能力，分别是：

1）能对人类的指令做出响应：GPT-3.0 只能根据输入数据找出语料库中最可能出现在下文中的文字，于输入数据的并没有直接的关联性，而 GPT-3.5 中的输出与根据特定的指示任务相关联，与前几代模型有着机理上的提升。

2）能对未见过的指令进行反应：当用于调整的指示达到一定规模时，模型就自发地形成了对调整指令空间外的指令的回答能力。这种泛化能力使得 GPT-3.5 能生成目标各异的代码，造就了其中最令人感到惊艳与压力的代码生成能力。

3）利用思维链进行推理的能力：对指令进行反馈的能力带来了链式推理的能力，直觉少，面向指示的回答与人类的推理过程相类似，链式逻辑推理可以拆分成多个面向指示的回答。但是，目前并没有确凿的证据证明这个能力是从何而来的，只能根据一些实际发生的事情总结出这个结果。

GPT-3.0 公开了它 3000 亿单词的语料库，而它自身的参数规模也来到了 1750 亿之多，而之后的模型仍然在不断地扩大。大量的训练给模型带来了强大能力的同时，也使得为模型强大能力归因的工作变得几乎不可能实现。我们仅能根据预训练模型最终实现的效果，将这类方法在电力工业领域进行尝试。预训练模型所带来的小样本甚至零样本学习能力，有潜力解决电力系统配电部分量测不完备的问题，可以用于配电网拓扑辨识、参数计算、数据补全等任务。而这类模型在目标任务中的优异表现，使得其在整个电力工业的各个应用场景下，都有高效发挥的潜力。值得一提的是，当前以深度学习为基础的人工智能模型并没有解决智能体逻辑判断的能力，GPT 模型可能会出现"一本正经地胡说八道"的情况，因此将其用于具体事件的决策还为时尚早，其对决策制定的辅助作用主要表现在对未来情况进行预测，并给出一定的数据支持。

5.4.1.2　自监督降维

降维的目标是将样本空间中的所有样本用对应的低维特征进行高效的表示。可以通过观察能否利用一个神经网络将低维特征转化为对应的高维特征，验证降维结果对高维特征的表达能力。为此，人们设计了先降维再升维的神经网络，并通过机器学习让输出数据尽量靠近输入数据。若能实现输出数据与输入数据的高度相似，则可以人为地使这个神经网络前半部分的降维过程中仅造成了少量的信息丢失，是一种可靠的降维方法。

这种神经网络称为自编码器。自编码器是一种无监督式学习模型，它基于反向传播算法与最优化方法（如梯度下降法），利用输入数据 X 本身作为监督，来指导神经网络尝试学习一个映射关系，从而得到一个重构输出 X^R。在时间序列异常检测场景下，异常对于正常来说是少数，所以可以认为，如果使用自编码器重构出来的输出 X^R 跟原始输入的差异超出一定阈值（Threshold）的话，原始时间序列即存在了异常。

通过算法模型包含两个主要的部分：编码器（Encoder）和解码器（Decoder）。

编码器的作用是把高维输入 X 编码成低维的隐变量 h 从而强迫神经网络学习最有信息量的特征；解码器的作用是把隐藏层的隐变量 h 还原到初始维度，最好的状态就是解码器的输出能够完美地或者近似地恢复出原来的输入，即 $X^R \approx X$。自编码器的结构如图 5-31 所示。

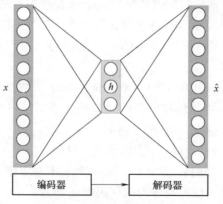

图 5-31　自编码器结构示意图

从输入层到隐藏层，原始数据 x 的编码过程为 $h = g_{\theta_1}(x) = \sigma(W_1 x + b_1)$

从隐藏层到输出层的解码过程：$\hat{x} = g_{\theta_2}(h) = \sigma(W_2 h + b_2)$

那么算法的优化目标函数就写为：$MinimizeLoss = dist(x, \hat{x})$

其中 $dist$ 为二者的距离度量函数。

自编码可以实现类似于主成分分析等数据降维、数据压缩的特性。从上面自编码的网络结构图，如果输入层神经元的个数 n 大于隐层神经元个数 m，那么就相当于把数据从 n 维降到了 m 维；然后利用这 m 维的特征向量，进行重构原始的数据。若能够顺利重构，则说明这 m 维数据已经能很好地反映原先的 n 维数据，从而实现信息损耗较低的降维。除了降维任务外，自编码器还能用于异常样本的辨别。在没有人为标注样本的情况下，由于自编码器的算法假设异常点服从不同的分布。根据正常数据训练出来的自编码器，能够将正常样本重建还原，但是却无法将异于正常分布的数据点较好地还原，导致还原误差较大。因而自编码器还可以根据输出数据与输入数据的相似程度判断该数据是否是异常数据。

5.4.1.3 自监督生成

自监督学习的另一大功能是生成符合一定分布需求的数据，这种数据生成过程需实现将无序的随机数据转化为符合特定分布的数据，用于实现这一功能的模型称为自监督生成模型，其中应用最广泛的模型包括变分自编码器、玻尔兹曼机和生成对抗网络等。下面以变分自编码器为例展开说明。

变分自编码器是自编码器的变体，它针对生成新数据的能力进行了改进。

以图片为例，自编码器是将图片映射成"数值编码"，解码器是将"数值编码"映射成图片。这样存在的问题是，在训练过程中，随着不断降低输入图片与输出图片之间的误差，模型会过拟合，泛化性能不好。也就是说对于一个训练好的自编码器，输入某个图片，就只会将其编码为某个确定的 code，输入某个确定的 code 就只会输出某个确定的图片，并且如果这个 code 来自于没见过的图片，那么生成的图片也不会好。下面举个例子来说明：

如图 5-32 所示。假设训练好的自编码器将"新月"图片的编码为 1，将"满月"编码为 10；而解码器分别能将 1 和 10 解码得到"新月"和"满月"的图片。如果希望得到一个"半月"的图片，按常理来说应该将 5 输入解码器，但由于之前训练时并没有将"半月"的图片编码，或者将一张非月亮的图片编码为 5，那么就不太可能得到"半月"的图片。因此自编码器多用于数据的压缩和恢复，用于数据生成时效果并不理想。

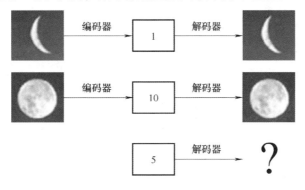

图 5-32　自编码器的缺陷示意

变分自编码器将降维映射的结果从"数值编码"改为"分布"。还是刚刚的例子，将"新月"图片映射成$\mu=1$的正态分布，那么就相当于在1附近加了噪声，此时不仅1表示"新月"，1附近的数值也表示"新月"，只是1的时候最像"新月"。将"满月"映射成$\mu=10$的正态分布，10的附近也都表示"满月"。那么在理想情况下，当将5输入解码器时，就同时拥有了"新月"和"满月"的特点，那么这时候decode出来的大概率就是"半月"了。

变分自编码器的结构如图5-33所示，其与自编码器整体结构类似，不同的地方在于自编码器的编码器直接输出code，而变分自编码器的编码器输出的是若干个正态分布的均值$(\mu_1,\mu_2,\cdots,\mu_n)$和标准差$(\sigma_1,\sigma_2,\cdots,\sigma_n)$，然后从每个正态分布$\mathcal{N}(\mu_1,\sigma_1^2),\mathcal{N}(\mu_2,\sigma_2^2)\cdots,\mathcal{N}(\mu_n,\sigma_n^2)$采样得到编码$code(Z_1,Z_2,\cdots,Z_n)$，再将code送入解码器进行解码。

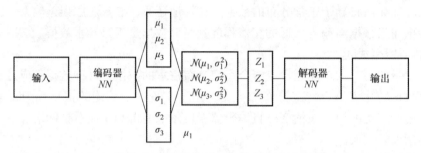

图5-33　变分自编码器结构示意图

训练过程中，如果仅仅使输入和输出的误差尽可能小，那么随着不断训练，会使得σ趋近于0，这样就使得变分自编码器越来越像自编码器，对数据产生了过拟合，编码的噪声也会消失，导致无法生成未见过的数据。因此为了解决这个问题，要对μ和σ加以约束，使其构成的正态分布尽可能像标准正态分布，具体做法是计算$\mathcal{N}(\mu,\sigma^2)$与$\mathcal{N}(0,1)$之间的KL散度，也就是说，在自动编码器$dist(x,\hat{x})$的基础上，变分自编码器的损失函数还需要加上$KL(\mathcal{N}(\mu,\sigma^2)\|\mathcal{N}(0,1))$。

值得注意的是，这里的code是通过从正态分布中采样得到的，这个采样的操作是不可导的，这会导致在反向传播时Z对μ和σ无法直接求导，因此这里用到了重参数化技巧。具体思想是从$\mathcal{N}(0,1)$采样一个ε，然后让$Z=\mu+\varepsilon\times\sigma$，这就相当于直接从$\mathcal{N}(\mu,\sigma^2)$中采样$Z$。具体过程如图5-34所示。

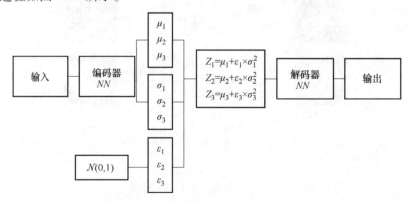

图5-34　重参数化技巧示意图

自监督生成模型生成数据的依据是，假设机器学习模型已经找到了源域样本的分布特征，这个分布特征仅属于源域样本集的共性，并不能保证对样本空间以外数据的泛化能力。但这也保证了生成样本与源域样本的相似性，在机器学习任务设置及训练样本选择合理的情况下，不需要过度担心样本的真实性。相较于完全基于随机采样的仿真场景，由自监督生成模型生成的场景具有更高的真实性和可能性。这种基于统计学的样本生成方法为需要大量仿真的任务，如新能源大面积接入下的稳态检测、$N-1$ 检测等，提供足够的仿真场景。

5.4.2 半监督训练

在许多机器学习（Machine Learning，ML）的实际应用中，很容易找到海量的无类标签的样例，但需要使用特殊设备或经过昂贵且用时非常长的实验过程进行人工标记才能得到有类标签的样本，由此产生了极少量的有类标签的样本和过剩的无类标签的样例。因此，人们尝试将大量的无类标签的样例加入有限的有类标签的样本中一起训练来进行学习，期望能对学习性能起到改进的作用，由此产生了半监督学习，如图 5-35 所示。半监督学习避免了数据和资源的浪费，同时解决了监督学习的模型泛化能力不强和无监督学习的模型不精确等问题。

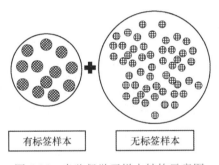

图 5-35　半监督学习样本结构示意图

半监督学习的形式主要有两种：①归纳式半监督学习：首先基于已经有标签数据训练一个机器学习模型，然后将无标签数据输入这个模型，并用模型的输出作为输入对应的标签，最后用所有带标签的样本对机器学习模型进行训练；②直推式半监督学习：直推学习这一思路直接来源于统计学习理论，其出发点是不要通过解一个困难的问题来解决一个相对简单的问题。经典的归纳学习假设期望学得一个在整个示例分布上具有低错误率的决策函数，这实际上把问题复杂化了，因为在很多情况下，人们并不关心决策函数在整个示例分布上性能怎么样，而只是期望在给定的要预测的示例上达到最好的性能。这一思想在机器学习界目前仍有争议，但直推学习作为一种重要的利用未标记示例的技术，则已经受到了众多学者的关注。

归纳半监督学习假定训练数据中的未标记样本并非待测的数据，而直推半监督学习则假定学习过程中所考虑的未标记样本恰是待预测数据，学习的目的就是在这些未标记样本上获得最优泛化性能。

目前，在半监督学习中有三个常用的基本假设来建立预测样例和学习目标之间的关系，有以下三个：

（1）平滑假设（Smoothness Assumption）

位于稠密数据区域的两个距离很近的样例的类标签相似，也就是说，当两个样例被稠密数据区域中的边连接时，它们在很大的概率下有相同的类标签；相反地，当两个样例被稀疏数据区域分开时，它们的类标签趋于不同。

（2）聚类假设（Cluster Assumption）

当两个样例位于同一聚类簇时，它们在很大的概率下有相同的类标签。这个假设的等价定义为低密度分离假设（Low Sensity Separation Assumption），即分类决策边界应该穿过稀疏数据区域，而避免将稠密数据区域的样例分到决策边界两侧。

聚类假设是指样本数据间的距离相互比较近时，则他们拥有相同的类别。根据该假设，分类边界就必须尽可能地通过数据较为稀疏的地方，以能够避免把密集的样本数据点分到分类边界的两侧。在这一假设的前提下，学习算法就可以利用大量未标记的样本数据来分析样本空间中样本数据分布情况，从而指导学习算法对分类边界进行调整，使其尽量通过样本数据布局比较稀疏的区域。例如，Joachims 提出的转导支持向量机算法，在训练过程中，算法不断修改分类超平面并交换超平面两侧某些未标记的样本数据的标记，使得分类边界在所有训练数据上最大化间隔，从而能够获得一个通过数据相对稀疏的区域，又尽可能正确划分所有有标记的样本数据的分类超平面。

（3）流形假设（Manifold Assumption）

将高维数据嵌入到低维流形中，当两个样例位于低维流形中的一个小局部邻域内时，它们具有相似的类标签。流形假设的主要思想是同一个局部邻域内的样本数据具有相似的性质，因此其标记也应该是相似。这一假设体现了决策函数的局部平滑性。和聚类假设的主要不同是，聚类假设主要关注的是整体特性，流形假设主要考虑的是模型的局部特性。在该假设下，未标记的样本数据就能够让数据空间变得更加密集，从而有利于更加标准地分析局部区域的特征，也使得决策函数能够比较完美地进行数据拟合。流形假设有时候也可以直接应用于半监督学习算法中。例如，利用高斯随机场和谐波函数进行半监督学习，首先利用训练样本数据建立一个图，图中每个节点就是一个样本，然后根据流形假设定义的决策函数求得最优值，获得未标记样本数据的最优标记；利用样本数据间的相似性建立图，然后让样本数据的标记信息不断通过图中的边的邻近样本传播，直到图模型达到全局稳定状态。

从本质上说，这三类假设是一致的，只是相互关注的重点不同。其中流行假设更具有普遍性。半监督学习算法一般可分为：自训练算法、基于图的半监督算法、半监督支持向量机。简单介绍如下：

1）自训练算法分为简单自训练、协同训练与半监督字典训练，其中简单自训练为用有标签数据训练一个分类器，然后用这个分类器对无标签数据进行分类，这样就会产生伪标签或软标签，挑选你认为分类正确的无标签样本（此处应该有一个挑选准则），把选出来的无标签样本用来训练分类器。协同训练假设每个数据可以从不同的角度进行分类，不同角度可以训练出不同的分类器，然后用这些从不同角度训练出来的分类器对无标签样本进行分类，再选出认为可信的无标签样本加入训练集中。由于这些分类器从不同角度训练出来的，可以形成一种互补，而提高分类精度；就如同从不同角度可以更好地理解事物一样。半监督字典学习其实也是自训练的一种，先是用有标签数据作为字典，对无标签数据进行分类，挑选出你认为分类正确的无标签样本，加入字典中（此时的字典就变成了半监督字典了）。

2）基于图的半监督算法中最为广泛应用的方法是标签传播算法。该方法通过构造图结构（数据点为顶点，点之间的相似性为边）来寻找训练数据中有标签数据和无标签数据的关系。只是训练数据中，这是一种直推式的半监督算法，即只对训练集中的无标签数据进行分类，这其实感觉很像一个有监督分类算法，但其实并不是。因为其标签传播的过程，会流经无标签数据，即有些无标签数据的标签的信息，是从另一些无标签数据中流过来的，这就用到了无标签数据之间的联系。

3）半监督支持向量机：监督支持向量机是利用了结构风险最小化来分类的，半监督支持向量机还用上了无标签数据的空间分布信息，即决策超平面应该与无标签数据的分布一致。

半监督学习的基本方法框架可以根据半监督的方式分为两类，分别是：①无标签数据预训练网络后有标签数据微调；②有标签数据训练网络，利用从网络中得到的深度特征来做半监督算法。

预训练初始化的方法主要有两种，分别是无监督预训练和伪有监督预训练：无监督预训练是用所有数据逐层重构预训练，对网络的每一层，都做重构自编码，得到参数后用有标签数据微调；伪有监督预训练是用所有数据训练重构自编码网络，然后把自编码网络的参数作为初始参数，用有标签数据微调。

利用从网络得到的深度特征来做半监督算法：先用有标签数据训练网络（此时网络一般过拟合……），从该网络中提取所有数据的特征，以这些特征来用某种分类算法对无标签数据进行分类，挑选你认为分类正确的无标签数据加入到训练集，再训练网络；如此循环。由于网络得到新的数据（挑选出来分类后的无标签数据）会更新提升，使得后续提出来的特征更好，后面对无标签数据分类就更精确，挑选后加入到训练集中又继续提升网络。

涉及特定的模型设计，每一个专用于半监督学习的网络都具有自己独特的结构。这些模型包括 Γ Model、Π Model、VAT 等等，读者有兴趣可以自行查阅。

要想将半监督训练最终得到的模型应用于下游任务，迁移学习是必不可少的处理步骤。迁移学习通俗来讲，就是运用已有的知识来学习新的知识，核心是利用已有知识和新知识之间的相似性，对新知识进行高效率的学习，用成语来说就是举一反三。由于直接对目标域从头开始学习成本太高，故而转向运用已有的相关知识来辅助尽快地学习新知识。比如，已经会下中国象棋，就可以类比着来学习国际象棋；已经会编写 Java 程序，就可以类比着来学习 C 语言；已经学会英语，就可以类比着来学习法语等。世间万事万物皆有共性，如何合理地找寻它们之间的相似性，并进一步利用这个桥梁来帮助学习新知识，是迁移学习的核心问题。

具体地，在迁移学习中，已有的知识叫作源域（Source Domain）Q，要学习的新知识叫目标域（Target Domain）。迁移学习研究如何把源域 Q 的知识迁移到目标域上。特别地，在机器学习领域中，迁移学习研究如何将已有模型应用到新的不同的、但是有一定关联的领域中。传统机器学习在应对数据的分布、维度，以及模型的输出变化等任务时，模型不够灵活、结果不够好，而迁移学习放松了这些假设。在数据分布、特征维度 Q 以及模型输出变化条件下，有机地利用源域中的知识来对目标域更好地建模。另外，在有标定数据缺乏的情况下，迁移学习可以很好地利用相关领域有标定的数据完成数据的标定。

迁移学习按照学习方式可以分为基于样本的迁移、基于特征的迁移、基于模型的迁移，以及基于关系的迁移。基于样本的迁移通过对源域中有标定样本的加权利用完成知识迁移；基于特征的迁移通过将源域和目标域映射到相同的空间（或者将其中之一映射到另一个的空间中）并最小化源域和目标域的距离来完成知识迁移；基于模型的迁移将源域和目标域的模型与样本结合起来调整模型的参数；基于关系的迁移则通过在源域中学习概念之间的关系，然后将其类比到目标域中，完成知识的迁移。

理论上，任何领域之间都可以做迁移学习。但是，如果源域和目标域之间相似度不够，迁移结果并不会理想，出现所谓的负迁移情况。比如，一个人会骑自行车，就可以类比学电动车；但是如果类比学开汽车，那就有点天方夜谭了。如何找到相似度尽可能高的源域和目标域，是整个迁移过程最重要的前提。

迁移学习无疑是机器学习里重要的问题之一。理解迁移学习不仅可以理解学习到的特征而且重新理解了机器"学习"的本质和方式。近期在有关迁移学习的文章和研究不断的增多，最新成果日新月异。有兴趣的读者可以自行查阅最新的相关文献。

5.4.3　特征嵌入

特征嵌入是一种利用自监督学习技术实现输入数据降维，为下游任务提供分布更合理数据的任务，其中自监督预训练过程中的字典一般都是以嵌入的形式完成的。这一小节介绍从另外一个领域——图嵌入作为切入点，解释特征嵌入的必要性，再通过对文本嵌入及图嵌入具体方法的介绍，介绍特征嵌入的基本概念和操作方法。

图嵌入的必要性主要体现在两个方面：①图上数据只能使用数学、统计和机器学习的特定子集进行分析，而向量空间有更丰富的方法工具集；②嵌入是压缩的表示，完成嵌入后的数据有更强的经济性。

邻接矩阵可以用于描述图中节点之间的连接，它是一个 $|V| \times |V|$ 矩阵，其中 $|V|$ 是图中节点的个数。矩阵中的每一列和每一行表示一个节点。矩阵中的非零值表示两个节点相连。使用邻接矩阵作为大型图的特征空间几乎是不可能的。假设一个图有 M 个节点和一个 $M \times M$ 的邻接矩阵。嵌入比邻接矩阵更实用，因为它们将节点属性打包到一个维度更小的向量中。综上所述，向量运算比图形上有运算更简单、更快的优势，由此证明了将图进行向量化以及降维方法存在的必要性。

图嵌入是将属性图转换为向量或向量集。嵌入应该捕获图的拓扑结构、顶点到顶点的关系以及关于图、子图和顶点的其他相关信息。更多的属性嵌入编码可以在以后的任务中获得更好的结果。可以将嵌入式大致分为两类：

1）顶点嵌入：每个顶点（节点）都用自己的向量表示进行编码。这种嵌入通常用于在顶点级别执行可视化或预测。例如，在二维平面上显示顶点，或基于顶点相似性预测新连接。

2）图嵌入：用单个向量表示整个图。此嵌入用于在图形的级别进行预测，在该级别可以比较或可视化整个图形。

如前所述，图嵌入的目标是发现高维图的低维向量表示，而获取图中每个节点的向量表示是十分困难的，并且具有几个挑战，这些挑战一直在推动本领域的研究：

1）属性选择：节点的优质向量表示应该保留图的结构和各个节点之间的连接。第一个挑战是选择嵌入应保留哪些图形属性。考虑到图表中定义的距离度量和属性过多，这种选择可能很困难，性能可能取决于实际场景。

2）可扩展性：大多数真实网络都很大，包含大量节点和边。嵌入方法应具有可扩展性，能够处理大型图。当该模型旨在保持网络的全局属性时，定义一个可扩展的模型具有挑战性。好的嵌入方法需要在大型图上高效。

3）嵌入的维数：实际嵌入时很难找到表示的最佳维数。例如，较高的维数可能会提高重建精度，但具有较高的时间和空间复杂性。较低的维度虽然时间、空间复杂度低，但无疑会损失很多图中原有的信息。用户需要根据需求做出权衡。在一些文章中，他们通常报告说嵌入大小在 128~256 对于大多数任务来说已经足够了。在 Word2vec 方法中，他们选择了嵌入长度 300。

图嵌入是图表示学习的一种，简单的来说就是把图模型映射到低维向量空间，表示成的向量形式还应该尽量地保留图模型的结构信息和潜在的特性。自从 Word2vec 这个神奇的算法出世以后，导致了一波嵌入热，基于文本、文档表达的 text2vec、doc2vec 算法，基于分析对象的 item2vec 算法，基于图模型的图嵌入技术，无论是在引荐、广告还是反欺诈范畴，各互联网公司基于本身业务与嵌入结合的论文相继问世。当前比较知名的图嵌入方法有 DeepWalk、Line 和 Node2vec，这些都是基于顶点对相似度的图表示学习，仅仅保留了一部分的图的特性。

在介绍图嵌入的方法之前，本小节将先介绍 Word2vec 方法和 Skip-gram 模型。它们是图嵌入方法的基础。

Word2vec 是一种将单词转换为嵌入向量的嵌入方法，它利用语义窗口来捕捉每个句子中的语义上下文，并通过对语义窗口进行滑动，学习每一个句子序列中不同语义上下文窗口中的单词 embedding。在 Word2vec 中，每个词语都关联着两个词向量，分别为**中心词向量**和**背景词向量**，取决于当前时刻该词语的角色。为了学习每个单词的中心词向量和背景词向量，Word2vec 提出了两种模型，分别是以中心词预测背景词的 Skip-gram 模型，和以背景词去预测中心词的 C-bow 模型。由于它们的模型结构正好相反且前者是目前被使用更多的模型，本小节将以 Skip-gram 为例提供关于 Word2vec 的进一步解释。

在 Skip-gram 模型中，Word2vec 旨在通过中心词来最大化背景词出现的联合概率分布，并以此对中心词和背景词进行有效的嵌入表示：

$$\text{argmax} \frac{1}{T} \prod_{t=1}^{T} \prod_{-m \leqslant j \leqslant m, j \neq 0} P(w_o^{t+j} \mid w_c^t)$$

式中，T 代表词库大小；w_c^t 为中心词；w_o^{t+j} 为背景词；m 为滑动窗口的大小。如图 5-36 所示，Skip-gram 包含两个权重矩阵，分别为输入层到隐含层之间的 W 矩阵和隐含层到输出层之间的 W' 矩阵。前者表示中心词向量矩阵，后者表示背景词向量矩阵，分别代表着单词作为不同角色所关联的词向量。开始，Skip-gram 模型的输入为中心词的 one-hot 向量表示，从输入层到隐含层的映射过程，实际上是以中心词 w_c^t 的 one-hot 表示为索引，对矩阵 W 的行进行查表的过程，并得到中心词 w_o^{t+j} 的词向量 $\boldsymbol{h}_i$。得到 $\boldsymbol{h}_i$ 后，为了预测概率 $P(w_o^{t+j} \mid w_c^t)$，Skip-gram 在隐含层用其与背景词矩阵 W' 相乘，并把最终的结果带入到 Softmax 函数中：

$$P(w_o \mid w_c) = \frac{\exp(\boldsymbol{u}_o' \boldsymbol{h}_i)}{\sum_{t \in T} \exp(\boldsymbol{u}_t^{\text{T}} \boldsymbol{h}_i)} \tag{5-60}$$

式中，向量 $\boldsymbol{u}_o'$ 表示背景词 w_o^{t+j} 关联的背景词向量。

从公式中可以看到，在预测背景词 w_o^{t+j} 的概率时，Skip-gram 需要对整个词典中的所有单词进行遍历计算。现实中，词表的大小往往达到百万甚至千万级别，这样的计算代价显然是可接受的。为了解决单词预测复杂度的问题，Mikilov 他们提出了两种优化训练的方法，分别是负采样（Negative Sampling）和层次 Softmax。因为负采样在实际情况中应用更广，在此只提供关于负采样的思想和原理。

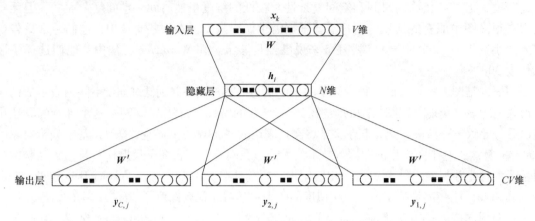

图 5-36　Skip-gram 结构示意图

因为 Word2vec 最终的目的是获得所有词的向量表示，使得语义相似的词出现在嵌入空间中相近的位置。训练一个精确的背景词预测概率模型倒不是它的最终目标。所以在利用中心词预测背景词时，对所有单词的概率进行准确地预测是非必要的。换而言之，给定中心词 w_c，除了精确预测同一语义上下文中背景词 $\hat{w}_o$ 的出现概率，Skip-gram 无须精确预测语义窗口外所有单词的出现概率。因此，Skip-gram 在进行概率预测时，引入了 K 个噪声词（负样本）。具体地，在给定当前中心词 w_c 和其上下文时：背景词 w_o 出现在当前训练窗口的概率为：$P(D=1\,|\,w_c,w_o)=\sigma(\boldsymbol{u}_o^{\mathrm{T}}\cdot\boldsymbol{v}_c)$。那么，第 k 个噪声词 w_k 不在当前训练窗口的概率为：$A=(a_{ij})_{n*n}$，其中，$\boldsymbol{v}_c$，$\boldsymbol{u}_o$ 分别表示中心词向量，背景词向量；σ 表示激活函数 Sigmoid。负采样的目标是最大化背景词 w_o 出现的概率 $P(D=1\,|\,w_c,w_o)$ 的同时最大化 k 个噪声词 w_k 不出现的概率 $P(D=0\,|\,w_c,w_k)$。

$$P(w_o\,|\,w_c)=P(D=1\,|\,w_c,w_o)\prod_{k=1}^{K}P(D=0\,|\,w_c,w_k) \tag{5-61}$$

分别代入两个概率计算公式，转换后基于负采样的 Skip-gram 所使用的损失函数变为：

$$L=-\ln\frac{1}{1+e^{-\boldsymbol{u}_o^{\mathrm{T}}\cdot v_c}}-\sum_{k=1,w_k\sim P(w)}^{K}\ln\frac{1}{1+e^{\boldsymbol{u}_k^{\mathrm{T}}\cdot v_c}} \tag{5-62}$$

其中前半部分可以认为是损失函数中最大化中心词预测背景词的概率，后半部分可以认为是最小化中心词预测噪声词的概率。

通过 Word2vec 学习到的词向量在情感分析和语义建模等自然语言分析相关任务上表现出了更优异的语义表达能力。同时，它也是众多图嵌入模型的重要组成部分。

一般都把 Word2vec 归类为基于神经网络的表示语言模型，其可以基于负采样方法进行训练。

在了解 Word2vec 的原理后，图嵌入的主要难点在于作为一种空间拓扑结构，该如何把

Word2vec 这一高效的语言表示学习模型应用于图拓扑结构。Perozzi 等人在 KDD 2014 提出的 Deep Walk 模型，是谈论图嵌入方法绕不过去的经典模型之一，它成功在 Word2vec 和图嵌入之间架起了连接的桥梁。为了学习图中每个节点的嵌入表示，Deep Walk 提出了一种二阶段的图嵌入学习框架。第一阶段中采用截断式随机游走（Truncated Random Walks）的方式把图中每个节点的局部拓扑结构转换成序列信息；第二阶段中把 Word2vec 模型应用于阶段一产生的序列数据，学习序列中每个节点的 embedding 表示。

图 5-37 是 Deep Walk 模型在推荐场景下的应用。图 5-37a 显示的是不同用户在不同 Session 中的 item 点击序列。用 Item2vec 或 Airbnb embedding 的方法，Word2vec 模型可以直接在这些序列信息上对节点进行嵌入学习。但图中用户的 Session 行为都偏短，会导致序列中 item 学习出来的 embedding 质量并不理想。Deep Walk 会根据每个 Session 中 item 的共现信息和出现的次序，构建一个全局的 item 有向图 5-37b。然后以每个 item 节点为起始节点，进行截断式随机游走产生新的 item 序列。从图 5-37c 中可以看出，因为随机游走对图结构的局部探索能力，可以得到一些原来并没有见过的 item 序列，例如："ABE"序列。因此，后续的表示学习模型可以拥有更丰富的数据来学习每个节点的 embedding。最后，通过随机游走生成的 item 序列都会被送入 Skip-gram 模型中进行节点的 embedding 学习。

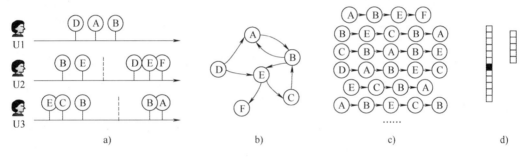

图 5-37　Deep Walk 模型流程图

值得一提的是，随机游走不仅可以完成图结构到序列信息的转换，还可以并行地为每个节点生成序列信息，这为 Deep Walk 模型应用在大规模图结构上提供了可行性。Deep Walk 这种二阶段的图嵌入学习框架，也被后续很多图嵌入方法所采用。接下来对其中最经典的 Node2vec、LINE 进行介绍：

Node2vec 的出发点在于，在现实世界的图结构中，节点间的相性广泛地存在两种形态：一种是和同一社区（Community）内近邻节点之间的同质性（Homophily）；一种是和担任类似结构角色的节点之间的结构性（Structural Equivalence）。

具有同质性相似的节点之间往往处在同一个小社区内，并且相互之间具有紧密的连接性。相比之下，具有结构性相似的节点之间并不一定是邻接节点，但他们处在图中类似的结构之中。这两种相似性分别需要用基于广度优先搜索（Breadth-First Search，BFS）和基于深度优先搜索（Depth First Search，DFS）的策略对图的局部结构进行探索。而 Deep Walk 所采用的随机游走策略更多是一种 DFS 的探索策略。为了完整地建模图中这两种相似性，Node2vec 提出了一种有偏的随机游走（Biased Random Walk）策略。

具体地，Node2vec 在随机游走的过程中，分别利用了参数 p 和 q 来引导游走策略是倾向于BFS 还是 DFS：

$$a_{pq}(t,x) = \begin{cases} \dfrac{1}{p}, d_{tx}=0 \\ 1, d_{tx}=1 \\ \dfrac{1}{q}, d_{tx}=2 \end{cases} \tag{5-63}$$

当游走采样从节点 t 走到节点 v 并需要决定下一跳节点时，节点 t 和潜在的下一个节点的最短距离 d_{tx} 存在三种情况，分别是：①下一节点就是节点 $t(d_{tx}=0)$；②下一节点是节点 t 和节点 v 的共同邻居（$d_{tx}=1$）；③下一节点是与节点 t 无关的节点 v 的邻接节点（$d_{tx}=2$）。对于每一个潜在的下一步节点，都有一个对应的 $a_{pq}(t,x)$，至此可以看出：p 控制着返回上一跳节点的概率。当 p 取值小于 1 时，随机游走生成的序列倾向于在同一节点附近徘徊，接近于 BFS 遍历。相比之下，q 控制着游走到更远节点的概率。当 q 取值小于 1 时，随机游走生成的序列倾向于向更远的结构进行探索，接近于 DFS 遍历。通过控制参数 p 和 q 的取值，可以让 Node2vec 在建模图结构时更倾向于同质性或者结构性。DeepWalk 模型可以看作是当 p 和 q 的值都设置成 1 的 Node2vec 模型。需要注意的是，当图为无权图时，节点的转移概率直接由 $a_{pq}(t,x)$ 决定。当图为有权图时，节点最终的转移概率为 $a_{pq}(t,x)$ 和边权重的乘积。

基于每个节点完成有偏随机游走的序列采样后，Node2vec 也采用基于负采样的 Skip-gram 模型对采样后的序列信息进行节点嵌入的学习。

发表于 WWW'15 的 LINE 也是图嵌入算法中非常重要的模型之一。把它放在 Node2vec 之后介绍，主要是因为与 DeepWalk、Node2vec 和 EGES 等二阶段图算法模型不同，LINE 通过巧妙地构造目标函数，实现对大规模图网络的嵌入学习。LINE 的作者认为，在对图中节点关系进行嵌入学习的过程中，需要同时建模两种节点之间的关系：分别是一阶亲密度和二阶亲密度，一阶亲密度代表着图中存在边连接的节点之间的关系，二阶亲密度代表着共享大部分邻居的节点之间的关系。以图 5-38 中的 graph 所示，其中节点 6 和节点 7 之间存在一阶亲密度，节点 5 和 6 之间存在二阶亲密度。LINE 的作者认为，无论节点 6 和 7 还是节点 5 和 6 都需要在嵌入空间中处于邻近的位置。为了说明两类关系的合理性，论文中提出了两个比较形象的比喻：节点之间的一阶亲密度就像是朋友间的关系，他们之间可能有相似的兴趣。节点之间的二阶亲密度就像有着许多共同朋友的两个人，他们也很可能有相似的兴趣并最终成为朋友。

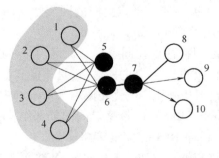

图 5-38　一阶、二阶亲密度示意图

LINE 通过最小化节点 i 和节点 j 之间的经验分布和联合分布之间的距离（KL-散度），实现对节点 i 和 j 之间的一阶亲密度建模：

$$O_1 = - \sum_{(i,j) \in E} w_{ij} \ln p_1(v_i, v_j)$$

式中，w_{ij} 表示节点 i 和 j 之间的边权重；$p_1(v_i, v_j) = 1/(1 + \exp(-v_i^T v_j))$ 表示节点 i 和 j 的联合概率分布。

在建模节点之间的二阶亲密度时，LINE 没有采用游走的方式进行，而是提出了一个假设："共享上下文（Context）的节点彼此相似"。这句话大家可能似曾相识，其实和 Word2vec 背后所设立的语义相似逻辑是一致的。因此，在建模节点之间的二阶亲密度时，LINE 采用了与 Word2vec 相似的目标函数：

$$O_2 = - \sum_{(i,j) \in E} w_{ij} \ln p_2(v_j \mid v_i)$$

式中，$p_2(v_j \mid v_i) = \dfrac{\exp(\boldsymbol{u}'^{\mathrm{T}}_j \boldsymbol{u}_i)}{\sum\limits_{k=1}^{|V|} \exp(\boldsymbol{u}'^{\mathrm{T}}_k \boldsymbol{u}_i)}$；$\boldsymbol{u}_i$ 和 $\boldsymbol{u}'_j$ 分别为节点 i、j 的低维向量表示，且 $\boldsymbol{u}'_j$ 为节点 j 表示为上下文时的向量表示；$|V|$ 表示图中所有节点的个数。

当节点 k、i 之间没有邻接关系时，二者向量的内积也就比较小，在理想情况下当两个节点没有边相连时，$\exp(\boldsymbol{u}'_k \boldsymbol{u}_i) \to 0$，此时 $p_2(v_j \mid v_i)$ 仅仅受到节点 i 周围邻居节点的影响。不难发现，这个公式将节点 i 与邻居节点的相似度转换为条件概率。

再定义经验分布为：$\hat{p}_2(v_j \mid v_i) = w_{ij}/d_i$。其中，$w_{ij}$ 是边 (i,j) 的权重，$d_i = \sum\limits_{k \in N(i)} w_{ik}$，$N(i)$ 为节点之间与节点 i 相连的邻居节点集合。

现在的目标是让条件概率 $p_2(v_j \mid v_i)$ 尽可能地与经验分布 $\hat{p}_2(v_j \mid v_i)$ 相似：

$$O_2 = - \sum_{i \in V} \lambda_i d(\hat{p}_2(\cdot \mid v_i), p_2(\cdot \mid v_i))$$

式中，λ_i 是表示节点重要性的因子，可以通过预先计算节点的度数或者 PageRank 算法来得到；$d(\cdot, \cdot)$ 用于度量两个分布之间的差距。

更具体的，假设 $\lambda_i = d_i$，使用忽略常数项的 KL 散度公式，则有：

$$O_2 = - \sum_{(i,j) \in E} w_{ij} \ln(p_2(v_j \mid v_i))$$

对比一阶和二阶相度的概率函数，可以发现其实两者是非常相似的，只不过是二阶相似性每个节点有两个 embeding，一个作为中心点的 embeding 和一个作为 context 时候的 embeding。最终二阶使用的是作为中心点的 embeding。实际使用的时候，对一阶近邻和二阶近邻分别训练，然后将两个向量拼接起来作为节点的向量表示。

上面讲到的三个主要模型都是对顶点的嵌入，对于具体的某个点只保留了较少的图上的信息，接下来以 Graph2vec 为例就少嵌入整个图的方法

Graph2vec 基于 doc2vec 方法的思想，它也使用了 SkipGram 网络。它获得输入文档的 ID，并经过训练以最大化从文档中预测随机单词的概率。

Graph2vec 方法包括三个步骤：

1）从图中采样并重新标记所有子图。子图是在所选节点周围出现的一组节点。子图中的节点距离不超过所选边数。

2）训练跳跃图模型。图类似于文档。由于文档是词的集合，所以图就是子图的集合。在此阶段，对跳跃图模型进行训练。它被训练来最大限度地预测存在于输入图中的子图的概率。输入图是作为一个热向量提供的。

3）通过在输入处提供一个图 ID 作为一个独热向量来计算嵌入。嵌入是隐藏层的结果。由于任务是预测子图，所以具有相似子图和相似结构的图具有相似的嵌入。

深度学习模型也能应用于嵌入整个图的方法其中比较常用的包括变分图自编码器 VGAE，其该模型与 5.4.1 节的变分自编码器的区别仅在于将图卷积层替代全连接层，其内含的思想和应用场景并无太大差异，这里不予赘述。

5.4.4 多任务学习

一般的机器学习模型都是针对单一的特定任务，比如手写体数字识别、物体检测等。不同任务的模型都是在各自的训练集上单独学习得到的。如果有两个任务比较相关，它们之间会存在一定的共享知识，这些知识对两个任务都会有所帮助。这些共享的知识可以是表示（特征）、模型参数或学习算法等。目前，主流的多任务学习方法主要关注于表示层面的共享。

多任务学习（Multi-Task Learning）是指同时学习多个相关任务，让这些任务在学习过程中共享知识，利用多个任务之间的相关性来改进模型在每个任务上的性能和泛化能力。多任务学习可以看作是一种归纳迁移学习，即通过利用包含在相关任务中的信息作为归纳偏置来提高泛化能力。

多任务学习的主要挑战在于如何设计多任务之间的共享机制。在传统的机器学习算法中，引入共享的信息是比较困难的，通常会导致模型变得复杂。但是在神经网络模型中，模型共享变得相对比较容易。深度神经网络模型提供了一种很方便的信息共享方式，可以很容易地进行多任务学习。多任务学习的共享机制比较灵活，有很多种共享模式。图 5-39 给出了多任务学习中四种常见的共享模式，其中 A、B 和 C 表示三个不同的任务，▨表示共享模块，▧表示任务特定模块。

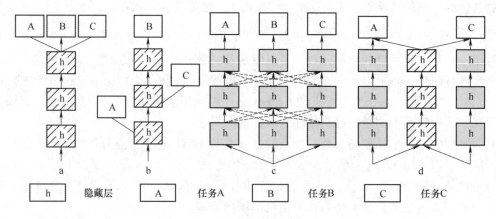

图 5-39　多任务学习的四种模式

这四种常见的共享模式分别为：

1）硬共享模式：让不同任务的神经网络模型共同使用一些共享模块（一般是低层）来提取一些通用特征，然后再针对每个不同的任务设置一些私有模块（一般是高层）来提取一些任务特定的特征。

2）软共享模式：不显式地设置共享模块，但每个任务都可以从其他任务中"窃取"一些信息来提高自己的能力。窃取的方式包括直接复制使用其他任务的隐状态，或使用注意力机制来主动选取有用的信息。

3）层次共享模式：一般神经网络中不同层抽取的特征类型不同，低层一般抽取一些低级的局部特征，高层抽取一些高级的抽象语义特征。因此如果多任务学习中不同任务也有级别高低之分，那么一个合理的共享模式是让低级任务在低层输出，高级任务在高层输出。

4）共享-私有模式：一个更加分工明确的方式是将共享模块和任务特定（私有）模块的责任分开。共享模块捕捉一些跨任务的共享特征，而私有模块只捕捉和特定任务相关的特征。最终的表示由共享特征和私有特征共同构成。

多任务学习通常可以获得比单任务学习更好的泛化能力，主要有以下几个原因：首先多任务学习在多个任务的数据集上进行训练，比单任务学习的训练集更大。由于多个任务之间有一定的相关性，因此多任务学习相当于是一种隐式的数据增强，可以提高模型的泛化能力。其次多任务学习中的共享模块需要兼顾所有任务，这在一定程度上避免了模型过拟合到单个任务的训练集，可以看作是一种正则化。再次既然一个好的表示通常需要适用于多个不同任务，多任务学习的机制使得它会比单任务学习获得更好的表示。最后，在多任务学习中，每个任务都可以"选择性"利用其他任务中学习到的隐藏特征，从而提高自身的能力。

5.4.5 集成学习

在机器学习的有监督学习算法中，最终目标是学习出一个稳定的且在各个方面表现都较好的模型，但实际情况往往不这么理想，有时只能得到多个有偏好的模型（弱监督模型，在某些方面表现得比较好）。集成学习就是组合这里的多个弱监督模型以期得到一个更好更全面的强监督模型，集成学习潜在的思想是即便某一个弱分类器得到了错误的预测，其他的弱分类器也可以将错误纠正回来。集成学习在各个规模的数据集上都有很好的策略：对于大数据集就将其划分成多个小数据集，学习多个模型进行组合；对于小数据集，则利用 Bootstrap 方法进行抽样，得到多个数据集，分别训练多个模型再进行组合。

接下来介绍三种集成学习的经典方案，即 Bagging，Boosting 以及 Stacking。

Bagging 是 Bootstrap aggregating 的简写。Bootstrap 也称为自助法，它是一种有放回的抽样方法，目的为了得到统计量的分布以及置信区间。具体步骤为：首先采用重抽样方法（有放回抽样）从原始样本中抽取一定数量的样本；然后根据抽出的样本计算想要得到的统计量 T；重复上述步骤 N 次（一般大于 1000），得到 N 个统计量 T；最后根据这 N 个统计量，即可计算出统计量的置信区间。

在 Bagging 方法中，利用 Bootstrap 方法从整体数据集中采取有放回抽样得到 N 个数据集，在每个数据集上学习出一个模型，最后的预测结果利用 N 个模型的输出得到，具体地：分类问题采用 N 个模型预测投票的方式，回归问题采用 N 个模型预测平均的方式。

例如随机森林（Random Forest）就属于 Bagging。随机森林简单地来说就是用随机的方式建立一个森林，森林由很多的决策树组成，随机森林的每一棵决策树之间是没有关联的。

在学习每一棵决策树的时候就需要用到 Bootstrap 方法。在随机森林中，有两个随机采样的过程：对输入数据的行（数据的数量）与列（数据的特征）都进行采样。对于行采样，采用有放回的方式，若有 N 个数据，则采样出 N 个数据（可能有重复），这样在训练的时候每一棵树都不是全部的样本，相对而言不容易出现 overfitting；接着进行列采样从 M 个 feature 中选择出 m 个（$m \ll M$）。最后进行决策树的学习。

预测的时候，随机森林中的每一棵树的都对输入进行预测，最后进行投票，哪个类别多，输入样本就属于哪个类别。这就相当于前面说的，每一个分类器（每一棵树）都比较弱，但组合到一起（投票）就比较强了。

Boosting 方法是一种可以用来减小监督学习中偏差的机器学习算法。主要也是学习一系列弱分类器，并将其组合为一个强分类器。Boosting 中有代表性的是 AdaBoost（Adaptive Boosting）算法：刚开始训练时对每一个训练例赋相等的权重，然后用该算法对训练集训练 t 轮，每次训练后，对训练失败的训练例赋以较大的权重，也就是让学习算法在每次学习以后更注意学错的样本，从而得到多个预测函数。

Stacking 方法是指训练一个模型用于组合其他各个模型。首先训练多个不同的模型，然后把之前训练的各个模型的输出作为输入来训练一个模型，以得到一个最终的输出。理论上，Stacking 可以表示上面提到的两种 Ensemble 方法，只要采用合适的模型组合策略即可。但在实际中，通常使用 logistic 回归作为组合策略。

5.4.6 联邦学习

联邦机器学习（Federated Machine Learning/Federated Learning），又名联邦学习，联合学习，联盟学习。联邦机器学习是一个机器学习框架，能有效帮助多个机构在满足用户隐私保护、数据安全和政府法规的要求下，进行数据使用和机器学习建模。联邦学习作为分布式的机器学习范式，可以有效解决数据孤岛问题，让参与方在不共享数据的基础上联合建模，能从技术上打破数据孤岛，实现 AI 协作。谷歌在 2016 年提出了针对手机终端的联邦学习，微众银行 AI 团队则从金融行业实践出发，关注跨机构跨组织的大数据合作场景，首次提出"联邦迁移学习"的解决方案，将迁移学习和联邦学习结合起来。据杨强教授在"联邦学习研讨会"上介绍，联邦迁移学习让联邦学习更加通用化，可以在不同数据结构、不同机构间发挥作用，没有领域和算法限制，同时具有模型质量无损、保护隐私、确保数据安全的优势。

联邦学习定义了机器学习框架，在此框架下通过设计虚拟模型解决不同数据拥有方在不交换数据的情况下进行协作的问题。虚拟模型是各方将数据聚合在一起的最优模型，各自区域依据模型为本地目标服务。联邦学习要求此建模结果应当无限接近传统模式，即将多个数据拥有方的数据汇聚到一处进行建模的结果。在联邦机制下，各参与者的身份和地位相同，可建立共享数据策略。由于数据不发生转移，因此不会泄露用户隐私或影响数据规范。

联邦学习有三大构成要素：数据源、联邦学习系统、用户。三者间关系如图 5-40 所示，在联邦学习系统下，各个数据源方进行数据预处理，共同建立学习模型，并将输出结果反馈给用户。

根据参与各方数据源分布的情况不同，联邦学习可以被分为三类：横向联邦学习、纵向联邦学习、联邦迁移学习。

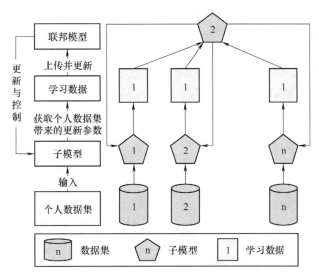

图 5-40　联邦学习流程示意图

　　其中，横向联邦学习是指：在两个数据集的用户特征重叠较多而用户重叠较少的情况下，把数据集按照横向（即用户维度）切分，并取出双方用户特征相同而用户不完全相同的那部分数据进行训练。比如业务相同但是分布在不同地区的两家企业，它们的用户群体分别来自各自所在的地区，相互的交集很小。但是，它们的业务很相似，因此，记录的用户特征是相同的。此时，就可以使用横向联邦学习来构建联合模型。

　　横向联邦学习中多方联合训练的方式与分布式机器学习（Distributed Machine Learning）有部分相似的地方。分布式机器学习涵盖了多个方面，包括把机器学习中的训练数据分布式存储、计算任务分布式运行、模型结果分布式发布等，参数服务器是分布式机器学习中一个典型的例子。参数服务器作为加速机器学习模型训练过程的一种工具，它将数据存储在分布式的工作节点上，通过一个中心式的调度节点调配数据分布和分配计算资源，以便更高效的获得最终的训练模型。而对于联邦学习而言，首先在于横向联邦学习中的工作节点代表的是模型训练的数据拥有方，其对本地的数据具有完全的自治权限，可以自主决定何时加入联邦学习进行建模，相对地在参数服务器中，中心节点始终占据着主导地位，因此联邦学习面对的是一个更复杂的学习环境；其次，联邦学习则强调模型训练过程中对数据拥有方的数据隐私保护，是一种应对数据隐私保护的有效措施，能够更好地应对未来愈加严格的数据隐私和数据安全监管环境。

　　纵向联邦学习是指：在两个数据集的用户重叠较多而用户特征重叠较少的情况下，把数据集按照纵向（即特征维度）切分，并取出双方用户相同而用户特征不完全相同的那部分数据进行训练。比如有两个不同机构，一家是某地的银行，另一家是同一个地方的电商。它们的用户群体很有可能包含该地的大部分居民，因此用户的交集较大。但是，由于银行记录的都是用户的收支行为与信用评级，而电商则保有用户的浏览与购买历史，因此它们的用户特征交集较小。纵向联邦学习就是将这些不同特征在加密的状态下加以聚合，以增强模型能力的联邦学习。目前机器学习模型如逻辑回归、决策树等均是建立在纵向联邦学习系统框架之下的。

联邦迁移学习是指：在两个数据集的用户与用户特征重叠都较少的情况下，不对数据进行切分，而可以利用迁移学习来克服数据或标签不足的情况。这种方法叫作联邦迁移学习。比如有两个不同机构，一家是位于中国的银行，另一家是位于美国的电商。由于受到地域限制，这两家机构的用户群体交集很小。同时，由于机构类型的不同，二者的数据特征也只有小部分重合。在这种情况下，要想进行有效的联邦学习，就必须引入迁移学习，来解决单边数据规模小和标签样本少的问题，从而提升模型的效果。

5.4.7 自动化机器学习

随着机器学习的不断发展，其复杂程度也在不断增高，如果还完全依靠人为规定，使计算机按照设定的规则运行，会耗费大量的人力资源。让机器自动选择机器学习方法的想法孵化出了自动化人工智能技术。这项技术通过让 AI 去学习 AI，减少人工的参与，让机器完成更复杂的工作。

自动化机器学习，即一种将自动化和机器学习相结合的方式，是一个新的研究方向，它可以使计算机独立完成更复杂的任务，从而解放人类的双手。在自动化机器学习发展前，传统的机器学习需要经历数据预处理、特征选择、算法选择和配置等，而传统的深度学习则需要经历模型架构的设计和模型的训练。上述这些步骤都需要人工来操作，不仅耗时耗力，而且对专业人员的需求也比较大，结合现实生活中人们日益增长的需求，这限制了人工智能在其他领域的应用发展。

因此，出现了这样的想法：将机器学习中的数据预处理、特征选择、算法选择等步骤与深度学习中的模型架构设计和模型训练等步骤相结合，将其放在一个"黑箱"里，通过黑箱，只需要输入数据，就可以得到想要的预测结果。中间这个"黑箱"的运行过程，不需要人工的干预便可以自动完成，而这个自动化的系统就是自动化机器学习的研究重点。

图 5-41 为自动化机器学习的一个通用运行流程，也就是上面提到的，将所有运行流程都封装在一个"黑箱"中，只需要输入数据集，便可得到预测结果。

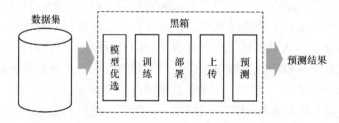

图 5-41　自动化机器学习作用方式示意图

自动化机器学习主要关注两个方面——数据的获取和预测。目前已经出现了很多自动化机器学习平台，用户在使用这些平台时，可以使用自己带的数据集，识别标签，从而得到一个经过充分训练且优化过的模型，并用该模型进行预测。大多数平台都会提示用户上传数据集，然后标记类别。在此之后，数据预处理、选择正确的算法、优化和超参数调整等步骤都是在服务器上自主进行的。

传统的机器学习在解决问题时，首先需要对问题进行定义，然后针对特定问题收集数据，由专家对数据特征进行标定、提取特征、选择特征，然后根据所选特征训练模型、对模型进行评估，最后部署到应用上，以解决最初提出的问题。

其中数据收集、特征提取、特征选择、模型训练和模型评估的过程，是一个迭代的过程，需要反复进行、不断优化才能得到较优的模型。这个过程非常耗时费力，而自动化机器学习可以将传统机器学习中的迭代过程综合在一起，构建一个自动化的过程，实现自动特征工程、自动管道匹配、自动参数调整、自动模型选择等功能，从而减少时间和人力等资源的浪费。

相较于传统的机器学习方法，自动化机器学习有如下优势：

1）自动化机器学习可以完全不用依赖经验，而是靠数学方法，由完整的数学推理的方式来证明。通过数据的分布和模型的性能，自动化机器学习会不断评估最优解的分布区间并对这个区间再次采样。所以可以在整个模型训练的过程中缩短时间，提升模型训练过程的效率。

2）自动化机器学习可以降低使用机器学习的门槛，它作为一个新的人工智能研究方法，将机器学习封装成云端产品，用户只需提供数据，系统即可完成深度学习模型的自动构建，从而实现自动化机器学习。

5.5 机器学习在电力工程中的应用

随着互联网技术以及信息电子、信息通信技术的发展，人机协同工作必然将提升工作效率以及工作可靠性。机器学习在电气工程方面已经实现了诸多场景下的应用，正在引领电力行业向更高效、可靠和智能化的方向发展。以机器学习在新能源出力预测和用电异常诊断方面的实际应用方法为例，对机器学习在电力工业中的应用说明如下。

5.5.1 新能源出力预测

新能源出力与自然环境中的温度、湿度、风速等条件高度相关，这些自然条件在一定程度上具有动量效应，并且一般具有较为明显的波动特征，因此可以假设新能源在某一时刻的出力可以根据前段时间的历史处理数据进行预测的。现以仅含一个隐藏层的浅层神经网络为例，介绍实现新能源出力预测的数据准备，网络训练和实际预测。

数据采用 Q 省某光伏发电站 8 月份全月的出力数据。数据采样频率为每小时 12 次，31 天共 9216 个采样点，采样数据以列别形式记录于文件"pre_data"。利用前 2025 个采样点进行神经网络的训练和检验。将完成训练的神经网络用于对最后八天的 2304 个采样点的光伏出力进行预测判断模型最终的效果。

首先准备用于训练和测试的训练样本和测试样本，利用维度为 25 的滑动窗口方法将历史数据转化为 2000 个 25 维的数据，每个数据生成一个样本。第 i 个样本的输入数据是第 i 到第 $i+23$ 个采样点对应的输出值，输出数据是第 $i+24$ 个采样点的出力值。

```
clc
clear
load pre_data c1;
for i=1:2000
    input(i,:)=c1(1,i:i+23)';
    output(i,:)=c1(1,i+24);
end
```

从 2000 个数据中随机抽取 1500 个训练集和 500 个测试集，并对输入输出进行归一化：

```
k=rand(1,2000);
[m,n]=sort(k);
input_train=input(n(1:1500),:)';
output_train=output(n(1:1500),:)'
;input_test=input(n(1501:2000),:)';
output_test=output(n(1501:2000),:)';
%输入数据归一化
[inputn,inputps]=mapminmax(input_train);
[outputn,outputps]=mapminmax(output_train);
```

输入层神经元数设置为 24，将隐藏层神经元数设计为 25 维，由于归一化后的输出数据是一个 0 到 1 的数字因此输出层的神经元数为 1。神经网络如图 5-42 所示。

```
innum=24;
midnum=25;
outnum=1;
%权值阈值初始化
w1=rands(midnum,innum);
b1=rands(midnum,1);
w2=rands(midnum,outnum);
b2=rands(outnum,1);
```

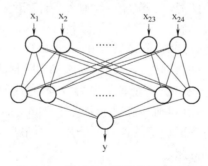

图 5-42　用于出力预测的神经网络

接下来利用梯度下降方法对所构建的神经网络进行训练，其中神经网络的第一层使用 Sigmoid 作为激活函数，而输出层不设置激活函数，依次计算隐藏层的输出、输出层的输出、输出层输出数据与样本标签的差值。

```
alpha=0.5;                      %设置学习率
for m=1:20                      %设置学习周期数
    for i=1:1:1500
        x=inputn(:,i);          %从训练集中提取出单次训练所用的数据
        for j=1:1:midnum
```

```
        I(j)=inputn(:,i)'*w1(j,:)'+b1(j);
        Iout(j)=1/(1+exp(-I(j)));
    end
```

隐藏层中的计算分为两个步骤：首先根据权重矩阵和输入数据得到中间量，再通过激活函数得到隐藏层的输出值。从计算过程中可以看到，每个中间量中的数据都是由所有输入数据与权重矩阵中对应输出数据位置的向量进行内积，并加上对应位置的偏移量而得到的。

```
yn=w2'*Iout'+b2;            %神经网络预测数据
e=outputn(1,i)-yn;          %损失值
```

得到网络预测值与实际标签值间的差距，为反向梯度传递进行准备。下一步就是计算损失值对每个可训练参数的梯度。

```
%计算 w2、b2 的梯度
dw2=e*Iout;
db2=e';
%计算 w1、b1 的梯度
for j=1:1:midnum
    S=1/(1+exp(-I(j)));
    FI(i)=S*(1-S);
end
for k=1:1:innum
    for j=1:1:midnum
        dw1(k,j)=FI(j)*x(k)*e(1)*w2(j,1);
        db1(j)=FI(j)*e(1)*w2(j,1);
    end
end
```

除了声明循环以外的上述所有代码共同完成了利用一个样本对神经网络中参数梯度的计算，接下来需要根据这些梯度和所设置的学习率对参数进行以梯度下降为目标的参数更新。通过在规定周期数下完成对每个训练样本的学习，完成神经网络的训练。

```
    w1=w1+alpha*dw1';
    b1=b1+alpha*db1';
    w2=w2+alpha*dw2';
    b2=b2+alpha*db2';
    end
end
```

完成训练后需要对所训练的神经网络进行测试，可以由如下代码实现：

```
inputn_test=map_minmax('apply',input_test,inputps);
for i=1:500
    for j=1:1:midnum
```

```
        I(j)=inputn_test(:,i)'*wl(j,:)'+bl(j);
        Iout(j)=1/(1+exp(-I(j)));
    end
    output_fore(:,i)=w2'*Iout'+b2;
end
MSE_error=sqrt((output_fore-output_test)*
(output_fore-output_test)');  %MSE 误差
```

在每次完成一个周期训练后计算方均根误差，20 个周期后可以得到如下曲线。

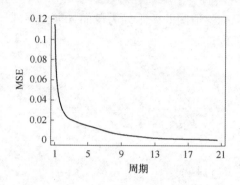

图 5-43　神经网络方均根误差变化曲线

从图 5-43 中可以看到新能源出力预测模型在测试集中的均方根误差已经变得极小了，训练 20 个周期后，神经网络在测试集中的方均根为 0.00343，可以对下一时刻出力进行较为准确的预测。接下来利用历史数据和神经网络完成新能源出力的预测。对于最后的 2304 个采样点，以每个采样点之前 24 个采样点内的数据为依据，预测该采样点对应时段的光伏出力。

```
%预测历史数据为 pre_fore 时下一时刻新能源出力的归一化值
d_loss=0
for i=1:1:2304
    pre_fore=c1(1,i+23*287:i+23*288)';
    rv=c1(1,i+23*288+1)
    for j=1:1:midnum
        I(j)=pre_fore(j)'*wl(j,:)'+bl(j);
        Iout(j)=1/(1+exp(-I(j)));
    end
    fore=w2'*Iout'+b2;
    forecast=mapminmax('reverse',output_test,fore)
                                    %计算对每个时刻的预测值
    d_loss=(d_loss+forecast(forecast)-rv)/2304
end
```

d_loss 的最终计算结果为 0.0045，略大于测试集中的结果，推测是由于天气变化规律随着时间推移而有所变化的原因。根据历史数据预测下一时段出力数据的过程如图 5-44a 所示，光伏出力输入值的预测值和实际值如图 5-44b 所示。可以看到，对于实际出力较大的时段，预测值会相对偏低，而对于实际出力较小的时段，预测值相对偏高。符合深度学习用于回归任务时，输入-输出映射关系区域训练集平均水平的特性。

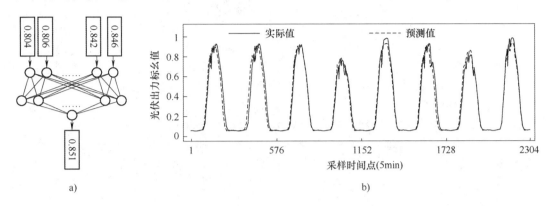

图 5-44 神经网络预测结果与原始数据比较

5.5.2 用电异常诊断

用户的异常用电一般指其用电规律相较平时发生了巨大的改变，这种改变往往意味着偷盗电行为的发生或是电力器件的损坏，这些问题都需要引起电力公司的重视。因此，用电异常情况的诊断是一个较为重要的工作。常用的统计方法难以对数据有一个较为全面的认识，这里介绍用浅层神经网络完成用户用电异常诊断的方法。

所用数据集来自 *ElectricityLoadDiagrams20112014 Data Set*，该数据集中，负荷的采样频率为 4 次每小时，全天共 96 个采样点。由于其中并没有标注出数据异常与否，这里通过人为生成异常数据完成实验。首先生成无异常样本，将部分负荷数据直接作为样本输入，对应的输出为样本无异常。其次生成存在异常的样本，将部分样本中随机一段的采样点数据进行归零处理，将处理过的数据作为样本输入，对应的输出为样本存在异常。这两类样本的输入数据的集合分别存在 normaldata 和 abnormal 文件中。利用 1500 个样本使神经网络学习到两类样本的差异，并用 500 个样本检测神经网络最终判断结果的准确性。

第一步仍然是准备训练和测试数据，与预测任务不同的是，这一次的数据分两组导入，这两组数据分别是人为标注的存在异常数据和不存在异常数据。数据处理过程如下：

```
clc
clear
load normaldata c1;
load abnormdata c2;
data(1:1000,:)=c1(1:1000,:);
data(1001:2000,:)=c2(1:1000,:);
%输入输出数据
input=data(:,2:97);
```

```
output1=data(:,1);
%设定每组输入输出信号
for i=1:2000
    if i<1001
        output(i,:)=[1 0];
    else
        output(i,:)=[0 1];
k=rand(1,2000);
[m,n]=sort(k);
input_train=input(n(1:1500),:)';
output_train=output(n(1:1500),:)';
input_test=input(n(1501:2000),:)';
output_test=output(n(1501:2000),:)';
[inputn,inputps]=mapminmax(input_train);
```

输入和输出数据的维度与处理预测任务有所不同，这里用了一个二维向量来表征是否存在用电异常，其中［1，0］代表不存在异常，［0，1］代表数据存在异常。这个差异还反映在神经网络模型和训练过程。所用神经网络的生成代码如下，具体结构如图 5-45 所示。

```
innum=96;
midnum=100;
outnum=2;
%权值阈值初始化
w1=rands(midnum,innum);
b1=rands(midnum,1);
w2=rands(midnum,outnum);
b2=rands(outnum,1);
```

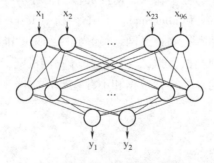

图 5-45 用于用电异常针对的神经网络

```
Alpha=0.1;                      %学习率
for m=1:20
    for i=1:1:1500
```

```
        x=inputn(:,i);              %本次训练数据
        for j=1:1:midnum
            I(j)=inputn(:,i)'*wl(j,:)'+b1(j);
            Iout(j)=1/(1+exp(-I(j)));
        end
        yn=w2'*Iout'+b2;
        e=outputn(:,i)-yn;
        %计算 w2、b2 的梯度
        dw2=e*Iout;
        db2=e';

        %计算 w1、b1 的梯度
        for j=1:1:midnum
            S=1/(1+exp(-I(j)));
            FI(i)=S*(1-S);
        end
        for k=1:1:innum
            for j=1:1:midnum
                dw1(k,j)=FI(j)*x(k)*(e(1)*w2(j,1)+e(2)*2(j,2))
                db1(j)=FI(j)*(e(1)*w2(j,1)+e(2)*w2(j,2)):
            end
        end

        %权值更新
        wl=wl+alpha*dw1';
        bl=b1+alpha*db1';
        w2=w2+alpha*dw2';
        b2=b2+alpha*db2';
    end
end
%完成一轮训练
```

可以看到，除了输出数据的形式发生了变化，这个神经网络需要完成的任务与新能源出力使用的神经网络极为相似，在模型的结构上也几乎相同，因此参数更新的过程也极为相似，因此在这里一并写出。每完成一个周期的训练后都用测试集检测神经网络的误差和准确率。

```
%检测当前模型精准度
inputn_test=map_minmax('apply',input_test,inputps);
for i=1:500
    for j=1:1:midnum
```

```
            I(j)=inputn_test(:,i)'* wl(j,:)'+bl(j);
            Iout(j)=1/(1+exp(-I(j)));
        end
        output_fore(:,i)=w2'* Iout'+b2;
    end
    %类别统计
    for i=1:500
        output_fore(i)=find(fore(:,i)==max(fore(:,i)));
    end
    %预测 MSE 误差
     MSE_error = sqrt((output_fore-output_test) * (output_fore -
output_test)');
        %统计误差
  k=0;
    for i=1:500
        if MSE_error(i) ~ =0
            k=k+1
        end
    end
end
rightridio=k/500
```

训练过程中，神经网络精确度变化曲线如图 5-46 所示。可以看到，完成训练的神经网络能以 96.8% 的准确率判断出负荷数据是否被人为篡改过。由于部分数据存在长时间内无任何负荷的情况，且输入数据长度有限，这样的预测结果是可以接受的。

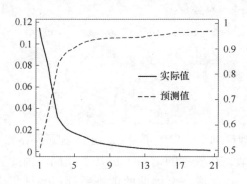

图 5-46　神经网络在测试集中精确度变化曲线

将不同的 96 维数据输入模型的结果如图 5-47 所示。

最终模型在测试集中的表现代表神经网络能相对准确地完成负荷异常地辨识任务。

可以看到，神经网络模型可以完成多种多样复杂的任务，在电力工程中具有广泛的应用前景。值得注意的是，在实际应用中，这些任务完成的可靠性和准确性并不能得到保证，应根据数据特点合理选择所使用的机器学习模型，以尽可能提高最终的学习效果。除了以上预测任务和检测任务之外，电力工业中还存在很多机器学习应用的场景，有待进一步研究探索。主要包括以下几个方面：

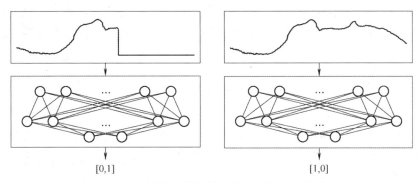

图 5-47　不同输入数据输入神经网络得到的结果

（1）新能源/负荷预测

随着双碳目标的建设发展，新型电力系统不仅仅是以电能为研究对象，其涵盖了更广泛的热（冷）、气、油等多种能源形式，既有传统褐色能源（煤、石油），也包括绿色可再生能源（风、光、潮汐能）等。如何更好地掌控这些物理属性迥异、影响因素众多的能源，是新型电力系统需研究的首要课题。利用机器学习在回归方面的优势，在源侧，开展多种形式能源发电功率预测研究；在荷侧，开展能源负荷预测研究，将更好地支撑电力系统的规划、运行和服务。

（2）异常/故障诊断

诊断方面主要包括异常用电诊断、设备故障诊断、系统故障诊断、网络通信/攻击诊断及保护等。用户的异常用电是指电力用户在其用电行为中表现出与正常用电模式明显不同的情况或行为，这些异常用电行为可能是由多种因素引起的，包括设备故障、电力质量问题、电力盗窃、用户行为的变化等。检测和识别这些异常用电模式对于电力公司和用户都具有重要意义。此外，随着电网结构、电力系统接入设备的种类、以及电力设备本身的复杂性提高，电力系统故障机理的复杂程度也在逐年提升。机器学习有助于应对电力系统故障诊断的规模和复杂性，提高系统可靠性，降低维护成本，提前诊断和处理故障，优化系统运行。

（3）系统规划运行

规划方面主要包括新型设备装置接入规划和考虑安全、可靠、经济、环保、社会效益的综合规划；电力及综合能源市场规划等。优化方面主要包括综合能源系统运行优化和电力系统稳定控制及评估等。一方面，机器学习可以为电力系统规划运行提供更准确的需求预测，这有助于防止决策过度或不足等问题，提高电力系统的效率和可靠性。另一方面，随着电力系统的规模和复杂性不断提升，新型电力系统的规划运行任务拥有庞大可能性，计算量和计算时间日益增长；机器学习可以降低各可能性结果的求解时间，同时也可以根据历史经验直接得到最优或较优方案。因此，机器学习支持更高效智能的规划运行决策策略，以适应不断变化的能源需求挑战。

（4）信息安全

随着物联网技术、通信技术的发展及其在电力系统中的应用，针对电网的信息攻击将呈现更多样的形式，对电力系统将产生更严重的影响。机器学习在电力系统信息安全中的应用具有重要意义，可以协助电力系统应对不断增长的网络攻击威胁，保护关键基础设施的稳定性和安全性。机器学习能够实时分析大量数据，识别潜在威胁并快速采取措施，以保护电力系统免受攻击；可以自动化响应程序，快速采取措施来隔离受感染的系统、恢复受影响的设备；可以预测潜在攻击，生成可能的网络攻击场景，并据此提前进行预案，减少电力系统的潜在风险。

思考讨论题

5.1 神经网络中激活函数有哪些？它们的作用是什么？它们的函数图像是怎样的，有什么优缺点？

5.2 请描述分类和回归之间的联系、区别，并各举 5 个常用的模型。

5.3 请写出 K-means 方法的实现流程。

5.4 请以一个两层神经网络为例，利用公式推导证明若不使用激活函数，深度对于神经网络将没有意义。

5.5 如果想要构建一个能监测电力系统运行状态，并直接形成检测报告的神经网络，请问至少需要哪几种结构的神经网络。

5.6 请回答 GRU 作为反馈神经网络，其"反馈"体现在哪一个步骤中，具体是神经网络前向传递过程中得出的哪个量对模型的哪个部分进行的反馈。

5.7 在进行负荷特征分析的过程中，对 128 个用户的六个时刻的用电量进行了采样，所得相关系数矩阵如下，请计算每个时刻的特征值。如果希望降维后的数据能保持源数据 80% 的信息量（即特征值之和大于 80%），求出需要保留的特征的维数。

5.8 已知正例点，$x_1 = (1,2)^T$，$x_2 = (2,3)^T$，$x_3 = (3,3)^T$，负例点 $x_4 = (2,1)^T$，$x_5 = (3,2)^T$，试求最大

间隔分离超平面和分类决策函数，并画出分离超平面及支持向量。

5.9 对于如下输入输出对应表，计算决策树的最小深度，并画出对应决策树。

样例	x						y
	Q_1	Q_2	Q_3	Q_4	Q_5	Q_6	
1	+	−	−	+	+	−	+
2	+			+			−
3	−	+	−	−	+		+
4	+	−	+	+		+	−
5	+				'		
6	−	+	+	+	+	+	+

5.10 给定如下几种函数，选出其中能作为核函数的函数。

$$K(v_1, v_2) = \tanh(\gamma <v_1, v_2> + c) \qquad K(v_1, v_2) = \exp(-\gamma \| v_1 - v_2 \|^2)$$

$$K(v_1, v_2) = (\gamma <v_1, v_2> c)^n \qquad K(v_1, v_2) = (v_1 - v_2)^2$$

参 考 文 献

[1] 陈凯，朱钰. 机器学习及其相关算法综述 [J]. 统计与信息论坛，2007，22 (5)：105-112.

[2] 孙志军，薛磊，许阳明，等. 深度学习研究综述 [J]. 计算机应用研究，2012，29 (8)：2806-2810.

[3] 王珏，石纯一. 机器学习研究 [J]. 广西师范大学学报：自然科学版，2003，21 (2)：1-15.

[4] 杨剑锋，乔佩蕊，李永梅，等. 机器学习分类问题及算法研究综述 [J]. 统计与决策，2019 (6)：36-40.

[5] 闫友彪，陈元琰. 机器学习的主要策略综述 [J]. 计算机应用研究，2004 (7)：4-10，13.

[6] 姜国睿，陈晖，王姝歆. 人工智能的发展历程与研究初探 [J]. 计算机时代，2020 (9)：7-10，16.

[7] 杨挺，赵黎媛，王成山. 人工智能在电力系统及综合能源系统中的应用综述 [J]. 电力系统自动化，2019，43 (1)：2-14.

[8] 李兴怡，岳洋. 梯度下降算法研究综述 [J]. 软件工程，2020，23 (2)：1-4.

[9] 陈先昌. 基于卷积神经网络的深度学习算法与应用研究 [D]. 杭州：浙江工商大学，2014.

[10] 张润，王永滨. 机器学习及其算法和发展研究 [J]. 中国传媒大学学报：自然科学版，2016，23 (2)：10-18，24.

[11] 徐继伟，杨云. 集成学习方法：研究综述 [J]. 云南大学学报：自然科学版，2018，40 (6)：1082-1092.

[12] 涂存超，杨成，刘知远，等. 网络表示学习综述 [J]. 中国科学：信息科学，2017，47 (8)：980-996.

[13] 龙明盛. 迁移学习问题与方法研究 [D]. 北京：清华大学，2023.

[14] 杨海民，潘志松，白玮. 时间序列预测方法综述 [J]. 计算机科学，2019，46 (1)：21-28.

[15] 王国胜. 支持向量机的理论与算法研究 [D]. 北京：北京邮电大学，2008.

[16] 朱军，胡文波. 贝叶斯机器学习前沿进展综述 [J]. 计算机研究与发展，2015，52 (1)：16-26.

[17] PAN S J, YANG Q. A survey on transfer learning [J]. IEEE Transactions on Knowledge and Data Engineering, 2010, 22 (10)：1345-1359.

[18] LECUN Y, BOTTOU L. Gradient-based learning applied to document recognition [J]. Proceedings of the

IEEE, 1998, 86 (11): 2278-2324.

[19] SUTTON R S, BARTO A G. Reinforcement learning: an introduction [J]. IEEE Transactions on Neural Networks, 1998, 9 (5): 1054.

[20] HSU C W, LIN C J. A comparison of methods for multiclass support vector machines [J]. IEEE Transactions on Neural Networks, 2002, 13 (2): 415-425.

[21] TIN, KAM. The random subspace method for constructing decision forests. [J]. IEEE Transactions on Pattern Analysis & Machine Intelligence, 1998, 20 (8): 832-832.

[22] XU R, WUNSCH, DONALD. Survey of clustering algorithms. [J]. IEEE Transactions on Neural Networks, 2005, 16 (3): 645-678.

[23] LONG J, SHELHAMER E, DARRELL T. Fully convolutional networks for semantic segmentation [C]. Proceedings of the IEEE Conference on Computer Vision and Pattern Recognition, 2015: 3431-3440.

[24] KANUNGO T, MOUNT D M, NETANYAHU N S, et al. An efficient k-means clustering algorithm: analysis and implementation [J]. IEEE Transactions on Pattern Analysis & Machine Intelligence, 2002, 24 (7): 881-892.

[25] ZHANG K, ZHANG Z, LI Z, et al. Joint face detection and alignment using multitask cascaded convolutional networks [J]. IEEE Signal Processing Letters, 2016, 23 (10): 1499-1503.

[26] GREFF K, SRIVASTAVA R K, KOUTNÍK J, et al. LSTM: a search space odyssey [J]. IEEE Transactions on Neural Networks and Learning Systems, 2016, 28 (10): 2222-2232.

[27] KALAL Z, MIKOLAJCZYK K, MATAS J. Tracking-learning-detection [J]. IEEE Transactions on Software Engineering, 2011, 34 (7): 1409-1422.

[28] YAN S, XU D, ZHANG B, et al. Graph embedding and extensions: a general framework for dimensionality reduction [J]. IEEE Transactions on Pattern Analysis & Machine Intelligence, 2006, 29 (1): 40-51.

[29] MÜLLER K R, MIKA S, TSUDA K, et al. An introduction to kernel-based learning algorithms (handbook of neural network signal processing) [M]. Boca Raton: CRC Press, 2018: 1-40.

[30] YANG M H, KRIEGMAN D J, AHUJA N. Detecting faces in images: A survey [J]. IEEE Transactions on Pattern Analysis and Machine Intelligence, 2002, 24 (1): 34-58.

[31] FIGUEIREDO M A T, JAIN A K. Unsupervised learning of finite mixture models [J]. IEEE Transactions on Pattern Analysis and Machine Intelligence, 2002, 24 (3): 381-396.

[32] ZHANG M, ZHOU Z. A review on multi-label learning algorithms [J]. IEEE Transactions on Knowledge & Data Engineering, 2014, 26 (8): 1819-1837.

[33] TOM Y, DEVAMANYU H, SOUJANYA P, et al. Recent trends in deep learning based natural language processing (Review Article) [J]. IEEE Computational Intelligence Magazine, 2018, 13 (3): 55-75.

[34] PAPERNOT N, MCDANIEL P, JHA S, et al. The limitations of deep learning in adversarial settings [C]. IEEE European Symposium on Securitcy and Privacy (Euros&P), 2016: 372-387.

[35] O'SHEA T, HOYDIS J. An introduction to deep learning for the physical layer [J]. IEEE Transactions on Cognitive Communications and Networking, 2017, 3 (4): 563-575.

[36] SABHARWAL A, SELMAN B. S. RUSSELL, et al, Artificial intelligence: a modern approach, third edition. [J]. Artificial Intelligence, 2011, 175 (5-6): 935-937.

[37] ARJOVSKY M, CHINTALA S, BOTTOU L. Wasserstein generative adversarial networks [C]. International Conference on Machine Learning. (PMLR), 2017: 214-223.

[38] KONEN J, MCMAHAN H B, RAMAGE D, et al. Federated optimization: distributed machine learning for On-Device Intelligence [J]. 2016, arXiv preprint arXiv: 1610.02527.

[39] JACOB L, BACH F, VERT J P. Clustered multi-task learning: a convex formulation [M]. New York:

Springer-Verlag，2009.

［40］ MAHPOD S，KELLER Y. Auto-mL deep learning for rashi scripts ocr ［J］. 2018，arXiv preprint arXiv：1811. 01290.

［41］ IBATA R A，IRWIN M J. Discrete classification with principal component analysis：discrimination of giant and dwarf spectra in k stars ［J］. The Astronomical Journal，1997，113：1865-1870.

［42］ VASWANI A，SHAZEER N，PARMAR N，et al. Attention is all you need ［J］. Advances in Neural Information Processing Systems，2017，30：1-11.

［43］ V AN der MAATERN L，HINTON G. Visualizing data using t-SNE ［J］. Journal of Machine Learning Research，2008，9（11）：2579-2605.

第 6 章　强 化 学 习

强化学习基本符号

1. 描述强化学习问题的基本符号

s_t：在时间步为 t 时的状态；

a_t：在时间步为 t 时的动作；

R_t：在时间步为 t 时的奖励；

γ：折扣因子（$0 \leqslant \gamma \leqslant 1$）；

G_t：在时间步为 t 时的折扣返回奖励总和（$G_t = r_t + \gamma_{rt} + 1 + \gamma_{2rt} + 2 + \gamma_{3rt} + 3 + \cdots$）；

S：所有非终端状态的集合；

A：所有动作的集合；

R：所有奖励的集合；

$P(s',r \mid s,a)$：在当前状态为 s 和当前动作为 a 的条件下，奖励为 r 和下一状态为 s' 的概率。

2. 求解强化学习问题的基本符号

π：策略

确定性策略：$\pi(s) \in A(s)$ 对所有 $s \in S$

随机性策略：$\pi(a \mid s) = P(A_t = a \mid S_t = s)$ 对所有 $s \in S$ 和 $a \in A(s)$

V_π：状态-价值函数，策略 π（$V_\pi(s) = E[G_t \mid S_t = s]$ 对所有 $s \in S$）

Q_π：动作-价值函数，策略 π（$Q_\pi(s,a) = E[G_t \mid S_t = s, A_t = a]$ 对所有 $s \in S$ 和 $a \in A(s)$）

V_*：最优状态-价值函数（$V_*(s) \doteq \max_\pi v_\pi(s)$ 对所有 $s \in S$）

Q_*：最优动作-价值函数（$Q_*(s,a) \doteq \max_\pi q_\pi(s,a)$ 对所有 $s \in S$ 和 $a \in A(s)$）

6.1　强化学习基本思想

6.1.1　强化学习概念

强化学习（Reinforcement Learning，RL）[1] 是一种机器学习的方法，也是解决智能体（Agent）如何在与环境的交互中，以最大化的"奖励"（Reward）实现特定目标的方法。其基本原理是：如果一个动作策略导致环境给出正的奖励信号，那么智能体以后产生这个动作策略的趋势便会加强。智能体的目标是在每个离散状态发现最优策略以达成预期的折扣奖励和最大值。在强化学习中，智能体选择一个动作用于环境，并根据得到的奖励信号和环境当前状态来选择下一个动作，以使受到正的强化信号的概率增大（见图 6-1 所示）。选择的动作不仅影响当前状态时的强化值，而且影响环境的下一状态和最终的奖励值。总之，强化学习是一种试探评价过程，可以用于训练智能体掌握复杂的任务和行为。

强化学习的常见模型是标准的马尔可夫决策过程（Markov Decision Process，MDP）[2]，这是一种贯序决策过程（Sequential Decision Process，SDP）。按给定条件，强化学习可分为基于模型的强化学习（Model-Based RL）和无模型强化学习（Model-Free RL），或者主动强化学习（Active RL）和被动强化学习（Passive RL）。强化学习的变体包括逆向强化学习、阶层强化学习和部分可观测系统的强化学习。求解强化学习问题所使用的算法可分为策略搜索算法和值函数（Value Function）算法两类。

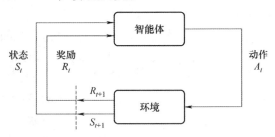

图 6-1　马尔可夫决策过程中智能体与环境的交互作用[2]

不同于机器学习中的另外两个方向：监督学习和非监督学习，强化学习不要求预先给定任何数据，而是通过接收环境对动作的奖励（反馈）获得学习信息并更新模型参数。强化学习中智能体以"试错"的方式进行学习，通过与环境进行交互获得的奖励指导动作，目标是使智能体获得最大的奖励。强化学习理论侧重在线学习，并试图在探索-利用（Exploration-Exploitation）间保持平衡。例如，强化学习中由环境提供的强化信号是对产生动作的好坏做一种评价（通常为标量信号），而不是告诉强化学习系统如何去产生正确的动作。由于外部环境提供的信息很少，强化学习系统必须靠自身的经历进行学习，在行动-评价的环境中获得知识，改进行动方案以适应环境。

在标准的强化学习中，智能体作为学习系统，通过获取当前环境状态信息 s，采取试探动作 u 并获得环境反馈的奖励 r 和新的环境状态来不断调整从状态到动作的映射策略，达到优化系统性能的目的。如果试探动作 u 导致了积极的奖励，智能体就会加强产生该动作的趋势，否则该趋势将减弱。强化学习系统的学习目标是动态地调整参数，以达到最大强化信号的效果。如果已知反馈信息的梯度信息，则可以直接使用监督学习算法。但在强化学习系统中，由于强化信号 r 与动作无明确的函数形式，所以需要某种随机单元来搜索并发现正确的动作。比如，在研究未知环境下的机器人导航等问题时，由于环境的复杂性和不确定性，这些问题本身就非常复杂，因此可以采用强化学习方法来解决这些问题。强化学习方法能够通过试错的方式学习环境，从而帮助机器人实现自主导航等任务。在开发强化学习系统的过程中，需要设计一套完整的训练流程，包括数据准备、网络架构、学习算法等方面。在数据准备过程中，需要考虑如何获取足够、有质量的数据，以及如何对数据进行筛选和预处理。在网络架构方面，需要设计一种合适的模型来表示状态和动作。在学习算法方面，需要选择一种合适的学习算法来优化模型参数。总之，强化学习系统的设计是一个复杂的过程，需要综合考虑多方面因素。只有通过不断的实践和优化，才能够设计出一个高效、稳定的强化学习系统，从而应用到真正的相关领域中。

除了机器人控制，强化学习还可以应用于其他各领域，如自然语言处理、智能游戏等。在这些领域中，强化学习算法可作为一种通用的解决方案来处理各种问题。例如，在自然语言处理领域，强化学习算法可用于语音识别、自然语言理解和生成等任务。在游戏领域，强化学习算法可用于设计智能游戏的角色和 AI 策略。近年来，在原本被认为人工智能无法击败人类顶尖高手的围棋领域，强化学习发挥了颠覆性的作用。

阿尔法围棋（Alpha Go）是历史上第一个击败人类职业围棋选手，第一个战胜围棋世界冠军的人工智能机器人[3]，由谷歌（Google）旗下 DeepMind 公司开发。它使用了一种被称为"策略网络"（Policy Network）的深度神经网络来预测在当前局面下可能的最优落子位置，以及一种被称为"价值网络"（Value Network）的深度神经网络来预测在特定局面下的胜利概率。这两个网络都是通过大量人类棋谱的训练数据进行训练的。

在训练过程中，阿尔法围棋使用了强化学习算法来优化策略网络和价值网络。具体而言，它使用了被称为"蒙特卡洛树搜索"（MCTS）的强化学习算法，通过模拟大量对弈过程来评估每一步棋的优劣，并根据胜负结果来调整神经网络的参数。这种训练过程使其可以逐渐学会如何在复杂的围棋局面中做出最优的决策。在此，深度学习（Deep Learning，DL）和强化学习（Reinforcement Learning，RL）进行了结合，形成深度强化学习理论（Deep Reinforcement Learning，DRL）。

2016 年 3 月，阿尔法围棋与围棋世界冠军、职业九段棋手李世石进行围棋人机大战，以 4 比 1 的总比分获胜；2016 年末到 2017 年初，该程序在中国棋类网站上以"大师"（Master）为注册账号与中日韩数十位围棋高手进行快棋对决，连续 60 局无一败绩；2017 年 5 月，在中国乌镇围棋峰会上，它与排名世界第一的世界围棋冠军柯洁对战，以 3 比 0 的总比分获胜。至此，围棋界公认阿尔法围棋的棋力已经超过人类职业围棋顶尖水平。2017 年 10 月 18 日，DeepMind 团队公布了更强大的新版阿尔法围棋（AlphaGo Zero）。它能产生大量自我对弈棋局，为下一代版本提供了训练数据，这个过程不断循环迭代。

6.1.2 强化学习发展历程

强化学习是人工智能领域的重要分支之一，旨在研究如何让智能体在与环境的交互中学习，以实现复杂决策任务。该领域的发展经历了数十年的积淀，其中包括三个重要时期。

（1）早期研究阶段（1950 年~1980 年）

在这个时期，强化学习主要是一种理论研究方法，研究者尝试使用传统的控制理论和动态规划方法来解决智能体学习的问题，其中著名的代表作是理查德·贝尔曼的动态规划理论。被应用于诸如迷宫求解、背包问题等简单的问题中。

（2）强化学习的发展（1980 年~2010 年）

在这个时期，强化学习开始得到实验研究的支持。斯坦福大学的 J. H. Conway 提出了 Q-learning 理论，该算法成为了强化学习领域的基础。它可以使智能体在不需要领先状态-动作值函数的情况下进行学习。另外，时序差分学习算法也得到了广泛探索。此外，DeepMind 等公司也开始进行强化学习的实验研究，并提出了许多具有里程碑意义的成果，如 Deep Q-Network、Policy Gradient 等。

（3）深度强化学习的崛起及大规模应用阶段（2010 年至今）

深度学习自 2012 年以来成为人工智能领域的主流方法，它可以通过神经网络实现更加有效的处理和表达，进而开发出深度强化学习算法。这一阶段最成功的算法是深度 Q 网络（Deep Q-Network，DQN），其可以学习到复杂的决策任务，并在 Atari 游戏中击败人类。此外，策略梯度和演员-评论家算法最近也取得了巨大的发展。随着硬件性能和深度学习技术的进步，强化学习开始被广泛应用于复杂的现实场景中，如智能交通、自然语言处理、机器人等领域。各大技术公司（如 Google、Microsoft、Facebook 等）也逐渐将强化学习技术应用于其产品中，如自动驾驶汽车、智能音箱等。此外，强化学习也在物联网（The Internet of Things，IOT）、娱乐游戏、教育、金融等领域展现出了很大的潜力。

总的说来，强化学习的发展历程不断演进，从最初的探索到深度强化学习的崛起，始终坚持在人工智能领域的前沿，为智能系统的追求做出了重要的贡献，在解决现实问题方面具有很大的潜力。

6.1.3　研究现状和展望

（1）深度强化学习

近年来，深度神经网络技术在计算机视觉、语音识别、自然语言处理等领域取得巨大成功，也被引入到强化学习中。深度强化学习（Deep Reinforcement Learning，DRL）[4]通过将深度神经网络作为强化学习模型的基础，通过增加深度神经网络的层数来提高模型的性能构建，适用于连续、高维、非线性问题的强化学习模型。其中，代表性的算法包括深度 Q 网络（Deep Q-Networks，DQN）、深度确定性策略梯度（Deep Deterministic Policy Gradient，DDPG）等。这些算法在游戏、机器人等领域取得了优秀的成果。

（2）逆强化学习

传统强化学习中，智能体需要直接优化"奖励"函数，但"奖励"函数的设计往往需要大量领域知识和经验，且人工设计的"奖励"函数不一定符合实际应用需求。为此，逆强化学习（Inverse Reinforcement Learning，IRL）[5]作为一种新兴的强化学习研究方向，通过从环境中获取反馈来学习"奖励"函数，更新智能体的策略并以此指导智能体的行为。代表算法包括最大熵 IRL（Maximum Entropy IRL，MaxEnt-IRL）、逆强化策略梯度（Inverse Reinforcement Policy Gradient，IRPG）等，其应用领域涵盖自动驾驶、机器人导航等。

（3）元强化学习

标准深度强化学习（Deep Reinforcement Learning，DRL）的目标是针对特定的马尔可夫决策过程（Markov Decision Process，MDP），通过某些学习算法（DQN、DDPG、PPO、SAC等）求解一个最优策略，指导智能体在特定任务下做出最佳决策（什么状态下采取什么动作）。DRL 中的学习算法依赖于智能体与环境之间的大量交互，训练成本高，一旦环境发生变化，原本学习好的最优策略就不再适用，此时必须针对新的环境重新训练（Learning from Scratch），这显然是十分低效的。针对这一问题，可以在标准 DRL 中引入元学习（Meta-Learning）。元学习的目标是通过学习得到比 Learning from Scratch 更为高效的学习算法，这些学习算法能够从过去的任务中获取历史经验，从而迅速适应新任务。当所学习的任务为特定任务（MDP），所学习的学习算法为 DRL 算法时，这一过程就变成了元强化学习（Meta-RL）[6]。可以看出，普通 DRL 学习的是特定任务下的最优策略，而 Meta-RL 学习的则是能够迅速适应不同新任务并得到相应最优策略的学习算法，即把学习一个 RL 算法本身当作了一个 RL 问题。

（4）多智能体强化学习

传统强化学习假设智能体与环境的交互是独立的，但在现实场景中，智能体通常需要协作或竞争，这种交互被称为多智能体强化学习（Multi-Agent Reinforcement Learning，MARL）[7]。MARL 模型面临的常见问题包括稳定性和非平衡性等，近年来涌现了一系列算法，包括独立决策器（Independent Learners，IL）、协作 Q 学习（Cooperative Q-learning，CoQ）、对抗性演化（Adversarial Evolution，AE）等，使得 MARL 在博弈、机器人群体等领域有了广泛的应用。

6.2　强化学习系统

6.2.1　系统组成

强化学习系统包括以下部分：

（1）智能体（Agent）

智能体是强化学习系统的核心，是与环境交互的主体。它必须能够接收环境的信息，根据这些信息制定策略，并根据策略选择动作，更新状态，期望达到最优的结果。智能体通常由一个计算机程序实现，可以采用不同的编程语言和框架来实现。

（2）状态（State）

智能体的状态表示智能体当前所处的状态，包括智能体的感知、思维、决策和动作。状态由一组数据描述，这些数据可以是传感器数据、环境信息、历史经验等。

（3）动作（Action）

智能体的动作表示智能体执行的操作，包括移动、感知、思维等。动作由一组规则描述，这些规则定义了动作的顺序、时间和空间。

（4）奖励（Reward）

智能体的奖励表示智能体在执行动作后所获得的奖励或惩罚，通常是由环境提供的。奖励可以是正向的，如增加经验值或获得金钱奖励，也可以是负向的，如失去经验值或受到惩罚。

（5）环境（Environment）

智能体所处的环境是强化学习系统的外部因素，包括物理环境和社会环境。环境提供了智能体执行动作所需的信息和资源，同时也会对智能体的行为产生影响。环境的种类主要有：

1）确定性环境：即根据当前的状态就可以知道相应结果的环境。比如在我们在下象棋的时候可以知道在移动一颗棋子后的确切结果。

2）随机性环境：根据当前的状态无法知道相应结果的环境即随机环境。随机环境存在较大的不确定性，如掷骰子，我们无法预知骰子上的数字。

3）完全可观测环境：如果智能体在任何时候都可以确定系统的状态，该环境即完全可观测环境。如在下围棋的时候，棋盘上所有棋子的位置信息都是确定的。

4）部分可观测环境：如果智能体无法在任何时刻都确定系统状态，该环境即部分可观测环境。如玩桥牌时只有自己的牌确定已知，对手的牌是未知的。

5）离散环境：如果从一个状态转移到另一个状态后的动作状态集是有限的，该环境即离散环境。如在国际象棋中移动棋子后的状态为有限集，就是一种离散环境。

6）连续环境：如果从一个状态到另一个状态后动作状态集是无限的，该环境即连续环境。比如一张白纸上 A 点到 B 点可以画出无数条路径，就是一种连续环境。

7）非序贯和序贯环境：在非序贯环境中，智能体的当前动作不影响未来动作，执行的是独立任务。而在序贯环境中，智能体的当前动作会影响未来动作，智能体前后的动作是相关的。

8）单智能体和多智能体环境：环境中有一个智能体即单智能体环境，有多个智能体即多智能体环境。在执行复杂任务时常使用多智能体环境，各智能体之间可以相互通信。多智能体环境具有较大程度的不确定性，多为随机环境。

（6）学习算法（Learning Algorithm）：强化学习系统使用的学习算法决定了智能体的行为和策略。不同的学习算法适用于不同的情况和任务，包括 Q-Learning、Deep Q-Networks、Policy Gradient 等。

强化学习算法通常包含以下三个组件：模型（Model），策略（Policy），价值函数（Value Function）。

1）模型（Model）：模型是智能体（Agent）的一种表示，代表着智能体执行动作时，环境会发生什么，并可能获得什么回报。例如：

状态转移模型（Transition/Dynamics Model）：预测下一次的智能体状态；

奖励模型（Reward Model）：预测即时的奖励。

2）策略（Policy）：策略决定智能体（Agent）如何选择动作，以符号 π 表示，含义是从状态（States）到动作（Actions）的映射，$\pi: s \rightarrow a$。

3）价值函数（Value Function）：价值函数是对下次预期获得奖励的折扣总和，根据即时奖励和长期奖励的重视程度进行加权，其中折扣系数 γ 处于 $0 \sim 1$。因此价值函数可用于评判不同状态、动作的好坏程度，并且可以通过策略的比较决定如何执行动作。

6.2.2　强化学习方法类型

强化学习方法的类型主要有：基于模型（Model-Based）方法、无模型（Model-Free）方法、在线学习（On-Line Learning）方法、离线学习（Off-Line Learning）方法、基于价值（Value-Based）方法、基于策略（Policy-Based）方法等。

1. 基于模型/无模型方法

在强化学习方法中，"模型"指的是强化学习环境的模型。模型已知，即已经对环境进行了建模，能够在计算机上模拟与环境相同或近似的状况。在已知模型的环境中学习被称为基于模型的方法。例如，在马尔可夫决策过程（Markov Decision Process，MDP）强化学习四元组下，对于任意状态 s、s' 和动作 a，在状态下执行动作 a 转移到状态 s' 的概率是已知的，且该转移所带来的奖励（Reward）也是已知的。然而，在现实环境中，环境的转移概率等往往很难确定。如果学习方法不依赖于环境建模，则称为无模型的方法。

如果可以对环境进行建模，并且模型满足 MDP，则可以应用动态规划（Dynamic Programming，DP）法，对状态进行估值计算，并最终得到一个好的策略。基于模型的强化学习的例子包括价值迭代和策略迭代，因为它使用具有转移概率和奖励函数的 MDP。基于模型的算法还包括基于树的搜索算法——这种算法是一种列表式搜索，利用 MCTS 算法来构建树结构，进行随机模拟以寻找最优策略，使用蒙特卡洛保证时间效率。

若无法对环境进行有效建模，强化学习的无模型方法不需要通过知道或学习转移概率来解决问题，而是通过智能体直接学习策略，这样对于解决现实问题很有用。例如可以通过蒙特卡洛法（Monte Carlo Method，MCM），基于概率理论对状态进行估值计算。若希望无模型时估值返回得更快更直接，高频度地进行策略优化，则可以应用时间差分（Temporal Difference，TD）法。其中具有代表性的方法包括 SARSA 算法以及著名的 Q 学习（Q-Learning）算法。

2. 在线学习/离线学习方法

在线学习和离线学习也分别称为主动学习和被动学习，是智能体学习的两种方式。在线学习/主动学习是指智能体可以同时执行任务并从新的数据中学习。离线学习/被动学习则是指先进行监督学习，通过前期训练得到完整的策略，然后让智能体执行任务。离线学习需要收集并准备一个丰富的环境转移（Transition）样本库，并辅以充沛的计算资源。

在离线学习中，通过学习效用函数来解决该问题。给定一个具有未知转移和奖励函数的固定策略，智能体通过使用该策略执行一系列试验来学习价值函数。例如，在一辆自动驾驶汽车中，给定一张地图和一个要遵循的大致方向（固定策略），但控制出错（未知的转移概率-向前移动可能导致汽车稍微左转或右转）和未知的行驶时间（奖励函数未知-假设更快到达目的地会带来更多奖励），汽车可以重复运行以了解平均总行驶时间是多少（效用函数）。离线学习的例子包括值迭代和策略迭代，因为它使用价值函数的贝尔曼方程（Bellman Equation）。其他的一些例子包括直接效用估计、自适应动态规划（Adaptive Dynamic Programming，ADP）和时间差分学习（Temporal-Difference Learning，TDL）。

相比之下，在线学习在现实中更为普遍，因为它可以使智能体在训练过程中实时观察到其策略的提升效果，而无须等待大量样本预训练完成后再进行实际测试。此外，在线学习也不依赖于大的存储空间，更方便部署。

当状态和动作太多以至于转换概率太多时，在线学习是首选。在线学习中探索和"边学边用"比在离线学习中一次学习所有内容更容易。在线强化学习的例子包括 Exploration、Q-Learning 和 SARSA 等方法的实践。

3. 基于价值方法

强化学习中，基于价值方法是一类基于观察结果的决策方法，它基于智能体环境中的行动和结果来更新智能体的策略，从而最大化长期奖励的期望值。基于价值的方法的核心思想是学习一种价值函数，这种函数对于给定的状态和动作，能够给出这个动作所获得的长期累计奖励价值的估计。在强化学习中，价值函数一般由神经网络来实现。神经网络接受输入的状态和动作，产生一个输出表示价值。接着，智能体可以选择具有最高价值的那个动作来执行，从而最大化奖励。

基于价值的方法在应用中非常强大，其最大优势是可以在没有任何先验模型情况下学习执行操作的策略。这个策略可以自适应地改变，以适应不同的应用场景和目标。强化学习基于价值的方法也可以应用于复杂的环境中，包括无人驾驶汽车、机器人、互联网服务等。我们可以通过训练神经网络来控制智能体行为，从而实现自主决策行为。

基于价值的强化学习方法有：

1）Q-Learning 方法：一种基于价值迭代的强化学习方法，将状态转移和收益抽象为一个 Q 值，表示走到这个状态后采取不同行动的期望奖励，是一种深度强化学习算法。Q-Learning 的价值函数使用了最大的 Q 值，因此其能够直接得到最优策略。

2）SARSA 方法：一种基于价值迭代的强化学习算法，使用状态、行动、奖励和下一个状态的组合来计算价值函数。这种基于状态-行动对的价值函数可以帮助智能体得到最大化累积奖励的最优策略。

3）Deep Q-network 方法：一种使用深度学习方法的基于价值的强化学习算法。其使用神经网络来逼近 Q 值函数，通过对连续状态空间进行采样来构建近似的价值函数。这种基于价值的深度 Q 网络方法可以自动学习复杂的任务，并且可以处理大量的状态和操作。

4. 基于策略方法

基于策略方法的主要特点是通过建立一个策略函数来指导智能体在环境中采取动作。策略函数是一种映射关系，将当前状态映射为对应的动作，可以用数学符号表示为 $\pi(a\,|\,s)$，其中，a 表示智能体采取的动作，s 表示当前的状态。策略函数的优化可以通过策略梯度（Policy Gradients）方法来实现。策略梯度是一种利用梯度下降优化策略函数的方法。具体来说，策略梯度方法通过最大化智能体在环境中的累计奖励来寻找最优策略函数。实际上，策略梯度方法还可以使用多种算法来实现。其中，最常用的算法是 REINFORCE 算法。该算法利用蒙特卡洛采样的方法来评估策略函数的性能，并利用梯度上升的方法来改进策略函数的性能。除此之外，基于策略方法还有许多其他的变种算法，如信任区策略优化（Trust Region Policy Optimization，TRPO）算法等。策略方法通常被用来处理连续动作空间，如机器人动作控制等领域。基于策略方法的强化学习算法在实际应用中取得了许多成功的应用，如 AlphaGo、机器人控制等。

6.2.3 强化学习特有概念

6.2.3.1 探索与利用

探索与利用（Exploration and Exploitation）是强化学习特有的概念。智能体（Agent）在与环境（Environment）交互的过程中，只能获得那些被执行过动作的经验，探索（Exploration）可以是尝试那些从未执行过的动作，这样有可能让智能体在未来做出更加好的决策，从而平衡智能体所有的合法动作。因此，探索过程中可能会牺牲掉一些奖励，同时可能学习到更好的策略。利用（Exploitation）则是根据过去的经验，选择产生最好奖励的动作，但可能会忽视环境中可能存在更好的策略。例如：

（1）文学作品

利用：阅读过去最受欢迎的文学作品。

探索：阅读一位未曾读过的作家的作品。

（2）菜品选择

利用：点过去最好吃的菜品。

探索：尝试一道未曾尝试过的菜品。

（3）商业策略

利用：实施过去最成功的商业策略。

探索：尝试一种全新的商业策略。

通过不断尝试不同的策略和方法来寻找最优的策略，以获得最大化收益。下面是强化学习中探索与利用的一些原则和方法：

（1）策略探索的原则：在强化学习过程中，策略探索应该遵循以下原则：

1）试错原则：即尝试不同的策略，以寻找最优的策略。

2）利用旧策略的原则：即在尝试新策略之前，先利用之前试验过的旧策略，以降低探索成本。

3）保护现有资源的原则：即不要在探索过程中耗尽当前的资源，以免影响后续的学习和利用。

（2）探索策略的方法：在强化学习过程中，可以通过以下方法来探索不同的策略：

1）试错法：即通过尝试不同的策略来寻找最优的策略。

2）利用已有知识的方法：即利用之前已经试验过的策略，以减少探索成本。

3）观察学习的方法：即通过观察其他人的策略或行为，来学习新的策略。

（3）利用策略的方法：在强化学习过程中，通过以下方法来利用探索出的最优策略：

1）目标函数优化：即通过调整目标函数，使得策略的期望奖励最大化。

2）采样和初始化优化：即在采样时，采用与探索过程相同的策略；在初始化时，采用与探索过程中相同的随机数生成方法。

3）策略梯度下降优化：即使用梯度下降法来更新策略网络的参数，以使得策略的期望奖励最大化。

（4）基于不确定性测度的方法：在强化学习中，基于不确定性测度的方法通常被选择次数越多的动作，其不确定性越低。例如，在 DDPG 算法中，采用了次数越多的动作来降低搜索空间的大小，以加快收敛速度。

（5）噪声与约束的作用：在强化学习过程中，加入噪声和约束可以有效地促进探索与利用。例如，在 A3C 算法中，添加随机噪声来扰动策略网络的输出，以增加探索过程中的多样性。同时，也可以添加约束条件来限制策略的变化范围，以防止算法过于局部最优。

总之，强化学习中的探索与利用是一个非常重要的过程，可以帮助我们快速地寻找到最优的策略，并最大化地提升强化学习算法的效率和性能。

但是探索与利用又是一对矛盾。智能体需要在探索和利用之间进行平衡，既要探索新的行为和收集更多的信息，又要利用已有的信息做出最佳的决策。这种平衡的实现通常需要使用探索-利用权衡策略（Exploration and Exploitation Trade off）。

例如，在一家餐厅点餐，食客可以在菜单上看到不同的菜品和价格。他们可能会先看一眼菜单，然后被第一个吸引人的菜品所吸引，打算点这道菜。这是利用，因为他们在已知的选项中做出了选择。然而，也有可能有一些食客会想要探索更多的选择，可能会继续浏览菜单，寻找其他可能更好的菜品，这就是探索。在点餐的情境中，也存在探索和利用的平衡问题：如果食客花费太多时间浏览菜单，他们可能不会错过餐厅的招牌菜或者自己喜欢的菜品，但是却付出了大量精力和时间；另一方面，如果他们只是草率地选择了第一个看到的菜品，虽然节省了时间和精力，但是却可能会错过更好的选择。因此，需要在探索和利用之间找到平衡点，才能做出最佳的决策。

6.2.3.2 ε-greedy 算法

ε-greedy 算法是最常见的探索-利用权衡策略之一。它根据探索概率参数 ε 来选择探索或利用。在 ε-greedy 算法中，智能体在每个决策点上以 ε 的概率选择一种随机动作，以 $1-ε$ 的概率选择当前最优动作，公式如下：

$$动作选择 = \begin{cases} 选择随机动作, & r < ε \\ 选择当前最优动作, & r \geqslant ε \end{cases} \tag{6-1}$$

式中，r 为 0~1 之间的随机数。

如果 r 小于探索率 ε，则智能体选择随机动作，否则选择当前认为最优的动作。

在使用 ε-greedy 算法时，探索概率 ε 的取值需要根据具体情况进行调整。如果 ε 取值过小，则会导致智能体在未知的领域中难以探索，长期来看会影响性能；如果 ε 取值过大，则智能体会过分偏向于探索，也会影响性能。因此，需要对 ε 进行适当的调整，以达到平衡探索和利用的效果。

在 ε-greedy 算法中，动作价值函数（Q 函数）是用于评估在特定状态下采取特定动作的预期奖励，它通常是通过经验进行学习的。这通常涉及以下步骤：

1）初始化 Q 函数：在开始时，我们通常会对 Q 函数进行初始化，这可能是一个随机的初始值或者是一个初始的估计值。

2）经验回放：在智能体与环境交互的过程中，我们通常会收集一系列的状态、动作、奖励和下一个状态。我们将这些经验存储在一个经验回放缓冲区中。

3）Q 学习更新：在每个训练步骤，我们从经验回放缓冲区中随机抽取一个经验（例如，(s,a,r,s')），并根据以下公式来更新 Q 函数：

$$Q(s,a) \leftarrow Q(s,a) + \alpha^* (r + \gamma^* \max\_a'Q(s',a') - Q(s,a)) \tag{6-2}$$

式中，α 是学习率；γ 是折扣因子；$\max\_a'Q(s',a')$ 表示在给定下一个状态 s' 的情况下，采取所有可能动作中的最大预期奖励。

这个更新过程会持续进行，直到智能体选择到最优的动作或者达到预定的训练次数。具体流程见图 6-2。

6.2.3.3 预测、评估与控制

强化学习模型通常由状态、动作、奖励等构成。在强化学习中，预测、评估和控制三个方面起着非常关键的作用。

1）预测（Prediction）是指根据当前状态预测未来的奖励值。在强化学习中，我们需要知道在当前状态下，采取不同的行动所获得的奖励值。奖励值的预测可以通过多种方式来实现，包括基于价值函数的方法和模拟训练等。预测过程不仅可以帮助智能体了解自己采取行动的结果，而且可以帮助智能体制定更合理的行动策略。

2）评估（Evaluation）是指根据当前策略评估智能体的行为效果。在强化学习中，评估通常关注的是累积奖励，即通过一系列采取行动获得的奖励值的累加来评估智能体的表现。评估可以通过基于策略的评估和基于价值函数的评估两种方式来实现。评估结果可以帮助智能体更好地了解自己行为的效果，从而调整策略。

3）控制（Control）是指调整智能体的策略来提升其表现效果。在强化学习中，我们需要通过优化策略来改进智能体的性能。控制方法包括基于价值函数的方法和基于策略的方法两种。通过控制，我们可以不断优化智能体的策略，从而提高其行为效果。

总之，在强化学习中，预测、评估和控制三个方面都是非常关键的。预测可以帮助智能

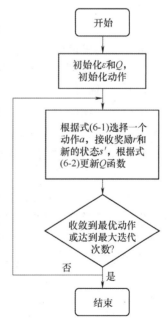

图 6-2　ε-greedy 算法流程图

体根据当前情况预测未来的奖励值，评估可以衡量当前策略的性能，控制可以调整策略来提高智能体的表现效果。这三个方面的结合，可以帮助我们构建出一种更加高效、准确的强化学习模型，从而实现智能体的自主学习。

6.2.4　马尔可夫决策过程

6.2.4.1　马尔可夫性质

1906 年，俄罗斯数学家安德雷·安德耶维奇·马尔可夫发表了《大数定律关于相依变量的扩展》，该论文通过研究扩展极限定理的应用范围，首次提到了如同锁链般环环相扣的随机变量序列。其中，每个变量的取值概率只取决于它前面的一个变量，而与它之前的所有变量无关。这就是被后人称为马尔可夫链（Markov Chain，MC）的著名概率模型。随后，马尔可夫链被扩展为随机过程的一种，即马尔可夫过程（Markov Process，MP）。

马尔可夫性质（Markov Property）是概率论中的一个重要概念，它指的是一个随机过程在给定当前状态以及所有过去状态的情况下，其未来状态的条件概率分布仅依赖于当前状态，而与过去的所有状态（即该过程的整个历史路径）条件独立。数学上，如果 $X(t)$，$t>0$ 为一个随机过程，则马尔可夫性质可表示为：

$$P_r[X(t+h)=y \mid X(s)=x(s),s \leq t]=P_r[X(t+h)=y \mid X(s)=x(s),s=t] \tag{6-3}$$

马尔可夫性质是许多概率模型中常用的假设条件，例如马尔可夫链、隐藏马尔可夫模型等等。有些非马尔可夫过程可以通过扩展"现在"和"未来"状态的概念来构造一个马尔可夫过程，这种情况称为二阶马尔可夫过程。以此类推，还可以构造更高阶的马尔可夫过程。

马尔可夫性质的优点在于简化了模型的设计和计算，减少了模型参数的数量，帮助我们更好地理解随机过程中发生的事情。同时，马尔可夫性质也适用于许多实际问题，例如天气预报、股票交易等，这些问题的结果只与当前状态有关，而与过去状态无关。

但是，马尔可夫性质也有其局限性。由于它不考虑历史状态的影响，因此无法处理一些复杂的时间序列模型，例如非平稳序列、长期依赖序列等。同时，如果状态的数量很多，马尔可夫性质也会受到很大的限制。

6.2.4.2　马尔可夫决策过程介绍

马尔可夫决策过程（Markov Decision Process，MDP）是一种用于描述随时间变化的决策过程的数学模型。最先由美国数学家理查德·贝尔曼（Richard Bellman）在 20 世纪 50 年代提出，用于经济学中的动态规划问题，后来被广泛应用于人工智能、博弈论、运筹学、控制论以及经济学等领域。

MDP 包含了多个状态（State）、动作（Action）、奖励（Reward）以及状态转移概率（Transition Probability）等核心概念。在每个时间步，决策者处于某个状态下，需要执行一个可选的决策从而进入下一个状态，并获得一个奖励。状态转移概率描述了在特定的状态下执行某个决策后到达下一个状态的概率。选择正确的决策可以最大化长期的累计奖励。

MDP 最重要的应用之一是强化学习。强化学习使用 MDP 作为基础模型，学习如何决策以获得最大化的长期奖励。在强化学习中，MDP 不仅用于描述环境，还用于学习和优化策略。策略是一种将当前状态映射到决策的可行方案。

MDP 模型可以描述许多重要的动态决策问题，如机器人的路径规划、自动驾驶车辆的行驶策略、金融风险控制等。它是一种强大的工具，可以帮助我们在复杂的环境中做出最佳决策。在 MDP 模型中，一个决策问题可以表示为一个四元组 $(S，A，P，R)$，其中 S 是状态集合，A 是动作集合，P 是状态转移概率函数（描述在每个动作下，系统状态之间的转移概率），R 是奖励函数（描述在每个动作下，系统给予的奖励）。在 MDP 模型中，一个智能体（Agent）从状态集合中选择一个状态，然后在动作集合中选择一个动作（Action），使得智能体从当前状态转移到下一个状态，并且获得一个奖励。目标是通过一系列的状态转移和决策，最大化累计奖励。

在 MDP 模型中，策略（Policy）是一个关键概念，它定义为一个从状态集合 S 到动作集合 A 的映射函数，描述了智能体在不同状态下的行动选择方式，即针对每个状态，确定应该采取哪些动作。策略可以具有确定性，也可以具有随机性。确定性策略是指对于每个状态，都存在一个确定的决策与之对应。这意味着智能体在特定状态下采取的动作是确定的，不会出现随机的行动选择。而随机性策略则允许智能体在每个状态时根据一定的概率分布来选择动作。这种策略赋予了智能体在面对相同状态时可以采取多种不同动作的能力，通过概率分布来描述在每个状态下的行动选择。因此，策略在 MDP 模型中扮演着指导智能体行动的角色，根据当前状态和策略，智能体能够做出最优的行动决策，以实现最大化的收益。策略用函数 π 表示，其中 $\pi(s,a)$ 表示在状态 s 下采取行动 a 的概率，常用条件概率来表示。

MDP 模型中最常用的算法是价值迭代（Value Iteration）和策略迭代（Policy Iteration）。价值迭代算法是一种动态规划算法，它通过迭代计算每个状态的价值函数来得到最优策略。策略迭代算法是一种基于策略评估和策略改进的算法，通过迭代优化策略来得到最优策略。除了价值迭代和策略迭代算法外，还有许多其他的解决 MDP 模型的算法，如 Q-Learning 算法、SARSA 算法、深度强化学习等。

6.2.4.3 马尔可夫决策过程与马尔可夫链的区别

马尔可夫决策过程（Markov Decision Process，MDP）与马尔可夫链（Markov Chain，MC）的区别在于：

MDP 是一种随机性策略和回报的决策过程，其中状态的转移概率遵循马尔可夫性质。在 MDP 中，智能体的行为是基于一组动作和奖励的，而这些动作和奖励的结果是由状态转移概率决定的。

而 MC 则是一个动态的随机过程 $X(t)$，与系统的动作无关。它是最简单的马氏过程（Markov Process，MP），即时间和状态过程的取值参数都是离散的 MP。它具有以下三个马尔可夫性质：

性质 1：转移概率矩阵 $\boldsymbol{P}(X(t)=a \mid X(t-1)=b, \boldsymbol{X}(t-1)=c)$ 是一个对角矩阵，其中 a、b、c 是离散状态空间中的三个元素。这保证了随机过程在任意时间的状态转移概率是已知的。

性质 2：马尔可夫链具有一阶马尔可夫性，即对于任意时间 t，下一个时刻 $t+h$ 的状态转移概率只依赖于当前状态和过去的状态，而不取决于未来的状态。

性质 3：马尔可夫链是遍历性的，即给定起始状态 $X(t-h)$，则可以遍历整个马尔可夫链，并且每个时刻的状态转移概率都是相同的。

因此，MDP 和 MC 在随机性策略和奖励方面具有不同的决策过程和动态特性。尽管两者都利用了随机性和马尔可夫性质，但它们具有不同的概念和特征。MC 主要用于预测和模拟随机过程，例如天气预测或股票市场模型。而 MDP 则用于在不确定环境中制定最优决策，以最大化总体奖励。例如，MDP 可以应用于投资决策或汽车自动驾驶等实际问题，请见下面介绍。

6.2.4.4 马尔可夫决策过程模型实例

1. 股票投资问题

假设有一个投资者，他可以选择在三个状态（涨、跌、不变）中投资一个股票。每个状态下都有两个动作（买入和卖出），但是不同状态下的投资收益是不一样的。如果投资者在涨状态下买入，他可以获得 2 的收益；如果在跌状态下买入，他会亏损 1；如果在不变状态下买入，他不会有任何收益或亏损。如果投资者在涨状态下卖出，他会亏损 1；如果在跌状态下卖出，他可以获得 3 的收益；如果在不变状态下卖出，他可以获得 1 的收益。投资者的策略就是在每个状态下选择买入或卖出以最大化总体收益。这个实例可以用 MDP 模型来描述，模型四元组 (S, A, P, R) 具体描述如下：

1）状态集合 S：{涨、跌、不变}。

2）动作集合 A：{买入、卖出}。

3）状态转移概率函数 P：见表 6-1。

表 6-1 股票投资问题状态转移概率函数

股票状态	动作	下一个状态概率
涨	买入	涨（0.7），不变（0.2），跌（0.1）
涨	卖出	涨（0.5），不变（0.3），跌（0.2）
不变	买入	涨（0.4），不变（0.5），跌（0.1）
不变	卖出	涨（0.1），不变（0.5），跌（0.4）
跌	买入	涨（0.2），不变（0.3），跌（0.5）
跌	卖出	涨（0.1），不变（0.1），跌（0.8）

4）奖励函数 R：见表 6-2。

表 6-2 股票投资问题奖励函数

股票状态	动作	奖励
涨	买入	投资者收益=2
涨	卖出	投资者收益=−1
不变	买入	投资者收益=0
不变	卖出	投资者收益=1
跌	买入	投资者收益=−1
跌	卖出	投资者收益=3

可以看到，这个 MDP 模型清楚地描述了股票投资的决策过程。如果按照这个 MDP 模型，只考虑最大化总体奖励，那么最优策略就只能是"追涨杀跌"。下面是一个更复杂的实例。

2. 自动驾驶汽车问题

假设有一辆自动驾驶汽车，它需要在高速公路上行驶。汽车有两个状态：前方道路畅通和前方道路拥堵。在前方道路畅通时，汽车可以选择保持当前车速或加速；在前方道路拥堵时，汽车可以选择减速或保持当前车速。如果汽车加速时撞车，它会获得−10 的收益；如果汽车减速时撞车，它会获得−5 的收益；如果汽车保持当前车速时撞车，它会获得−1 的收益；如果汽车成功到达目的地，它会获得 10 的收益。自动驾驶系统的策略就是在每个状态下选择加速、减速或保持，以最大化总体收益。

这个问题也可以用 MDP 模型来描述，模型四元组（S，A，P，R）具体描述如下：

1）状态集合 S：{畅通、拥堵}。

2）动作集合 A：{加速、减速、保持}。

3）状态转移概率函数 P：见表 6-3。

表 6-3　自动驾驶汽车问题状态转移概率函数

前方道路状态	决策	下一个状态概率
畅通	加速	畅通（0.8），拥堵（0.2）
畅通	减速	畅通（0.2），拥堵（0.8）
畅通	保持当前车速	畅通（0.6），拥堵（0.4）
拥堵	加速	畅通（0.1），拥堵（0.9）
拥堵	减速	畅通（0.2），拥堵（0.8）
拥堵	保持当前车速	畅通（0.3），拥堵（0.7）

4）奖励函数 R：见表 6-4。

表 6-4　自动驾驶汽车问题奖励函数

前方道路状态	决策	奖励
畅通	加速	1，如果无事；−10，如果撞车；10，如果成功到达目的地
畅通	减速	−1，如果无事；−5，如果撞车；10，如果成功到达目的地
畅通	保持当前车速	1，如果无事；−1，如果撞车；10，如果成功到达目的地
拥堵	加速	−1，如果无事；−10，如果撞车；10，如果成功到达目的地
拥堵	减速	1，如果无事；−5，如果撞车；10，如果成功到达目的地
拥堵	保持当前车速	1，如果无事；−1，如果撞车；10，如果成功到达目的地

从上述 MDP 模型我们可以看到，自动驾驶汽车问题比股票投资问题更为复杂，例如它

除了给予当前状态动作结果（无事/撞车）奖励外，还给予成功到达 10 的奖励。这意味着智能体在寻找最大化累计奖励的最优策略时必须考虑长期的影响（成功到达），导致短期高收益的动作或状态在长期未必是最优选择。那么，我们到底根据什么来判别状态或动作的优劣呢？答案是价值函数。

6.2.5 贝尔曼方程

贝尔曼方程（Bellman Equation）也被称作动态规划方程（Dynamic Programming Equation），是由美国数学家理查德·贝尔曼（Richard Bellman）提出，用于求解马尔可夫决策过程中最优策略。它可分为贝尔曼期望方程（Bellman Expectation Equation）和贝尔曼最优方程（Bellman Optimality Equation）。前者描述了在给定策略下状态、动作价值函数的动态变化，提供了一种迭代计算价值函数的方法。因为在强化学习中，价值函数是评估策略好坏的关键指标，然而直接计算价值函数通常是非常困难的。后者则最大化通过前者求得的价值函数，在一组策略中得到最优的策略。

下面先介绍一下价值函数的概念和计算。

6.2.5.1 价值函数计算

价值函数（Value Function）是强化学习中的一个基本概念，是能获得的累积的未来奖励的数学期望。反映了在策略 π 下，从初始状态开始，经过一系列动作到达某个状态或某个动作的优劣。

1. 状态价值函数（State Value Function）

状态价值函数 $V_\pi(s)$ 就是在状态 s 下智能体能够获得累积未来奖励的数学期望值，定义如下：

$$V_\pi(s) = E[\,G_t \mid S_t = s\,] \tag{6-4}$$

式中，角标 π 代表 π 策略。

因为在不同的策略指导下，状态的价值函数各不相同。G_t 为当前状态下未来累积的奖励，即

$$G_t = R_{t+1} + \gamma R_{t+2} + \gamma^2 R_{t+3} + \cdots \tag{6-5}$$

式中，R_{t+1} 为当前状态下的即时奖励；R_{t+2}，R_{t+3}，$\cdots$ 为未来的奖励；γ（$0 < \gamma < 1$）为折扣因子。

2. 动作价值函数（Action Value Function）

动作价值函数 $Q_\pi(s,a)$ 就是在状态 s 和动作 a 下智能体能够获得累积未来奖励的数学期望值，定义如下：

$$Q_\pi(s,a) = E[\,G_t \mid S_t = s, A_t = a\,] \tag{6-6}$$

式中，G_t 为当前状态 s 和动作 a 下未来积累的奖励；角标 π 代表 π 策略。

因为在不同的策略指导下，动作函数的价值函数也各不相同。

以上介绍了状态、动作两种价值函数。那么，这两种价值函数值在强化学习算法中是如何发挥作用的呢？一方面，某些强化学习算法主要关注状态价值函数。例如，动态规划方法逐步建立一棵"价值树"，其中树的每个节点都对应于环境中的某个状态。对于每个状态，计算其状态价值函数。通过这种方式，我们可以从初始状态开始逐步向上计算，直到达到终止状态。从而建立了遍布整个状态空间的价值函数树，最大化每个节点的状态价值后，就得

到最优策略。

另一方面，Q-Learning 是一种基于动作价值函数的强化学习算法，它使用一个 Q 值表格来存储每个动作的价值函数，不断更新表格中的值直到收敛。通过最大化各个动作的价值函数，找到最优策略。

大部分强化学习方法则兼顾了状态价值函数和动作价值函数。例如 Actor-Critic 方法，它使用两部分算法来分别估计状态价值函数和动作价值函数。Actor 用于估计每个状态的动作概率分布，而 Critic 用于估计每个状态和动作的价值函数。Double Deep Q-Network（DDQN）方法是一种结合了 Q-Learning 和深度神经网络的方法，它使用两个神经网络来分别估计每个状态和动作的价值函数。在训练过程中，DDQN 使用一个额外的神经网络来估计当前动作的价值函数，以减少过度估计。这些方法在本章后面部分会详细介绍。

如何计算状态和动作价值函数 $V_\pi(s)$ 和 $Q_\pi(s, a)$ 是非常具有挑战性的问题。因为这两者都是智能体获得的累积未来奖励的数学期望，无法直接计算。一种直观的解决办法是使用蒙特卡罗（Monte Carlo）方法。

蒙特卡罗也被称为计算机随机模拟方法。顾名思义，它可以通过多次模拟实验求平均值的方法来估计数学期望——状态价值函数和动作价值函数。下面以一个例子来说明。

假设你正在制定一个健身计划，想要找到一个最佳的健身时间，使得健身效果最好。你就可以使用蒙特卡罗方法来模拟不同时间健身的效果。

首先，需要定义状态和动作集合。在这个例子中，状态集合可以是不同的健身时间（如早上、中午、晚上等），而动作集合可以是对不同的健身时间的选择。

然后，可以使用蒙特卡罗方法来模拟不同时间健身的效果。假设随机选择一些不同的健身时间，并在每个时间进行健身，然后记录下每次健身的效果。根据这些数据，就可以计算每个健身时间的平均效果，即状态价值函数的估计值。如果你发现早上的健身效果普遍比其他时间更好，那么早上健身的状态价值函数值就会更高。

同时，你还可以根据多次健身的效果来估计每个动作的价值。例如，如果你发现早上健身的效果比其他时间更好，那么选择早上健身的动作价值函数值就会更高。

通过多次模拟实验，你可以不断更新状态价值函数和动作价值函数的估计值，并逐步逼近真实值。然后，你可以根据这些估计值来选择最佳的健身时间，使得你的健身效果最好（最优策略）。

虽然听起来可行，但是实际上通过多次试验来估计价值函数耗时耗力且收敛速度慢。如果状态、动作集合很大，这样的做法几乎不可行。

因此，人们通常使用贝尔曼方程来迭代计算价值函数，获取最优策略。

6.2.5.2　贝尔曼方程介绍

1. 贝尔曼期望方程（Bellman Expectation Equation）

贝尔曼期望方程的核心思想是将当前决策的价值表示为未来决策的期望价值和当前状态下获得的奖励之和。

在贝尔曼期望方程的推导中，我们考虑一个马尔可夫决策过程（MDP），其中状态集合为 S，动作集合为 A，状态转移概率为 P，即时奖励为 R，折扣因子为 $\gamma(0 < \gamma < 1)$。

根据前面观察可知，状态价值函数 $V_\pi(s)$ 可由动作价值函数 $Q_\pi(s, a)$ 表示成下式

$$V_\pi(s) = \sum_{a \in A} \pi(a \mid s) Q_\pi(s,a) \tag{6-7}$$

式中，$\pi(a \mid s)$ 为在当前状态 s 下，发生在动作集合 A 中某个动作 a 的条件概率。由式（6-6）可知，在状态 s 下的状态价值函数 $V_\pi(s)$ 等于在动作集合 A 中所有可能发生的动作 a 所对应的动作价值函数 $Q_\pi(s,a)$ 的加权平均值，权重为条件概率 $\pi(a \mid s)$。

另一方面，由观察可知，动作价值函数 $Q_\pi(s,a)$ 也可由状态价值函数 $V_\pi(s)$ 表示成下式

$$\begin{aligned} Q_\pi(s,a) &= E[G_t \mid S_t = s, A_t = a] \\ &= \sum_{s' \in S} p_{ss'}^a [G_t \mid S_t = s, A_t = a] \end{aligned} \tag{6-8}$$

由式（6-8）可知，在当前状态 s 和动作 a 下的动作价值函数 $Q_\pi(s,a)$ 等于当前状态 s 和动作 a 下未来积累的奖励 G_t 的加权平均值，权重为条件概率 $p_{ss'}^a$，表示在动作 a 下，由状态 s 转移到状态 s' 的概率，其中 s' 为下一时刻的状态。

由式（6-5）中 G_t 的定义，可得如下递推式

$$G_t = R_{t+1} + \gamma G_{t+1} \tag{6-9}$$

其中 G_{t+1} 为下一时刻状态下未来累积的奖励。

将式（6-9）代入式（6-8），应用数学期望性质可得

$$Q_\pi(s,a) = R_{t+1} + \gamma \sum_{s' \in S} p_{ss'}^a V_\pi(s') \tag{6-10}$$

由式（6-7）和（6-10）相互代入，可以得到如下结果

$$V_\pi(s) = \sum_{a \in A} \pi(a \mid s) \left[R_{t+1} + \gamma \sum_{s' \in S} p_{ss'}^a V_\pi(s') \right] \tag{6-11}$$

$$Q_\pi(s,a) = R_{t+1} + \gamma \sum_{s' \in S} p_{ss'}^a \sum_{a' \in A} \pi(a' \mid s') Q_\pi(s',a') \tag{6-12}$$

其中 s'，a' 为下一时刻的状态和动作。式（6-11）和式（6-12）被称为状态价值函数 $V_\pi(s)$ 和动作价值函数 $Q_\pi(s,a)$ 的贝尔曼期望方程。这两个方程描述了当前状态值函数和其后续状态值函数之间的关系。

2. 贝尔曼最优方程（Bellman Optimality Equation）

强化学习的目标是找到一个最优策略 π_*，使得价值函数（包括状态价值函数和动作价值函数）最大。数学上已经证明，对于任意一个 MDP，总是存在一个最优的策略 π_*，在使用这个策略时就能得到最优价值函数，即贝尔曼最优方程：

$$V_*(s) = \sum_{a \in A} \pi(a \mid s) \left[R_{t+1} + \gamma \sum_{s' \in S} p_{ss'}^a V_*(s') \right] \tag{6-13}$$

$$Q_*(s,a) = R_{t+1} + \gamma \sum_{s' \in S} p_{ss'}^a \sum_{a' \in A} \pi(a' \mid s') Q_*(s',a') \tag{6-14}$$

式中最优价值函数定义为

$$V_*(s) = \max_\pi V_\pi(s') \tag{6-15}$$

$$Q_*(s,a) = \max_\pi Q_\pi(s',a') \tag{6-16}$$

由上式可知，最大化价值函数可得到最优价值函数，此时采取的策略为最优策略 π_*。

由于贝尔曼最优方程是递归的非线性方程，不存在闭合解。我们可以通过迭代的方式来求解最优策略。具体来说，可以先随机初始化一个策略，并利用贝尔曼期望方程计算该策略

下每个状态的价值。然后再根据贝尔曼最优方程来优化策略，即在当前状态下选择价值最大的决策，并重复这一过程，直至收敛于最优策略。具体流程见图 6-3。

总之，贝尔曼方程为我们提供了求解最优策略的数学工具，并为我们理解和应用马尔可夫决策过程提供了深入的洞察。

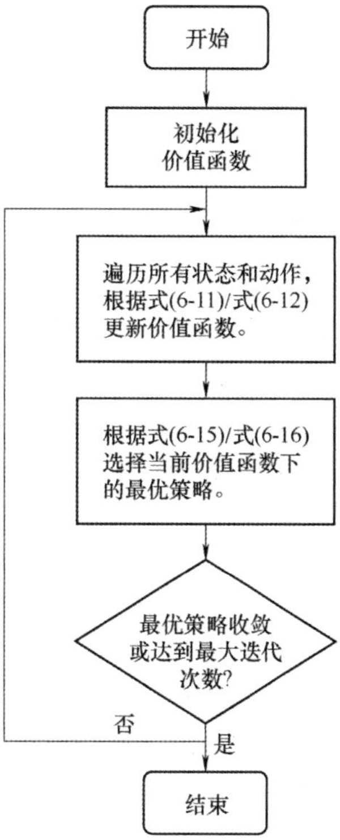

3. 贝尔曼方程算例

考虑一个马尔可夫决策过程（MDP），如图 6-4 所示。其中状态集合为 $S=\{s_1,s_2,s_3,s_4\}$，动作集合为 $A=\{\leftarrow(\text{向左})，\rightarrow(\text{向右})\}$，即时奖励为 R_t，折扣因子为 $\gamma=0.5$。

在图 6-4 中，每一个方框代表一个状态信息，方框下半部分的数字是该状态的即时奖励 R_t，方框上半部分左右数字分别为动作价值函数 $Q_\pi(s_i,\leftarrow)$ 和 $Q_\pi(s_i,\rightarrow)$（$i=1,2,3,4$）。当前状态为 s_2，（蓝色圈内），由图 6-3 可见两个终端状态 s_1 和 s_4 的即时奖励 R_t 与动作价值函数相等，因为它们没有下一个状态。

由式（6-12）可得：

$$Q_\pi(s_2,\leftarrow)=R_2+\gamma\max\left[Q_\pi(s_1,a_1)\right]=0+0.5\times100=50 \tag{6-17}$$

$$Q_\pi(s_2,\rightarrow)=R_2+\gamma\max\left[Q_\pi(s_3,a_3)\right]=0+0.5\times25=12.5 \tag{6-18}$$

由最优动作价值函数式（6-17）可得：

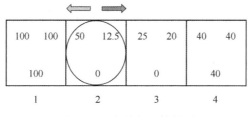

图 6-4　贝尔曼方程算例图

$$Q_*(s_2,\leftarrow)=R_2+\gamma\max\left[Q_\pi(s',a')\right]=0+0.5\times100=50 \tag{6-19}$$

故相应的最优策略为 $\leftarrow$（向左）。

图 6-3　贝尔曼方程求解流程图

6.3　强化学习方法

6.3.1　动态规划方法

6.3.1.1　动态规划方法介绍

动态规划方法（Dynamic Programming，DP）为无模型的离线学习方法[8]。把求解复杂问题分解为求解子问题，通过求解子问题进而得到整个问题的解。在解决子问题的时候，其结果通常需要存储起来被用来解决后续复杂问题。

当问题具有下列两个性质时，通常可以考虑使用 DP 算法来求解：

1）一个复杂问题的最优解由数个小问题的最优解构成，可以通过寻找子问题的最优解来得到复杂问题的最优解；

2）子问题在复杂问题内重复出现，使得子问题的解可以被存储起来重复利用。

强化学习中的动态规划方法（DP 强化学习）是一种用于求解最优策略的方法。与传统的动态规划方法不同，强化学习中的动态规划方法基于价值函数，而不是状态转移方程。强化学习中的价值函数通常是指动作的奖励值，即动作的执行结果与期望奖励的关系。

DP 强化学习主要包含两个重要组成部分：价值函数和策略函数。价值函数我们在讲到贝尔曼方程的时候已经给出了定义。策略函数则是指一个映射，将每个状态映射到特定的行动，用于决定机器在该状态下应该采取什么行动。DP 强化学习的方法在不断迭代中更新价值函数和策略函数。具体而言，在每次迭代中，机器都会尝试新的行动并根据行动的结果来更新值函数，以及使用值函数和策略函数一起来更新策略函数。这个过程将不断重复直到收敛。具体流程见图 6-5。

DP 强化学习方法具有很多优势。首先，这种方法对于模型不完全的情况下，仍然能够找到最佳策略。其次，DP 强化学习具有很好的通用性。在一定程度上，这种方法适用于各种强化学习问题，并能够较好地克服各种复杂性挑战。最后，该方法能够同时考虑到长期利益和短期投入的利益，适用于需要长期规划的场景。

背包问题

背包问题是一类经典的优化问题，描述的是如何在一个有限容量的背包中装入一定数量的物品，使得装入的物品的总价值最大化。

背包问题可以分为多种类型，常见的包括：

1）0-1 背包问题：每个物品要么被完全选择（称为 0-1 选择），要么不选择，因此得名 0-1 背包问题。经典的 0-1 背包问题通常表述如下：假设有一组物品，每个物品有一个重量和一个价值。现在要求在不超过背包容量的情况下，选择一些物品，使得这些物品的总价值最大化。

2）完全背包问题：每种物品都有无限个，因此每种物品可以被选择无限次。

3）多背包问题：每种物品有限多个，可以被选择多次。

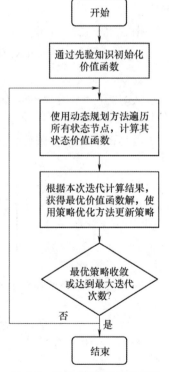

图 6-5　动态规划方法流程图

4）带有约束条件的背包问题：在装入物品时，存在一些额外的约束条件，例如重量不能超过某个值、数量不能超过某个值等。

下面以一个 0-1 背包问题算例为例，介绍强化学习的动态规划方法的思路。

问题：有 5 个物品，其体积分别是 $\{2, 2, 6, 5, 4\}$，价值分别为 $\{6, 3, 5, 4, 6\}$，背包的容量为 10，求装入背包的物品和获得的最大价值。

对于这个 0-1 背包问题，可以使用动态规划方法来解决。具体步骤如下：

在表 6-5 定义一个二维表格，其中第 1 列 5 个物品性质写为（体积，价值）。第 1 行背包的容量由 1 逐渐增加到 10。表格第 i 行第 j 列的空格填写在考虑放入前 i 个物品，当前背包容量为 j 的情况下，背包中物品的最大价值。

表 6-5　动态规划法二维表

背包容量 物品性质	1	2	3	4	5	6	7	8	9	10
(2,6)	0	6	6	6	6	6	6	6	6	6
(2,3)	0	6	6	9	9	9	9	9	9	9
(6,5)	0	6	6	9	9	9	9	11	11	14
(5,4)	0	6	6	9	9	9	10	11	13	14
(4,6)	0	6	6	9	9	12	12	15	15	15

初始化表格内容第 1 列，即当只有 1 个物品时，最大价值为 0。对于每个物品 i，遍历背包容量 j，更新表格内容中第 i 行第 j 列空格的值。如果第 i 个物品的重量小于等于 j，那么可以选择该物品，可以选择该物品和不选择前面某些物品中的一种组合使得总价值更大。例如，表格内容第 2 行对应物品性质为（2，6），所以整行除了左数第 1 格填为 0 以外，其他各格中的最大价值均填写为 6。第 3 行对应物品性质为 [（2，6），（2，3）]，故从背包容量等于 4（即第 3 行第 4 列）开始，最大价值为 9。以此类推，最后，表格中的最后 1 行最后 1 列的值就是问题的解，即不超过背包容量 10 的情况下可以获得的最大价值为 15。

已知背包内物品的最大价值，如何求出本问题的最优策略呢？我们可以根据下面的强化学习的思路求取。

6.3.1.2　强化学习思路

将物品装入背包的过程可被看作是一个 MDP 过程。因此有以下设置：

状态集合：所有背包里物品的状态，例如共有 5 种物品，背包里有物品 1 和物品 2。状态就表示为 {1，2，0，0，0}。

动作集合：把某物品放入包中，就是执行 1 个动作。有 5 种物品，就有 5 个动作。

奖励：每放进一个物体，如果没有超过背包总容量，奖励就是该物品的价值。如果超重了，则奖励值为 −10。

折扣因子 $\gamma = 0.5$。

由表 6-5 可知，最后的状态为 {1，2，0，0，5}，最大价值为 15。根据贝尔曼方程（6-11），可得倒数第 2 个最优状态为 {1，2，0，0，0}，该状态的价值函数为：

$$Q_\pi(s,a) = \max_\pi \left[R_{t+1} + \gamma Q_\pi(s',a') \right] = 3 + 0.5 \times 6 = 6 \tag{6-20}$$

同理倒数第 3 个最优状态为 {1，0，0，0，0}，该状态的价值函数为：

$$Q_\pi(s,a) = \max_\pi \left[R_{t+1} + \gamma Q_\pi(s',a') \right] = 6 + 0.5 \times 6 = 9 \tag{6-21}$$

因此我们由最大化状态价值函数得到下面的状态转移：

$$\{0,0,0,0,0\}\rightarrow\{1,0,0,0,0\}\rightarrow\{1,2,0,0,0\}\rightarrow\{1,2,0,0,5\}$$

得到最优策略为：动作 1→动作 2→动作 5

6.3.2 蒙特卡洛方法

1. 蒙特卡洛方法介绍

蒙特卡洛方法（Monte Carlo Methods，MCM）是强化学习中常用的方法之一。MCM 通过对一系列随机采样的轨迹进行统计学分析以得到最优策略的方法。在强化学习中，MCM 一般应用于在已经完成一次完整的环境交互后，通过对其进行分析以评估特定走向的表现。

具体而言，MCM 的具体流程如下：首先，智能体会对环境进行多次的交互，并记录下每次交互时所采用的动作和接收到的奖励。这些记录下来的交互序列可以称为一个轨迹；随后，通过分析每条轨迹的总回报，可以确定每个状态在当前策略下的价值；最后，根据这些状态价值评估结果，可以对原有的策略进行改进。通过多次的迭代，最后能够得到一个相对较优的决策策略。具体流程见图 6-6。

总之，MCM 是强化学习中一种简单而有效的策略评估手段。但在实际应用中，选择不同的轨迹采样策略（如采用不同的算法或采样顺序）可能会影响最终的评估结果。此外，在进行策略评估时，还需要注意高方差难题，即为了避免策略方差过高导致的不稳定性，需要进行采样次数的合理控制。

与其他强化学习算法相比，MCM 具有以下优点：

1）与环境互动：MCM 强制学习者与环境进行互动，这使得其学习到的策略更加细致和实用。

2）策略无须明确表达：在 MCM 中，学习者无须明确表达它对环境的策略，因为其只需在与环境交互的过程中进行学习，就能够自然地寻找最优策略。

2. 预测价值函数

MCM 利用经验来解决预测问题。通过给定策略 π 的一些经验，以及这些经验中的非终止状态 S_t，就能更新对于 V_π 的估计。一个简单的每次访问型 MCM 可以表示成

$$V(S_t)\leftarrow V(S_t)+\alpha[G_t-V(S_t)] \tag{6-22}$$

式中，G_t 是时刻 t 真实的奖励；α 是常量步长参数。

蒙特卡洛方法必须等到一次迭代的末尾才能确定对 $V(S_t)$ 的增量（因为只有这时 G_t 才是已知的）。

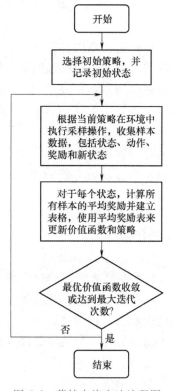

图 6-6　蒙特卡洛方法流程图

6.3.3 Q 学习方法

1. Q 学习方法介绍

Q 学习（Q-Learning）方法[9]是一种主动 TD 学习算法，用于在离散动作空间中学习连续动作空间的策略。在 Q-Learning 中，Q 值代表着某个状态下采取某个动作所能获得的最大

回报。具体而言，Q 值是一个函数，将当前状态和可行的动作作为输入，输出对应的回报值。Q-Learning 的核心思想是在每个时间步骤中根据当前状态计算一个 Q 值，并根据 Q 值选择动作。

Q 函数的更新过程通常是基于贝尔曼方程进行的。贝尔曼方程是一个重要的强化学习公式，用来描述一个状态的值函数与其后继状态之间的关系。通过不断更新 Q 值，算法能够学习出最优的策略，即在每个状态下选择可以获得最大回报的动作。对于每次决策，都会基于当前状态的 Q 值来进行选择，从而最小化累计回报的期望值。

Q-Learning 方法的状态空间和动作空间都是离散的，即每个状态只有一个动作。每个动作只有一个取值。它将状态（State）和动作（Action）构建成一张 Q 表来存储 Q 值，Q 表的行代表状态（State），列代表动作（Action），见表 6-6。

表 6-6　Q 表格定义

状态	动作		
	动作 1（a_1）	…	动作 m（a_m）
1（s_1）	$Q(s_1, a_1)$	…	$Q(s_1, a_m)$
…	$Q(\cdots, a_1)$	…	$Q(\cdots, a_m)$
n（s_n）	$Q(s_n, a_1)$	…	$Q(s_n, a_m)$

Q-Learning 方法实现流程如下：

1）初始化表格，将所有的 $Q(s, a)$ 都设为 0。

2）随机选择初始状态和动作。通过贝尔曼方程式（6-10）和式（6-11）进行迭代，不断更新表格中的值函数就，直到计算最终目标状态，该迭代片段（Episode）结束。

3）重复执行步骤 2），直到算法收敛。

4）最后得到的表格中显示各个状态和动作的真实价值。

在训练完成后，计算机的智能体在进行决策时，每个状态都会选择 Q 函数值最大者对应的动作，从而一步步简洁地走向最终目标。Q-Learning 方法的具体流程见图 6-7。

2. Q 表格构建示例

图 6-8 中共有 6 个节点，每一个节点称为一个"状态"，其中节点 5 为最终目标。图中每一种"动作"对应一个箭头，箭头线段上方为该动作的即时奖励值。对于不直接连接的节点，动作奖励值设为 -1，折扣因子 $\gamma = 0.8$。

（1）Q 表格赋初值

为方便计算，根据图 6-7 列出动作奖励表（见表 6-7），该表与 Q 表格维数一致。

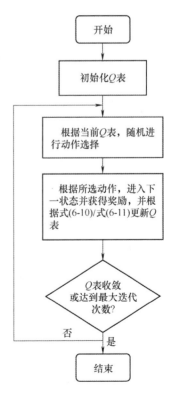

图 6-7　Q-Learning 方法流程图

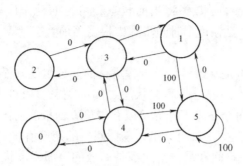

图 6-8 节点奖励图

表 6-7 动作奖励表

状态	动作					
	0	1	2	3	4	5
s_0	-1	-1	-1	-1	0	-1
s_1	-1	-1	-1	0	-1	100
s_2	-1	-1	-1	0	-1	-1
s_3	-1	0	0	-1	0	-1
s_4	0	-1	-1	0	-1	100
s_5	-1	0	-1	-1	0	100

初始化 Q 表格，将所有的空格都赋值 0。见表 6-8 所示。

表 6-8 Q 表格初始化

状态	动作					
	0	1	2	3	4	5
s_0	0	0	0	0	0	0
s_1	0	0	0	0	0	0
s_2	0	0	0	0	0	0
s_3	0	0	0	0	0	0
s_4	0	0	0	0	0	0
s_5	0	0	0	0	0	0

（2）迭代过程

在这一过程中，我们将随机选择初始状态和动作。通过贝尔曼方程进行迭代，不断更新表格中的值函数。

例如，取状态 s_1，由表 6-7 可见 s_1 与 s_3、s_5 连接。选择 s_5 为下一个状态，因此可以根据贝尔曼方程更新 $Q_\pi(1,5)$，即得：

$$Q_\pi(1,5) = \max_\pi [R_{t+1} + \gamma Q_\pi(s',a')] = R_{1,5} + \gamma \max_\pi [Q_\pi(5,1), Q_\pi(5,4)] = 100 \quad (6-23)$$

将式（6-23）得到的新 $Q_\pi(1,5)$ 值替换 $Q_\pi(1,5)$ 的初始值。由于 s_5 为目标状态，因此该迭代片段结束。重新随机选择初始状态和动作，开始新的迭代片段。

（3）最后得到归一化的 Q 表格为表 6-9。

表 6-9 归一化后的 Q 表格

状态	动作					
	0	1	2	3	4	5
s_0	0	0	0	0	0.8	0
s_1	0	0	0	0.64	0	1
s_2	0	0	0	0.64	0	0
s_3	0	0.8	0.51	0	0.8	0
s_4	0.64	0	0	0.64	0	1
s_5	0	0.8	0	0	0.8	1

表 6-9 对应图 6-9 如下：

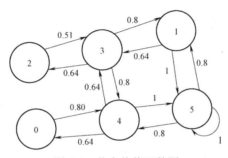

图 6-9　节点价值函数图

由图 6-9 可以清楚地看出，只要沿着最大的状态价值函数，就能找到最优路线到达最终目标节点。例如从 s_2 到 s_5 最优路径为 $s_2 \rightarrow s_3 \rightarrow s_1 \rightarrow s_5$ 或者 $s_2 \rightarrow s_3 \rightarrow s_4 \rightarrow s_5$。

6.3.4　深度强化学习

6.3.4.1　深度强化学习介绍

深度强化学习（Deep Reinforcement Learning，DRL）[10]是一种将深度学习与强化学习相结合的人工智能方法。在深度强化学习中，深度学习模型用于对环境进行感知和理解，强化学习算法用于学习如何通过采取特定的行动来最大化奖励函数。

具体来说，深度强化学习将深度学习模型作为感知器和控制器。与传统的监督学习模型不同，深度强化学习模型需要在相关环境中进行迭代训练，以便在使得奖励函数最大化的同时，最大化执行动作的准确度和速度。

深度强化学习可以应用在许多领域，包括自然语言处理、语音识别、图像识别等。例如，在自然语言处理中，深度强化学习可以用于自动生成文章、阅读理解、对话系统等。在图像识别领域，深度强化学习可用于自动驾驶汽车的视觉系统、智能家居的图像识别系统、医疗诊断中的图像识别系统等。

深度强化学习的优势在于它能够提供更好的决策和更高的性能，同时也能够学习未知环境的知识和技能。由于深度强化学习具有对抗性、灵活性和适应性等特点，使得它变得越来越受欢迎，被广泛应用于各种领域和场景。

6.3.4.2 深度 Q 网络

深度强化学习的核心算法是深度 Q 网络（Deep Q-learning Network，DQN）[11]，它采用了多层神经网络来对 Q 函数（即奖励值函数）进行近似。在选择动作时，DQN 算法采用 ε-greedy 算法来选择具有最高 Q 值的动作。如果当前动作的 Q 值比其他动作的 Q 值都大，那么就选择当前动作。这种做法可以保证选择的动作在一定时期内是最优的。DQN 结合了 Q-Learning 和深度神经网络（DNN），用于解决离散动作空间下的高维状态空间问题，适用于包括 Atari 游戏、围棋和自动驾驶等多个领域。

如图 6-10 所示，DQN 算法有四个主要部分，分别是主神经网络（Main Neural Network）、Q 目标网络（Target Q Network）、经验池（Experience Buffer）和损失函数（Loss Function）。分别介绍如下：

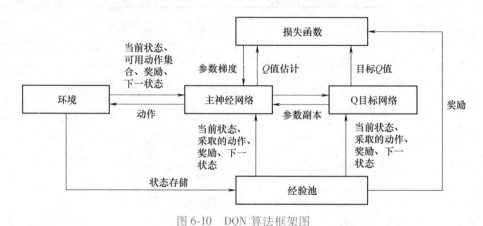

图 6-10　DQN 算法框架图

（1）主神经网络（Main Neural Network）

主神经网络是一种深度神经网络，以来自环境的当前状态等信息为输入，每个动作的 Q 值估计为输出。主神经网络通过反向传播算法进行训练。在训练过程中，智能体通过与环境互动获得经验数据，并最小化损失函数，获得主神经网络参数梯度值来更新主神经网络参数。

（2）Q 目标网络（Target Q Network）

Q 目标网络是与主神经网络分离的神经网络，以当前状态和未来的动作为输入，目标 Q 值为输出。目标 Q 值代表在未来某个时间步长下，智能体选择某个动作后能够获得的最大 Q 值。在 DQN 算法中，目标 Q 值（Q_{target}）的计算公式为：

$$Q_{\text{target}}(s,a) = r + \gamma Q(s', \text{argmax}_{a'}(Q(s',a';\theta)), \theta-) \tag{6-24}$$

式中，s 表示当前状态；a 表示在当前状态下的最优动作；r 表示在状态 s 下采取动作 a 所获得的奖励；γ 是一个在 0 到 1 之间的折扣因子；s' 表示下一个状态；$\text{argmax}_{a'}(Q(s',a';\theta))$ 表示在当前状态下的所有可能动作中，选择具有最大 Q 值的动作；$\theta-$ 表示当前网络的参数。

为了避免因连续更新而导致目标函数的不稳定性，主神经网络在训练时会使用目标 Q 值作为真实 Q 值。这样，主神经网络的更新会相对平缓，有助于稳定学习过程。

（3）经验池（Experience Buffer）

经验池是用于存储智能体在与环境交互过程中所获得的经验的一种数据结构。这些经验包括当前状态、采取的动作、获得的奖励以及下一个状态等信息。

环境是智能体进行交互的场景，它定义了智能体可以采取的动作以及可以从环境中获得的奖励。智能体通过与环境进行交互，不断地获取经验，并将其存储在经验池中。经验池和环境的关系主要体现在以下三个方面：

1）存储经验：智能体将每次与环境交互所获得的状态、动作、奖励和下一个状态等信息存储在经验池中。

2）经验回放：智能体从经验池中随机抽取一批经验，然后使用这些经验来更新其策略或价值函数。通过不断回放经验，智能体能够从过去的经验中学习，逐步改进其策略。

3）环境模拟：在离线学习中，智能体可以利用经验池中的数据进行强化学习，而不必实时与环境进行交互。这种方式可以节省计算资源，并提高学习效率。

（4）损失函数（Loss Function）

损失函数用于计算主神经网络 Q 值估计与真实 Q 值之间的差异。DQN 的损失函数通常采用均方误差（Mean Squared Error，MSE），其表达式为：

$$L = (Q_{target} - Q(s, a; \theta))^2 \qquad (6\text{-}25)$$

式中，L 为损失函数；Q_{target} 为来自 Q 目标网络的目标 Q 值；$Q(s, a; \theta)$ 为来自主神经网络的当前状态下 Q 值估计；θ 表示主神经网络的参数。

通过最小化 L，可以使模型的 Q 值估计更接近真实 Q 值（目标 Q 值），进而优化模型的策略选择和价值估计能力。在训练过程中，通常采用随机梯度下降（Stochastic Gradient Descent，SGD）算法来更新神经网络参数，以减小损失函数的值，直至达到一定精度或达到最大迭代次数。

DQN 算法工作时，主神经网络和 Q 目标网络通常会在每个时间步长进行更新。首先，主神经网络根据当前状态计算 Q 值估计。然后，智能体根据当前状态和 Q 值选择一个动作，执行该动作后会得到奖励和下一个状态。同时，经验池会记录下这个经验数据，包括当前状态、选择的动作、获得的奖励和下一个状态等信息。接着，Q 目标网络会根据当前状态和下一个状态计算目标 Q 值。最后，智能体将当前 Q 值与目标 Q 值进行比较，并根据比较结果更新主神经网络的策略。

结合采样经验池和 Q 目标网络，DQN 能够在数据稳定性和算法效率上取得平衡，具有较强的自适应性和泛化能力，适用于处理高维度、连续状态和离散动作的复杂环境。此外，DQN 还可以进一步扩展到多智能体环境中，并通过深度探索技术来提高模型的探索性能。

然而，DQN 也存在一些缺陷，如容易出现过度拟合、样本相关性等问题。为了克服这些缺陷，DQN 算法的改进版本也相继提出，如 Double DQN、Dueling DQN、Prioritized Experience Replay 等。

综上所述，DQN 算法的创新性体现在：

1）解决了过去深度强化学习中存在的不稳定性和收敛速度慢的问题。DQN 算法通过使用经验回放和目标网络等技术，使得训练稳定性得到了提高，并且收敛速度更快。

2）实现了端到端的学习。DQN 算法将图像作为输入，直接输出动作的 Q 值，省去了手动提取特征等烦琐过程，从而使得训练更加高效。

3）成功应用于多个任务。DQN 算法被成功应用在 Atari 游戏和 AlphaGo 等多个任务中，表现出了出色的性能和泛化能力。

4）启发了后续算法的发展。DQN 算法的成功启示了后续的算法研究，如 Double DQN、Duelling DQN、Rainbow 等，为深度强化学习的发展提供了重要的思路。

6.3.4.3　深度置信网络

深度置信网络（Deep Belief Networks，DBN）[12]是一种深度学习模型，它由多个堆叠的限制玻尔兹曼机（Restricted Boltzmann Machines，RBM）组成，可从大量无标签数据中学习最优特征，并通过反向传播算法进行学习和训练。因此能够处理高维数据及无标签数据，为深度强化学习服务。

DBN 算法实现步骤如下：

1）数据准备：准备需要训练的数据集，并对数据进行预处理，例如归一化、标准化等。

2）RBM 预训练：使用一种叫作受限玻尔兹曼机（Restricted Boltzmann Machine，RBM）的模型对 DBN 进行预训练。预训练的目的是通过逐层的训练，使网络逐渐适应训练数据的特征。

3）结构搭建：在 RBM 预训练完成后，将各层的模型连接起来形成 DBN 模型。这一步需要根据实际情况，选择合适的网络结构。

4）神经网络训练：使用训练数据和反向传播算法（Back Propagation，BP）对 DBN 进行训练。在训练过程中，需要不断地调整参数以提高模型的精度和稳定性。

5）评估模型：训练完成后，需要对模型进行评估，以检验模型的精度和泛化能力。

6）预测或分类：使用训练好的 DBN 模型对新的数据进行预测或分类。

深度置信网络算法流程如图 6-11 所示。

需要注意的是，DBN 是一种深度学习技术，训练过程通常需要大量的时间和计算资源。因此，在实际应用中，需要根据实际情况选择合适的训练算法、参数和硬件设备，以提高训练效率和性能。

6.4　强化学习实例[20]

6.4.1　背景介绍

这一节将学习一个非常实用的实例——如何使用强化学习算法让机器人自动走迷宫。在这个实例中，我们将利用 Deep Q-Learning 算法来实现这个任务。

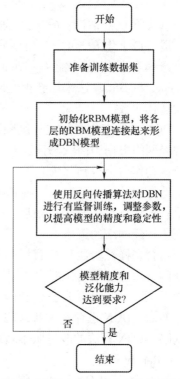

图 6-11　深度置信网络算法流程图

在这个走迷宫的实例中有一个四方向的迷宫（见图 6-12），起点为椭圆，终点为方块。机器人可以选择向上、右、下、左四个方向移动。在执行每个动作后，机器人会根据不同的情况获得不同的奖励，具体如下：

撞墙：-1

走到出口：+1

其他情况：0

我们的目标是让机器人通过学习，找出从起点到达终点的最优路径。

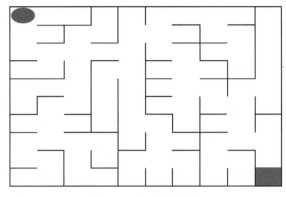

图 6-12　机器人迷宫

要实现这个实例，需要使用 Python 语言，并借助 Keras、PyTorch 等深度学习框架。我们将使用 Deep Q-Learning 算法来实现机器人走迷宫。

要完成这个任务，需要进行以下步骤：

1）创建迷宫类 Maze，随机生成指定大小的迷宫，并初始化机器人的初始位置和目标位置。

2）创建 QRobot 类，实现 Q 表的迭代和动作选择。

3）创建 Runner 类，用于机器人的训练和可视化。

4）使用 Deep Q-Learning 算法训练机器人走迷宫，并记录训练过程中的指标。

5）将训练结果输出到指定的 gif 图片中，并通过图表展示训练过程中的指标。

通过这个实例，我们可以学习到如何使用强化学习算法实现机器人的自动导航，以及如何利用 Python 和深度学习框架实现这个任务。

6.4.2　实例要求

1. 机器人自动走迷宫任务

图 6-12 左上角的椭圆既是起点也是机器人的初始位置，右下角的方块是出口。游戏规则为：从起点开始，通过错综复杂的迷宫，到达目标点（出口）。在任一位置可执行动作包括：向上走 'u'、向右走 'r'、向下走 'd'、向左走 'l'。

执行不同的动作后，根据不同的情况会获得不同的奖励，具体而言，有以下 3 种情况：①撞墙；②走到出口；③其余情况。

要求：使用 Python 语言，可以使用 Keras、PyTorch 等框架。使用 Deep Q-Learning 算法完成机器人走迷宫。

2. Q-Learning 算法实现

（1）创建迷宫

使用迷宫类 Maze（maze_size = size）随机生成一个 size ＊ size 大小的迷宫。使用 print( ) 函数可以输出迷宫的 size 以及画出迷宫图，红色的圆是机器人初始位置。绿色的方块是迷宫的出口位置。

代码如下：

```
# 导入相关包
import os
import random
import numpy as np
from Maze import Maze
from Runner import Runner
from QRobot import QRobot
from ReplayDataSet import ReplayDataSet
from torch_py. MinDQNRobot import MinDQNRobot as TorchRobot # PyTorch
版本
from keras_py. MinDQNRobot import MinDQNRobot as KerasRobot # Keras
版本
import matplotlib. pyplot as plt
------------------------------------------------------------------------
KeyboardInterrupt                   Traceback(most recent call last)
/tmp/ipykernel_64/1033000808. py in <module>
        from ReplayDataSet import ReplayDataSet
        from torch_py. MinDQNRobot import MinDQNRobot as TorchRobot # Py-
Torch 版本
    ---->  from keras_py. MinDQNRobot import MinDQNRobot as KerasRobot
# Keras 版本
        import matplotlib. pyplot as plt
    ~/work/keras_py/MinDQNRobot. py in <module>
    ---->  from tensorflow import keras
        from QRobot import QRobot
        import random
        from Maze import Maze
        import numpy as np
/usr/local/lib/python3. 7/dist-packages/tensorflow/__init__. py in
<module>
        import sys as_sys
    --->  from tensorflow. python. tools import module_util as_module_util
        from tensorflow. python. util. lazy_loader import LazyLoader as_La-
zyLoader
/usr/local/lib/python3. 7/dist-packages/tensorflow/python/__init__. py
in <module>
```

```
        # pylint:disable=wildcard-import,g-bad-import-order,g-import-
not-at-top
--->    from tensorflow.python.eager import context
        # pylint:enable=wildcard-import
/usr/local/lib/python3.7/dist-packages/tensorflow/python/eager/
context.py in <module>
        from tensorflow.core.protobuf import config_pb2
        from tensorflow.core.protobuf import rewriter_config_pb2
--->    from tensorflow.python import pywrap_tfe
        from tensorflow.python import tf2
        from tensorflow.python.client import pywrap_tf_session
/usr/local/lib/python3.7/dist-packages/tensorflow/python/pywrap_
tfe.py in <module>
        # pylint: disable = invalid-import-order, g-bad-import-order,
wildcard-import,unused-import
--->    from tensorflow.python import pywrap_tensorflow
        from tensorflow.python._pywrap_tfe import *
/usr/local/lib/python3.7/dist-packages/tensorflow/python/pywrap_
tensorflow.py in <module>
        # pylint:
disable=wildcard-import,g-import-not-at-top,line-too-long,undefined-variable
        try:
--->    from tensorflow.python._pywrap_tensorflow_internal import *
        # This try catch logic is because there is no bazel equivalent
for py_extension.
        # Externally in opensource we must enable exceptions to load
the shared object
    KeyboardInterrupt:
    %matplotlib inline
    %config InlineBackend.figure_format='retina'
    """创建迷宫并展示"""
    maze=Maze(maze_size=10)# 随机生成迷宫
    print(maze)
```

Maze 类中重要的成员

在迷宫中已经初始化一个机器人，要编写的算法实现在给定条件下控制机器人移动至目标点。

Maze 类中重要的成员代码如下：

sense_robot()：获取机器人在迷宫中目前的位置。

return：机器人在迷宫中目前的位置。

move_robot（direction）：根据输入方向移动默认机器人，若方向不合法则返回错误信息。

direction：移动方向，如:"u"，合法值为：['u', 'r', 'd', 'l']

return：执行动作的奖励值

can_move_actions（position）：获取当前机器人可以移动的方向

position：迷宫中任一处的坐标点

return：该点可执行的动作，如：['u', 'r', 'd']

is_hit_wall（self, location, direction）：判断该移动方向是否撞墙

location, direction：当前位置和要移动的方向，如（0，0),"u"

return：True（撞墙）/False（不撞墙）

draw_maze()：画出当前的迷宫

随机移动机器人，并记录下获得的奖励，展示出机器人最后的位置。

```python
import random
rewards=[]# 记录每走一步的奖励值
actions=[]# 记录每走一步的移动方向
# 循环、随机移动机器人 10 次,记录下奖励
for i in range(10):
    valid_actions=maze.can_move_actions(maze.sense_robot())
    action=random.choice(valid_actions)
    rewards.append(maze.move_robot(action))
    actions.append(action)
print("the history of rewards:",rewards)
print("the actions",actions)
# 输出机器人最后的位置
print("the end position of robot:",maze.sense_robot())
# 打印迷宫,观察机器人位置
print(maze)
```

（2）Robot 类构建

在本实例中提供了 QRobot 类，其中实现了 Q 表迭代和机器人动作的选择策略，可通过 from QRobot import QRobot 导入使用。

QRobot 类的核心成员

sense_state()：获取当前机器人所处位置

return：机器人所处的位置坐标，如：(0，0)

current_state_valid_actions()：获取当前机器人可以合法移动的动作

return：由当前合法动作组成的列表，如：['u', 'r']

train_update()：以训练状态，根据 Q-Learning 算法策略执行动作

return：当前选择的动作，以及执行当前动作获得的回报，如：'u', -1

test_update( )：以测试状态，根据 Q-Learning 算法策略执行动作

return：当前选择的动作，以及执行当前动作获得的回报，如：'u'，−1

reset( )

return：重置机器人在迷宫中的位置

代码如下：

```
from QRobot import QRobot
from Maze import Maze
maze=Maze(maze_size=5)              # 随机生成迷宫
robot=QRobot(maze)                  # 记得将 maze 变量修改为你创建迷宫
                                      的变量名

action,reward=robot.train_update() # Q-Learning 算法一次 Q 值迭代和动
                                      作选择

print("the choosed action:",action)
print("the returned reward:",action)
the choosed action:  u
the returned reward:  u
```

（3）Runner 类构建

在初步的学习中，Q 值是不准确的，如果在这个时候都按照 Q 值来选择，那么会造成错误。学习一段时间后，机器人的路线会相对固定，则机器人无法对环境进行有效的探索。因此需要一种办法，来解决如上的问题，增加机器人的探索。

通常会使用 epsilon-greedy 算法，具体如下：

在机器人选择动作的时候，以一部分的概率随机选择动作，以一部分的概率按照最优的 Q 值选择动作。同时，这个选择随机动作的概率应当随着训练的过程逐步减小。

QRobot 类实现了 Q-Learning 算法的 Q 值迭代和动作选择策略。在机器人自动走迷宫的训练过程中，需要不断的使用 Q-Learning 算法来迭代更新 Q 值表，以达到一个"最优"的状态，因此封装好了一个类 Runner 用于机器人的训练和可视化。

可通过 from Runner import Runner 导入使用。

Runner 类的核心成员如下：

run_training(training_epoch，training_per_epoch = 150)：训练机器人，不断更新 Q 表，并将训练结果保存在成员变量 train_robot_record 中

training_epoch，training_per_epoch：总共的训练次数、每次训练机器人最多移动的步数

run_testing( )：测试机器人能否走出迷宫

generate_gif（filename）：将训练结果输出到指定的 gif 图片中

filename：合法的文件路径，文件名需以 .gif 为后缀

plot_results( )：以图表展示训练过程中的指标：Success Times、Accumulated Rewards、Runing Times per Epoch

（4）设定训练参数、训练、查看结果

代码如下：

```
from QRobot import QRobot
from Maze import Maze
from Runner import Runner
"""  Q-Learning 算法相关参数:"""
epoch=10                          # 训练轮数
epsilon0=0.5                      # 初始探索概率
alpha=0.5                         # 公式中的 α
gamma=0.9                         # 公式中的 γ
maze_size=5                       # 迷宫 size
""" 使用 Q-Learning 算法训练过程 """
g=Maze(maze_size=maze_size)
r=QRobot(g,alpha=alpha,epsilon0=epsilon0,gamma=gamma)
runner=Runner(r)
runner.run_training(epoch,training_per_epoch=int(maze_size *
maze_size * 1.5))
runner.generate_gif(filename="results/size5.gif")
HBox(children=(FloatProgress(value=0.0,description='正在将训练过
程转换为 gif 图,请耐心等候...',max=354.0,style=ProgressStyle…
```

runner.plot_results( ) # 输出训练结果，如图 6-13 所示。

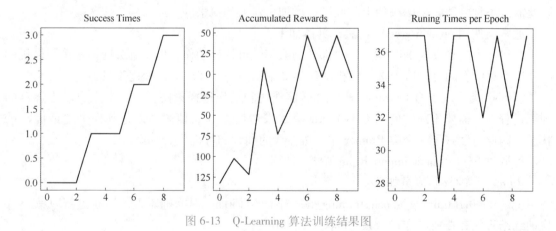

图 6-13　Q-Learning 算法训练结果图

6.4.3　Deep Q-Learning（DQN）算法实现

1. ReplayDataSet 类的核心成员

add(self,state,action_index,reward,next_state,is_terminal) 添加一条训练数据

state：当前机器人位置

action_index：选择执行动作的索引

reward：执行动作获得的回报

next_state：执行动作后机器人的位置

is_terminal：机器人是否到达了终止节点（到达终点或者撞墙）

random_sample(self,batch_size)：从数据集中随机抽取固定 batch_size 的数据

batch_size：整数，不允许超过数据集中数据的个数

build_full_view(self,maze)：获取全图视野

maze：以 Maze 类实例化的对象

代码如下：

```
from ReplayDataSet import ReplayDataSet
test_memory=ReplayDataSet(max_size=1e3)
                                            # 初始化并设定最大容量

actions=['u','r','d','l']
test_memory.add((0,1),actions.index("r"),-10,(0,1),1)
                            # 添加一条数据(state,action_index,reward,
                                next_state)
print(test_memory.random_sample(1))    # 从中随机抽取一条(因为只有一条
                                          数据)
(array([[0,1]]),array([[1]],dtype=int8),array([[-10]]),array
([[0,1]]),array([[1]],dtype=int8))
```

2. 实现简单的 DQNRobot

本实例中提供了简单的 DQNRobot 实现，其中依靠简单的两层全连接神经网络决策动作（见图 6-14）。

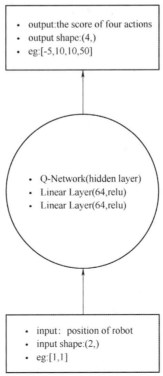

图 6-14　两层全连接神经网络决策动作示意图[20]

该神经网络的输入：机器人当前的位置坐标，输出：执行四个动作（up、right、down、left）的评估分数。

代码如下：

```python
from torch_py.MinDQNRobot import MinDQNRobot as TorchRobot
                                    # PyTorch 版本
from keras_py.MinDQNRobot import MinDQNRobot as KerasRobot
                                    # Keras 版本
import matplotlib.pyplot as plt
from Maze import Maze
from Runner import Runner
import os
os.environ["KMP_DUPLICATE_LIB_OK"]="TRUE"
                                    # 允许重复载入 lib 文件
maze=Maze(maze_size=5)
# robot=KerasRobot(maze=maze)
robot=TorchRobot(maze=maze)
print(robot.maze.reward)            # 输出最小值选择策略的 reward 值
robot.memory.build_full_view(maze=maze)#
"""training by runner"""
runner=Runner(robot=robot)
runner.run_training(training_epoch=10,training_per_epoch=75)
"""Test Robot"""
robot.reset()
for _ in range(25):
    a,r=robot.test_update()
    print("action:",a,"reward:",r)
    if r==maze.reward["destination"]:
        print("success")
        break
{'hit_wall':10.0,'destination':-50.0,'default':1.0}
action:d reward:1.0
action:r reward:1.0
action:r reward:1.0
action:r reward:1.0
action:r reward:1.0
action:l reward:1.0
action:r reward:1.0
action:l reward:1.0
```

```
action:r reward:1.0
action:l reward:1.0
action:r reward:1.0
action:l reward:1.0
action:r reward:1.0
action:l reward:1.0
action:r reward:1.0
action:l reward:1.0
action:r reward:1.0
action:l reward:1.0
action:r reward:1.0
action:l reward:1.0
action:r reward:1.0
action:l reward:1.0
action:r reward:1.0
action:l reward:1.0
action:r reward:1.0
```

3. 实现读者自己的 DQNRobot

要求：编程实现 DQN 算法在机器人自动走迷宫中的应用

输入：由 Maze 类实例化的对象 maze

要求不可更改的成员方法：train_update( )、test_update( )

代码如下：

```
from QRobot import QRobot
class Robot(QRobot):
    def __init__(self,maze):
        """
        初始化 Robot 类
        :param maze:迷宫对象
        """
        super(Robot,self).__init__(maze)
        self.maze=maze
    def train_update(self):
        """
        以训练状态选择动作并更新 Deep Q network 的相关参数
        :return:action,reward 如："u",-1
        """
        action,reward="u",-1.0
        #-----------在这里实现自己的算法代码-----------------------------------
```

```
        #------------------------------------------------------------
        return action,reward
    def test_update(self):
        """
        以测试状态选择动作并更新 Deep Q network 的相关参数
        :return:action,reward 如:"u",-1
        """
        action,reward="u",-1.0
        #-------------在这里实现自己的算法代码-----------------------------
        #------------------------------------------------------------
        return action,reward
```

4. 测试自己的 DQN 算法

```
from QRobot import QRobot
from Maze import Maze
from Runner import Runner
"""  Deep Q-Learning 算法相关参数:"""
epoch=10                    # 训练轮数
maze_size=5                 # 迷宫 size
training_per_epoch=int(maze_size * maze_size * 1.5)
""" 使用 DQN 算法训练 """
g=Maze(maze_size=maze_size)
r=Robot(g)
runner=Runner(r)
runner. run_training(epoch,training_per_epoch)
# 生成训练过程的 gif 图,建议下载到本地查看;也可以注释该行代码,加快运行速度。
runner. generate_gif(filename="results/dqn_size10. gif")
HBox(children=(FloatProgress(value=0.0,description='正在将训练过程转换为 gif 图,请耐心等候... ',max=370.0,style=ProgressStyle…
```

思考讨论题

6.1 强化学习的定义是什么? 它的基本思想是什么?

6.2 强化学习与监督学习的区别是什么?

6.3 请解释强化学习中的探索与利用的概念,并举例说明如何在实践中平衡这两者。

6.4 强化学习在游戏攻略、自然语言处理、机器人控制等领域的具体应用案例有哪些? 如何评估强化学习算法的性能和效果?

6.5 强化学习系统模型中,状态、动作、状态转移模型和奖励模型分别代表什么含义? 请举一例说明。

6.6　MDP 模型中初始状态的选择对于最终结果有影响吗？为什么？

6.7　贝尔曼期望方程是什么？它起到的作用是什么？

6.8　请解释马尔可夫决策过程的基本概念，并说明其与马尔可夫链的区别。

6.9　强化学习算法中的 Q 值是指什么，为什么它在强化学习中如此重要？

6.10　在强化学习算法中，为什么需要有折扣因子？折扣因子的值应该如何选择？

6.11　什么是 Q 学习方法和模仿学习方法的区别？它们在强化学习中的应用有什么不同？

6.12　强化学习中的探索策略是什么？如何有效地探索数据集？

6.13　强化学习中的奖励函数如何设计？如何提高奖励效率？

6.14　如何通过调整奖励函数，优化机器人在迷宫中的行为表现？

6.15　在机器人遇到新的迷宫时，如何通过迁移学习让机器人更快地实现迷宫求解？

6.16　如何通过设计合理的动作选择策略，提高机器人在迷宫中求解过程的稳定性和鲁棒性？

参 考 文 献

［1］　SUTTON R，BARTO A. Reinforcement learning：an introduction［M］. Cambridge：MIT Press，1998.

［2］　BAXTER L A. Markov decision processes：discrete stochastic dynamic programming［J］. Technometrics，1995，37（3）：353-353.

［3］　SILVER D，HUANG A，MADDISON C J，et al. Mastering the game of go with deep neural networks and tree search［J］. Nature，2016，529：484-489.

［4］　HAO J，YANG T，TANG H，et al. Exploration in deep reinforcement learning：from single-agent to multiagent domain［J］. arXiv，2023，arXiv ID：2109. 06668.

［5］　ANDREW Y. Ng，STUART J. RUSSELL. Algorithms for inverse reinforcement learning［C］. proceedings of the seventeenth international conference on machine learning，2000：663-670.

［6］　GARRISON J，ERDENIZ B，DONE J. Prediction error in reinforcement learning：a meta-analysis of neuroimaging studies［J］. Neuroscience and Biobehavioral Reviews，2013，37（7）：1297-1310.

［7］　LITTMAN M L. Markov games as a framework for multi-Agent reinforcement learning［C］. Proceedings of the Eleventh International Conference，1994：157-163.

［8］　SAKOE H，CHIBA S. Dynamic programming algorithm optimization for spoken word recognition［J］. IEEE Transactions on Acoustics，Speech，and Signal Processing，1978，26（1）：43-49.

［9］　FREUND Y，SCHAPIRE R E. A desicion-theoretic generalization of on-line learning and an application to boosting［C］. Proceedings of European Conference on Computational Learning Theory（EuroCOLT 1995），Springer-VerlagBerlin，Heidelberg，Germany，1995：23-37.

［10］　BENGIO Y. Learning deep architectures for AI［J］. Foundations and Trends in Machine Learning. 2009，2（1）：1-127.

［11］　HEESS N，SILVER D，TEH Y W. Actor-critic reinforcement learning with energy-based policies［C］. 10th European Workshop and Conference Proceedings on Reinforcement Learning，Cambridge，MA，USA，2012，24：43-58.

［12］　LANGE S，RIEDMILLER M. Deep auto-encoder neural networks in reinforcement learning［C］. The IEEE International Joint Conference on Neural Networks，2010：1-8.

［13］　LIN L J. Reinforcement learning for robots using neural networks［D］. Pittsburgh：Carnegie Mellon University，1992.

［14］　GRAVES A，RIEDMILLER M，FIDJELAND A K，et al. Human-level control through deep reinforcement learning［J］. Nature, 2015, 518 (7540)：529-533.

［15］ VAN H V, GUEZ A, SILVER D. Deep reinforcement learning with double q-learning［J］. Proceedings of the AAAI Conference on Artificial Intelligence, USA 2016：2094-2100.

［16］ SCHAUL T, QUAN J, ANTONOGLOU I, et al. Prioritized experience replay［J］. Proceedings of the 4th International Conference on Learning Representations, 2016：322-355.

［17］ WANG Z, FREITAS N D, LANCTOT M. Dueling network architectures for deep reinforcement learning［J］. Proceedings of the International Conference on Machine Learning, 2016：1995-2003.

［18］ HAUSKNECHT M, STONE P. Deep recurrent Q-learning for partially observable mdps［C］. Proceedings of 2015 AAAI Fall Symposia, CA, USA, 2015：29-37.

［19］ SUTTON RS, MCALLESTER D, SINGH S, et al. Policy gradient methods for reinforcement learning with function approximation［C］. Proceedings of the Advances in Neural Information Processing Systems, Cambridge, MA, USA, 1999：1057-1063.

［20］ 智海 Mo 人工智能实训平台［OL］. https：//aiplusx. com. cn/.

第 7 章　自然语言处理

语言是人类区别其他动物的本质特性。人类的逻辑思维以语言为形式，人类的绝大部分知识也是以语言文字的形式记载和流传下来的。因而，它也是人工智能的一个重要部分。

实现人和计算机间的自然语言通信，即自然语言处理（Natural Language Processing，NLP）是人们长期以来所追求的：因为无须再花大量的时间和精力去学习各种计算机语言；人们也可通过它进一步了解人类的语言能力和智能机制。这种通信意味着要使计算机既能理解自然语言文本的意义，也能以自然语言文本来表达给定的意图、思想等。前者称为**自然语言理解**，后者称为**自然语言生成**。

7.1　自然语言处理技术简述

7.1.1　自然语言处理发展阶段

自然语言处理研究工作发展主要分为三个阶段：

1. 早期研究（20 世纪 60~80 年代）

基于规则建立语言分析系统和机器翻译系统，能利用人类知识，不依赖数据，快速启动，但覆盖面不足，规则管理和可扩展性仍是问题。

2. 统计方法（20 世纪 90 年代开始）

基于统计的机器学习（Machine Learning，ML）主要思路是利用带标注的数据，基于人工定义的特征建立机器学习系统，并利用数据经过学习确定机器学习系统的参数。运行时利用这些学习得到的参数，对输入数据进行解码，得到输出。

传统的机器学习方法可利用支持向量机（Support Vector Machine，SVM）模型、马尔可夫模型（Markov Model，MM）等方法对自然语言处理中多个子任务进行处理，进一步提高处理结果的精度。但是，从实际应用效果上来看存在着以下不足：

1）模型的性能过于依赖训练集的质量，需要人工标注训练集，降低了训练效率。

2）模型中的训练集在不同领域应用会出现差异较大的应用效果，削弱了训练的适用性，暴露出学习方法单一的弊端。若想让训练数据集适用于多个不同领域，则要耗费大量人力资源进行人工标注。

3）在处理更高阶、抽象的自然语言时，无法标注自然语言特征，使得传统机器学习只能学习预先制定的规则，而不能学规则之外的复杂语言特征。

3. 深度学习方法（2008 年之后）

深度学习（Deep Learning，DL）是机器学习领域中一个新的研究方向，是一类模式分析方法的统称，主要涉及三类方法：①卷积神经网络（CNN）；②基于多层神经元的自编码神经网络，包括自编码（Auto Encoder）以及稀疏编码（Sparse Coding）两类；③以多层自编码神经网络方式预训练，结合鉴别信息进一步优化神经网络权值的深度置信网络（DBN）。

在自然语言处理中应用深度学习模型，如卷积神经网络、循环神经网络等，通过对生成的词向量进行学习，以完成自然语言分类、理解的过程。与传统的机器学习方法相比，基于深度学习的自然语言处理技术具备以下优势：①能以词或句子的向量化为前提，不断学习语言特征，掌握更高层次、更抽象的语言特征，满足大量特征工程的自然语言处理要求；②无须专家人工定义训练集，可通过神经网络自动学习高层次特征。

近年来，以 GPT 为代表的预训练语言模型技术为自然语言处理领域带来了巨大的变革。为了能从大规模数据中充分汲取知识，预训练语言模型参数数量能达万亿级。例如，由 OpenAI 公司研发的 ChatGPT 聊天机器人程序基于预训练语言模型技术研发，能对大量的文本数据进行训练，以便理解和回答人类提出的问题。ChatGPT 的训练数据来源于互联网上的各种资源，包括网页、新闻、论坛、社交媒体等。这些数据被整合到一个庞大的语料库中并被用于训练神经网络模型。该模型能够分析输入文本，并输出相关的回答。由于训练数据量充分，ChatGPT 可以顺畅处理各种类型的问题，包括文本摘要、机器翻译等。与传统的自然语言处理技术相比，它能够提供更准确的信息，ChatGPT 还可以用于生成各种类型的文本，例如文章、新闻、故事等。

7.1.2　自然语言处理难点问题

自然语言处理在文本和对话的各个层次上广泛存在不确定性。它的难点特性具体归纳如下。

1. 歧义性

以中文为例，一个文本从形式上看是由汉字组成的字符串。由字可组成词，由词可组成词组，由词组可组成句子，进而组成段、节、章、篇。无论在上述的各种层次，还是在下一层次向上一层次转变中都存在着歧义和多义现象，形式上一样的字符串，在不同的场景或语境下，可理解成不同的意义。例如句子"我叫他去"就是典型的多义歧义句，"叫"可理解为派，也可以理解为"召唤"，具体含义需要根据相应的语境而定。然而为计算机处理方便，必须把自然语言输入转换成无歧义的计算机内部表示。消除歧义现象需要大量的知识和推理，给基于语言学及基于知识的方法带来了巨大的困难。

2. 主观性

由于不同人类个体认知差异的存在，自然语言处理操作（如数据的标注等）均具有一定的主观性。例如，在处理分词任务时，需要对语言数据进行标注。但自然语言的主观性导致其很难被大规模、低成本地标注，导致系统性能下降。在人机对话等任务中，由于自然语音主观性的局限，很难进行自动评价。

3. 非通用性

自然语言处理涉及领域众多，其模型算法的通用性不高。例如在语义分析、信息抽取等不同任务中，不能通用模型算法加以解决，使得自然语言处理的成本居高不下，影响了自身的广泛应用。

目前，自然语言处理在人工智能各个场景都有相关应用，例如在智慧教育中的智能批改、智能测评等，在智慧医疗中语音识别、临床文件输入等。这些场景应用依赖于自然语言理解、机器翻译、语音识别等技术支撑。下面具体加以介绍。

7.1.3 自然语言理解

1. 自然语言理解概况

自然语言理解（Natural Language Understanding，NLU）是自然语言处理技术的重要方向，研究使用电子计算机理解和运用人类社会的自然语言，实现人机之间的自然语言通信，以代替人的部分脑力劳动，包括查询资料、解答问题以及一切有关自然语言信息的加工处理。

自然语言理解研究分为语音理解和书面理解两个方向。语音理解用语音输入，使计算机"听懂"语音信号。单凭声学模式无法辨认人和人之间、同一个人先后发音之间的语音差别，也无法辨认连续语流中的语音变化，必须综合应用语言学知识，以切分音节和单词，分析句法和语义，才能理解内容获取信息。书面理解用文字输入，使计算机"看懂"文字符号，基本方法是：在计算机里贮存一定的词汇、句法规则、语义规则、推理规则和主题知识。语句输入后，计算机根据词典辨认每个单词的词义和用法；根据句法规则确定短语和句子的组合；根据语义规则和推理规则获取输入句的含义；查询知识库，根据主题知识和语句生成规则组织应答输出。由于汉语输入是一连串汉字，词和词之间没有空隔，因此无论是用汉字编码还是输入计算机能直接识别汉字，都要首先解决切分单词的问题。现阶段已建成的书面理解系统应用了各种不同的语法理论和分析方法，如生成语法、系统语法、格语法等，已能在一定词汇、句型和主题范围内查询资料，解答问题等。

从 20 世纪 90 年代开始，自然语言理解领域发生了巨大的变化，这种变化的特征是：

1）系统输入：要求研制的自然语言处理系统能处理大规模的真实文本，只有这样，研制的系统才有真正的实用价值。

2）系统输出：对系统并不要求能对自然语言文本进行深层的理解，但要能从中抽取有用的信息。例如，对自然语言文本进行自动地提取索引词，过滤，检索等等。同时由于强调了"大规模""真实文本"，下面两方面基础性工作也得到了加强：①大规模真实语料库的研制；②大规模、信息丰富的词典的编制工作。

自然语言理解领域存在的问题主要是：当前语法分析多限于孤立的语句，上下文关系和谈话环境对本句的约束和影响还缺乏系统的研究，因此分析歧义、词语省略等不同含义等问题，尚无明确规律可循。

自然语言理解技术主要包括但不限于：

1）理解句子正确次序规则和概念和不含规则的句子。

2）知道词的确切含义及构词法。

3）了解词的语义分类、多义性、歧义性。

4）指定和不定特性。

5）问题领域的结构知识。

6）语气信息和韵律表现。

7）语言表达形式的文字知识。

8）论域的背景知识。

2. 自然语言理解过程

自然语言理解过程通常分为三个层次：词法分析、句法分析、语义分析。

（1）词法分析

词法分析是自然语言处理的技术基础，直接影响到后面句法和语义分析的成果。主要包括自动分词、词性标注、中文命名实体标注三方面内容。

1）自动分词：现有分词的算法分为基于词典的分词方法、基于统计的分词方法、基于理解的分词方法三类，当前主流的方法还是基于词典进行分词，主要包括正向最大匹配、逆向最大匹配、双向最大匹配。

2）词性标注：词性标注是对分词结果中的每个单词标注正确的词性，例如：每个词是名词、动词还是形容词等。汉语词性标注时，一般先针对已存在的词库进行统计学处理，建立词性标注模型，进而通过概率判断每个词的词性。

3）命名实体：命名实体就是将文本中的元素分成预先定义的类，例如：人名、地名、时间、百分比等。它的技术方法主要分为基于规则和词典及基于统计的方法。基于规则和词典的方法大多由语言学专家构造规则模板然后进行匹配。基于统计的方法，主要是通过对训练语料所包含的语言信息进行统计和分析，从语料中挖掘出特征。

（2）句法分析

句法分析的目标是自动推导出句子的句法结构，常见语法体系有短语结构语法、依存关系语法。依存关系语法同样分为基于规则和基于统计的两种方法：

1）基于规则的方法优点在于可以最大限度地接近自然语言的句法习惯，缺点在于规则刻画的知识粒度难以确定，无法确保规则的一致性。

2）基于统计的方法是目前句法分析的主流技术，需要按照语法体系人工标注句子的语法结构，将其作为训练的语料。

（3）语义分析

语义分析就是指分析话语中所包含的含义，分为词汇级语义分析、句子级语义分析、段落/篇章级语义分析。

以上内容涉及语言学、心理学、逻辑学、声学、数学和计算机科学，而以语言学为基础。综合应用了现代语音学、音系学语法学、语义学、语用学的知识。

由于自然语言是人类智慧的结晶，因而自然语言理解也成为人工智能中最为困难的问题之一。近年来基于深度神经网络的机器学习算法取得了较大的进展，结合自动分词（Word Segmentation）、词性标注（Part-of-Speech Tagging）、句法分析（Parsing）、文本分类（Text Categorization）、信息检索（Information Retrieval）、信息抽取（Information Extraction）、文字校对（Text Proofing）、自动摘要（Automatic Summarization）、文字蕴涵（Textual Entailment）等自然语言处理技术，在语义理解的基础上实现智能识别。

7.1.4 机器翻译

1. 机器翻译概况

机器翻译（Machine Translation）是利用计算机将一种自然语言（源语言）转换为另一种自然语言（目标语言）的过程。它涉及语言学、计算语言学、人工智能、机器学习，甚至认知语言学等多个学科，是典型的多学科交叉研究方向。从应用上讲，无论是社会大众、政府企业还是国家机构，都迫切需要机器翻译技术。在国家信息安全和军事情报领域，机器翻译技术也扮演着非常重要的角色。

在古希腊时代就有人提出利用机械装置来分析自然语言。17 世纪，人们首次提出使用机械字典克服语言障碍的设想。美国科学家 W. Weaver 于 1947 年提出了利用计算机进行语言自动翻译的想法。1952 年在美国麻省理工学院召开了第一届国际机器翻译会议，标志着机器翻译正式迈出了第一步。机器翻译曲折而漫长的发展道路可划分为如下四个阶段：

（1）开创期（1947 年~1964 年）

1954 年，美国乔治敦大学（Georgetown University）在 IBM 公司协同下，用 IBM-701 计算机首次完成了英俄机器翻译试验，向公众和科学界展示了机器翻译的可行性，从而拉开了机器翻译研究的序幕。从 20 世纪 50 年代开始到 20 世纪 60 年代前半期，机器翻译出现热潮。

（2）挫折期（1964 年~1975 年）

1966 年 11 月，美国科学院语言自动处理咨询委员会（Automatic Language Processing Advisory Committee，ALPAC）公布报告全面否定了机器翻译的可行性，给正在蓬勃发展的机器翻译当头一棒，机器翻译研究陷入了近乎停滞的僵局。

（3）恢复期（1975 年~1989 年）

进入 20 世纪 70 年代后，计算机科学、语言学研究的发展，特别是计算机硬件技术的大幅度提高以及人工智能在自然语言处理上的应用，从技术层面推动了机器翻译研究的复苏，各种实用/实验系统被先后推出，例如 WEINDER 系统、EURPOTRA 多国语翻译系统、TAUM-METEO 系统等。

（4）发展期（1990 年至今）

随着互联网的普遍应用，世界经济一体化进程的加速以及国际社会交流的日渐频繁，机器翻译迎来了一个新的发展机遇。互联网公司纷纷成立机器翻译研究组，研发了基于互联网大数据的机器翻译系统，从而使机器翻译真正走向实用。

我国早在 1956 年就把机器翻译研究列入了全国科学工作发展规划。20 世纪 60 年代中期以后研究一度中断，20 世纪 80 年代中期以后，我国的机器翻译研究取得了长足的进步，翻译的语种和类型有英汉、俄汉、法汉、日汉、德汉等一对一的系统，也有汉译英、法、日、俄、德的一对多系统。近年来，中国的互联网公司也发布了互联网翻译系统。

机器翻译的过程可以分为原文分析、原文译文转换和译文生成三个阶段。

1）在研究多种语言对一种语言的翻译时，可将原文分析与原文译文转换阶段结合在一起，而把译文生成阶段独立起来，建立相关分析独立生成系统。

2）在研究一种语言对多种语言的翻译时，可把原文分析阶段独立起来，把原文译文转换阶段同译文生成阶段结合起来，建立独立分析相关生成系统。

3）在研究多种语言对多种语言的翻译时，可把原文分析、原文译文转换与译文生成分别独立开来，建立独立分析独立生成系统。

2. 机器翻译系统划分

机器翻译系统主要可划分为基于规则（Rule-Based）和基于语料库（Corpus-Based）两大类：前者由词典和规则库构成知识源；后者由经过划分并具有标注的语料库构成知识源，既不需要词典也不需要规则，以统计规律为主。

（1）基于规则的机器翻译

世界上绝大多数机器翻译系统都采用基于规则（Rule-Based）的策略，一般分为词汇型、语法型、语义型、知识型和智能型，机器翻译系统的处理过程都包括以下步骤：对源语言的分析或理解，在语言的某一平面进行转换、按目标语言结构规则生成目标语言。

1）词汇型机器翻译系统的特点：①以词汇转换为中心，建立双语词典，翻译时，文句加工的目的在于立即确定相应于原语各个词的译语等价词；②如原语的一个词对应于译语的若干个词，只能把各种可能的选择全都输出；③语法的规则与程序的算法混在一起。由于上述特点，它的译文质量是极为低劣的，系统设计成之后没有改进扩展的余地。

2）语法型机器翻译系统包括源文分析机构、源语言到目标语言的转换机构和目标语言生成机构3部分。源文分析过程通常又可分为词法分析、语法分析和语义分析。通过上述分析可以得到源文的某种形式的内部表示。转换机构用于实现将相对独立于源文表层表达方式的内部表示转换为与目标语言相对应的内部表示。目标语言生成机构实现从目标语言内部表示到目标语言表层结构的转化。它的特点是：①用代码化的结构标志来表示原语文句的结构，最后构成译语的输出文句；②对于多义词根据上下文关系选择出恰当的词义，不容许把若干个译文词一揽子列出来；③语法与算法分开。这类机器翻译系统在译文的质量和使用的方便上都比词汇型翻译系统有很大提高。

3）语义型机器翻译系统引入语义特征信息，利用系统中的语义切分规则，把输入的源文切分成若干个相关的语义元成分。再根据语义转化规则找出各语义元成分所对应的语义内部表示，形成全文的语义表示。处理过程主要通过查语义词典的方法实现。为了建立这类机器翻译系统，语言学家要深入研究语义学，数学家要制定语义表示和语义加工的算法，在程序设计方面也考虑语义加工的特点。

4）知识型机器翻译系统利用庞大的语义知识库，把源文转化为中间语义表示，并利用专业知识和日常知识对其加以精练，最后把它转化为一种或多种译文输出。

5）智能型机器翻译系统采用人工智能的最新成果，实现多路径动态选择以及知识库的自动重组技术，把语法、语义、常识几个平面连成一有机整体，既可继承传统系统优点，又能实现系统自增长的功能。

（2）基于语料库（Corpus-Based）机器翻译

即统计平行语料，以语料的应用为核心，由经过划分并具有标注的语料库构成知识库。基于语料库的方法可以分为基于统计（Statistics-Based）的方法和基于实例（Example-Based）的方法。

1）基于统计的机器翻译方法把机器翻译看成是一个信息传输的过程，用一种信道模型对机器翻译进行解释。具体方法是将翻译看作对原文通过模型转换为译文的解码过程。统计机器翻译要为机器翻译建立概率模型，即定义源语言句子到目标语言句子的翻译概率的计算方法，利用语料库训练模型的所有参数，在已知模型和参数的基础上，对于任何一个输入的源语言句子，去查找概率最大的译文。

由于计算机性能的提高，统计方法在语音识别、文字识别、词典编纂等领域取得了很多成功应用。国际商业机器公司（IBM）的研究人员在1993年提出五种词到词的统计模型，称为IBM Model 1-5。1999年研究人员在约翰·霍普金斯大学的机器翻译夏令营上实现了GIZA软件包，加快了对IBM Model 3-5的训练速度。基于最大熵模型的区分性训练方法使统计机器翻译的性能极大提高，广泛采用最小错误训练方法（Minimum Error Rate Training，MERT）。

自动评价方法（Automatic Evaluation of Machine Translation，AEMT）的出现，为翻译结果提供了自动评价的途径。最为重要的自动评价指标是双语评估替补（Bilingual Evaluation Understudy，BLEU），即比较机器翻译句子与人工翻译参考句子的相似程度。

基于统计的方法虽然不需要依赖大量知识，直接靠统计结果进行歧义消解处理和译文选择，避开了语言理解的诸多难题，但语料的选择和处理工程量巨大。

2）基于实例（Example-Based Machine Translation，EBMT）方法也是一种基于语料库的方法，其基本思想来自外语初学者的基本模式——总是先记住最基本的双语句子而后做替换练习。其翻译过程是首先将源语言正确分解为句子，再分解为短语碎片；接着通过类比的方法把这些短语碎片译成目标语言短语；最后把这些短语合并成长句。核心的问题就是通过最大限度的统计，得出双语对照实例库。

基于实例的机器翻译作用越来越显著，但由于该方法需要一个很大的语料库作为支撑，语言的实际需求量非常庞大。但受限于语料库规模，基于实例的机器翻译很难达到较高的匹配率，因而很少有机器翻译系统采用纯粹的基于实例方法，一般都是将其作为多翻译引擎中的一个，以提高翻译的正确率。

（3）神经网络机器翻译（Neural Machine Translation）

随着深度学习的研究取得较大进展，基于人工神经网络的机器翻译逐渐兴起。其技术核心是一个拥有海量节点（神经元）的深度神经网络，可以自动地从语料库中学习翻译知识。2016 年 11 月，Google 公布了神经网络机器翻译技术，使用人工神经网络来提高 Google 翻译的流畅度和准确性，能够一次翻译整句句子，而不是逐字翻译，极大接近了普通人的翻译。

神经网络机器翻译通常采用编码器-解码器（Encoder-Decoder）结构，实现对变长输入句子的建模。编码器实现对源语言句子的"理解"，之后解码器根据此向量逐字生成目标语言的翻译结果。在神经网络机器翻译发展初期，广泛采用循环神经网络（Recurrent Neural Network，RNN）作为编码器和解码器的网络结构。2017 年研究界提出了采用卷积神经网络（Convolutional Neural Network，CNN）和自注意力机制（Self-Attention Mechanism，SAM）作为编码器和解码器结构，它们不但在翻译效果上大幅超越了基于 RNN 的神经网络，还通过训练时的并行化实现了训练效率的提升。

7.1.5 语音识别

1. 语音识别概况

语音识别（Speech Recognition，SR），是指用机器对语音信号进行分析，根据语音单位例如音素、音节或单词的特征参数和语法规则，甚至包括语音之间文意的规律性加以逻辑判断来识别语音，将人类语音中的词汇内容转换为计算机可读的输入。语音识别从流程上讲有前端降噪、语音切割分帧、特征提取、状态匹配几个部分。而其框架可分成声学模型、语言模型和解码三个部分。所涉及的领域包括：信号处理、模式识别、概率论和信息论等。应用包括语音拨号、语音导航、室内设备控制等。与机器翻译及语音合成等技术相结合，可以构建出更加复杂的应用，例如语音到语音的翻译。

经典语音识别系统由以下基本模块构成：

1）信号处理及特征提取模块。主要任务是从输入信号中提取特征，供声学模型处理，尽可能降低环境噪声、信道、说话人等因素对特征造成的影响。

2）统计声学模型。多采用基于一阶隐马尔可夫模型进行建模。

3）发音词典。包含系统所能处理的词汇集及其发音，提供了声学模型建模单元与语言模型建模单元间的映射。

4）语言模型。对系统所针对的语言进行建模。目前各种系统普遍采用的还是基于统计的 N 元文法及其变体。

5）解码器。语音识别系统的核心之一，其任务是对输入的信号，根据声学、语言模型及词典，寻找能够以最大概率输出该信号的词串。

2. 语音识别技术发展

早在计算机发明之前，语音识别设想就已经被提出来，20 世纪 20 年代生产的 "Radio Rex" 玩具狗可能是最早的语音识别器。最早基于电子计算机的语音识别系统是由 AT&T 贝尔实验室开发的 Audrey 语音识别系统，它能够识别 10 个英文数字，得到 98% 的正确率。20 世纪 60 年代，人工神经网络被引入了语音识别，主要基于模板匹配原理，实现了基于线性预测倒谱和 DTW 技术的特定人孤立词语音识别系统。20 世纪 80 年代末，卡耐基梅隆大学（Carnegie Mellon University）实现了第一个基于 HMM 模型的大词汇量语音识别系统 Sphinx。这一时期，语音识别研究的显著特征是 HMM 模型和人工神经元网络（Artificial Neural Network，ANN）的成功应用。此外，人工神经网络方法、基于文法规则的语言处理机制等也在语音识别中得到了应用。

识别的准确率在 20 世纪 90 年代中后期实验室研究中得到了不断的提高。比较有代表性的系统有 IBM 公司推出的 ViaVoice 和 DragonSystem 公司的 NaturallySpeaking 等。

当前我国语音识别技术的研究水平已经达到国际先进水平。我国的语音识别技术进入快速的产业化轨道，产业链主要分为上游、中游、下游。

1）上游：基础层技术提供算力与数据方面的强力支持——包含算力与 AI 数据服务。

2）中游：技术层提供理论与技术支撑——包含基础理论技术以及算法模型相关解决方案的形成，升级为相关软硬件产品。

3）下游：应用层提供技术落地应用场景——包含企业端、消费端、其他端场景。其中，企业端主要应用于医疗、公检法等；消费端主要应用于智能家居、智慧教育等。

3. 语音识别和语言识别的区别与联系

语言识别主要是将自然语言文本转换为机器可读的格式，以便计算机能够理解和分析。它主要涉及文本处理技术，包括分词、词性标注、句法分析、语义分析等步骤。

语音识别主要是将语音信号转换为文本形式，以便计算机能够理解和分析。它主要涉及语音信号处理技术，包括语音信号预处理、特征提取、声学模型训练和文本转换等步骤。

因此，它们的主要区别在于处理对象和技术上有所不同。语言识别主要处理文本数据，而语音识别主要处理语音信号数据。在实际应用中，它们往往是相互关联的。例如，在智能客服系统中，用户可以通过语音输入问题，使用语言识别技术对文本进行分析和理解。

4. 语音识别和自然语言理解的区别与联系

在某些应用中，自然语言理解和语音识别是相互依存的。例如，在语音助手或语音输入的应用中，首先需要通过语言识别将语音信号转换为文本，然后才能进行自然语言理解。区别在于自然语言理解的主要任务是对文本进行分析和理解，以便执行特定的任务，例如情感分析、文本分类、关系抽取等；而语音识别的主要任务是将语音信号转换为文本形式，以便后续的理解和分析。自然语言理解的应用主要集中在文本分析、智能问答、机器翻译等领域；而语音识别的应用主要集中在语音助手、语音输入、智能语音导航等领域。

7.1.6 问答系统

1. 问答系统概况

问答系统（Question Answering System，QA）是信息检索系统的一种高级形式，它能用准确、简洁的自然语言回答用户用自然语言提出的问题。问答系统通常包括三个环节——自然语言理解、中控平台、自然语言生成。问答系统主要有以下类型：

1）任务型：用于完成用户特定任务，例如预订酒店，销售产品等。特点是基于智能决策，状态转移，槽位填充，多轮问答。

2）解答型：用于解答用户的问题，例如跟百科问答相关的机器人或者产品客服机器人。特点是基于问答模型，信息检索，单轮问答为主。

3）聊天型：跟用户的无目的闲聊，多以趣味性跟个性化回复为主。特点是开放式，个性化，内容丰富。

2. 问答系统发展及未来趋势

"古典"问答系统通常由人工编制的知识库加上一个自然语言接口而成。著名的项目有20 世纪 60 年代研制的 LUNAR 系统，专事回答有关阿波罗登月返回的月球岩石样本的地质分析问题。当前，以苹果 Siri 为代表的面向常用应用接口的新一代智能助理（Intelligent Assistant）已经普及到千家万户，正在潜移默化地影响着我们获取信息和服务的方式。

产业意义上的开放式问答系统则是随着互联网的发展以及搜索引擎的普及应运而生的，信息抽取技术把每个任务定义为一个预先设定的所求信息的表格，而搜索结果的细化进化到突出显示匹配关键词的段落。随着预训练模型的兴起，计算机能够通过无监督学习挖掘网上海量数据信息，能以多种模态（语言/媒介）回答问题。以聊天机器人 ChatGPT 为例，它的未来发展趋势是朝着个性化服务、多语言支持和融合多种技术方向发展。

7.2 自然语言处理基础

7.1 节自然语言处理的应用任务虽各种各样，但其基础问题是文本分类[1-6]、结构预测、序列到序列及任务评价指标等。下面将具体介绍。

7.2.1 文本分类

文本分类[1-6]的目的是将文档（例如电子邮件、帖子、文本消息，产品评论等）分给一个或多个类别，表示这些类别可以是评价分数，垃圾邮件、非垃圾邮件，或者是文档所用的语言。文本分类问题相关研究最早可追溯到 20 世纪 50 年代，但覆盖的范围和准确率都有限。伴随着统计学习方法的发展，逐渐形成了将整个文本分类问题分解成特征工程和分类器两部分的经典方法。其中特征工程部分负责提取文本的关键特征并对其进行有效的表达。分类器部分则负责接收特征工程输出的信息，并对其进行分类或预测。这两部分各有其重要作用。

1. 特征工程方法

面向文本分类应用的特征工程方法需要考虑文本的特性和分类任务的要求，以便提高分类器的准确率和效率。它可分为文本预处理、特征提取、文本表示三个部分。

（1）文本预处理

在文本中提取关键词表示文本的过程，例如文本分词和去除停用词。

进行文本分词是因为很多研究表明特征粒度为词粒度远好于字粒度。具体到中文分词，需要设计复杂的分词算法。经典算法主要有：

1）基于字符串匹配的正向/逆向/双向最大匹配，即扫描句子中的字符串，尽量找到词典中较长的单词作为分词的结果。

2）基于理解的词汇语义分析消歧。词义消歧在机器翻译、文本分类、信息检索、语音识别、语义网络构建等方面都具有重要意义。自然语言中一个词具有多种含义的现象非常普遍。如何根据上下文确认其含义，是词义消歧研究的内容。例如：

在英语中 bank 这个词可表示银行，也可表示河岸。词义消歧就是给定输入，根据词语的上下文对词语的意思进行判断，例如：

给定输入：There is a river bank.

根据语义分析知道对应于"river"的 bank 的意思是河岸，消除了歧义。

语义消歧的方法主要有：基于背景知识的语义消歧，有监督、半监督、无监督的语义消歧方法。词典方法通过词典中词条本身定义作为判断其语义的条件。

例如，cone 这个词在词典中有两个定义：一个是指"松树的球果"，另一个是指"用于盛放其他东西的锥形物，如盛放冰激凌的锥形薄饼"。如果在文本中，"树（tree）"或者"冰（ice）"与 cone 出现在相同的上下文中，那么，cone 的语义就可以确定了，tree 对应 cone 的语义 1，ice 对应 cone 的语义 2。

3）基于统计的条件随机场（Conditional Random Field，CRF）方法。其特点是假设输出随机变量构成马尔可夫随机场。CRF 基本思路是对汉字进行标注即由字构词（组词），不仅考虑了文字词语出现的频率信息，同时考虑上下文语境，因此其对歧义词和未登录词的识别都具有良好的效果。例如 CRF 通常定义字的词位信息如下：词首（B）、词中（M）、词尾（E）、单字词（S）。CRF 分词的过程就是对词位标注后，将 B 和 E 之间的字，以及 S 单字构成分词。分词实例如下：

原句：我爱北京天安门

CRF 标注后：我/S 爱/S 北/B 京/E 天/B 安/M 门/E

分词结果：我/爱/北京/天安门。

停用词指的是在处理自然语言时通常被过滤掉的一些高频代词、连词、介词，如英语中的"the"、"a"、"an"、"so"、"what"等。这些词对文本分类无意义。在文本处理中，去除停用词可以去除文本中的无用信息，提高文本处理的精度和效率。去除停用词的主要过程包括以下步骤：

1）首先需要对文本进行预处理，包括分词、去除标点符号和数字等。

2）将常见的停用词收集起来，建立成一个停用词表。

3）将文本中的停用词去除，通常使用替换或删除的方法。

（2）特征提取

方法包括特征选择和特征权重计算两部分：

1）特征选择根据某个评价指标独立对原始特征项（词项）进行评分排序，从中选择得分最高的一些特征项，过滤掉其余的特征项。常用的评价标准有文档频率、信息增益等。

2）特征权重计算使用经典的词频-逆文本频率指数（Term Frequency-Inverse Document Frequency，TF-IDF）方法，即一个词的类别区分能力与其在某一类别内的词频成正比，与其在其他类别出现的次数成反比。假如一篇文件的总词语数是 100 个，而词语"母牛"出现了 3 次，那么"母牛"一词在该文件中的词频就是 $3/100=0.03$。计算逆文本频率指数（IDF）的方法是用文件总数除以出现"母牛"的所有文件数得到的倍数的对数。如"母牛"一词在 1000 份文件出现过，而文件总数是 10000000 份，其逆向文件频率为 $\lg(10000000/)1000)=4$。最后的 TF-IDF 的分数为 $0.03×4=0.12$。

（3）文本表示

把预处理后的文本转换成计算机可理解的方式，是决定文本分类质量最重要的部分。模型主要有：

1）词袋模型（Bag of Words）是通过统计文档中每个词出现的次数或频率，将文本表示为词频向量。

2）基于词频-逆文本频率指数（TF-IDF）的模型是为了解决词频向量不能反映词的重要性的问题，在词袋模型的基础上提出的。

3）潜在语义分析/索引（Latent Semantic Analysis/Indexing，LSA/LSI）模型将文档和词之间的关系转化为矩阵运算，挖掘出文档和词之间的隐含语义信息。

4）BERT、GPT、T5 等预训练模型将文本表示为上下文敏感的词向量，具有更好的语义理解和生成能力。

2. 分类器方法

在已有数据的基础上构造出一个函数或模型表示的分类器（Classifier），负责接收特征工程输出的信息，并对其进行分类或预测。常见的分类器包括：

1）传统机器学习分类器，例如 KNN、贝叶斯、SVM 等。

2）集成学习分类器，例如随机森林、XGBoost、LightGBM 等。

3）深度学习网络，例如 fastText、textCNN、Self-Attention 等。

分类器的构造和实施经过以下步骤：

1）选定样本（包含正样本和负样本），将所有样本分成训练样本和测试样本两部分。

2）在训练样本上执行分类器算法，生成分类模型。

3）在测试样本上执行分类模型，生成预测结果。

4）根据预测结果，计算评估指标，评估分类模型的性能。

7.2.2 结构预测

要实现对自然语言的表意理解，需建立对该无结构文本背后的语义结构的预测[12-16]。因此，自然语言理解的众多任务——中文分词、词性标注、命名实体识别等，都是在对文本序列背后特定语义结构进行预测。大部分任务结构预测可以归结为以下问题：

1. 序列标注

序列标注（Sequence Tagging，ST）可用于解决一系列对字符进行分类的问题，如分词、词性标注、命名实体识别、关系抽取等等，一般可以分为两类：

（1）原始标注（Raw Labeling）

每个元素都需要被标注为一个独立的标签。在自然语言处理中，序列标注的原始标注通常是指将文本中的词或短语逐一标注其所属的类别，比如名词、动词、形容词、副词等。这种标注方式有助于对文本进行更细致的分析和理解，但在处理大量数据时，需消耗大量的人力和时间成本。

（2）联合标注（Joint Segmentation and Labeling）

所有的分段被标注为同样的标签。例如联合标注可以将整个专有名词，如人名或地名，标注为同一个标签，而不是将构成该专有名词的每个单词分别标注。

2. 序列分割

自然语言处理的序列分割问题通常指将一个文本序列（如句子或段落）分割成具有某种特定特征的子序列。常见的序列分割问题有：

（1）词分割（分词）

目标是将句子分割成单个的词语或词汇。例如，句子"我爱自然语言处理"可以分割成"我/爱/自然语言处理"。这种分割可以帮助机器更好地理解人类语言的语义。分词方法可分为三个类别：基于字符串匹配的分词方法、基于统计的分词方法和基于理解的分词方法。

（2）命名实体识别

寻找文本中的专有名词或特定术语的任务，例如人名、地名、组织名等，通常需要将文本分割成多个片段，并将每个片段标注为相应的实体类型。例如，"巴菲特是伯克希尔哈撒韦公司的董事长"这句话可以被分割成"巴菲特/PER 伯克希尔哈撒韦/ORG 公司/ORG 董事长/ATT"等片段。

（3）关系抽取

识别文本中不同实体之间的关系或联系的任务。例如，"巴菲特是伯克希尔哈撒韦公司的董事长"这句话的片段标注关系为"雇佣关系"。

（4）句子分割

将长文本分割成独立的句子的任务。以下是一个例子：

原文：

苹果公司今天发布了最新的 iPhone 14 系列手机，这款手机拥有许多新的功能和设计。它具有更大的屏幕、更快的处理器和更先进的摄像头系统。iPhone 14 系列手机有多个型号可供选择，包括 iPhone 14、iPhone 14 Pro 和 iPhone 14 Max。

分割后的句子：

1）苹果公司今天发布了最新的 iPhone 14 系列手机。

2）这款手机拥有许多新的功能和设计。

3）它具有更大的屏幕、更快的处理器和更先进的摄像头系统。

4）iPhone 14 系列手机有多个型号可供选择。

5）这些型号包括 iPhone 14、iPhone 14 Pro 和 iPhone 14 Max。

例子原文被分割成了五个独立的句子，每个句子都代表了一个完整的思想或观点，有助于计算机在信息提取、文本摘要或文本分类等任务中更好地处理文本数据。

（5）段落分割

将文本分割成独立的段落。每个段落通常代表一个完整的主题或观点。

原文：

我非常喜欢旅游。每年我都会计划一次或多次旅行，去看看不同的地方和体验不同的文化。我曾经去过很多国家，包括美国、英国、法国、意大利、日本和澳大利亚等。在每个国家，我都留下了美好的回忆和照片。我也计划将来再去更多的地方，包括南美洲、非洲和东南亚等。

分割后的段落：

段落 1：我非常喜欢旅游。每年我都会计划一次或多次旅行，去看看不同的地方和体验不同的文化。

段落 2：我曾经去过很多国家，包括美国、英国、法国、意大利、日本和澳大利亚等。在每个国家，我都留下了美好的回忆和照片。

段落 3：我也计划将来再去更多的地方，包括南美洲、非洲和东南亚等。

每个段落表达了作者对于旅游的热爱以及他的旅行经历和计划，可以帮助计算机更好地理解和处理文本数据。

7.2.3 序列到序列

机器翻译是一个复杂的多到多问题，在实际翻译过程中，我们不能仅仅将一个单词翻译成另一种语言的单词，通常需要从句子整体的角度去考虑。

在构建传统的前馈神经网络和循环神经网络模型时，必须预先确定输入层和输出层的神经元数量。然而由于翻译问题的复杂性，我们不能针对每种可能的文本长度都构建一个单独的网络。在这种情况下，Google Brain 团队于 2014 年提出了序列到序列（seq2seq）技术[17]。该技术将输入序列编码成固定长度的向量，然后使用这些向量来生成输出序列，从而实现了从源语言到目标语言的端到端映射，可以处理不同长度的输入和输出序列，并且具有良好的泛化性能。

seq2seq 技术框架（见图 7-1）核心是编码器-解码器（Encoder-Decoder）架构。编码器（Encoder）负责将输入序列压缩成指定长度的状态向量，此状态向量就可看成是输入序列的语义，该过程称为编码。包含上下文信息的编码状态向量传输到解码器中，解码器（Decoder）会根据当前输入解码出对应的输出序列，此过程称为解码。

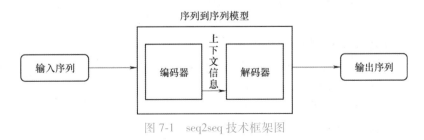

图 7-1 seq2seq 技术框架图

1. 串行 seq2seq 系列架构

（1）RNN 架构

在传统的串行 seq2seq 模型中，编码器和解码器通常均为循环神经网络（Recurrent Neural Network，RNN）架构（见图 7-2）。在编码器中，输入为一个按输入时刻展开的序列，序列中每个位置对应不同时刻的输入。假设使用 simple RNN 作为内部结构，那么其中编码器向解码器传递的就是最后一个状态向量（状态向量 3），解码器在得到编码器的输入后，将该向量解码成输出序列。例如文本摘要任务在编码器阶段是对原文信息的凝练过程，在解码器阶段就需要利用凝练的原文信息来产出最终的摘要文本。

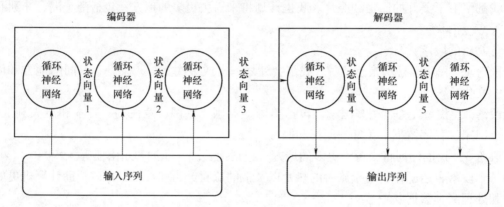

图 7-2　基于 RNN 的编码器-解码器架构

（2）LSTM 架构

传统的 RNN 结构为多个重复的神经元构成的"环路"，将这种输出作为下一个神经元的输入不断循环下去。RNN 在反向传播时易造成梯度消失或梯度爆炸的问题。长短期记忆网络（Long Short-Term Memory，LSTM）是一种特殊类型的 RNN[18,19]，不仅允许 RNN 累积较远节点之间的长期联系，还允许网络遗忘当前已经累积的信息，更适于处理长时间间隔的事件。

如图 7-3 所示，LSTM 结构引入了记忆单元、输入门、输出门和遗忘门等关键元素。其中记忆单元负责保存重要的信息，输入门负责决定是否将当前的输入信息写入记忆细胞，遗忘门则负责遗忘记忆单元中的信息，而输出门则决定是否将记忆单元的信息作为当前的输出。LSTM 能有效地捕捉到序列中重要的长时间依赖关系，展现出比传统 RNN 更好的性能。

LSTM 的架构虽能更好地处理长期依赖性问题，但也可能会带来较大的计算代价。另外，LSTM 并不适用于解决所有问题，在一些场景下，传统 RNN 仍是一个不错的选择。

综上所述，基于 RNN 的串行 seq2seq 模型

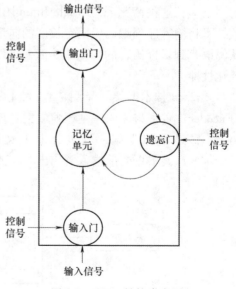

图 7-3　LSTM 结构示意图

（包括 LSTM）虽然有效，但在处理大量数据时，可能会受到计算资源的限制。例如，如果模型训练时每个 GPU 需等待其他 GPU 完成其部分计算，这可能导致训练效率下降。

2. 并行 seq2seq 系列架构-Transformer 模型

2017 年谷歌大脑、谷歌研究院等团队联合发表论文[20]提出了一种新的并行 Seq2Seq 模型——Transformer 模型，该模型不再使用 RNN 来实现编/解码器，而是一次性地接受所有输入的词汇，利用注意力机制将距离不同的单词进行结合，其计算过程各部分都可以并行，提高了效率。

Transformer 模型的编码器-解码器架构示意图如图 7-4 所示，该架构由 6 个具有相同结构的编码器栈（Encoder Stack）和解码器栈（Decoder Stack）组成。

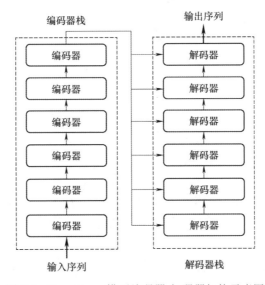

图 7-4　Transformer 模型编码器-解码器架构示意图

Transformer 模型的编码器和解码器的内部结构如图 7-5 所示。每一层之间都有残差连接。自注意力模块和编码器-解码器注意力模块均采用自注意力机制（Self-Attention Mechanism，SAM）[20]。

所谓注意力机制指的是——在解码过程中，从大量输入信息里面选择小部分的有用信息来重点处理，并忽略其他信息。它通过计算输入元素之间的相似度或相关性来分配注意力权重。自注意力机制是注意力机制的一个特例，在处理每个输入元素时，它只考虑与当前元素相关的元素，而忽略其他不相关的元素。它的优点是：①所有输入向量计算并行完成，计算效率更高（见图 7-4）；②可以直接计算两个距离较远时刻的向量之间的关系，有效缓解了信息逐层传递时带来的信息损失问题。

在自注意力机制中，每个元素（例如单词或字符）都会被分配一个注意力值，用于表示该元素与其他元素之间的关联程度。这些注意力值通常通过以下步骤得到（见图 7-6）：

1）将每个元素表示为一个向量，这些向量通常由模型前面的层（例如词嵌入层）获得。对于每个元素，计算它与其他所有元素的向量之间的相似度或相关性。

2）将这些相似度或相关性输入到一个 Softmax 函数中，以计算每个元素对其他元素的权重。通过将这些注意力值与元素自身向量相乘，可以获得一个加权后的向量表示。

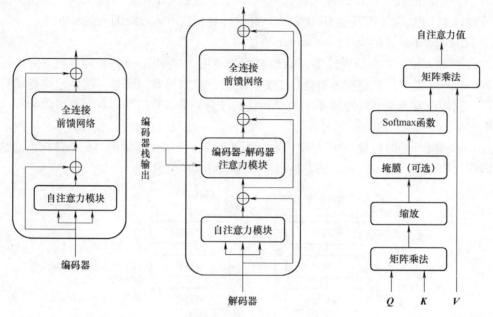

图 7-5　Transformer 模型编码器和
解码器内部结构示意图

图 7-6　自注意力计算示意图

　　图 7-6 中，计算自注意力需要用到矩阵 Q(Query)，K(Key)，V(Value)。在实际中接收的是输入（单词的表示向量 x 组成的矩阵 X）或者上一个编码器的输出，而 Q，K，V 正是通过 X 进行线性变换得到的。

　　在图 7-5 中，自注意力模块和编码器-解码器注意力模块采用的是多头自注意力机制。它是自注意力机制的一种扩展形式，通过将输入数据分为多个头（Head），并对每个头进行自注意力计算，最后将多个头的结果用函数 Concat 拼接起来，得到最终的输出（见图 7-7），从而增强模型的表达能力。

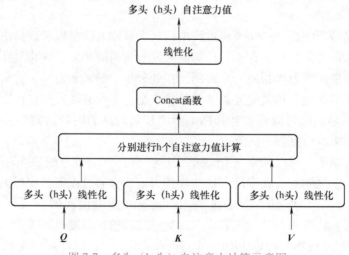

图 7-7　多头（h 头）自注意力计算示意图

在图 7-7 中，多头自注意力机制的头数 h 通常是通过实验来确定的。

总之，Transformer 模型的并行计算能力主要得益于其计算过程的可分解性，每个部分都可以并行计算。例如，Transformer 模型中的自注意力机制是一种高度并行化的操作，前向传播和反向传播也可以被并行化。这种并行计算能力使得 Transformer 模型在处理大规模数据集时能够更高效、更快地训练。Transformer 模型缺点是，需要较多的计算资源和存储空间，这可能会限制其在某些环境中的应用。

7.2.4 任务评价方法

模型上线之前要进行必要的评价。通过任务评价，可以找出系统的优点和不足，进而有针对性地优化系统，提高其性能。任务评价具体有以下指标可以参考。

1. 错误率、精度、准确率、精确度、召回率、F1 衡量。

1）错误率是分类错误的样本数占样本总数的比例，通常被用来衡量机器翻译、语音识别等任务的准确性。例如在评估机器翻译时，错误率通常被定义为翻译结果中错误的词数除以总词数。如果翻译一句话的正确答案是"我喜欢吃苹果"，而机器翻译的结果是"我喜欢吃香蕉"，那么错误率就是 1/4。错误率还可以用于评估其他类型的模型或算法的准确性，例如在异常检测中，可以用错误率来衡量误报率和漏报率等。

2）在分类任务中，精度评估指标通常是指模型对一组样本进行分类预测的准确性。它是预测正确的样本数与总样本数之比。例如，有 100 个样本需要分类，模型成功预测了 85 个，则分类精度为 85%。在回归任务中，精度评估指标可以是均方误差（MSE）、平均绝对误差（MAE）等。在分类任务中，如果样本分布不平衡，那么精度评估指标可能会过于注重分类正确的样本而忽略分类错误的样本。我们可以使用其他指标，如召回率、准确度、F1 分数等来校正。

3）准确率用于衡量分类器或模型的预测准确性，表示在所有分类的样本中，被正确分类的样本所占的比例。具体计算公式为：准确率＝正确预测的样本数/总预测的样本数。例如，如果模型对 100 个样本进行分类，其中有 90 个被正确分类，10 个被错误分类，则准确率为 90%。使用准确率时通常需要考虑其他评估指标，例如精度、召回率和 F1 分数，以获得更全面的分类性能评估。

4）精确度是指测量结果与真实值之间的接近程度或准确程度。在分类问题中，精确度是分类正确的样本数占样本总数的比例。混淆矩阵可用于衡量分类模型的精确度。它显示了模型如何将各类别的样本分配给各个预测类别。

5）在机器学习领域中召回率通常指的是正类别实例中被模型正确预测的比例。这里的"正类别"是指一个二分类问题中的真实值为 1 的实例。在实际使用中，召回率的重要性取决于具体领域和应用场景。例如，在医疗领域中，召回率可能更为重要，因为漏诊可能导致误诊。

6）F1 评估指标是精确度和召回率的调和平均数，具有更平衡的衡量标准。F1 值越高，说明分类器或模型的准确性越高。F1 评估指标的优点是具有可解释性，易于理解和使用，可以帮助人们更好地理解数据和模型。

2. ROC 曲线和 AUC 指标。

（1）ROC 曲线（Receiver Operating Characteristic，ROC）

ROC 是一种用来衡量分类模型的表现的曲线，其中横轴为模型的假正率（False Positive

Rate，FPR），纵轴为模型的真正率（True Positive Rate，TPR）。该曲线将真正类和假正类的比率绘制成一条曲线，并计算出曲线下面积（AUC 值）。它能很容易的查出任意阈值对模型的泛化性能影响，有助于选择最佳的阈值。

（2）AUC（Area Under The ROC Curve，AUC）

AUC 是由 ROC 曲线下面积计算得到，指标的值范围在 0～1，AUC 值越大代表模型的性能越好。由于 AUC 指标在实际应用中具有很好的鲁棒性和通用性，因此在很多领域都有着广泛的应用，如医疗诊断、金融风控、广告推荐等。

7.3 预训练语言模型

传统的自然语言处理技术通常针对具体的自然语言任务设计，需要手动特征设计和规则制定，难以应对复杂的自然语言环境和多样化的语言文本的处理需求。

目前，自然语言处理领域中的一个热门话题就是预训练语言模型[21,22]，预训练语言模型是指在大规模文本语料库上进行训练的机器学习模型，将无标记的文本序列作为输入，并通过学习这些文本数据的语言模式来生成特征表示。它通过大规模的预训练，获取了自然语言中丰富的隐含表示，在下游任务中，只需要进行简单的微调即可达到极好的性能表现，减少了训练成本和时间槛。

预训练语言模型已经在自然语言处理领域和其他领域取得了突破性的进展。其中，最著名的是由谷歌推出的 BERT 模型和 GPT 系列的模型，包括 GPT，GPT-2，GPT-3，GPT-4 等。

7.3.1 背景知识

早期的预训练方法包括 Word2vec，其于 2013 年训练出了词向量。这些训练好的词向量可被移植到其他模型中作为输入。在 2017 年之前，由于计算资源的限制，大型模型的构建是不可行的。然而，Transformer 模型的出现使得大型模型的参数数量逐渐增多，GPT-3 模型的参数数量在 2020 年达到了万亿级别。

一般预训练通常先在源任务上进行，然后迁移到目标任务上进行学习。目前主流的方式是将参数迁移和预训练任务与下游任务共享模型参数，然后根据具体任务进行微调。

在迁移学习的早期阶段，主要着眼于特征迁移学习，即词向量方面。然而，随着 Transformer 的提出，相比于 CNN 和 RNN，它能够构建更大的模型，从而获取更多的信息。因此，基于 Transformer 的预训练模型成为了关注的重点。特征迁移学习也同时被使用。

7.3.2 GPT 模型

GPT（Generative Pre-trained Transformer）模型是一种基于 Transformer 架构的预训练语言模型，它通过无监督的方式进行预训练，能够自动学习到语言的规律和结构。GPT 模型由多个 Transformer 编码器组成，每个编码器包含了多头自注意力机制和前向神经网络（Feedforward Neural Network），对输入的文本进行编码，并将其传递给下一个编码器。在训练过程中，GPT 模型学习了大量的文本数据，从而能够生成符合语法和语义规则的文本内容。与传统的基于特征工程或单向编码器的模型不同，GPT 模型采用了深度双向编码器，这使得它能够同时处理输入文本的左右信息，从而更好地理解语义。

基于以上特点，GPT 模型在各种自然语言处理任务中表现出色，包括文本生成、文本分类、实体关系抽取等。由于 GPT 模型的学习能力非常强，它可以在有限的数据上进行快速适应，从而解决各种新的自然语言处理问题。

1. 无监督预训练

当 GPT 模型的输入为文本序列，每个单词会通过嵌入层转换为向量表示，输入到 Transformer Encoder 中进行处理。在训练时，GPT 模型通过最小化每个单词的预测与真实标签之间的交叉熵损失函数来更新模型参数。通过这种方式，模型可以学习到文本序列中的语法和语义信息，从而在下一个单词的预测中生成自然流畅的句子。

GPT 模型的预训练目标是使用无监督学习方法，学习语言的基础知识和语法规则。其核心思想是利用大规模未标记数据进行预训练，然后再使用少量标记数据进行微调。这种方法可以减少标记数据的需求，提高训练效率和模型的泛化能力。

在预训练过程中，模型输入的是一段文本的前面一部分，通过学习这部分文本和后续内容的关系，来训练出预测下一个词语的能力，从而生成高质量的语言文本。

在预训练之后，GPT 模型可以微调适配下游任务，除了能够生成自然语言文本外，还可以进行文本分类、序列标注、问答等任务。

2. 有监督下游任务精调

下游任务指的是基于 GPT 技术实现的特定任务，如机器翻译、文本摘要、对话生成等，通常需要精调一些超参数，如学习率、批大小、迭代次数等。精调的关键性主要体现在：

1）选取合适的特征可以提高分类器的准确率，同时还可以降低模型的复杂度，是判别式任务精调的第一步。

2）选择合适的模型适用于不同的场景，要对其参数进行适当的调整。

3）选择合适的评估指标更准确地衡量模型的性能。

4）通过调整模型参数来提高模型的性能，常见方法包括网格搜索、随机搜索、贝叶斯优化等。

因此，下游任务的精调是一种微调，通过逐步调整 GPT 的模型参数，使其适应不同的任务环境。需要注意的是：

1）在下游任务的微调过程中，数据集的选择非常重要，还需要对模型的参数进行一定的调整以达到更好的精度和效率，其中最重要的参数是学习率和批大小。

2）学习率是指模型在更新参数时学习的速度，学习率的选择需要结合具体任务和数据集来进行调整。

3）批大小是指每次训练的样本数。批大小过大或过小都会导致训练效果下降。

3. GPT 应用示例

下面将以文本分类为例，介绍 GPT 在下游任务适配中的应用。

下面是一个基本的文本分类流程：

1）预处理文本数据。

2）提取文本的特征向量。

3）训练文本分类器。

4）评估文本分类器的性能。

在使用 GPT 进行文本分类时，可以选择使用不同层的输出作为文本的特征向量，训练一个分类器,将其分类到特定类别中。例如,有一个文本分类任务需将新闻文章分为"体育"、"科技"、"政治"和"娱乐"四个类别。根据上述文本分类流程:

1)预处理文本数据:对文本进行清洗,去除标点符号、停用词、拼写错误等。将文本分词,例如使用空格分隔单词。

2)提取文本的特征向量:将文本输入 GPT 模型,可以选择使用不同层的输出作为文本的特征向量,将特征向量转换为 numpy 数组,并输入到分类器中。

3)训练文本分类器:使用逻辑回归或支持向量机等定义一个文本分类器,使用训练数据集对分类器进行训练。

4)评估文本分类器的性能:使用测试数据集对分类器的性能进行评估,例如计算准确率、精确率、召回率和 F1 分数等指标。

除了文本分类,GPT 还可以应用于其他下游任务的适配。例如,情感分析中,我们可以使用 GPT 生成一些特定领域的语料库,并使用这些语料库训练对情感分析具有较好性能的分类器。

4. ChatGPT 的发展

ChatGPT 是美国 OpenAI 公司开发的一个基于 Transformer 架构的自然语言处理模型,于 2022 年 11 月 30 日公开发布,引起了强烈反响。该模型是在 GPT-3 的基础上通过使用人类反馈强化学习技术进行微调而得到的衍生版本,具备更强的自然语言处理能力。

ChatGPT 在处理自然语言任务上的卓越能力得益于其参数高达 1750 亿的超级人工智能模型 GPT-3,这一模型使得它在自然语言理解、生成和对话方面都有了显著的提升。在 2023 年 3 月 15 日,ChatGPT 又引入了更高级的 GPT-4 模型。GPT-4 主要升级的是多模态能力,而非参数量。GPT-4 能够更好地理解和识别图像,生成更长、更连贯的文本,包括整篇文章和整个对话,还增强了模型的理解能力。

目前,ChatGPT 已经广泛应用于各种实际场景,如智能客服、智能问答、自然语言翻译、智能写作等。同时,OpenAI 还推出了一系列插件,以提供更加个性化和实用的服务。例如,Supercharge 插件可以为特斯拉车主提供方便的充电路线规划,Spirify 插件可以生成有趣的 QR 码,而 NewsBot 插件则可以提供最新的新闻信息。

7.3.3 BERT 模型

BERT(Bidirectional Encoder Representations from Transformers)是一个开创性的自然语言处理模型,它于 2018 年由 Google 公司提出。它的提出主要是为了解决两个核心问题:语义理解和任务自适应。

1)BERT 采用了基于 Transformer 架构的深度双向编码器,这使得它能够同时处理输入文本的左右信息,从而更好地理解语义,这使得它在许多自然语言处理任务中取得了显著的性能提升。

2)BERT 提出了任务自适应的思想,即通过预训练模型(Pre-trained Model)来适应不同的自然语言处理任务。这种方法大大简化了模型的学习过程,使得在有限的训练数据下,模型也能够快速适应新的任务。

1. 模型结构

BERT 模型的主要特点是利用了 Transformer 结构来进行双向编码,显著提高了对上下文信息的理解程度。由于 Transformer 结构能够通过多头自注意力机制同时学习多个信息，因此可以较好地解决自然语言处理中的一些非线性问题。BERT 模型的整体结构可以分为：

1）输入嵌入层：将文本转化为向量形式，使得模型能够处理文本信息。

2）多层双向 Transformer 编码器：模型的核心部分包含了若干个 Transformer 编码器，每个编码器都由多头自注意力机制层和前向全连接层组成。

3）预训练任务：通过在大规模文本语料上进行预训练来学习文本的表示，包括语言模型和掩码语言模型两个任务。

4）微调层：在预训练之后，可以使用 BERT 模型在各种下游任务上进行微调，例如文本分类等。

BERT 的预训练，主要是基于无标记文本的大规模语料库，通过掩盖、预测遮盖词、随机矫正等方式建立模型，直接利用预训练模型产生向量表示，而无须花费额外的时间和资源训练模型。BERT 预训练模型可以完成多种下游任务，例如情感分类、文本匹配等，2019 年阿里巴巴提出了中文词汇空间 BERT（中文版 BERT），通过预训练方式，可以在中文短文本分类等任务上取得较好的表现。

在 BERT 中，通过掩码语言模型（Masked Language Model，MLM）进行训练是一种重要的训练方式。随机从输入句子中选择 15% 的单词进行遮蔽，并将其用特殊符号进行替换，使得模型学习通过上下文理解空缺的单词，并通过预测合适的单词与实际单词的概率之间的差距来训练模型。

在精调阶段，BERT 模型会根据不同的任务来调整输出向量，以适应不同的分类、序列标注等任务。

2. 自注意力机制

BERT 模型的自注意力机制（Self-Attention Mechanism，SAM）可以帮助模型理解上下文中的单词序列，更好地处理文本中的语法和语义。自注意力机制包括多头自注意力机制和层间自注意力机制。

1）在多头自注意力机制中，BERT 将输入拆分为多个子空间，每个子空间分别进行计算并产生输出，这样可以捕捉更多的信息。

2）在层间自注意力机制中，BERT 利用前一层的输出作为查询向量，在自身 encoder 的所有输入中使用键值对来计算权重，得到自我注意力矩阵，并对当前层信息进行更新。

在 BERT 的代码实现中，自注意力机制主要由三个部分构成：查询向量、键向量和值向量。每个词语的词向量可以同时作为查询向量、键向量和值向量进行计算。查询向量、键向量和值向量的计算方式可以使得输入序列中每个词语能够同时参与到注意力计算中，而不是像传统序列模型一样只考虑相邻的词语。

3. 自注意力机制应用示例

以谷歌翻译为例，应用自注意力机制大致分为以下步骤：

1）编码阶段：在翻译过程中，自注意力机制首先需要将源语言句子中的每个单词转换为一个向量表示。谷歌翻译的编码器采用的是双向的 Transformer 编码器，它将源语言句子中的每个单词输入到一个多层的 Transformer 编码器中，得到每个单词的词向量表示。

2）自注意力计算阶段：在得到每个单词的词向量表示后，谷歌翻译利用自注意力机制计算出每个单词对于最终翻译结果的贡献程度，即注意力权重。具体来说，它通过将每个单词的词向量与所有其他单词的词向量进行点积运算，并使用 softmax 函数对每个单词的权重进行归一化，从而得到一个注意力权重矩阵。

3）加权平均阶段：利用得到的注意力权重矩阵，谷歌翻译对源语言句子中的每个单词的词向量进行加权平均，得到一个初步的表示。这个表示包含了源语言句子中的上下文信息和语义信息。

4）解码阶段：将得到的初步表示送入解码器进行解码，生成最终的翻译结果。解码器同样采用的是 Transformer 结构，它将初步表示输入到一个多层的 Transformer 解码器中，通过自注意力机制和位置编码等方式，逐步生成目标语言句子中的每个单词。

通过这种方式，自注意力机制使得谷歌翻译可以更好地捕捉到源语言句子中的上下文信息和语义信息，并生成更加准确和自然的翻译结果。同时，由于自注意力机制可以捕捉到句子中所有单词之间的关系，因此它可以有效地解决机器翻译中的长距离依赖问题。

由于谷歌翻译是商业软件，源代码不开源，因此用下面简单的代码展示如何使用自注意力机制进行机器翻译。这个示例使用了 TensorFlow 的神经机器翻译框架。

```python
import tensorflow as tf
# 加载预训练的翻译模型
model=tf.keras.models.load_model('path/to/pretrained/model')
# 定义源语言和目标语言的词汇表
src_vocab=['en_vocab.txt']
trg_vocab=['fr_vocab.txt']
# 加载词汇表
src_tokenizer = tf.keras.preprocessing.text.Tokenizer(num_words=len(src_vocab))
trg_tokenizer = tf.keras.preprocessing.text.Tokenizer(num_words=len(trg_vocab))
# 加载句子
src_sentences = ['This is a sample sentence.','Another sample sentence.','...]
trg_sentences =['C'est une phrase d'exemple.','Une autre phrase d'exemple.','[...']
# 对源语言句子进行编码
src_encodings=src_tokenizer.encode(src_sentences[0])
# 构建自注意力机制的输入数据
src_input=tf.keras.Input(shape=(None,),dtype=tf.int32)
memory=tf.keras.Input(shape=(None,None),dtype=tf.int32)
query=tf.keras.Input(shape=(None,),dtype=tf.int32)
attention_weights=tf.keras.layers.Attention()([query,memory])
# 构建自注意力机制的模型
```

```
    attention_output=tf.keras.layers.Dense(units=src_encodings.numpy().
shape[0],activation='softmax')(attention_weights)
    attention _ output = tf.keras.layers.Lambda (lambda x: x [:, 0])
(attention_output)
    # 将编码后的源语言句子送入自注意力机制模型,得到初步表示
    初步表示=tf.keras.Model([src_input],attention_output)(src_encod-
ings)
    # 对初步表示进行解码,生成目标语言句子
    初步表示=tf.keras.layers.Dense(units=len(trg_vocab),activation=
'softmax')(初步表示)
    初步表示=trg_tokenizer.decode(初步表示.numpy().argmax())
    # 输出初步翻译结果
    print(初步表示)
```

上述代码假设已经有一个预训练的机器翻译模型,并加载了源语言和目标语言的词汇表。代码中的主要部分是构建自注意力机制的模型,并将其应用于源语言句子的编码过程中。最后,通过解码器对初步表示进行解码,生成目标语言句子。

4. 探针实验

探针实验是一种评估模型内部语言表示的方法,它通过在模型中插入额外的线性分类器,对模型内部表示进行评估。具体来说,对每个表示向量,都会对其应用一个额外的线性变换,并输出对应的预测结果。通过比较预测结果与实际标签的差异,可以评估模型在特定任务上的语言表示质量。例如,在探究 BERT 模型在情感分类任务中的表示时,可以从模型中提取出中间层的语言表示向量,然后在这些向量上插入额外的线性分类器,用于区分积极和消极情感。通过比较额外分类器预测结果与实际标签的误差,可以评估 BERT 模型在情感分类上的表示质量。

探针实验的优点是可以深入理解模型内部的语言表示,帮助分析模型架构和学习算法的特点。但是,探针实验也存在一些局限性,例如对于不同的任务需要设计不同的探针,因此可能会出现任务固有偏差的问题。此外,探针实验也只能提供一种表层的语言表示评估,无法探究模型内部的结构和学习过程。

7.3.4 多模态预训练模型

1. 多模态预训练模型介绍

多模态预训练模型是指利用多种数据来源进行预训练的深度学习模型。这种方法可以将视觉、语音和文本等多种数据整合在一起,从而提高模型的性能和泛化能力。其中,视觉数据包括图像和视频信息,语音数据包括音频信号和语音识别文本,文本数据包括自然语言文本等。通过预训练模型,我们可以在多模态数据上训练出一个强大的模型,用于多模态任务。

以 BERT 模型为例,BERT 是一种基于 Transformer 结构的预训练模型,用于自然语言处理(NLP)任务。在 BERT 模型的基础上,也可以进行多模态预训练,从而实现多模态任务

的效果。例如在 VisionBERT 模型中，将 BERT 模型与视觉数据相结合，如图像和视频等，用于视觉-文本领域任务。其中，模型的输入包括图像或视频的特征表示和文本序列，以及文本序列的嵌入表示。这样，在多模态预训练的过程中，可以同时学习多种数据来源之间的关系，从而提高模型的性能。

此外，另一个重要的多模态预训练模型是 ClipBERT。该模型用于将图像和文本相结合的问题，例如图像分类和相似性搜索等。ClipBERT 的基本思想是将图像和文本转换为共享的表示形式，以便它们可以在同一个空间中进行比较和匹配。该模型的输入包括图像和文本的嵌入表示和 token 嵌入表示，该嵌入表示将两种数据源相互嵌入到联合表示空间中。此外，ClipBERT 还使用了对抗训练来进一步提高模型的鲁棒性。

近年来，多模态预训练模型在自然语言处理和计算机视觉领域备受关注。以下是几个已经应用成功的多模态预训练模型：

1）ViLBERT：一种视觉文本双向编码器，通过将图像和文本嵌入同一个向量空间中，实现了视觉和语言的联合理解。ViLBERT 已成功应用于许多任务，例如图像问答、视觉文本推理等。

2）LXMERT：相比于 ViLBERT，LXMERT 引入了称为交叉注意力的新机制，以更好地捕捉图像和文本之间的关联。LXMERT 已被用于视觉文本对话和多模态指示理解等任务。

3）OpenAI's DALL-E：它是一个生成式的多模态预训练模型，可以通过输入一个文本描述来生成图片。例如，"一个红色的长颈鹿穿过中央公园"，DALL-E 将生成一张描绘这个场景的图片。

2. ViLBERT 应用实例

使用多模态预训练模型 ViLBERT 构建一个智能助手，该助手可以理解用户的语音指令并执行相应的操作。为了实现这个目标，需要进行以下步骤：

1）数据收集和预处理：收集语音数据和文本数据，并将语音转换为文本。对于图像数据，需要将其转换为模型可以处理的格式。

2）多模态预训练：使用 ViLBERT 模型对预处理后的数据进行预训练。在训练过程中，模型将视觉、语言和文本数据相结合，并学习它们之间的关联。

3）模型微调：针对特定的任务对预训练后的模型进行微调。例如，我们可以使用文本数据和相应的标签对模型进行微调，以适应文本分类任务。

4）模型应用：将微调后的模型应用于智能助手任务。用户可以对着智能助手说出指令，模型将语音转换为文本并对其进行分类，最终理解用户的意图并执行相应的操作。

下面使用使用 Python 和 PyTorch 实现 ViLBERT 模型构建智能助手的任务。

```python
import torch
from transformers import ViLBERTModel,ViLBERTTokenizer
# 加载 ViLBERT 模型和 tokenizer
model=ViLBERTModel.from_pretrained("bert-base-uncased")
tokenizer=ViLBERTTokenizer.from_pretrained("bert-base-uncased")
# 定义语音转文本函数
def speech_to_text(audio_file):
    import speech_recognition as sr
```

```
        r=sr.Recognizer()
        with sr.AudioFile(audio_file)as source:
            audio_data=r.record(source)
        text=r.recognize_google(audio_data)
        return text
# 定义文本处理函数,将文本转换为模型输入的格式
def preprocess_text(text):
        input_ids=tokenizer.encode(text,add_special_tokens=True)
        input_ids=torch.tensor(input_ids).unsqueeze(0)
        return input_ids
# 加载语音数据和对应的文本数据
audio_file="path/to/audio_file.wav"
audio_text=speech_to_text(audio_file)
# 将文本数据转换为模型输入格式
input_ids=preprocess_text(audio_text)
# 运行模型并获取预测结果
with torch.no_grad():
        outputs=model(input_ids)
        predicted_label=torch.argmax(outputs[0],dim=1)
# 根据预测结果执行相应的操作
if predicted_label==1:
        print("执行操作 1")
else:
        print("执行操作 2")
```

在这个示例中，使用 ViLBERT 模型和 tokenizer 来处理语音数据和文本数据。首先定义 speech_to_text() 函数，用于将语音文件转换为文本。然后定义 preprocess_text() 函数，用于将文本转换为模型输入的格式。接下来加载语音数据和对应的文本数据，并将文本数据转换为模型输入格式。最后运行模型并获取预测结果，根据预测结果执行相应的操作。

7.3.5 模型压缩

1. 模型压缩介绍

利用预训练语言模型，可以更高效地完成各种自然语言处理任务，如文本分类、语义分析、机器翻译等。然而，预训练语言模型也面临着诸多挑战，其中之一就是模型规模过大，导致计算资源和存储资源的消耗过高，训练和部署时间过长，限制了其在实际生活场景中的推广和应用。

因此，研究者们提出了压缩预训练语言模型的方法，主要包括模型裁剪、模型量化、知识蒸馏等技术。其中，模型裁剪是指通过删除模型中一些冗余的部分来减少模型的大小，模型量化是指降低模型参数的精度，以减小模型的体积。而知识蒸馏则是将较大的神经网络模

型的知识传递给较小的网络模型，以达到压缩模型的目的。

通过以上方法，可以有效地降低预训练语言模型的存储和计算资源消耗，使得其在实际部署和应用中更加便捷和高效，从而推动自然语言处理技术的发展。

近年来，一些预训练语言模型成功地进行了压缩，从而缩小了模型的规模，提高了模型的效率。例如，BERT 模型具有高达 340M 个参数的巨大规模，会带来很大的计算和存储开销。为了减小模型大小和提高效率，研究人员提出了一种叫作 DistilBERT 的模型压缩技术，该技术使用了与 BERT 相同的架构，但是通过减少网络深度和减少隐藏层的尺寸，将 BERT 压缩到了 DistilBERT，同时保留了其高效且有效的特性。实验结果表明，DistilBERT 具有与 BERT 相似的性能，但是具有更少的参数，训练速度更快且占用的存储空间更小。

2. 模型压缩应用实例

以下是使用 DistilBERT 技术压缩预训练语言模型 BERT 的实例，代码如下。

```python
# 导入所需的库
from transformers import BertModel,DistilBertTokenizer,
DistilBertForSequenceClassification
import torch
# 加载原始 BERT 模型和 tokenizer
bert_model=BertModel.from_pretrained("bert-base-uncased")
bert_tokenizer=DistilBertTokenizer.from_pretrained("bert-base-un-
cased")
# 创建 DistilBERT 模型
distilbert_model = DistilBertForSequenceClassification.from_pre-
trained("distilbert-base-uncased",num_labels=2)
# 准备训练数据
train_texts=["This is a sample sentence.","Another sample text."]
train_labels=[0,1]
# 对训练数据进行编码
input_ids = bert_tokenizer(train_texts, return_tensors="pt",
padding=True,truncation=True).input_ids
attention_mask=torch.ones_like(input_ids)
# 提取 BERT 模型的输出特征
with torch.no_grad():
    bert_outputs=bert_model(input_ids,attention_mask=attention_
mask)
    pooled_outputs=bert_outputs[1]
# 将 BERT 模型的输出特征输入到 DistilBERT 模型中进行训练
labels=torch.tensor(train_labels)
loss=distilbert_model(input_ids=input_ids,attention_mask=atten-
tion_mask,labels=labels)
```

```
loss.backward()
optimizer.step()
optimizer.zero_grad()
```

上面代码示例中，首先加载了原始的 BERT 模型和 tokenizer，然后创建了一个 DistilBERT 模型。接下来，准备了一些训练数据并对数据进行编码。然后使用 BERT 模型对输入数据进行编码，并提取了 BERT 模型的输出特征。最后，将 BERT 模型的输出特征输入到 DistilBERT 模型中进行训练，并计算了损失并进行反向传播和参数更新。

原来的 BERT 模型大小为 110M 参数左右，与之性能近似的 DistilBERT 模型的总大小约为 69M 参数，其中 DistilBERT 的预训练模型大小为 44M 参数，针对特定任务的微调模型大小为 25M 参数，压缩率接近 50%。值得注意的是，压缩模型大小并不是唯一的优化目标，还有其他方面需要考虑，例如模型的效率、准确率、计算资源消耗等。

7.3.6 文本生成

1. 文本生成介绍

文本生成是解决如何利用自然语言处理技术，通过对大量文本数据的学习和理解，以及对语言规律的掌握，自动生成符合语法和语义要求的文本内容的问题，能够为人类提供更高效、更准确、更灵活的自然语言交互方式，为智能客服、智能问答、聊天机器人等领域提供更加智能的解决方案。同时，文本生成还有自动撰写新闻、短篇小说、广告等文本内容，减轻人工撰写负担；帮助内容生成平台、社交媒体等实现更高效、更自然的文本内容生成；通过文本生成，可以实现对知识的积累和学习，为知识图谱等领域提供支持等应用价值。

利用预训练语言模型实现文本生成的步骤如下：

1）选择一个预训练语言模型，例如 GPT-2 或 BERT。这些模型经过大规模的无监督训练，能够学习到大量的语言规律和语义信息。在使用这些模型时，需要利用它们的训练好的权重进行推理。

2）准备一个有足够规模的文本数据集。这些数据集可以是小说、报告、新闻或者其他类型的文本。在文本生成任务中，输入的文本序列将被用作模型的条件，而模型将生成接下来的文本。

3）确定生成文本的长度。一般情况下，可以根据预测目标来自行选择生成的长度。例如，生成一段对话模型可以选择 10 句话，生成一篇文章可以选择 500 字。

4）将输入文本序列送入预训练语言模型中计算。这些模型接受定长序列输入。在生成过程中，模型将每个字符的概率作为输出，因此，需要在输出中选择最高概率的下一个字符，并将其添加到生成文本序列中，重复多次，生成指定长度的文本。

5）对生成文本进行后处理。这个步骤通常会包括删除无用字符、扫除拼写错误等。这可以通过具体任务需要来决定。

2. 文本生成应用示例

以下是一个使用预训练语言模型进行文本生成的示例：

主题：写一篇关于日常生活的文章，字数不限。

预训练语言模型选择：BERT

准备文本数据集：从互联网上收集各种关于日常生活的文章、评论、微博等，构建一个包含各种日常生活场景的文本数据集。

确定生成文本长度：生成 500 字的文章。

输入起始文本序列：输入一个简单的起始序列，例如"我的日常生活"。

计算：将起始序列输入到 BERT 模型中，计算每个字符的概率，并根据概率分布生成下一个字符，然后重复这个过程，直到生成了指定长度的文本。

后处理：对生成的文本进行简单的编辑和修正，例如删除无用字符、扫除拼写错误等。

生成的文本可能类似于以下内容：

我的日常生活是一个很普通的日子，每天早上起床，先去阳台收收衣服，然后下楼吃个早餐，接着去上班。晚上下班后，我会先去健身房锻炼身体，然后再回家看看电视、听听音乐，最后睡觉。我的生活很简单，但我很喜欢它，因为这样的生活让我感到很平静和舒适。

实现代码如下：

```python
from transformers import BertTokenizer,BertModel
import torch
# 准备预训练语言模型和 tokenizer
model=BertModel.from_pretrained('bert-base-uncased')
tokenizer=BertTokenizer.from_pretrained('bert-base-uncased')
# 确定生成文本的长度
生成文本长度=500
# 输入起始文本序列
输入序列="我的日常生活"
# 对输入序列进行 tokenize 和 padding
input_ids=tokenizer.encode(输入序列,return_tensors='pt')
input_ids=input_ids[:512]
# 初始化生成文本序列
generated=input_ids.clone()
# 使用 BERT 模型生成文本
for _ in range(生成文本长度):
    outputs=model(input_ids,labels=generated)
    loss,logits=outputs[:2]
    next_token_logits=logits[:,-1,:]/100    # 对下一个 token 的概率分布
                                                进行缩放
    next_token=torch.argmax(next_token_logits)
                                            # 选择概率最高的下一个 token
    generated=torch.cat([generated,next_token.unsqueeze(1)],dim=-1)
                                            # 将下一个 token 添加到生成
                                                文本序列中
```

```
    input_ids = next_token.unsqueeze(1)    # 将选择的下一个 token 作为
                                              下一个输入

# 对生成的文本进行解码,得到最终的文本内容
生成的文本 = tokenizer.decode(generated.tolist())
print(生成的文本)
```

上面代码首先加载了预训练的 BERT 模型和 tokenizer,然后输入了一个起始序列,并使用 tokenizer 将其转换为 PyTorch 张量。接下来,使用 BERT 模型在每个步骤中生成下一个 token,并将生成的 token 添加到生成文本序列中,直到生成了指定长度的文本。最后,使用 tokenizer 将生成的张量解码为最终的文本内容,并输出。

7.4 自然语言处理实例[23]

7.4.1 背景介绍

作家风格是作家在作品中表现出来的独特的审美风貌,是一个文本分类的过程。

7.4.2 实例要求

本实例是关于一个有趣的课题——如何通过分析作品的写作风格来识别作者是谁?这个领域的应用可以帮助我们鉴定某些存在争议的文学作品、判断文章是否剽窃他人作品等。

首先,我们需要建立一个深度神经网络模型,通过对一段文本信息进行检测,来识别该文本对应的作者。同时,还会绘制深度神经网络模型图和解析学习曲线,以便更好地评估模型性能。

在这个实例中,将使用一个包含 8438 个经典中国文学作品片段的数据集。每个作品片段都对应一个作家的姓名。

本实例中,将使用 jieba 库进行分词处理,并对比精确模式、全模式和搜索引擎模式的效果。此外,还将使用 TF-IDF 算法统计每个作品的关键词频率,以展示不同作者的写作风格。

最后,将使用 TensorFlow 的 Keras 库进行文本语料库的预处理,包括将文本转化为整数序列或向量、保存词汇表为 JSON 格式、将文本序列化、填充为固定长度、打乱数据集并切分为训练集和验证集等步骤。

7.4.3 数据集介绍

该数据集包含了 8438 个经典中国文学作品片段,对应文件分别以作家姓名的首字母大写命名。数据集中的作品片段分别取自 5 位作家的经典作品,分别是:

序号	中文名	英文名	文本片段个数
1	鲁迅	LX	1500 条
2	莫言	MY	2219 条
3	钱钟书	QZS	1419 条
4	王小波	WXB	1300 条
5	张爱玲	ZAL	2000 条

代码如下：

```
# 导入相关包
import os
import time
import random
import jieba as jb
import numpy as np
import jieba.analyse
import tensorflow as tf
import tensorflow.keras as K
from matplotlib import pyplot as plt
from tensorflow.keras.layers import Dense
from tensorflow.keras.layers import Input
from tensorflow.keras.models import Model
from sklearn.preprocessing import LabelEncoder
from tensorflow.keras.models import load_model
from tensorflow.keras.models import Sequential
from tensorflow.keras.layers import Activation
from tensorflow.keras.utils import to_categorical
读取数据集,保存在字典中。
dataset={}
path="./dataset/"
files=os.listdir(path)
for file in files:
    if not os.path.isdir(file)and not file[0]=='.':   # 跳过隐藏文件和
                                                          文件夹
        f=open(path+"/"+file,'r',encoding='UTF-8');   # 打开文件
        for line in f.readlines():
            dataset[line]=file[:-4]
```

数据集总共有 8438 个文本片段，现在展示其中的 10 个片段及其作者：

```
name_zh={'LX':'鲁迅','MY':'莫言','QZS':'钱钟书','WXB':'王小波','ZAL':'张爱玲'}
for(k,v)in  list(dataset.items())[:10]:
print(k,'---',name_zh[v])
```

7.4.4 数据集预处理

本实例采用 jieba 库进行分词，使用精确模式、全模式和搜索引擎模式进行分词对比。使用 TF-IDF 算法统计各个作品的关键词频率。这里使用 jieba 库中的默认语料库来进行关键词抽取，并展示每位作者前 5 个关键词。

代码如下：

```
import jieba.analyse
# 将片段进行词频统计
str_full={}
str_full['LX']=""
str_full['MY']=""
str_full['QZS']=""
str_full['WXB']=""
str_full['ZAL']=""
for(k,v)in dataset.items():
    str_full[v]+=k
for(k,v)in str_full.items():
    print(k,":")
    for x,w in jb.analyse.extract_tags(v,topK=5,withWeight=True):
        print('%s %s'%(x,w))
```

7.4.5　建立深度神经网络模型

采用 Keras 建立一个简单的深度神经网络模型。通过 Keras 构建深度学习模型的步骤如下：

定义模型——创建一个模型并添加配置层

编译模型——指定损失函数和优化器，并调用模型的 compile() 函数，完成模型编译。

训练模型——通过调用模型的 fit() 函数来训练模型。

模型预测——调用模型的 evaluate() 或者 predict() 等函数对新数据进行预测。

首先需要读取数据集，记录每个片段的作者并保存。

读取数据和标签

代码如下：

```
def load_data(path):
    """
    :param path:数据集文件夹路径
    :return:返回读取的片段和对应的标签
    """
    sentences=[]                  # 片段
    target=[]                     # 作者

    # 定义 lebel 到数字的映射关系
    labels={'LX':0,'MY':1,'QZS':2,'WXB':3,'ZAL':4}
    files=os.listdir(path)
```

```
        for file in files:
            if not os.path.isdir(file):
                f=open(path+"/"+file,'r',encoding='UTF-8');
#打开文件
                for line in f.readlines():
                    sentences.append(line)
                    target.append(labels[file[:-4]])


        target=np.array(target)
        encoder=LabelEncoder()
        encoder.fit(target)
        encoded_target=encoder.transform(target)
        dummy_target=to_categorical(encoded_target)
        return sentences,dummy_target
```

对读取的片段进行分词，由于分词后的片段仍然为中文词语组成的序列，需要创建词汇表，将每个中文词映射为一个数字。这里使用 tf 的 Tokenizer 创建词汇表。

代码如下：

```
def padding(text_processed,path,max_sequence_length=80):
    """
    数据处理,如果使用 lstm,则可以接收不同长度的序列。
    :text_processed:不定长的 Token 化文本序列,二维 list
    :path:数据集路径
    :max_sequence_length:padding 大小,长句截断短句补 0
    :return 处理后的序列,numpy 格式的二维数组
    """
    res=[]
    for text in text_processed:
        if len(text)>max_sequence_length:
            text=text[:max_sequence_length]
        else:
            text=text+[0 for i in range(max_sequence_length-len(text))]
        res.append(text)
    return np.array(res)
#查看创建词汇表的结果
sentences,target=load_data(path)
#定义文档的最大长度。如果文本的长度大于最大长度,那么它会被剪切,反之则用 0
填充
max_sequence_length=80
```

```
# 使用 jieba 库精确模式分词
sentences=[".".join(jb.cut(t,cut_all=False))for t in sentences]
print(sentences[0])
```

Tokenizer 类允许使用两种方法向量化一个文本语料库：将每个文本转化为一个整数序列（每个整数都是词典中标记的索引）；或者将其转化为一个向量，其中每个标记的系数可以是二进制值、词频、TF-IDF 权重等。

代码如下：

```
# 构建词汇表
vocab_processor=tf.keras.preprocessing.text.Tokenizer(num_words=
60000,filters='!"#$%&()*+,-./:;<=>?@[\]^_`{|}~',oov_token='<UNK>')
# 要用以训练的文本列表
vocab_processor.fit_on_texts(sentences)
# 序列的列表,将 sentences 文本序列化
text_processed=vocab_processor.texts_to_sequences(sentences)
```

将词汇表保存为 json，后续可以直接读取，读取方式为：

tf.keras.preprocessing.text.tokenizer_from_json（json_string），可以获得 vocab_processor 相同参数的对象。

代码如下：

```
vocab_json_string=vocab_processor.to_json()
# 将词汇表保存路径
vocab_keras_path="results/vocab_keras.json"
file=open(vocab_keras_path,"w")
file.write(vocab_json_string)
file.close()
# 将句子 padding 为固定长度,如果使用 lstm 则不需要 padding 为固定长度
text_processed=padding(text_processed,path)
print(text_processed)
打乱并切分数据集,取 30% 数据作为验证集。
# 验证集比例
val_split=0.3
# 打乱顺序
text_target=list(zip(text_processed,target))
random.shuffle(text_target)
text_processed[:],target[:]=zip(*text_target)
# 验证集数目
val_counts=int(val_split*len(text_target))
# 切分验证集
```

```
val_X=text_processed[-val_counts:]
val_y=target[-val_counts:]
train_X=text_processed[:-val_counts]
train_y=target[:-val_counts]
```

7.4.6　创建模型

Keras 的核心数据结构是模型——一种组织网络层的方式。最简单的模型是序贯（Sequential）模型：

```
# 方式一:使用.add()方法将各层添加到模型中
# 导入相关包
from tensorflow.keras.models import Sequential
from tensorflow.keras.layers import Dense,Activation
# 选择模型,选择序贯模型:
model=Sequential()
# 构建网络层
# 添加全连接层
model.add(Dense(64,input_shape=(max_sequence_length,)))
# 添加激活层,激活函数是 relu
model.add(Activation('relu'))
# 打印模型概况
model.summary()
# 方式二:网络层实例的列表构建序贯模型
# 导入相关的包
from tensorflow.keras.models import Sequential
from tensorflow.keras.layers import Dense,Activation
# 选择模型,选择贯序模型:
# 通过将网络层实例的列表传递给 Sequential 的构造器,来创建一个 Sequential 模型
model=Sequential([
    Dense(64,input_shape=(max_sequence_length,)),
    Activation('relu')
])
# 打印模型概况
model.summary()
# 方式三:函数式模型
# 导入相关的包
from tensorflow.keras.layers import Input,Dense,Activation
from tensorflow.keras.models import Model
```

```
# 输入层,返回一个张量 tensor
inputs = Input(shape = (max_sequence_length,))
# 全连接层,返回一个张量
output_1 = Dense(64)(inputs)
# 激活函数层
predictions = Activation(activation = 'relu')(output_1)
# 创建一个模型,包含输入层、全连接层和激活层
model = Model(inputs = inputs, outputs = predictions)
# 打印模型概况
model.summary()
```

建立深度学习模型,创建一个简单的深度神经网络模型用于文本分类:

```
def dnn_model(train_X, train_y, val_X, val_y, model_save_path = 'results/demo.h5',
                log_dir = "results/logs/"):
```

1. 创建一个简单的深度神经网络模型用于文本分类

代码如下:

```
def dnn_model(train_X, train_y, val_X, val_y, model_save_path = 'results/demo.h5',
                log_dir = "results/logs/"):
    # 选择模型,选择序贯模型:
    model = K.Sequential()

    # 构建网络层
    # 添加全连接层,输出空间维度 64
    model.add(K.layers.Dense(64))
    # 添加激活层,激活函数是 relu
    model.add(K.layers.Activation('relu'))
    model.add(K.layers.Dense(5))
    model.add(K.layers.Activation("softmax"))
    model.compile(loss = "categorical_crossentropy", optimizer = "adam", metrics = ["accuracy"])
    # 训练模型
    history = model.fit(train_X.astype(np.float64), train_y, batch_size = 128, epochs = 5, validation_data = (val_X, val_y))
    # 保存模型
    model.save(model_save_path)
    return history, model
```

2. 模型概况和模型训练过程

```
# 开始时间
start=time.time()
# 数据预处理
data_path="./dataset/"
# 训练模型,获取训练过程和训练后的模型
history,model=dnn_model(train_X,train_y,val_X,val_y)
# 打印模型概况和模型训练总数长
model.summary()
print("模型训练总时长:",time.time()-start)
```

3. 模型训练过程图形化

代码如下:

```
def plot_training_history(res):
    """
    绘制模型的训练结果
    :param res:模型的训练结果
    :return:
    """
    # 绘制模型训练过程的损失和平均损失
    # 绘制模型训练过程的损失值曲线,标签是 loss
    plt.plot(res.history['loss'],label='loss')
    # 绘制模型训练过程中的平均损失曲线,标签是 val_loss
    plt.plot(res.history['val_loss'],label='val_loss')
    # 绘制图例,展示出每个数据对应的图像名称和图例的放置位置
    plt.legend(loc='upper right')
    # 展示图片
    plt.show()
    # 绘制模型训练过程中的准确率和平均准确率
    # 绘制模型训练过程中的准确率曲线,标签是 acc
    plt.plot(res.history['accuracy'],label='accuracy')
    # 绘制模型训练过程中的平均准确率曲线,标签是 val_acc
    plt.plot(res.history['val_accuracy'],label='val_accuracy')
    # 绘制图例,展示出每个数据对应的图像名称,图例的放置位置为默认值。
    plt.legend()
    # 展示图片
plt.show()
# 绘制模型训练过程曲线
plot_training_history(history)
```

4. 加载模型和模型评估

```
def load_and_model_prediction(val_X,val_y,model_path='results/
demo.h5'):
    """
    加载模型和模型评估,打印验证集的 loss 和准确度
    :param validation_generator:预测数据
    :return:
    """
    # 加载模型
    model=K.models.load_model(model_path)
    # 获取验证集的 loss 和 accuracy
    loss,accuracy=model.evaluate(val_X,val_y)
    print("\nLoss:%.2f,Accuracy:%.2f%%" %(loss,accuracy * 100))
load_and_model_prediction(val_X,val_y)
```

5. 加载模型并进行预测

代码如下:

```
# 加载 demo 模型
model=load_model("results/demo.h5")
# 使用阿 Q 正传的片段测试
sen="阿 Q 住在未庄的土谷祠里,给人家打短工度日。\
    虽然常常被村里人开玩笑,但内心他还反过来看不起村里人。\
    他有一个缺点,就是头上有一块癞疮疤。所以只要被人说道有关疮疤的话题,他
就发怒。\
    大家觉得他的发怒很有趣,就更加开他的玩笑了。如果觉得对手弱,他就故意找
茬吵架。但结果往往是输。"
# 对输入文本进行预处理,使用同一个词汇表进行文本向量化
sen_prosessed=" ".join(jb.cut(sen,cut_all=True))
sen_prosessed=vocab_processor.texts_to_sequences([sen_prosessed])[0]
sen_prosessed=sen_prosessed[:max_sequence_length]if len(sen_pros-
essed)>max_sequence_length else sen_prosessed+[0 for i in range(max_se-
quence_length-len(sen_prosessed))]
sen_prosessed=np.array(sen_prosessed).reshape(1,-1)
# 输入模型进行预测
result=model.predict(sen_prosessed)
max_sequence_length
catalogue=list(result[0]).index(max(result[0]))
# 定义 int2string 的映射关系
labels={0:'鲁迅',1:'莫言',2:'钱钟书',3:'王小波',4:'张爱玲'}
print("这是{}的文章".format(labels[catalogue]))
```

以上代码可正常运行，10 次预测准确度达 90.45%。

思考讨论题

7.1 面对以往的误解和偏见，如何保证人工智能和自然语言处理的正常发展，同时兼顾伦理和人类价值观？

7.2 在技术不断发展的背景下，人类的语言本质是否会发生改变？如果是，这对于人类的语言交流和理解会有怎样的影响？

7.3 自然语言处理技术的发展是否会逐渐取代人工智能的领域？如果是，人类应该如何适应和应对这一趋势？

7.4 在更加智能的语音交互系统的前提下，自然语言处理技术如何应对用户的个性化需求和场景？

7.5 分词和词性标注是自然语言处理的基本方法，请举例说明该方法的应用场景。

7.6 句法分析是自然语言处理中重要的语言理解任务之一，请简要描述句法分析的基本原理及其应用。

7.7 语义分析是自然语言处理的核心任务之一，请简述语义分析的基本方法及其应用。

7.8 机器翻译是自然语言处理中的一项重要任务，请从分词、句法分析和语义分析三个角度中分别阐述机器翻译的实现原理。

7.9 情感分析是自然语言处理中常见的应用之一，请简要描述情感分析的主要思路及其应用场景。

7.10 文本分类是自然语言处理中的一项基本任务，请简述文本分类的基本方法以及其应用场景。

7.11 问答系统是自然语言处理的高级应用，涉及多个技术领域，请简述问答系统的实现原理及其应用场景。

7.12 自然语言处理中常用的神经网络模型有哪些？它们的优缺点分别是什么？

7.13 神经网络在文本分类和情感分析任务中的表现如何？如何评估模型的性能？

7.14 对于文本生成任务，目前主流的神经网络模型有哪些？它们的优缺点如何？

7.15 自然语言处理中的神经网络需要大量标注数据进行训练，但数据标注的过程较为耗时和费力。有什么方法可以减少数据标注量，提高训练效率？

7.16 如何解决命名实体识别中出现的歧义问题？神经网络是否可以帮助解决这个问题？

7.17 预训练语言模型的发展历程和现状是怎样的？

7.18 预训练语言模型的目标和应用价值是什么？它是否能够解决自然语言处理领域中的问题？

7.19 预训练语言模型的优化技术、模型结构和训练方法有哪些？

7.20 预训练语言模型的评价方法和评价指标是什么？如何评价其性能和可靠性？

7.21 深度神经网络在识别作家风格时，应如何选择特征集以提高准确度？

7.22 基于深度神经网络的作家风格识别模型如何解决数据稀缺问题？

7.23 如何根据深度神经网络的识别结果探究不同作家风格的差异和共性？

7.24 深度神经网络在进行作家风格识别时，应该如何处理作家可能改变写作风格的情况？

7.25 如何运用深度神经网络探究作家风格与历史、文化等背景因素之间的关系？

参考文献

［1］KOWSARI K, MEIMANDI K J, HEIDARYSAFA M, et al. Text classification algorithms: a survey ［J］. Information, 2019, 10 （4）: 1-68.

［2］SCHNEIDER K. A new feature selection score for multinomial naive bayes text classification based on kl-divergence ［C］. Meeting of the Association for Computational Linguistics, 2004.

［3］DAI W, XUE G, YANG Q, et al. Transferring naive bayes classifiers for text classification ［C］. Proceedings of the Twenty-Second AAAI Conference on Artificial Intelligence, 2007: 540-545.

［4］ YI K, BEHESHTI J. A hidden markov model-based text classification of medical documents ［J］. Journal of Information Science, 2009, 35（1）: 67-81.

［5］ COVER T M, Hart P E. Nearest neighbor pattern classification ［J］. IEEE Transactions on Information Theory, 1967, 13（1）: 21-27.

［6］ SOUCY P, MINEAU G W. A simple knn algorithm for text categorization ［C］. IEEE International Conference on Data Mining, 2001: 647-648.

［7］ TAN S. Neighbor-weighted k-nearest neighbor for unbalanced text corpus ［J］. Expert Systems with Applications, 2005, 28（4）: 667-671.

［8］ VATEEKUL P, KUBAT M. Fast induction of multiple decision trees in text categorization from large scale, imbalanced, and multi-Label data ［C］. IEEE International Conference on Icdm Workshops, 2009: 320-325.

［9］ CORTES C, VAPNIK V. Support-vector networks ［J］. Machine Learning, 1995, 20（3）: 273-297.

［10］ JOACHIMS T. Text categorization with support vector machines: learning with many relevant features ［C］. Proceedings of the Conference on Machine Learning, 1998: 137-142.

［11］ JOACHIMS T. A statistical learning model of text classification for support vector machines ［C］. Proceedings of the 24th Annual International ACM SIGIR Conference on Research and Development in Information Retrieval, USA, 2001 期卷: 128-136.

［12］ SOCHER R, PENNINGTON J, HUANG E H, et al. Semi-supervised recursive autoencoders for predicting sentiment distributions ［C］. Proceedings of the 2011 Conference on Empirical Methods in Natural Language Processing, EMNLP, 2011: 151-161.

［13］ SOCHER R, HUVAL B, MANNING C D, et al. Semantic compositionality through recursive matrix-vector spaces ［C］. Joint Conference on Empirical Methods in Natural Language Processing & Computational Natural Language Learning, 2012: 1201-1211.

［14］ ALSMADI M K, OMAR K B, NOAH S A. et al. Performance comparison of multi-layer perceptron（back propagation, delta rule and perceptron）algorithms in neural networks ［C］. IEEE International Advance Computing Conference, 2009: 296-299.

［15］ LE Q V, MIKOLOV T. Distributed representations of sentences and documents ［C］. Proceedings of International Conference on Machine Learning, 2014: 1188-1196.

［16］ LI Q, PENG H, LI J, et al. A survey on text classification: from traditional to deep learning ［J］. ACM Transactions on Intelligent Systems and Technology（TIST）, 2022, 13（2）: 1-41.

［17］ SUTSKEVER I, VINYALS O, L E Q V. Sequence to sequence learning with neural networks ［C］. Proceedings of Conference and Workshop on Neural Information Processing Systems, Advances in Neural Information Processing Systems, Cambridge, MA, USA, 2014: 3104-3112.

［18］ ZHU X, SOBHANI P, GUO H. Long short-term memory over recursive structures ［C］. Advances in Neural Information Processing Systems, 2015.

［19］ TAI K S, SOCHER R, MANNING C D. Improved semantic representations from tree-structured long short-term memory networks ［C］. Computer Science, 2015, 5（1）: 1556-1566.

［20］ VASWANI A, SHAZEER N, PARMAR N, et al. Attention is all you need ［C］. Proceedings of Conference and Workshop on Neural Information Processing Systems, Cambridge, MA, USA, 2017: 6000-6010.

［21］ 车万翔, 郭江, 崔一鸣. 自然语言处理: 基于预训练模型的方法 ［M］. 北京: 电子工业出版社, 2021.

［22］ 何晗. 自然语言处理入门 ［M］. 北京: 人民邮电出版社, 2019.

［23］ 智海 Mo 人工智能实训平台 ［OL］. https://aiplusx.com.cn/.